普通高等教育"十二五"规划教材

PUTONG GAODENGJIAOYU SHIERWU GUIHUAJIAOCAI

机械制造技术基础

◎主 编：杨舜洲 ◎副主编：鄢 锉 陈志亮 李旭宇 胡冠昱 裴江红 李玉平

JIXIEZHIZAOJISHUJICHU

中南大学出版社
www.csupress.com.cn

内容简介

本书是根据教育部教学指导委员会该课程教学基本要求结合本科机电类专业的教学需要而编写的。全书分为绪论，金属切削原理，机床、刀具与加工方法，机床夹具，工艺规程设计，机械加工质量分析及其控制，现代制造技术简介等七章。全书按照宽广而不散、少而精、兼顾课堂教学和自学需要的原则进行选材，强调"打牢基础、拓宽知识面、理论联系实际、注重生产应用"的基本要求，将传统的机械制造内容进行优化整合，突出重点，而现代制造技术以简介为主，强调特点和应用，包含了特种加工、精密和超精密加工、快速成形、表面工程、再制造、机械制造自动化技术、先进制造生产模式等内容。各章有内容提要，附有习题和思考题，全书附有汉英机械制造常用词汇。本书可满足高等院校机电类专业的教学需要，也可供械制造工程技术人员参考。

普通高等教育机械工程学科"十二五"规划教材编委会

主　任

（以姓氏笔画为序）

王艾伦　刘舜尧　李孟仁　尚建忠　唐进元

委　员

（以姓氏笔画为序）

丁敬平	万贤杞	王剑彬	王菊槐	王湘江	尹喜云
龙春光	叶久新	母福生	朱石沙	伍利群	刘吉兆
刘先兰	刘忠伟	刘金华	安伟科	杨舜洲	李必文
李　岚	李　岳	李新华	何国旗	何哲明	何竞飞
汪大鹏	张敬坚	陈召国	陈志刚	林国湘	罗烈雷
周里群	周知进	赵又红	胡成武	胡仲勋	胡争光
胡忠举	胡泽豪	钟丽萍	贺尚红	聂松辉	莫亚武
夏宏玉	夏卿坤	夏毅敏	高为国	高英武	郭克希
龚曙光	彭如恕	彭佑多	蒋寿生	曾周亮	谭援强
谭晶莹	潘存云				

总序 F⦿REWORD.

机械工程学科作为联结自然科学与工程行为的桥梁，它是支撑物质社会的重要基础，在国家经济发展与科学技术发展布局中占有重要的地位，21 世纪的机械工程学科面临诸多重大挑战，其突破将催生社会重大经济变革。当前机械工程学科进入了一个全新的发展阶段，总的发展趋势是：以提升人类生活品质为目标，发展新概念产品、高效高功能制造技术、功能极端化装备设计制造理论与技术、制造过程智能化和精准化理论与技术、人造系统与自然世界和谐发展的可持续制造技术等。这对担负机械工程人才培养任务的高等学校提出了新挑战：高校必须突破传统思维束缚，培养能适应国家高速发展需求的具有机械学科新知识结构和创新能力的高素质人才。

为了顺应机械工程学科高等教育发展的新形势，湖南省机械工程学会、湖南省机械原理教学研究会、湖南省机械设计教学研究会、湖南省工程图学教学研究会、湖南省金工教学研究会与中南大学出版社一起积极组织了高等学校机械类专业系列教材的建设规划工作。成立了规划教材编委会。编委会由各高等学校机电学院院长及具有较高理论水平和教学经验的教授、学者和专家组成。编委会组织国内近 20 所高等学校长期在教学、教改第一线工作的骨干教师召开了多次教材建设研讨会和提纲讨论会，充分交流教学成果、教改经验、教材建设经验，把教学研究成果与教材建设结合起来，并对教材编写的指导思想、特色、内容等进行了充分的论证，统一认识，明确思路。在此基础上，经编委会推荐和遴选，近百名具有丰富教学实践经验的教师参加了这套教材的编写工作。历经两年多的努力，这套教材终于与读者见面了，它凝结了全体编写者与组织者的心血，是他们集体智慧的结晶，也是他们教学教改成果的总结，体现了编写者对教育部"质量工程"精神的深刻领悟和对本学科教育规律的把握。

这套教材包括了高等学校机械类专业的基础课和部分专业基础课教材。整体看来，这套教材具有以下特色：

（1）根据教育部高等学校教学指导委员会相关课程的教学基本要求编写。遵循"重基础、宽口径、强能力、强应用"的原则，注重科学性、系统性、实践性。

（2）注重创新。本套教材不但反映了机械学科新知识、新技术、新方法的发展趋势和研究成果，还反映了其他相关学科在与机械学科的融合与渗透中产生的新前沿，体现了学科交叉对本学科的促进；教材与工程实践联系密切，应用实例丰富，体现了机械学科应用领域在不断扩大。

（3）注重质量。本套教材编写组对教材内容进行了严格的审定与把关，教材力求概念准确、叙述精练、案例典型、深入浅出、用词规范，采用最新国家标准及技术规范，确保了教材的高质量与权威性。

（4）教材体系立体化。为了方便教师教学与学生学习，本套教材还提供了电子课件、教学指导、教学大纲、考试大纲、题库、案例素材等教学资源支持服务平台。

教材要出精品，而精品不是一蹴而就的，我将这套书推荐给大家，请广大读者对它提出意见与建议，以利进一步提高。也希望教材编委会及出版社能做到与时俱进，根据高等教育改革发展形势、机械工程学科发展趋势和使用中的新体验，不断对教材进行修改、创新、完善，精益求精，使之更好地适应高等教育人才培养的需要。

衷心祝愿这套教材能在我国机械工程学科高等教育中充分发挥它的作用，也期待着这套教材能哺育新一代学子茁壮成长。

中国工程院院士　钟　掘

2011 年 11 月

前言 PREFACE.

　　本书是为了适应高等学校本科机械类专业应用型人才培养的要求及建立新课程体系的需要，在总结几年来教学改革经验的基础上编写的。全书按照宽广而不散、少而精、兼顾课堂教学和自学需要的原则进行选材，强调"打牢基础、拓宽知识面、理论联系实际、注重生产应用"的基本要求，采用精简理论、注重能力培养的方针进行编写。对传统的机械制造内容，如金属切削原理、机床、加工方法、金属切削刀具、机床夹具、机械制造工艺、质量分析与控制等部分，采用优化内容、突出重点、兼顾完整的原则进行整合；对现代制造技术部分，包括特种加工、精密和超精密加工、快速成形、表面工程、再制造、机械制造自动化技术、先进制造生产模式等内容，采用简介为主，强调特点和应用，提高起点进行浓缩的方针进行编写。

　　第 1 章绪论由湘潭大学李玉平副教授编写，内容包括制造业在国民经济中的地位和作用；制造业的过去、现在与未来；机械制造过程的基本概念；机械产品生产过程与制造技术；本课程的学习要求和学习方法等。

　　第 2 章金属切削原理由国防科学技术大学杨舜洲教授编写，内容包括切削运动及切削用量；刀具材料；刀具切削部分的几何参数；金属切削过程；切削力；切削热与切削温度；刀具磨损与耐用度；金属切削规律的应用；磨削原理等。

　　第 3 章机床、刀具及加工方法由长沙学院胡冠昱老师编写，内容包括零件表面的形成方法；金属切削机床；车床及车刀；钻床及钻头；铣床与铣刀；镗床与镗削；刨削与拉削；磨床及磨削方法；齿轮加工机床及刀具简介；数控机床简介等。

　　第 4 章机床夹具由湖南工业大学裴江红副教授和何国旗教授编写，内容包括夹具的分类、作用与组成；工件在夹具中的定位；工件在夹具中的夹紧；导向、对刀与其他装置等。

　　第 5 章工艺规程设计由湖南大学鄢锉副教授编写，内容包括机械加工工艺规程的制定；机械加工工艺规程的作用及设计步骤；定位基准的选择；工艺路线的拟定；加工余量与工序尺寸；尺寸链；时间定额及技术经济分析；制订机械加工工艺规程实例；机器装配工艺基础等。

第 6 章机械加工质量分析及其控制由湖南农业大学陈志亮副教授编写，内容包括概述；影响加工精度的因素；加工误差的统计分析；机械加工表面质量；机械加工过程中的振动等。

第 7 章现代制造技术简介由长沙理工大学李旭宇副教授编写，内容包括特种加工；精密和超精密加工；快速成形；表面工程；再制造；机械制造自动化技术；先进制造生产模式等。

本书由杨舜洲教授担任主编，完成了全书的统稿工作，编写了汉英机械制造常用词汇。此外，还对第 3 章的内容进行了补充和改写。

本书各章有内容提要，附有习题和思考题，书末附有汉英机械制造常用词汇。所编内容在刀具耐用度、加工方法、定位误差分析、装配尺寸链计算、加工质量控制等方面的讲授方法上有所突破，在现代制造技术简介的内容选取上具有特色。

全书按照 40 至 60 学时的教学需要进行编写，各校在使用时可根据需要酌情增减内容。

由于编者水平和经验所限，书中难免存在不足和疏漏之处，恳请读者批评指正。

编　者

2011 年 11 月

CONTENTS. 目录

第1章
绪 论

【概述】

◎本章提要：机械制造业是国民经济的先导工业和支柱产业，是其可持续发展的基础。本章介绍了机械制造业的发展历史、在国民经济中作用和地位、目前的现状和今后的发展趋势，说明了机械制造系统的组成、机械产品的生产过程、工艺过程与制造方法。

1.1 制造业在国民经济中的地位和作用

制造技术是研究把材料、能量和信息转变为能满足人类需求的产品的过程中所涉及的技术。机械制造技术是指制造机械产品的技术，有时也指以机械方法进行制造的技术。机械制造工业是国民经济的先导工业和支柱产业，它的主要任务是为国民经济各部门提供技术装备，为人类日常生活提供各类机械产品。机械制造技术中有许多非专利性技术秘密，是许多企业竭力进行保护的无形财富。一个国家制造水平越高，国民的生活水平就越高。没有发达的制造业就不可能有国家的真正繁荣与强大，高度发达的现代制造业是一个国家综合国力和国际竞争力的集中体现。

经济发达国家都把制造业作为本国的经济支柱，都十分重视制造业的发展，并且根据不同时期科技和经济的发展状况，不断调整制造业在国民经济中的地位、发展战略和方针政策。美国68%的财富来源于制造业，日本国民总产值的49%是由制造业提供的。

任何一个经济强大的国家，无不具有强大的制造业。第二次世界大战后，日本先后提出"技术立国"和"新技术立国"的口号，对制造业的发展给予全面的支持，并抓住制造业的关键技术——精密工程、特种加工和制造系统自动化，使日本在战后短短30年，一跃成为世界经济大国。与此相反，美国在20世纪70~80年代忽视制造技术的发展，把制造业视为"夕阳工业"，放松了对它的重视，曾经在世界上一路领先的美国制造业因此直线衰落，很快降到了历史最低点，在国际上的竞争力也遭到了严重削弱，并导致了美国90年代初的经济衰退，在汽车、家电等行业被日本赶超。直到80年代末90年代初，美国认识到问题的严重性，率先提出了"先进制造技术"的概念，并先后制订和实施了一系列振兴制造业和制造技术的计划。至1994年，美国汽车产量再次超过日本，并重新占领了欧美市场。德国制造业的特长是革新与质量，德国企业能够根据用户的特殊需要，以市场能够接受的价格在最短的时间内向市场提供高质量的产品，这是通过生产过程的合理化而实现的。他们认为，产品的竞争力不是单纯通过降低成本，而更主要的是通过在今天和未来始终保持技术领先来实现的。为了实现和保持一个国家在制造业的优势地位，依靠科学技术的创新与进步是根本保证，促进科研成果向实际应用的转化是基本思路，注重先进制造技术的开拓和推广是主要途径，良好的组织结构和现代的管理方法是组织保证。

制造的目的是为原材料增加新的附加值。只有高水平的制造才能产生高附加值，才能更快更好地推动国民经济的发展。据美国工程师协会统计，现代工业产品的售价中，制造成本占 38%。而在制造成本中，直接劳动的劳动力成本仅占 12%，也就是售价的 4%。因此，仅靠低劳动力成本是不能成为制造强国的。

新中国成立以后，我国的制造技术与制造业得到了长足发展，已建立了一个比较完整的机械工业体系。以万吨水压机为代表的各种重型装备的研制成功，标志着国民经济有了自己的脊梁；"两弹一星"的问世以及"神舟号"遨游太空，标志着我国综合国力的提高。我国的制造业目前体系已经形成，但存在总体规模偏小，人均劳动生产率过低，机械电子制造所占比例偏低，技术创新能力和自主开发能力薄弱，低水平生产能力严重过剩等问题。如光纤制造设备的 100%，集成电路芯片制造设备的 85%，主要机械产品的技术来源的 57% 都依靠进口。一个国家机械制造发展水平的高低，在一定程度上可以由该国机械产品的出口额与进口额的比值来反映。我国这一比值在 0.5 以下，说明我国的制造水平还比较低下。总之，我国是制造业大国，但不是制造业强国。

1.2　制造业的过去、现在与未来

人类文明的发展与制造业的进步密切相关。人类最早的制造活动可以追溯到新石器时代，当时人们制作石器作为劳动工具，制造处于一种萌芽阶段。到了青铜器和铁器时代，人们开始采矿、冶金、铸锻工具，并开始制作纺织机械、水利机械、运输车辆等，以满足以农业为主的自然经济的需要。

制造业发展的历史性转折点是 18 世纪中叶蒸汽机的发明。随着蒸汽机的大量使用，机械技术与蒸汽动力技术相结合，出现了以动力驱动为特征的制造方式，产生了第一次工业大革命，机械制造业逐渐形成规模。制造方式由技工单件生产变为规模化生产，专门的制造工厂开始出现。

19 世纪中叶，电磁场理论的建立为发电机和电动机的产生奠定了基础，从而迎来了电气化时代，以电作为新的动力源大大改变了机器结构和生产效率，与此同时，互换性原理和公差制度应运而生。所有这些使机械制造发生了重大变革，出现了专业化分工，机械制造业进入快速发展时期。

19 世纪末内燃机的发明引发了制造业的又一次革命，20 世纪初制造业进入了以汽车制造为代表的批量生产时代，随后出现了流水生产线和自动机床。在制造管理思想方面，劳动分工制度和标准化技术相继问世，以汽车工业为代表的大批量自动化生产方式使得生产率获得极大提高，机械制造业有了更迅速的发展，并开始成为国民经济的支柱产业。

20 世纪 60 年代，随着市场竞争的加剧，大规模生产方式面临新的挑战。制造企业的生产方式开始向多品种、中小批量生产方式转变，同时，以大规模集成电路为代表的微电子技术以及以微机为代表的计算机技术迅速发展，极大地促进了制造业的装备技术和制造工艺的进步，为制造业实现多品种、中小批量的生产方式创造了有利条件。

伴随着计算机技术的发展，机械制造自动化从刚性自动化向柔性自动化方向发展：从自动化专机，到自动化生产线，到数控机床（NC），到加工中心（MC），到柔性加工单元（FMC），到柔性制造系统（FMS），再到计算机集成制造系统（CIMS）。

20世纪80年代以来，信息产业的崛起和通讯技术的发展加速了市场的全球化进程，市场竞争呈现新的方式，更加激烈，在机械制造领域提出了许多新的制造理念和生产模式，如精益生产（LP）、快速原型制造（RPM）、并行工程（CE）、敏捷制造（AM）、准时生产（JIT）、虚拟制造（VM）、智能制造（IM）、绿色制造（ECM）等。

进入21世纪，机械制造业正向微型化、精密化、自动化、柔性化、集成化、网络化、智能化和清洁化的方向发展，推动机械科学与材料科学、电子科学、信息科学、生命科学、环保科学、管理科学等多个学科的交叉与融合。

1.3　机械制造过程的基本概念

机械产品的制造过程是指由原材料到制成成品之间的各个相互联系的生产过程。

1.3.1　机械制造系统

生产系统包括一个企业全部的活动。符合市场要求的合格产品问世，要经过从市场调查研究、产品功能定位、结构设计、生产制造、销售服务到信息反馈、改进功能等一系列的复杂过程。由这些活动形成的系统即生产系统，如图1－1所示。

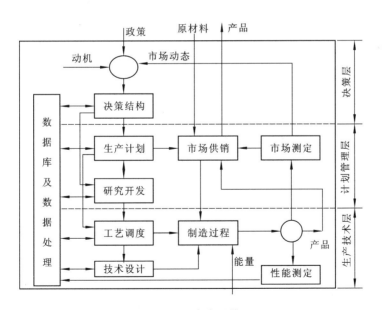

图1－1　生产系统

整个生产系统由三个层次组成：①决策层，为企业的最高领导机构，他们根据国家的政策、市场信息和企业自身的条件，进行分析研究，就产品的类型、产量及生产方式等作出决策；②计划管理层，根据企业的决策，结合市场信息和本部门实际情况进行产品开发研究、制订生产计划并进行经营管理；③生产技术层，是直接制造产品的部门，根据有关计划和图样进行生产，将原材料直接变成产品。制造系统是生产系统中的一个重要组成部分，即由原材料变为产品的整个生产过程，包括毛坯制造、机械加工、装配、检验和物料的储存、运输等所有工作。在制造系统中，存在着以生产对象和工艺装备为主体的"物质流"，以生产管理和工艺指导等信息为主体的"信息流"，以及为了保证生产活动正常进行而必需的"能量流"，如图 1 - 2 所示。

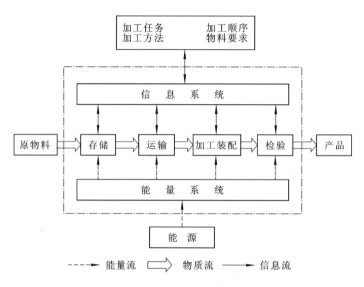

图 1 - 2   制造系统

组成机器的任何一个零件，都是由原材料经过一定的工艺过程转变而成。在这一过程中，要根据零件的设计信息，制订每一个零件的加工方法与步骤即工艺规程。规定机械加工的方法与步骤的文件叫机械加工工艺规程。由进行机械加工用到的机床、刀具、夹具、其他工艺装备和被加工零件组成的系统叫工艺系统。工艺系统的特性及工艺过程参数的选择对零件的加工质量和生产成本起决定性的作用。

1.3.2   生产过程与工艺过程

生产过程是指将原材料和半成品转变成产品的全过程，它包括管理、决策、设计、制造和供销等企业活动。

工艺过程是指在生产过程中，通过改变生产对象的形状、相互位置和性质等，使其成为成品或半成品的过程。机械产品的工艺过程又可分为铸造、锻造、冲压、焊接、机械加工、热处理、装配、涂装等工艺过程。其中与原材料变为成品直接有关的过程，称为直接生产过程，是生产过程的主要部分。而与原材料变为产品间接有关的过程，称为辅助生产过程。如生产准备、运输、保管、机床与工艺装备的维修等。

机械制造工艺过程一般包括零件机械加工工艺过程和机器的装配工艺过程。

机械加工过程是指用机械加工的方法直接改变毛坯的形状、尺寸、相对位置和性质等使

4

4

之成为合格零件的工艺过程。从广义上来说，电加工、超声波加工、电子束离子束等加工也属于加工过程。

装配工艺过程是指按照规定的程序和要求将零件、组件和部件进行组合和连接，使之成为半成品或成品的工艺过程。零件是由单一材料组成并单独进行加工的；合件由几个零件组件组合而成并整体进行了加工；组件是由几个零件组合而成的一个整体；部件由零件、组件（有时也有部件）装配而成。把零件和部件装配成最终产品的过程称为总装过程。在产品总装后，还要经过检验、试车、喷漆、包装等一系列辅助过程才能成为合格的产品。

在企业生产中，把合理的工艺过程以文件的形式规定下来，作为指导生产过程的依据，这一文件称为工艺规程。

1.4　机械产品生产过程与制造技术

1.4.1　机械产品生产过程

机械产品的生产过程一般包括四个组成部分：生产技术准备过程、基本生产过程、辅助生产过程、生产服务过程。

生产技术准备过程指产品正式投入批量生产之前所进行的各种生产技术准备工作，如产品设计、工艺设计、标准化工作、制定各种定额、组织生产设备、生产线及其调整、组建劳动组织、制订生产管理规章制度以及新产品的试制和鉴定等。

机械制造企业的铸造车间、锻造车间、机械加工车间、装配车间等的生产作业活动都属于基本生产过程。机械制造的基本生产过程一般可以分为三个生产阶段：毛坯制造阶段、加工制造阶段和装配调试阶段。

为企业生产产品需要而提供的各种动力（如电力、蒸汽、煤气、压缩空气等）、工具（夹具、量具、模具、刃具等）、设备维修用的备件制造等生产过程属于辅助生产过程。

生产服务过程指为基本生产过程和辅助生产过程服务的相关工作。属于生产服务过程的有：原材料和半成品的供应、运输、检验、仓库管理等。

概括起来机械产品生产过程的主要环节包括：产品设计、产品的制造工艺设计、零件加工、检验、装配调试、油漆包装、入库等。

1. 产品设计

产品的设计一般有三种形式，即：创新设计、改进设计和变形设计。创新设计（开发性设计）是按用户的使用要求进行的全新设计；改进设计（适应性设计）是根据用户的使用要求，对企业原有产品进行改进或改型的设计，即只对部分结构或零件进行重新设计；变形设计（参数设计）仅改进产品的部分结构尺寸，以形成系列产品的设计。产品设计的基本内容包括：编制设计任务书、方案设计、技术设计和图样设计。

2. 工艺设计

工艺设计的基本任务是确定产品制造的方法与步骤以及提供所需的工艺装备。它应保证生产的产品能符合设计的要求，制定出优质、高产、低耗的产品制造工艺规程，提供产品的试制和正式生产所需要的全部工艺文件。包括：对产品图纸的工艺分析和审核、拟定加工方案、编制工艺规程以及工艺装备的设计和制造等。应当指出，同一个企业，生产同一个产品，如果采用不同的工艺设计，所生产的产品的质量和产量、所需的企业投资和成本、企业所获得的利润效益可能差别极大，关系到企业的生死存亡。企业的最重要的技术秘密是工艺秘密。

3. 零件加工

零件的加工包括坯料的生产以及对坯料进行各种机械加工、特种加工和热处理等，使其成为合格零件的过程。通常毛坯的生产有：铸造、锻造、焊接等；常用的机械加工方法有：钳工、车削、钻削、刨削、铣削、镗削、磨削、拉削、研磨、珩磨等；常用的热处理方法有：正火、退火、回火、时效、调质、淬火等；特种加工有：电火花成形、电火花线切割、激光加工、超声波加工等。

4. 检验

检验是采用测量器具对毛坯、零件、成品、原材料等进行尺寸精度、形状精度、位置精度的检测，以及通过人类感官和有关仪器对它们的物理、力学、化学、机械性能和外观进行评价，以保证有关参数满足设计要求。

5. 装配调试

任何机械产品都是由若干个零件、组件和部件组成的。根据规定的技术要求，将零件和部件进行必要的配合及连接，使之成为半成品或成品的工艺过程称为装配。将零件、组件装配成部件的过程称为部件装配；将零件、组件和部件装配成为最终产品的过程称为总装配。装配是机械制造过程中的最后一个生产阶段，其中包括调整、试验、检验、油漆和包装等工作。机器的质量、工作性能、使用效果、可靠性和使用寿命除与产品的设计和材料选择有关外，还取决于零件的制造质量和机器的装配质量。

6. 入库

企业生产的成品、半成品及各种物料为防止遗失或损坏，应放入仓库进行保管，称为入库。

入库时应进行入库检验，填好检验记录及有关原始记录；对量具、仪器及各种工具做好保养、保管工作；对有关技术标准、图纸、档案等资料要妥善保管；保持库房室内外整洁，注意防火防湿，做好安全工作。

1.4.2 制造技术

制造技术是完成制造活动所需的一切手段的总和，这些手段包括运用一定的知识和技能，操纵可以利用的物质和工具，采用各种有效的方法和步骤等。制造技术是制造企业的技术支柱，是制造企业持续发展的根本动力。

与制造概念相对应，制造技术也有广义和狭义之分。广义制造技术涉及生产活动各个方面和全过程，是一个从产品概念到最终产品的集成活动和系统，是一个功能体系和信息处理系统。狭义的制造技术主要指制造工艺技术。

从原材料到产品的制造过程，主要包括毛坯制造、零件加工、零部件装配三个主要工艺过程。而它们随着产品的结构特点、生产类型以及工厂生产条件的不同而不同。

常见的机械制造工艺技术包括：材料凝固如金属铸造、塑料成型、玻璃拉引等，塑性成型如轧制、锻造、冲压等，材料添加如焊接、胶粘、烧结等，材料去除如切削加工、特种加工和光刻技术等。

在机械制造技术中,应用最广、研究最多的技术是切削加工技术。这也是我们这门课程研究的重点。切削加工是用刀具在零件毛坯上切除一层材料的加工方法,它应保证零件的形位、尺寸精度和表面质量。常见的车削、铣削、钻镗孔、磨削等就是这种方法。切削加工产生切屑,材料利用率较低。但其加工精度高,是获得高精度机械零件的主要加工方法。

切削加工时按加工的精度、切削速度以及机床运动的控制方法又可分为:

1)普通机械加工:指采用传统的机床设备进行的切削加工,质量达到目前平均质量水平的加工技术。普通切削加工因受机床、夹具、刀具所组成的加工装备系统的精度、刚度以及切削机理的影响,加工精度有限。目前普通切削加工的误差范围为 $1 \sim 10 \ \mu m$。

2)精密与超精密加工:精密加工是指加工精度和表面质量超过普通切削加工的技术,目前加工误差 $0.1 \sim 1 \ \mu m$,表面粗糙度 $Rz < 0.1 \ \mu m$,也称为亚微米加工。超精密加工是指加工精度和表面质量达到当前最高程度的加工技术,其加工误差可以控制到 $Rz < 0.1 \ \mu m$,表面粗糙度 $Rz < 0.01 \ \mu m$。

3)高速加工:高速加工是指采用超硬材料的刀具,通过极大地提高切削速度来提高加工效率、加工精度和表面质量的现代加工技术。

4)数控加工:数字化加工是以数值与符号构成的信息(加工程序)控制机床自动运行,实现零件机械加工的加工方法。

特种加工是指主要不是依靠机械能,而是用其他能量(如电能、光能、声能、热能、化学能等)去除材料的加工方法。特种加工因为不是依靠工具与加工对象之间的直接作用产生塑性变形而成形零件,因此对加工对象的材质、硬度没有要求,特别适合高硬度、难加工材料的复杂表面的加工,但加工效率、精度、表面质量有时不如机械加工。

1.5 本课程的学习要求和学习方法

1.5.1 本课程的学习要求

机械制造技术基础课程既可作为一门技术基础课,又可作为一门专业课来学习,由各个学校根据自己的培养目标来决定。作为技术基础课,要求学生掌握机械制造技术的基础知识和基本理论,为后续专业课程学习打下良好的基础。作为专业课,随着科学技术和经济的发展,课程内容会不断地更新和充实,力求反映制造技术的最新成果。

通过本课程学习,要求学生:①对制造活动有一个总体的、全貌的了解与把握;②掌握金属切削过程中诸多现象(如切屑形成机理、切削力、切削热和温度、刀具磨损等)的变化规律,并能结合实际,初步解决生产中的问题;③熟悉金属切削机床的结构、工作原理,初步掌握分析机床运动和传动系统的方法和正确选用金属切削机床设备;④了解常用的金属切削刀具的结构、工作原理和工艺特点,能够结合生产实际选用和使用刀具;⑤掌握机械加工的基本知识,能正确地选择加工方法与机床、刀具、夹具及加工参数,初步具有编制零件加工工艺规程、设计机床夹具的能力;⑥掌握机械制造工艺基本理论,机械加工精度和表面质量的基本理论和基本知识,具有分析、解决现场生产过程中的质量、生产效率、经济性问题的能力;⑦了解当今先进制造技术和先进制造模式的发展概况,初步具备对制造系统、制造模式选择决策的能力。

1.5.2　本课程的学习方法

本课程的理论和工艺知识，具有很强的实践性，如果没有足够的实践经验，很难准确理解与把握。因此学习本课程时，除了要阅读大量的参考书籍外，更加重要的是必须重视实践环节，即通过实验、实习、设计及工厂调研来更好地体会、加深理解。加强感性知识与理性知识的融合，是学习本课程的最好方法。

本课程的特点及针对这些特点在学习方法上应注意以下几点：

（1）综合性。本课程是在学习机械制图、机械设计、工程力学、工程材料、金属热处理、互换性与技术测量等课程的基础上进一步专业化的综合应用课程，针对机械制造技术综合性强的特点，在学习本课程时，要特别注意紧密联系和综合应用以往学过的知识，注意应用多种学科的理论和方法来解决机械制造过程中的实际问题。

（2）实践性。本课程的实践性强，与生产实际联系十分密切。不仅涉及知识，而且涉及技能；不仅包含理论，而且包含经验。针对此特点，在学习本课程时，要注意理论紧密联系生产实践，善于运用所学知识去分析和处理实践中的各种问题。

（3）灵活性。生产活动是极其丰富的，同时又具有差异性和多变性。机械制造技术总结的是机械制造生产活动中的一般规律和原理，将其应用于生产实际要充分考虑企业的具体情况。很多问题无确定性答案，很多原则无法准确表达。在学习本课程时，要注意充分理解机械制造技术的基本概念，牢固掌握机械制造技术的基本理论和基本方法，并灵活应用，向生产实际学习，积累和丰富实际知识和经验。

思考与习题

1. 机械制造对一个国家的重要性表现在哪些方面？你认为我国制造业尚有哪些差距？
2. 什么是生产系统和制造系统？什么是生产过程与工艺过程？
3. 生产类型可分为哪几种？
4. 机械产品生产过程主要包括哪些环节？
5. 举例说明机械零件的主要加工方法。

第 2 章
金属切削原理

【概述】

◎本章提要：金属切削原理是研究在金属切削过程中，所遇到的物理、化学现象，所遵循的客观规律，以及如何有效利用这些规律，高效率、低成本地加工出合格零件的一门学问。本章介绍了切削运动、刀具材料、刀具切削部分的几何参数、金属切削过程的变形、切削力、切削热与切削温度、刀具耐用度和磨削原理等内容。要求能够了解现象、掌握规律；能够正确选择和使用各类刀具、选择切削用量、切削液；并能将所学理论应用到实际生产中去。

2.1 切削运动及切削用量

2.1.1 切削运动

为了用刀具在工件表面切除一层金属，工件与刀具之间要有相对运动，刀具材料必须具有一定的切削性能，刀具必须制作成适当的几何形状，这三个条件是进行金属切削的前提。

工具和工件之间应按一定的规律进行相对运动，这些运动叫切削运动。为了研究方便，可分类为主运动和进给运动。

通常在研究切削运动时，假定工件不动，刀具相对于工件运动。

（1）主运动。主运动是从工件上切除材料的工具与工件间的主要相对运动。它使刀具切削刃切入工件材料，使工件上的一层材料变为切屑（图 2 - 1）。主运动的速度用 v_c 表示，叫切削速度。

主运动是速度最高、消耗功率最多的运动。主运动只有且必须有一个。它可由工件完成，也可由刀具完成。它可以是旋转运动（如车削中工

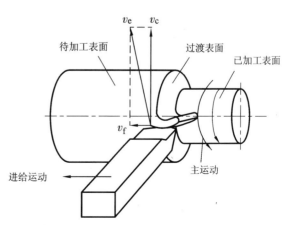

图 2 - 1 切削运动与工件上的表面

件的旋转、钻削中刀具的旋转等)，也可以是直线运动(如牛头刨削中刀具的往复、拉削中拉刀的往复等)，见图 2 - 2。没有主运动，就不可能在工件上切除材料。

(2)进给运动。进给运动是刀具与工件之间附加的相对运动，它与主运动相结合，就可持续不断地切除材料。进给运动可由刀具完成(如车削、钻削等)，也可由工件完成(如铣削、磨削等)；可以是连续的(如车削)，也可以是间歇的(如刨削)；可以只有一个(如图 2 - 1 所示的纵车外圆)，也可有几个(如外圆磨削、滚齿等)。通常进给运动的速度较低，消耗的功率较少。没有进给运动，切削过程就不能持续不断地进行。进给运动的速度用 v_f 表示。

(3)合成切削运动。主运动和进给运动的合成运动称为合成切削运动。合成切削运动的速度用 v_e 表示。

外圆车削中主运动、进给运动、合成切削运动的速度向量间的关系如图 2 - 1 所示。

在切削加工过程中，工件上有三个不断变化着的表面(图 2 - 1)。

(1)待加工表面。工件上有待切除的表面。它加工前存在，加工后消失。

(2)已加工表面。工件经刀具切削后新产生的表面。

(3)过渡表面。加工前不存在，加工后也不存在，加工过程中不断产生和消除的暂时存在的表面，通常是待加工表面与已加工表面之间不断变化的过渡表面。该表面也叫加工表面。

2.1.2 切削用量

切削过程中能够直接调整的有关参数叫切削用量，它们通常由调整机床获得。

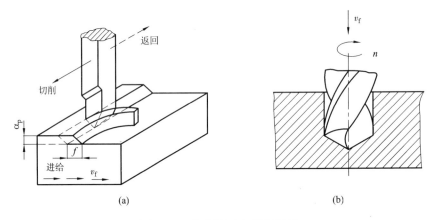

图 2 - 2　切削运动与切削用量

(a)刨削；(b)钻孔

1. 切削速度(v_c)

切削速度是指刀具切削刃与工件的相对运动，在主运动方向上的瞬时投影线速度，单位常用米/分钟。由于切削刃上不同点的切削速度可能不同，通常需要指出切削刃上的选定点。在没有指出选定点的情况下，一般指切削刃不同点中的最大值。

对工件或刀具旋转的情况，切削速度为：

$$v_c = \pi \cdot d \cdot n / 1000 (\text{m/min}) \tag{2-1}$$

式中：d——实现主运动的刀具或工件的最大直径，毫米(mm)；

n——主运动的转速, 转/分 (r/min)。

在磨削加工中, 由于砂轮的线速度 v_c 较高, 速度单位一般用米/秒 (m/s)。

2. 进给量 (f)

进给量为刀具在进给运动方向上相对于工件的位移量, 用 f 表示。当主运动是回转运动时 (如车、镗、钻、磨削等), 进给量指工件或刀具每回转一周, 两者沿进给方向的相对位移量, 单位是毫米/转 (mm/r); 对于刨削等主运动是直线运动的情况, 进给量是指刀具或工件每往复直线运动一次, 两者沿进给运动方向的相对位移量, 单位是毫米/双冲程 (mm/d. str); 铣削时由于铣刀是多齿刀具, 有时用每齿进给量 f_z 表示, 单位是毫米/齿 (mm/z), 它与进给量 f 之间的关系为

$$f_z = f/z \,(\text{mm/z}) \tag{2-2}$$

式中: z——多齿刀具刀齿个数。

进给运动的大小还可用进给速度 v_f 来表示。它是指切削刃上选定点相对于工件的运动, 在进给运动方向上的投影 (瞬时值), 单位是毫米/分 (mm/min)。

$$v_f = n \cdot z \cdot f_z \,(\text{mm/min}) \tag{2-3}$$

3. 背吃刀量 (a_p)

背吃刀量为在垂直于切削速度和进给速度方向测量的主切削刃切入工件的深度。通常背吃刀量为已加工面与待加工面之间的垂直距离, 也称为切削深度。背吃刀量改变时, 主切削刃参加切削的长度也会改变。背吃刀量对外圆车削, 等于待加工表面直径减去已加工表面直径之差的一半; 对钻削等于钻头直径的一半; 对刨削如图 2-2 (a) 所示。

对车削、刨削等情况, 通常将切削速度、进给量及背吃刀量等称为切削用量三要素。

2.2 刀具材料

刀具材料指制造刀具切削部分的材料, 它对切削效率、成本、质量影响极大。

2.2.1 刀具材料应具备的性能

刀具切削时, 刀具切削部分承受着巨大的挤压、摩擦、冲击和温度, 必须具备一些基本性能, 才能有效地进行切削。

(1) 高硬度。刀具要从工件上切去多余的材料, 其硬度必须超过工件材料。也就是说, 刀具必须比工件硬才能进行切削。一般情况下, 要求其常温硬度在 HRC62 以上。

(2) 高耐磨性。刀具的前后刀面都要经受工件材料的持续不断的摩擦, 只有耐磨才能经久耐用。

(3) 足够的强度和韧性。为了承受切削中的压力冲击和振动, 避免崩刃和折断, 刀具材料必须具有足够的强度和韧性。与硬度不同, 它们不必超过工件材料。

(4) 高的耐热性与化学稳定性。耐热性是指刀具材料在高温下保持其硬度、耐磨性、强度和韧性的能力。耐热性越好, 允许的切削速度就越高, 抵抗切削刃塑性变形的能力也越强。化学稳定性是指刀具材料在高温下不易和工件材料及周围介质发生化学反应的能力, 化学稳定性越好, 刀具的寿命就越长。

(5) 良好的工艺性。刀具材料必须要制造成刀具, 故必须容易制造, 称为良好的工艺性。

如容易被切削、锻造、铸造、热处理等。

(6)较好的经济性。指分摊到每个零件上的刀具费用要低。

最早使用的刀具材料是碳素工具钢（如 T10A、T12A）和普通合金工具钢（如 9SiCr、CrWMn 等），因耐热性差，200℃~300℃就失去切削性能，硬度降低到 60HRC 以下，仅能于一些手工或切削速度较低的刀具。目前使用最多的刀具材料是高速钢和硬质合金。

2.2.2 高速钢

高速钢是一种含钨、钼、铬、钒等合金元素较多的高合金工具钢，它允许的切削速度比碳素工具钢和合金工具钢高 1~3 倍，所以被称为高速钢。高速钢热处理后常温硬度为 HRC62~66，耐热温度可达 550~630℃。与合金工具钢比，它的高温硬度和热稳定性要好得多；与硬质合金比，它的强度高（抗弯强度一般为硬质合金的 2~3 倍）、韧性和工艺性能好。因高速钢刃磨后切削刃锋利，又叫锋钢。磨光的高速钢刀条呈白色，俗称白钢。高速钢适合制造各种形状复杂的刀具和精加工刀具，如孔加工刀具、铣刀、拉刀和齿轮刀具等。高速钢按其性能可分为普通高速钢(通用型高速钢)和高性能高速钢。

常用高速钢按其所含的主要合金元素可分为 W 系（如 W18Cr4V）和 Mo 系（如 W6Mo5Cr4V2）2 大类。它们共同特点是碳质量分数较高并含有较高的碳化物形成元素 W、Mo、Cr、V 等。C：碳溶入马氏体和形成碳化物增加其硬度和耐磨性；Cr：铬可形成碳化物，也可溶于奥氏体中使奥氏体稳定性提高，淬火后使马氏体具有较高的硬度，并可提高淬透性；W 与 Mo：钨与钼的主要作用是形成碳化物和提高钢的回火稳定性；V：钒与 C 能形成微细、弥散和稳定的 VC，可产生二次硬化提高回火稳定性，使钢具有很高的红硬性和耐磨性。

高速钢材料必须经反复锻造均匀组织并细化晶粒、淬火、回火后才能使用。大量的合金元素使高速钢的导热性比一般钢材低很多，淬火时应分级加热、盐浴或油冷分级淬火才能防止开裂。特别是淬火后需要立即回火三次，才能提高性能，这是需要特别注意的。

1. 普通高速钢

(1)W18Cr4V(W18)综合性能较好，可制造各种复杂刀具。淬火时过热倾向小，碳化物含量较高，塑性变形抗力较大。但碳化物分布不均匀，影响精加工刀具的耐用度，且强度及韧性不够。此外，热塑性差，不适于制造热轧刀具。该牌号过去在国内普遍使用，目前已日渐减少，在国外因钨较贵也很少使用。

(2)W6Mo5Cr4V2(M2)它最初是一些国家为解决缺钨而研制的，使用结果表明 1% 的钼可替代 2% 的钨。与 W18 相比，其抗弯强度提高约 30%，冲击韧度提高约 70%，且热塑性较好，主要用于制造热轧钻头和齿轮滚刀及承受冲击较大的插齿刀、刨齿刀等。

2. 高性能高速钢

所谓高性能高速钢是在普通高速钢中添加一些钴、铝等合金元素，提高了耐磨性和耐热性的新型高速钢，主要用于切削不锈钢、耐热钢、高温合金和超高强度钢等难加工材料。高性能高速钢只有在规定的使用范围和切削条件下才能取得良好的加工效果，加工一般钢时，其优越性并不明显。现介绍其中两种硬度达到 HRC67~70 的超硬高速钢。

(1)W2Mo9Cr4VCo8(M42)它具有优良的综合性能，允许较高的切削速度，磨削性能好。被加工材料的切削加工性越差，使用 M42 钢的效果越显著。例如用它来加工高温合金和不锈钢时，耐用度可提高 4~6 倍。但 M42 钢因含钴量较多，故价格昂贵。

（2）W6Mo5Cr4V2Al 又叫 501，是含铝超硬高速钢。它是在 W6Mo5Cr4V2（M2）钢中加入 1% 铝而制成的，是我国独创钢种。501 钢刀具有优良的切削性能，其耐用度比 W18 高出 1～2 倍，甚至可达 3～4 倍以上。501 性能已接近国外的 M42，价格却低得多。其主要缺点是淬火加热温度范围较窄，磨削性能较差。

3. 粉末冶金高速钢

为使高速钢组织均匀，晶粒细小，采用喷雾制粉、烧结成形的工艺方法制造的坯料叫粉末冶金高速钢，其综合性能比浇注锻打方法制造的高速钢好许多。特别是它无浇注工艺，能够限制偏析，可以加入更多的合金成分来提高性能。

常见高速钢的牌号及其应用范围见表 2 - 1。

表 2 - 1　常用高速钢牌号及其应用范围

类别		牌号	主 要 用 途
普通高速钢		W18Cr4V	广泛用于制造钻头、绞刀、铣刀、拉刀、丝锥、齿轮刀具等
		W6Mo5Cr4V2	用于制造要求热塑性好和受较大冲击载荷的刀具，如轧制钻头等
高性能高速钢	高碳	9W18Cr4V	用于制造对韧性要求不高，但对耐磨性要求较高的刀具
	高矾	W12Cr4V4Mo	用于制造形状简单，对耐磨性要求较高的刀具
	超硬	W6Mo5Cr4V2Al	用于制造复杂刀具和难加工材料用的刀具
		W10Mo4Cr4V3Al	耐磨性好，用于制造加工高硬度耐热钢的刀具
		W6Mo5Cr4V5SiNbAl	用于制造形状简单的刀具，如加工铁基高温合金的钻头
		W12Cr4V3Mo3Co5Si	耐磨性好，耐热性好，用于制造加工高强度钢的刀具
		W2Mo9Cr4VCo8（M42）	用作难加工材料的刀具，因其磨削性好可作复杂刀具，价格昂贵

2.2.3　硬质合金

硬质合金是把硬度很高的难熔金属碳化物（WC、TiC 等）粉末用金属粘结剂（Co 等）烧结在一起制成的刀具材料。所谓烧结，是指在工艺过程中，碳化物基体材料不熔化，由粘结剂熔化后将它们粘结在一起。硬质合金不是钢，无法进行锻造。其导热性、强度、韧性和工艺性能都比高速钢低很多，其刃口也无法磨削至高速钢那么锋利。但硬质合金的硬度、耐磨性和耐热性都比高速钢高。常温硬度可达 HRA89～93，在 800～1000℃ 还能进行切削，耐用度较高速钢高几十倍。当耐用度相同时，切削速度可提高 4～10 倍。

硬质合金因其切削性能好而被广泛用作刀具材料。在我国，绝大多数的车刀、铣刀、深孔钻等均已采用硬质合金，但形状复杂的刀具（如拉刀、齿轮刀具等）仍以高速钢为主。

根据 GB2075 - 87《切削加工用硬质合金分类、分组代号》的规定，硬质合金按加工对象，切削时排出切屑的形状分为三类。该规定与 ISO 的有关标准相一致：

K 类，适于加工短切屑的黑色金属（铸铁）、有色金属及非金属材料，以红色为标志。

P 类，适于加工长切屑的黑色金属（钢），以蓝色为标志。

M 类，适于加工长切屑或短切屑的黑色金属和有色金属，以黄色为标志。

根据被加工材质及适于加工条件的不同，可进一步将各类硬质合金按用途进行分组。

常用硬质合金的牌号按其金属碳化物的不同，可分为下列三种。

1. 钨钴类硬质合金(YG)

由 WC 和 Co 烧结而成，我国代号为 YG，属 K 类。该类硬质合金是最早出现的硬质合金，在切削铸铁、有色金属和非金属材料时，表现巨大的优越性。其特点是耐磨性非常高，抗弯强度及冲击韧性也较高。钨钴类硬质合金常用的牌号有 YG3、YG6、YG8 等，数字表示 Co 的质量百分比含量，其余为 WC 的含量。由于 WC 的密度比钴大很多，钴的体积百分比并不小。数字越大，含钴越多，粘结作用越强，强度和冲击韧性越高，但硬度越低。因此，YG8 适于粗加工，YG3 适于精加工，而 YG6 适于半精加工。YG6X 中的 X 表示细颗粒硬质合金。

最早用 YG 类切削长切屑的钢料时，表现不尽如人意。其原因是切屑与刀具发生粘结造成损害。为解决这一问题，发展出钨钛钴类硬质合金。

2. 钨钛钴类硬质合金(YT)

它以 WC 和 TiC 为基体，用 Co 作粘结剂烧结而成，我国代号为 YT，属 P 类。该类硬质合金抗前刀面的粘结磨损的能力很强，耐热性能好，切削长切屑的钢料时具有很大的优越性。但耐磨料磨损性能、强度和韧性比 YG 类差。因此适于高速加工钢料。

钨钛钴类硬质合金常用的牌号有 YT30、YT15(YT14)、YT5，数字表示 TiC 含量的质量百分比。TiC 含量越高，则其硬度、耐磨性、耐热性越好，但强度和韧性越差。所以 YT30 适合于钢料的精加工，YT5 适于粗加工，而 YT15 适于半精加工。

3. 钨钛钽(铌)类硬质合金(YW)

在 YT 类硬质合金中添加少量碳化物 TaC(NbC)而派生出的一类硬质合金，我国代号为 YW，W 代表"万用"，属 M 类。在 YT 类中加入 TaC(NbC)可提高其抗弯强度、疲劳强度、冲击韧性、高温硬度、抗氧化能力和耐磨性等。该类硬质合金是通用型硬质合金，既适于加工脆性材料如铸铁等，又适于加工塑性材料。

钨钛钽(铌)类硬质合金的常用牌号有 YW1 和 YW2，前者用于半精加工和精加工，后者用于半精加工和粗加工。

前面三类都是以 WC 为主要基体，称为碳化钨基硬质合金。

4. 碳化钛基硬质合金(YN)

碳化钛基硬质合金是以 TiC 为主要基体并添加少量其他碳化物，用 Mo 为粘结剂烧结而成的硬质合金。我国代号为 YN，N 代表"难加工"，属 P 类。因 TiC 在所有金属碳化物中硬度最高，所以此类合金硬度很高，并具有较高的耐磨性、抗月牙洼磨损能力。其耐热性、抗氧化能力以及化学稳定性好，与工件材料的亲合性小、摩擦系数小、抗粘结能力强，刀具耐用度比碳化钨基硬质合金高。它既可加工钢，也可加工铸铁。但其强度较低，当前主要用于精加工及半精加工。因其抗塑性变形、抗崩刃性差，所以不适用于重切削及断续切削。

碳化钛基硬质合金的常用牌号有 YN10、YN05。其中 YN10 适用于碳钢、合金钢、工具钢及淬硬钢的连续表面的精加工，而 YN05 适用于低、中碳钢、铸钢和合金铸铁的精加工。

含有碳化钛的硬质合金不适宜于切削含有钛的合金钢，例如不锈钢等。这是因为刀具中的钛元素与工件中的钛元素具有亲和作用，降低了刀具的耐用度。

常见硬质合金的应用范围见表 2-2。

表 2 – 2　各种硬质合金的应用范围

牌号	性　能		应 用 范 围
YG3X	硬度、耐磨性、切削速度↓	抗弯强度、韧性、进给量↑	铸铁、有色金属及其合金精加工、半精加工,不能承受冲击载荷
YG3			铸铁、有色金属及其合金精加工、半精加工,不能承受冲击载荷
YG6X			普通铸铁、冷硬铸铁、高温合金的精加工、半精加工
YG6			铸铁、有色金属及其合金的半精加工和粗加工
YG8			铸铁、有色金属及其合金、非金属材料粗加工,也可用于断续切削
YG6A			冷硬铸铁、有色金属及其合金的半精加工,也可用于高锰钢、淬硬钢的半精加工和精加工
YT30	硬度、耐磨性、切削速度↓	抗弯强度、韧性、进给量↑	碳素钢、合金钢的精加工
YT15			碳素钢、合金钢在连续切削时的粗加工、半精加工,亦可用于断续切削时的精加工
YT14			同 YT15
YT5			碳素钢、合金钢的粗加工,也可以用于断续切削
YW1	硬度、耐磨性、切削速度↓	抗弯强度、韧性、进给量↑	高温合金、高锰钢、不锈钢等难加工材料及普通钢料、铸铁、有色金属及其合金的半精加工和精加工
YW2			高温合金、高锰钢、不锈钢等难加工材料及普通钢料、铸铁、有色金属及其合金的粗加工和半精加工

2.2.4　其他刀具材料

1. 陶瓷

最早陶瓷指烧结氧化铝,后来把烧结金属氧化物也叫陶瓷,目前将非金属无机固体材料都叫陶瓷。陶瓷刀具材料主要有两大类:Al_2O_3 基陶瓷和 Si_3N_4 基陶瓷。其常温硬度可达 HRA 91 ~ 95,有很强的耐热性,在 1200℃高温下仍能保持 HRA80 的硬度,且化学稳定性好,有良好的抗粘结性能和较低的摩擦系数。以上这些特点使得陶瓷刀具有很高的耐用度,可进行高速切削,加工表面粗糙度值小。但是,其主要缺点是强度低,韧性小。因此,陶瓷刀具多用于精加工。

随着材料科学技术的不断进步,陶瓷材料的强度和韧性也不断提高。如氮化硅基陶瓷,它是将硅粉经渗氮、球磨后添加助烧剂,置于模腔中热压烧结而成的。这类陶瓷材料的硬度与氧化铝基陶瓷相仿,抗弯强度却大幅度提高,常用于高速切削冷硬铸铁、淬火钢、耐热合金等难加工材料。陶瓷的强度和韧性可用添加强化相或强化纤维的办法提高。

2. 金刚石

金刚石是碳(石墨)的同素异构体,是自然界中最硬的材料。作为刀具的金刚石材料有三种:天然金刚石、人造聚晶金刚石及金刚石复合刀片。

天然金刚石是单晶金刚石，它的物理性质是各向异性的。在某些晶向和晶面上磨出前刀面的刀具，比在另外一些晶向和晶面磨出前刀面的刀具的耐用度要高几倍。故它的磨削加工极为讲究，技术含量很高。它的刃口可以极为锋利，能够切下极薄的材料；表面粗糙度可以极小，摩擦系数很低，能够不产生积屑瘤；具有良好的导热性及较低的热膨胀系数。但它的耐热性差，抗弯强度低，脆性大，对振动敏感，与铁和碳有很强的化学亲和力，故通常不用于加工钢材。天然金刚石虽然切削性能优良，但由于资源稀少，价格昂贵，很少用作刀具材料，一般仅用于有色金属及其合金的精密和超精密车削镗削。用单晶金刚石刀具加工的工件的表面粗糙度可以极小（$Ra0.04 \sim 0.01$），称为镜面加工。

金刚石在800℃以上就石墨化变为石墨，故使用中必须限制切削温度。

石墨在极高的温度和压力下，配合其他条件（触媒）能发生晶格转变而成为人造金刚石。这样制作的金刚石单晶颗粒太小，不能制作单晶金刚石刀具。把人造金刚石微粒烧结在一起制成适宜作刀具的尺寸，叫聚晶金刚石。聚晶金刚石是各向同性的，其硬度比天然金刚石稍低，但抗弯强度大幅度提高，且价格较低。用人造金刚石颗粒作为磨料制作的砂轮，叫金刚石砂轮。

不论是单晶还是聚晶金刚石刀具，其体积都很小，必须焊接或粘结在硬质合金等高硬度的基体上才能加工和使用。

金刚石复合刀片是在硬质合金刀片的基体上烧结一层约0.5mm厚的聚晶金刚石而构成。它强度高，材质稳定，能承受冲击载荷，是金刚石刀具的发展方向。

3. 立方氮化硼（CBN）

立方氮化硼（CBN）是六方氮化硼在高温高压环境，由催化剂作用转变为立方晶体结构的人造刀具材料。CBN具有仅次于金刚石的极高的硬度（HV 7000）和耐磨性，耐热温度高达1400 ~ 1500℃，与铁系金属在约1200 ~ 1300℃时还不易起化学反应。抗粘结能力强，与钢的摩擦系数小，是极有前途的刀具材料。它在高温下与水易发生化学反应，故一般用于钢和铸铁的干切削。CBN不宜用于含钛钢的切削。

以硬质合金为基体的立方氮化硼复合刀片主要用于精加工与半精加工淬硬钢、冷硬铸铁、高温合金、热喷涂材料等难加工材料。刀具的耐用度为硬质合金或陶瓷刀具的几十倍。而立方氮化硼砂轮则用来磨削淬硬钢及高钒、高钼、高钴的高速钢，其耐用度为普通刚玉砂轮的几十至几百倍。近年来，国外研制出韧性与强度增高的CBN，已开始用于粗加工及用于制造铣刀、成形刀具和齿轮刀具等。

2.2.5 涂层刀具

涂层刀具是在韧性较好的硬质合金基体上，或在高速钢刀具基体上，涂覆一薄层耐磨性高的难熔金属化合物而获得的。涂层一般采用化学气相沉积法（CVD法）或物理气相沉积法（PVD法）获得。常用的涂层材料有TiC、TiN、Al_2O_3、金刚石等。涂层厚度硬质合金刀具为4 ~ 5μm，高速钢刀具为2μm。由于涂层材料有极高的抗磨损能力，较低的摩擦系数，基体具有合适的强度与韧性，涂层刀具表现出极好的综合性能。根据使用要求，涂层刀具还可被涂覆数层。

目前国外在刀具材料的选择上，首先考虑涂层刀具。涂层刀具的缺点是用钝以后不能重磨。

1. TiC 涂层

TiC 涂层是应用最多的涂层，也是应用最广的涂层。

2. TiN 涂层

TiN 涂层呈现非常漂亮的黄金般色彩，摩擦系数小，抗前刀面月牙洼磨损能力强，不易出现积屑瘤。其抗磨料磨损的能力也超过 TiC 涂层。

3. 陶瓷涂层

Al_2O_3 陶瓷涂层呈黑色，具有极强的热稳定性，允许极高的切削速度。其主要缺点是涂层很脆，一般只用于连续切削。

4. 金刚石涂层

金刚石涂层具有极高的抗磨料磨损能力，适宜于加工有硬质点的材料和纤维增强陶瓷复合材料。

刀具材料的性能对比见表 2 - 3。

表 2 - 3　普通刀具材料与超硬刀具材料性能与用途对比

材料性能	刀 具 材 料 种 类						
	合金工具钢	高速钢 W18Cr4V	硬质合金 YG6	陶瓷 Si_3N_4	天然金刚石	聚晶金刚石 PCD	聚晶立方氮化硼 PCBN
硬度	HRC65	HRC66	HRA90	HRA93	HV10000	HV7500	HV4000
抗弯强度	2.4GPa	3.2GPa	1.45GPa	0.8GPa	0.3GPa	2.8GPa	1.5GPa
导热系数	40～50	20～30	70～100	30～40	146.5	100～120	40～100
热稳定性	350℃	620℃	1000℃	1400℃	800℃	600～800℃	>1000℃
化学惰性			低	惰性大	惰性小	惰性小	惰性大
耐磨性	低	低	较高	高	最高	最高	很高
加工质量			一般精度 $Ra \leqslant 0.8$ IT7～8	$Ra \leqslant 0.8$ IT7～8	高精度 $Ra = 0.1～0.05$ IT5～6		$Ra = 0.4～0.2$ IT5～6 可替代磨削
加工对象	低速加工一般钢材、铸铁	一般钢材、铸铁粗、精加工	一般钢材、铸铁粗、精加工	高硬度钢材精加工	硬质合金、铜、铝有色金属及其合金、陶瓷等高硬度材料		淬火钢、冷硬铸铁、高温合金等难加工材料

2.2.6　刀具结构形式

刀具一般由切削部分和刀体部分组成。常见的刀具结构形式有如下几种。

1. 整体式

如图 2 - 3（a），整体式刀具指切削部分和刀体部分由同一种材料所制造，通常刀体部分作为切削部分磨损后的备份部分。由于材料消耗量大，这种刀具一般由高速钢或工具钢制造。这种结构形式的材料利用不是很合理，通常只有复杂结构的刀具如拉刀，需用户自行磨削的刀具如钻头，或者尺寸很小的刀具，才采用这种形式。

2. 焊接式

如图2-3（b），焊接式刀具的切削部分为高性能的刀具材料如硬质合金等，而刀体部分是工具钢或结构钢。焊接方式一般是硬钎焊。如果钎料为铜，就叫铜焊或走铜。铜焊的辅料为硼砂，焊接后切削部分通常可以重磨。这种结构方式材料利用合理，又可重磨调整，普通工厂的工具车间就能制造，是一种常见的结构形式。

3. 机械夹紧式

如图2-3（c），这种结构方式中，切削部分由机械结构夹紧在刀体上。如果切削部分可以重磨，叫机夹重磨式（图2-4）。如果切削部分不可以重磨，叫机夹不重磨式。由于切削部分是用机械夹紧的方式固定在刀体之上，故刀体一般可以重复使用。

金刚石和立方氮化硼之类的材料，一般先焊接在硬质合金上，然后才能进行机械夹固。机械夹固的切削部分一般要放在高硬度的垫子之上。

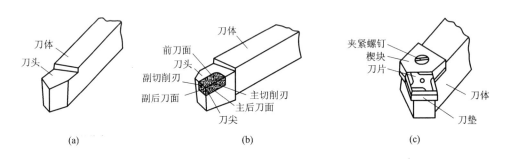

图2-3 车刀的结构形式

（a）整体式；（b）焊接式；（c）机夹式

4. 机夹可转位式

如果刀具切削部分不能重磨，并且有几个切削刃，通常采用机夹可转位的结构形式。图2-5就是一种机夹可转位车刀。

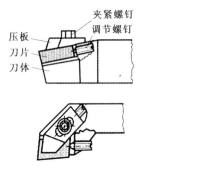

图2-4 机夹可重磨式

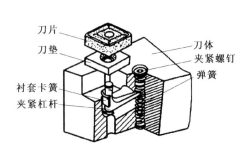

图2-5 可转位车刀组成

这种结构形式的刀具，在一个切削刃磨钝之后，将切削部分（称为刀片）转动一个角度重新夹紧，就可继续切削，直到所有的切削刃都使用完毕才更换刀片。这种形式的刀片要垫在高硬度的垫子上，夹紧方式要简单可靠，刀具所需的工作角度要靠合理设计刀体上的安装部分来实现。

由于硬质合金刀片、涂层刀片等不能重磨，机夹可转位结构形式是最常见的使用方法。

2.2.7　刀具材料比较

图 2-6 表示了刀具材料与切削速度的关系。

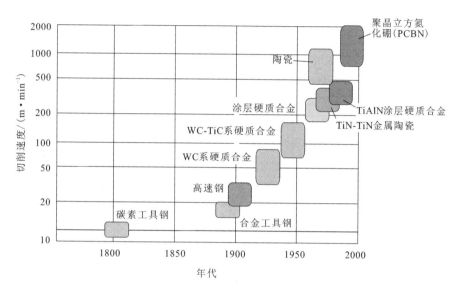

图 2-6　刀具材料的发展与切削加工高速化的关系

2.3　刀具切削部分的几何参数

切削刀具的种类很多，形状、结构各异，但是它们切削部分具有共同的几何特征，都可看成是由外圆车刀的切削部分演变和组合而成。各种刀具的切削部分都可抽象成车刀的切削部分。例如，刨刀的切削部分的形状与车刀相同，钻头可看作是两把一正一反拼在一起同时镗削孔壁的车刀，铣刀可看成是由多把车刀组合而成的复合刀具，其中每一个刀齿相当于一把车刀。

国际标准化组织(ISO)在确定金属切削刀具工作部分几何形状的一般术语及有关参数时，就是以车刀的切削部分为基础的。

2.3.1　车刀与刀具切削部分的组成

图 2-7 所示为外圆车刀。它由刀杆和切削部分所组成。刀杆用来将车刀夹持在刀架上。切削部分也称刀头，承担切削工作，它由下列要素组成：

(1)前刀面 A_γ：刀具上切屑流过的表面。也就是说，它是与切削下来的工件材料相接触的表面。如果想像成刀具不动，工件相对于刀具运动的话；工件相对于刀具的运动速度矢量穿入该表面。如果想像成工件不动，刀具相对于工件运动的话，该表面是迎着工件材料运动的表面。我们用 A 表示刀具上切削部分的表面，下标 γ 表示与前刀面有关的参数。如果前刀面由几部分组成的话，与主切削刃毗邻的部分称为主前刀面，与副切削刃毗邻的部分称为副前刀面。在不致引起混淆的情况下，在描述刀具有关参数时，可以将前缀"主"字省略，而前缀"副"字必须标明。

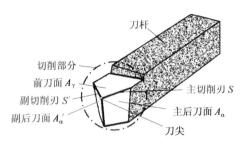

图 2-7　车刀

（2）主后刀面 A_{α}：刀具上与工件过渡表面相对的表面。如果想像成刀具不动，工件相对于刀具运动的话，工件相对于刀具的运动速度矢量从该表面穿出。切削加工中，与工件上新生成的表面相对着运动的表面叫主后刀面。该表面与前刀面相交形成主切削刃，该切削刃担负主要切削工作，故叫主后刀面。工件上的过渡表面与刀具的后刀面间必须存在缝隙。我们用下标 α 表示与后刀面有关的参数。

（3）副后刀面 A_{α}'：与工件已加工表面相对的表面。它也是后刀面，只是它与前刀面相交生成的切削刃担负次要的切削工作，为了与主后刀面相区别，称为副后刀面。所有带"副"字的刀具参数，都是在相应带"主"字（或者不带）的参数的代号上加一个上标"'"来表示。

（4）主切削刃 S：前刀面与主后刀面相交形成的交线。起始于切削刃上主偏角为零的点，也就是与进给速度 v_f 相切的点，是用来在工件上切出过渡表面的那段切削刃。我们用"S"表示切削刃。与切削刃有关的参数，都用下标"s"。

（5）副切削刃 S'：切削刃上除主切削刃以外的刃。它同样起始于主偏角为零的点，但它向背离主切削刃的方向延伸。

（6）刀尖：主切削刃与副切削刃的连接处相当少的一部分切削刃。在实际应用中，为增强刀尖的强度与耐磨性，多数刀具都在刀尖处磨出直线或圆弧形的过渡刃（如图 2-7）。

因此，刀具的切削部分是由"三面"、"两刃"和"一尖"组成。

通常，刀具的前后刀面不一定是平面，因此需要在切削刃上选定一个点来论述，称为"切削刃上的选定点"。对于曲面的情况，用该点的切平面来代表前、后刀面，用该点的切线来代表切削刃。如果该点在主切削刃上，所有参数描述中都带"主"。所有刀具都必须有（主）前刀面、主后刀面和主切削刃。对绝大部分刀具，也存在副前刀面、副后刀面、副切削刃，有些刀具甚至存在几个。主和副是相对的，要根据使用情况来决定。一般来说，迎着进给运动方向前进的切削刃是主切削刃。

2.3.2　刀具参考坐标系及刀具标注角度

1. 刀具标注角度参考系

在刀具设计、制造、刃磨、测量和使用过程中，必须要表述刀具切削部分的几何参数。为了精确表述有关参数，需要建立刀具的参考坐标系。只有这样，才能确定各切削刃和各刀面在空间相对于工件的倾斜状态，对切削刃和前、后刀面进行空间定向。

在假定（想像）的工作情况下，用于定义刀具几何参数的参考系，称为刀具标注角度参考系或静止参考系。在该参考系中定义的角度称为刀具的标注角度。在真实工作情况下，用于描述刀具工作状态的参考系，叫工作参考系。该参考系中定义的刀具角度叫工作角度。

　　建立刀具标注角度参考系时，只考虑进给速度的方向，不考虑进给速度的大小，即假定进给速度的大小趋近于零。通常假定选定点处于理想的位置，刀具处于理想的安装状态。例如假定车刀刀尖与工件的中心等高，车刀刀杆的中心线垂直于工件轴线安装等。

　　刀具标注角度参考系由下列参考平面所构成：

　　(1)基面 P_r：通过切削刃上的选定点，垂直于该点主运动方向的平面。即通过该点且以该点的切削速度为法向矢量的平面。通常 P_r 平行或垂直于刀具上便于在制造、刃磨和测量时进行定位和调整的底面或轴线。如车刀切削刃上各点的基面都平行于车刀的安装面(即底面)(图 2-8)，旋转类刀具的基面为通过选定点且包含刀具回转轴线的平面。就一般情况而言，切削刃上每一点的基面在空间的方位可能不相同，因此在描述基面时，必须在切削刃上指定一个选定点。该规定对所有参考平面都成立。我们用 P 表示刀具的参考平面，用下标"r"表示与基面有关的参数。

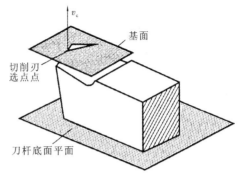

图 2-8　普通车刀的基面

　　(2)切削平面 P_s：通过切削刃上选定点，与该切削刃相切并垂直于基面的平面，亦即过切削刃上选定点，与工件上的过渡表面相切的平面(图 2-9)。从数学的角度描述，它是由切削刃在该点的切线和切削速度这两条相交直线所决定的平面。

　　(3)正交平面 P_o 与正交平面参考系：正交平面是通过切削刃上选定点，同时垂直于该点基面和切削平面的平面。换句话说，它是垂直于切削刃在基面上投影的平面(图 2-9)。显然有 $P_r \perp P_s \perp P_o$，这三个平面组成一个空间直角(正交)坐标系，称为正交平面参考系。我们用下标"o"表示与正交平面有关的参数。

　　(4)法平面 P_n 与法平面参考系：法平面是通过切削刃上选定点，垂直于切削刃(在该点的切线)的平面(图 2-9)。P_r、P_s、P_n 组成一个空间斜角坐标系，称为法平面参考系。我们用下标"n"表示与法平面有关的参数。应注意该平面与基面并不垂直。

　　(5)假定工作平面 P_f、背平面 P_p 及其参考系：通过切削刃上选定点，垂直于该点基面，包含假定进给运动方向的平面(图 2-10)，称为假定工作平面(又叫进给平面)。通过切削刃上选定点，垂直于该点基面和假定工作平面的平面，称为背平面(图 2-10)。"背"表示"背吃刀量"，有时也叫切深平面。显然，P_r、P_f、P_p 组成了一个空间直角坐标系，称为假定工作平面-背平面参考系，又叫进给平面-背平面(切深平面)参考系。我们用下标"f"和"p"表示与进给平面和背平面有关的参数。

　　上述三种刀具标注角度参考系，都可以描述刀具切削部分的几何角度。在一种参考系内定义的一组完整参数，都可以换算成另一种参考系内的一组完整参数。我国和德俄多采用正交平面参考系，它能比较准确地反映刀具切削状态；法剖面参考坐标系($P_r - P_s - P_n$)便于刃磨时在三向虎钳上调整角度，英法使用较多；假定工作平面-背平面参考坐标系($P_r - P_f - P_p$)坐标轴方向与机床坐标系的坐标方向一致，简单明了，便于在数控机床上使用，美国使用较多。由于计算机的普及，这三种坐标系之间的角度换算已不存在问题。

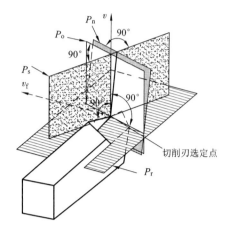

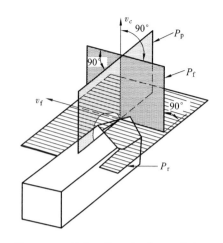

图 2 – 9　正交平面参考系与法平面参考系　　　　图 2 – 10　假定工作平面、背平面参考系

2. 刀具的标注角度

在刀具的标注角度参考系中确定刀具切削部分各要素的空间角度，称为刀具的标注角度，如图 2 – 11 所示。

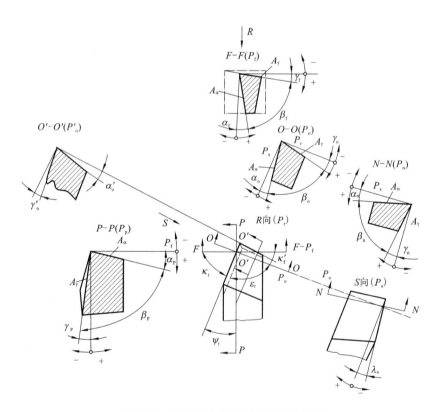

图 2 – 11　标注角度参考系内的刀具角度

22

（1）在正交平面参考系内的标注角度

1）在正交平面 P_o 内定义和度量的角度：

正交前角 γ_o：通过切削刃上的选定点，由该点前刀面 A_γ 与基面 P_r 间组成的夹角，在正交平面 P_o 中度量。必须注意，该角度不是几何中的二面角，二面角的度量平面是垂直于相交棱线的平面，而刀具角度的度量平面必须是前面所定义的参考平面之一。我们用下标"o"、前缀"正交"来表示度量平面为正交平面，今后都照此处理。为了叙述简便，在下面的叙述中我们省略了"通过切削刃上的选定点"这个前提条件，但我们应当认为每个定义中都包含这句话。

正交后角 α_o：后刀面 A_α 与切削平面 P_s 间的夹角，在交平面 P_o 中度量；

正交楔角 β_o：前刀面 A_γ 与后刀面 A_α 之间的夹角，在正交平面 P_o 中度量。

楔角与前角、后角有如下的关系：

$$\beta_o = 90° - (\gamma_o + \alpha_o) \tag{2-4}$$

楔角 β_o 不是一个独立角度，而是一个派生角度，且只有正值。能够正常工作的后角 α_o 也只能取正值。前角 γ_o 的值则可正可负，其正负值规定如下：

在正交平面 P_o 中，基面处于刀具材料之中时前角为负，基面处于材料之外时前角为正。或者说，切削刃"高"时前角为正。也可认为前刀面与切削平面之间的夹角小于 90° 时，前角为正。在正交平面 P_o 中，切削平面必须处于刀具材料之外，与后刀面之间形成间隙，刀具才能工作，这种情况的后角是大于零的。必须特别强调，后角小于零的刀具是不能正常工作的。

2）在基面中度量的角度有：

主偏角 κ_r：切削平面与假定工作平面间的夹角，只有正值。也可认为是进给速度在基面的投影与切削平面间的夹角。

3）在切削平面内测量的角度有：

刃倾角 λ_s：主切削刃与基面间的夹角。当刀尖位于主切削刃上最高点时，λ_s 为正值；当刀尖位于主切削刃上最低

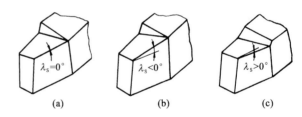

图 2 - 12　刃倾角的符号

点时，λ_s 为负值，如图 2 - 12 所示。或者说，增强刀尖的刃倾角为负值，削弱刀尖的刃倾角为正值。

在正交平面参考系里，只要标注上述正交前角 γ_o、正交后角 α_o、主偏角 κ_r 和刃倾角 λ_s 就可以确定主切削刃在空间的方位。

若要确定副切削刃在空间的方位，同样需要类似于上述角度的四个角度：副切削刃上的副正交前角 γ_o'、副正交后角 α_o'、副刃倾角 λ_s'、副偏角 κ_r'。

对前后刀面都是平面的普通车刀，主切削刃上的四个基本角度 γ_o、α_o、κ_r、λ_s 确定之后，副切削刃上的 γ_o' 和 λ_s' 亦随之确定，因此在刀具工作图上，只需对副切削刃标出 α_o' 和 κ_r' 即可。

副后角 α_o'：在副切削刃上选定点的副正交平面 P_o' 内，副后刀面与副切削平面间的夹角。副切削平面是通过副切削刃上选定点的切线且包含该点切削速度向量的平面。

副偏角 $\kappa_r{}'$：副切削平面与进给方向在基面的投影之间的夹角，只有正值。与主偏角不同，进给方向是指进给速度离开的方向。

此外，有时还用到以下两个派生角度：

刀尖角 ε_r：主切削平面与副切削平面之间的夹角，也就是主切削刃和副切削刃在基面内的投影之间的夹角，只有正值。

ε_r、κ_r 和 $\kappa_r{}'$ 三者有如下关系：

$$\varepsilon_r = 180° - (\kappa_r + \kappa_r{}') \qquad (2-5)$$

余偏角 ψ_r：主切削平面与背平面间的夹角，有：

$$\psi_r = 90° - \kappa_r \qquad (2-6)$$

在我国，通常把正交平面参考系内度量的刀具参数的前缀"正交"二字省略。历史上，我国把正交平面称为"主剖面"，把用剖面图表示的平面都叫"剖面"，刀具在主剖面参考系内度量的刀具角度都不带前缀，如"前角"就指"主正交前角"。

正交前角 γ_o，正交后角 α_o，主偏角 κ_r 和刃倾角 λ_s 组成了描述主切削刃的 4 个角度，对平面型前刀面的车刀，加上描述副切削刃的角度副偏角 $\kappa_r{}'$ 和副后角 $\alpha_o{}'$，这 6 个角度就可唯一确定平面型车刀切削部分的几何形状，称为一组完备角度。有了一组完备角度，该参考系内的其他任何角度和其他参考系内的所有角度都可以计算出来。

（2）在法平面参考系内的标注角度

法平面参考系的标注角度与正交平面参考系的标注角度的区别，是前角、后角的度量平面不同。法前角 γ_n 是在法平面 P_n 内度量的前刀面 A_γ 与基面 P_r 间组成的夹角，法后角 α_n 是在法平面 P_n 内度量的后刀面 A_α 与切削平面 P_s 间的夹角。同样也有副法前角和副法后角。在基面和切削平面内度量的角度与主平面参考系相同。平面型车刀在该参考系内的一组完备角度是 γ_n、α_n、κ_r、λ_s、$\kappa_r{}'$ 和 $\alpha_n{}'$ 等共 6 个。

（3）在进给平面 - 背平面参考系中的标注角度

除了在基面内度量的角度与在正交平面参考系中的相同外，在进给平面 - 背平面参考系中的标注角度还有在进给平面 P_f 内度量的进给前角 γ_f 和进给后角 α_f，在背平面 P_p 内度量的背前角 γ_p、背后角 α_p 等。与正交平面与法平面不同，在进给平面 - 背平面参考系中，平面型车刀的一组完备角度是 κ_r、γ_f、α_f、、γ_p、α_p、$\kappa_r{}'$、$\alpha_f{}'$ 和 $\alpha_p{}'$ 等共 8 个。

2.3.3　刀具角度的换算

刀具角度是空间两个平面间的夹角，度量平面不同，度量得到的数值也不同。为了不同的目的，常需要由一个参考平面内刀具角度的数值，计算出另一个参考平面内的数值。这一过程叫角度换算。

例如，在刀具刃磨中，常常需要知道主切削刃在法平面内的角度；许多斜角切削刀具，特别是大刃倾角刀具，必须标注法平面角度。下面以刃倾角为 λ_s 的车刀为例，推导正交平面与法平面间刀具角度的关系。

如图 2 - 13 所示，做一个与过 M 点的切削平面相平行的平面，交 P_o 于 ab，交 P_n 于 ac，交前刀面于 bc。直角三角形 $\triangle Mab$ 的直角为 $\angle Mab$，直角三角形 $\triangle Mac$ 的直角为 $\angle Mac$，直角三角形 $\triangle acb$ 的直角为 $\angle acb$，$\angle bac = \lambda_s$（两边分别垂直的角），直线 ac 是前刀面的垂线。

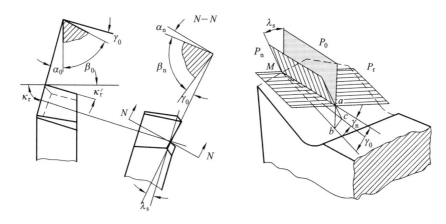

图 2 - 13　正交平面与法平面的角度换算

可得：

$$\tan\gamma_n = \frac{\overline{ac}}{\overline{Ma}}$$

$$\tan\gamma_0 = \frac{\overline{ab}}{\overline{Ma}}$$

$$\frac{\tan\gamma_n}{\tan\gamma_0} = \frac{\overline{ac}}{\overline{Ma}} \cdot \frac{\overline{Ma}}{\overline{ab}} = \frac{\overline{ac}}{\overline{ab}} = \cos\lambda_s$$

即：

$$\tan\gamma_n = \tan\gamma_0 \cdot \cos\lambda_s \qquad (2-7)$$

我们想像让刀具的楔角无限减小趋近于零，后刀面就和前刀面重合，前角就等于 90°减后角，在这种情况下：

$$\tan(90° - \alpha_n) = \tan(90° - \alpha_o) \cdot \cos\lambda_s$$

可得后角的换算公式：

$$\cot\alpha_n = \cot\alpha_o \cdot \cos\lambda_s \qquad (2-8)$$

正交平面与任意平面的角度换算

假定某一与 A 点切削平面成 θ 角的平面剖切刀具（垂直于基面），如何计算该平面内度量的前角和后角值？我们可以认为前刀面是由基面先绕切削刃旋转一个角度 γ_o，再绕 A 点的正交平面与前刀面的交线 AF 旋转一个角度 λ_s 经两次旋转得到（图 2 - 14）。A 点的 P_o 为 EAF，做与其平行的平面 GBCH；A 点的 P_s 为 AGH，做与其平行的平面 BEFC，直线 BC 是基面的垂线。

$$\tan\gamma_\theta = \frac{\overline{BC}}{\overline{AB}} = \frac{\overline{BD} + \overline{DC}}{\overline{AB}} = \frac{\overline{EF} + \overline{DC}}{\overline{AB}} = \frac{\overline{AE}\tan\gamma_0 + \overline{DF}\tan\lambda_s}{\overline{AB}} = \frac{\overline{AE}}{\overline{AB}} \cdot \tan\gamma_0 + \frac{\overline{DF}}{\overline{AB}} \cdot \tan\lambda_s$$

$$= \sin\theta \cdot \tan\gamma_o + \cos\theta \cdot \tan\lambda_s$$

即：

$$\tan\gamma_\theta = \tan\gamma_o \cdot \sin\theta + \tan\lambda_s \cdot \cos\theta \qquad (2-9)$$

同样通过推理可得：

$$\cot\alpha_\theta = \cot\alpha_o \cdot \sin\theta + \tan\lambda_s \cdot \cos\theta \qquad (2-10)$$

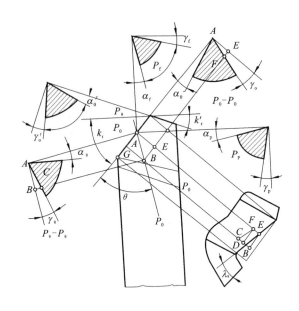

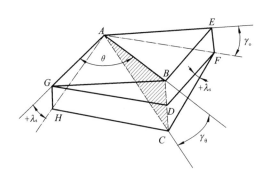

图 2 - 14 正交平面与垂直于基面的任意平面的角度换算

当 $\theta = 0$ 时: $\tan\gamma_\theta = \tan\lambda_s$, $\gamma_\theta = \lambda_s$

当 $\theta = 90° - k_r$ 时, 可得切深前角 γ_p :

$$\tan\gamma_p = \tan \gamma_o \cdot \cos k_r + \tan \lambda_s \cdot \sin k_r \qquad (2-11)$$

当 $\theta = 180° - k_r$ 时, 可得切进给角 γ_f :

$$\tan\gamma_f = \tan \gamma_o \cdot \sin k_r - \tan \lambda_s \cdot \cos k_r \qquad (2-12)$$

式(2-9)对 θ 求导数, 令导数为零求极值, 可得最大前角 γ_g。

$$\tan \gamma_g = \sqrt{\tan^2\gamma_0 + \tan^2\lambda_s} \qquad (2-13)$$

或

$$\tan \gamma_g = \sqrt{\tan^2\gamma_f + \tan^2\gamma_p} \qquad (2-14)$$

该前角是垂直于基面与前刀面交线的平面内度量的前角, 也就是几何上基面与前刀面间的二面角, 是所有垂直于基面的平面内所度量的前角的极大值。

最大前角所在平面同主切削刃在基面上投影之间夹角 θ_{max} 为:

26

$$\tan\theta_{\max} = \frac{\tan\gamma_0}{\tan\lambda_s} \tag{2-15}$$

相同的分析方法可用于对后角的分析。

2.3.4　刀具工作角度

上述刀具标注角度,是在假定运动条件和假定安装情况下给出的。如果考虑实际运动情况和实际安装情况,则刀具的工作情况可能与假定情况不一致,从而形成了与标注角度不同的工作角度。其符号的表示方法为,在相应标注角度右下标后再加英文字母"e",如 γ_{oe}、α_{oe} 等。e 表示 effective,是实际起作用的参数。

通常的进给运动速度远小于主运动速度,刀具的工作角度近似地等于标注角度。(如果切削速度大于进给速度 60 倍以上,对工作角度的影响不大于 $1°$)。但有时进给速度或刀具的安装对切削角度的大小产生显著影响(如车丝杆或多线螺杆、铲背及有意将刀具位置装高、装低、左右倾斜),就需要计算刀具的工作角度。

1. 横向进给运动对工作角度的影响

以横向进给切断工件为例(图 2-15)。图中 P_s、P_r 为标注切削平面和基面,γ_f、α_f 为标注进给前角和后角。当考虑到切断的横向直线进给运动时,该点相对于工件的运动轨迹为阿基米德螺旋线,切削平面变成为通过该点切于阿基米德螺旋线的工作切削平面 P_{se}(根据前面定义,切削平面应包含切削速度,工作切削平面应包含合成切削运动速度),基面变为 P_{re}(应垂直于合成运动速度 v_{ce})垂直于 P_{se}。这时工作前、后角 γ_{fe}、α_{fe} 的大小为:

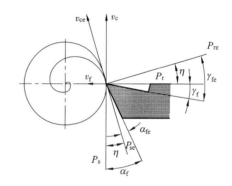

图 2-15　横向进给速度对工作角度的影响

$$\gamma_{fe} = \gamma_f + \eta \tag{2-16}$$
$$\alpha_{fe} = \alpha_f - \eta \tag{2-17}$$

式中 η 为主运动方向与合成切削速度方向间的夹角,在进给平面 P_f 内度量。

设切削过程中不断减小的工件半径的瞬时值为 R,工件每转一转,刀具沿切削速度的运动距离为 $L = 2\pi R$,刀具的横向运动距离为进给量 f,

故 $$\tan\eta = f/(2\pi R) \tag{2-18}$$

上式说明 η 值随切削刃不断趋近工件中心而逐步增大。在 $0.2~\text{mm/r}$ 的进给量下,当切削刃离工件中心 $1~\text{mm}$ 时,$\eta \approx 1°40'$;当切削刃进一步接近工件中心时,η 值急剧增大,这时的工作后角 α_{oe} 由正变负,致使工件最后被挤断。

由于基面和切削平面是相互垂直的,前角增大时后角就会减小,前角减小时后角就会增大,并且增减的数量完全相等。

2. 纵向进给运动对工作角度的影响

若考虑纵向进给运动的影响,则如图 2-16 所示,合成切削运动方向相对于主运动方向倾斜 μ_f 角。这时的工作基面 P_{re} 为通过切削刃上选定点垂直于合成切削运动方向的平面,工作切削平面 P_{se} 为通过选定点切于螺旋面的平面,P_{se} 垂直于 P_{re}。即参考平面在空间偏转角度

μ_f，从而有：

$$\gamma_{fe} = \gamma_f + \mu_f \qquad (2-19)$$

$$\alpha_{fe} = \alpha_f - \mu_f \qquad (2-20)$$

$$\tan\mu_f = f/(\pi d_w) \qquad (2-21)$$

式中：f——进给量，单位为 mm/r；

d_w——工件直径，单位为 mm。

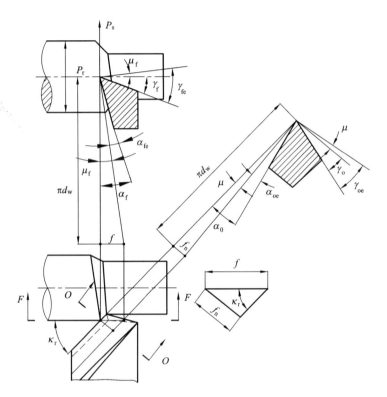

图 2-16 纵向进给运动对工作角度的影响

在正交平面 P_o 内的工作角度为：

$$\gamma_{oe} = \gamma_o + \mu \qquad (2-22)$$

$$\alpha_{oe} = \alpha_o - \mu \qquad (2-23)$$

式中：μ——正交平面 P_o 内角度的变化值。

由图 2-16 中，μ 值为：

$$\tan\mu = f_n/(\pi d_w) = f\sin\kappa_r/(\pi d_w) = \tan\mu_f \sin\kappa_r \qquad (2-24)$$

可见，纵向进给运动使车刀的工作前角增大、工作后角减小。通常，外圆车削时进给量 f 很小，即使工件直径只有 10 mm，μ 值为 $30' \sim 40'$，可忽略不计。但在车螺纹，尤其是多线螺纹时，或者工件直径很小时，μ 值较大，必须对工作角度进行计算。特别应注意，μ 值对螺纹车刀左右两侧切削刃工作角度的影响正好相反，一边增大，另一边减小。

3. 刀尖安装高低对工作角度的影响

如图 2-17 所示，用 $\lambda_s = 0°$ 的车刀车削外圆，当车刀的刀尖高于工件中心时，其基面和切削平面的方向发生变化。在背平面内，刀具工作角度与标注角度发生改变，工作角度 γ_{pe} 增大，α_{pe} 减小，其大小为：

$$\gamma_{pe} = \gamma_p + \theta_p \qquad (2-25)$$
$$\alpha_{pe} = \alpha_p - \theta_p \qquad (2-26)$$

式中：θ_p——背平面角度变化值。

若切削刃低于工件中心，则工作角度的变化情况正好相反。

镗孔时，刀具安装高低对工作角度的影响，正好与加工外圆时相反。

设安装高度高出工件中心线的距离为 h，工件半径为 R，则：

$$\sin\theta_p = h/R \qquad (2-27)$$

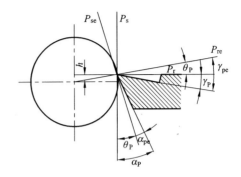

图 2-17　刀具安装高度的影响

4. 刀杆中心线与进给运动方向不垂直时对工作角度的影响

当刀杆中心线与进给运动方向不垂直时，标注角度的主偏角 κ_r 与副偏角 $\kappa_r{}'$ 分别变为工作主偏角 κ_{re} 和工作副偏角 $\kappa_{re}{}'$。如图 2-18 所示，制造刀具时假定的进给方向垂直于刀具轴线，为 AB，安装时刀具轴线偏转了一个角度 G，安装后实际的进给方向为 CD，可以得到：

$$\kappa_{re} = \kappa_r \pm G \qquad (2-28)$$

式中：G——刀杆中心线与进给方向的垂线之间的夹角。

如图 2-18 所示，当刀杆的后部向右偏斜时，上述公式取上面的符号；反之，取下面的符号。

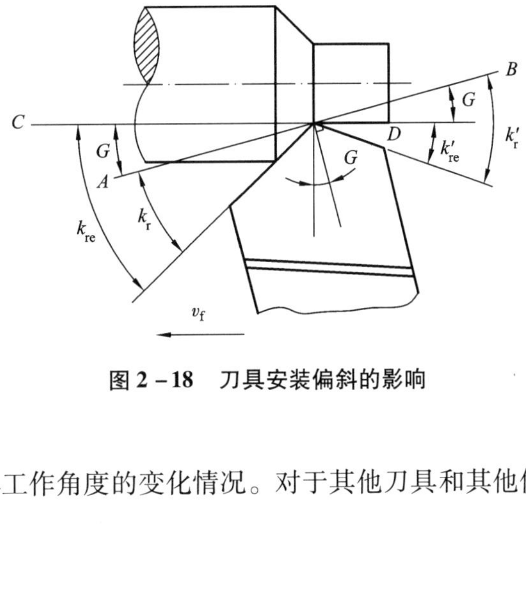

以上只是由车削过程举例说明刀具

图 2-18　刀具安装偏斜的影响

实际工作情况与假定工作情况不同时，刀具工作角度的变化情况。对于其他刀具和其他使用情况，可根据同样的原理进行分析。

2.3.5　切削层参数

切削层是刀具的一个刀齿一次所切削下的材料层，该层金属形成一个单一的切屑。切削层的大小和形状直接决定了刀具切削刃所承受的负荷大小及切屑的形状和尺寸。

以普通外圆车削为例（见图 2-19），当前车刀的位置为 II，等到下一转时运动到位置 I，平行四边形 $ABCD$ 就是下一刀要切除的材料层，称为切削层。

实际上，由于副偏角的存在，真正被切除掉的材料为 $EBCD$，三角形 ABE 部分的材料被残留在工件表面上，称为切削层残留面积。进给量不同，主偏角和副偏角的大小不同，切削刃的形状不同，得到的切削层残留面积也不同。一般情况下，残留面积在切削层中所占比例很小，为了研究方便，研究切削层时通常都将其忽略不计。

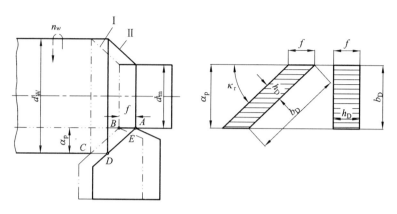

图 2 - 19   外圆车削时的切削层参数

一般把主切削刃选定点的基面 P_r 作为切削层参数的测量平面。

（1）切削层公称厚度 h_D（又称切削厚度 a_c）：在主切削刃选定点的基面内，垂直于过渡表面（切削平面）度量的切削层尺寸，单位是 mm。改变进给量 f 时，切削层公称厚度 h_D 会随同改变。切削层公称厚度 h_D 变化时，所切削下的切屑的厚度会随同改变。故英文叫"未变为切屑前的切屑厚度"。

（2）切削层公称宽度 b_D（又称切削宽度 a_w）：在主切削刃选定点的基面内，沿过渡表面度量的切削层尺寸，单位是 mm。切削层公称宽度 b_D 变化时，刀具切削刃参加工作长度会随同改变。改变背吃刀量 a_p 时，切削层公称宽度 b_D 会随同改变。

（3）切削层公称横截面积 A_D（旧称切削面积 A_c）：在主切削刃选定点的基面内的切削层截面面积，单位是 mm^2。

假设为外圆车削，主切削刃为直线，$\lambda_s = 0$，则有下列关系：

$$h_D = f \cdot \sin\kappa_r \qquad (2-29)$$
$$b_D = a_p / \sin\kappa_r \qquad (2-30)$$
$$A_D = f \cdot a_p = h_D \cdot b_D \qquad (2-31)$$

可见，κ_r 增大时，h_D 增大，b_D 减小。不论 κ_r 的大小，切削层面积总是等于 f 乘以 a_p。

2.4   金属切削过程

金属切削过程是指通过切削运动，使刀具从工件上切下多余的金属层，形成切屑和已加工表面的过程。在这一过程中产生了一系列的现象，如切屑变形、切削力、切削热与切削温度、刀具磨损等。通过研究这些现象的成因、作用和变化规律，来达到合理使用与设计刀具、夹具和机床，保证切削加工质量，减少能量消耗，提高生产效率，降低生产成本和促进生产技术发展等目的。

2.4.1   切屑的形成过程及变形区的划分

1. 切削变形的力学本质

为了研究金属切削过程，我们从最简单的切削情况开始研究。如果只有一个直线切削刃参加工作，并且该切削刃与切削速度的方向垂直（即刃倾角为零），我们称之为直角自由切削［图 2-20(a)］，又叫正切削，这是最简单的切削过程；如果切削刃与切削速度不垂直，就叫斜角切削［图 2-10(b)］；如果参加工作的切削刃不止一条，或者切削刃不是直线，就叫非自由切削。斜角非自由切削是最普遍的情况［图 2-20(c)］，变形过程也比直角自由切削复杂得多，但我们还是能够从直角自由切削的变形情况估计出斜角非自由切削的变形情况来。

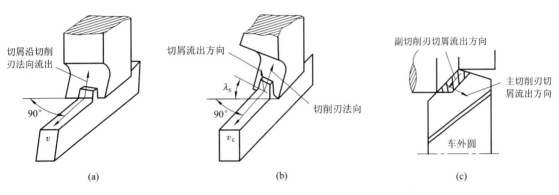

图 2-20　切削过程的分类

以直角自由切削为例，由材料力学可知，金属试件在受 F 力挤压时［图 2-21(a)］，其内部在 F 方向将产生正应力，在与 F 方向大约成 45°方向的斜截面内将出现最大剪切应力。在切应力达到材料的屈服强度时，将在此方向（即图中 DA 和 CB 方向）首先产生滑移。刀具切削工件的情况［图 2-21(b)］与挤压相似，在刀具的推挤作用下，工件内部在与外力成 45°方向上将产生最大切应力，由于在 BC 方向上受到切削层以下金属的限制，所以通常只在 AD 方向产生滑移。

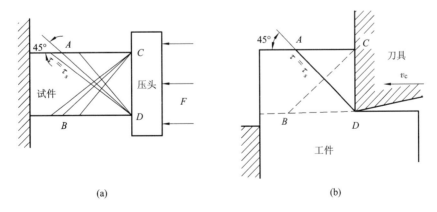

图 2-21　挤压与切削的比较

2. 切屑形成过程

塑性材料的切屑形成如图 2-22 所示，当工件材料向着刀具前刀面运动时，切削层内的 P 点逐渐趋近切削刃。当它到达点 1 的位置时，其剪切应力达到了材料的剪切屈服强度，即

$\tau = \tau_s$，在该位置产生塑性变形。P 点在向前移动的同时，还沿 OA 方向滑移，其合成运动使 P 点从点 1 流动到点 2 的位置，$2-2'$ 即为其滑移量。由于塑性变形过程中的加工硬化现象，材料的屈服强度提高。随着滑移的不断产生，切应力将逐渐增加，即当 P 点不断向 1、2、3、… 各点流动时，其切应力不断增加，直至到达点 4 位置时，其流动方向才与刀具前刀面平行，不再沿 OM 线滑移。图 $2-22$ 中的 OA、OB、OC、OM 是一簇分别通过点 1、2、3、4 的等剪切应力曲线，也是一簇滑移线。OA 称始滑移线，OM 称终滑移线。P 点通过终滑移线后不再产生塑性变形。OA 和 OM 以及自由表面 AM 所包围的区域，称为第一变形区。由于切屑形成的应变速度很快，时间极短，OA 与 OM 之间距离仅为 $0.02 \sim 0.2$ mm，可以用一个平面来代替，图 $2-22$ 是为了说明问题才绘制成很宽阔的一个区域。通常用终滑移线 OM 来代替第一变形区（I），称 OM 为剪切面，并用它来代表滑移方向。在第一变形区内，变形的主要特征是工件材料沿滑移线（面）的剪切变形，并伴有加工硬化现象。图 $2-24$（a）形象地说明了切屑的形成过程。如图 $2-24$（b）所示，对于切削层的一层材料 $mnBA$ 来说，经过剪切面的剪切变形后，变为切屑上的一层材料 $ABm''n''$。这个过程连续地进行，切削层便连续地通过前刀面转变为切屑。此图与形成切屑时的实际变形较接近，故称之为切屑形成模型。

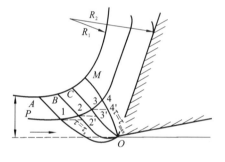

图 2 – 22 第一变形区的滑移过程

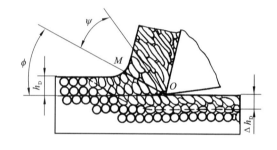

图 2 – 23 滑移与晶粒的伸长

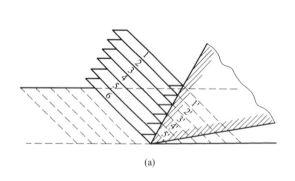

(a)

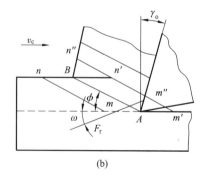

(b)

图 2 – 24 切屑形成模型

从金属晶体结构的角度来看，切削层沿滑移线的剪切变形，就是沿晶格中晶面的滑移。金属原材料的晶粒，可假定为圆形颗粒。晶粒在到达始滑移线 OA 以前为圆形，晶粒进入第一变形区后，因受切应力作用产生滑移，致使晶粒变为椭圆形（图 $2-23$）。椭圆的长轴方向就是晶粒伸长的方向和金属纤维化的方向，它与剪切面的方向是不重合的，二者间成一夹角 ψ。剪切面与主运动方向之间的夹角称剪切角，用 ϕ 表示。

这种解释也得到了实际试验的验证。图 2-25 是切屑根部的金相照片。这种照片是在正在进行直角自由切削过程中(如用主切削刃较宽，刃倾角为零，主偏角等于 90° 的车刀径向进给车削薄盘状工件)，用快速落刀机构突然停止切削过程，将正在进行的状态冻结凝固下来，再进行磨平、抛光、腐蚀照相，得到的切屑根部金相照片。从材料的金相组织变化，就可推断出切削变形的过程来。常见的快速落刀机构有爆炸式、锤击式等。以爆炸式落刀机构为例，车刀支撑在剪切销上，车削过程中炸药爆炸，剪切销被突然剪断，刀具以极高的速度掉下脱离切削，就能够保留切削现场。图中刀具在右上方从右向左运动，BO 线代表切削速度，该线以上的材料被转换成切屑。可以看出，AO 线以下的金属没有变形，保持基体的金相结构。从 AO 线开始，材料开始变形，故 AO 是始滑移线；到 MO 线以后，材料金相结构保持不变，故 MO 是终滑移线；AMO 区域是滑移变形区(Ⅰ)，用 MO 代表剪切线，$\angle MOB$ 为剪切角。虚线所示的方向是晶粒伸长的方向，可以看出与剪切面的方向是不一致的。

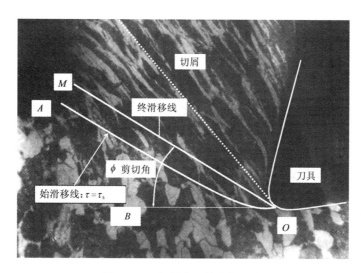

图 2-25　切屑变形的金相照片

必须注意，所谓的变形区，是指晶粒组织不断发生改变的区域，当晶粒组织保持不变时，变形区域也就结束了。不能把晶粒组织发生了变化的区域都包含在变形区中。这个论断对后面将要论述的其他变形区同样有效。

3. 三个变形区域

工件上的切削层材料经过第一变形区(Ⅰ)以后，形成的切屑要沿前刀面方向排出，还必须克服刀具前刀面对切屑挤压而产生的摩擦力。切屑在受前刀面挤压摩擦过程中进一步发生变形(第二变形区的变形)，这个变形主要集中在与前刀面摩擦的切屑底面(靠近前刀面)的一薄层金属里，表现为该处晶粒纤维化的方向和前刀面平行。这种作用离前刀面愈远影响愈小。这种现象从图 2-25 中也可以看出。切屑形成模型只考虑剪切面的滑移，实际上由于第二变形区的挤压，这些单元底面被挤压伸长，从平行四边形变成梯形，造成了切屑的弯曲。应当指出，第一变形区与第二变形区是相互关联的。前刀面上的摩擦力增大时，切屑排出不顺,挤压变形加剧,以致第一变形区的剪切滑移变形也会随之增大。该区域的摩擦产生的热量使刀－屑接触面附近温度急剧升高。

第三变形区是新生成的表面与刀具后刀面和刀刃圆角挤压摩擦而发生的变形区域(Ⅲ)。从 2-25 可以看出,BO 线以下的金属不能被切除,运动到 O 点后与切屑分离后,一薄层材料在刀具刃口和后刀面的挤压和摩擦下,绕过切削刃到了切削刃的后方,发生塑性变形,直到快要离开后刀面时,这种变形才会结束。这就是刀具必须要有后角的原因,如果刀具没有后角,这个变形区就会一直扩展。这个变形区的变形结果,使得新生成的表面的晶粒的纤维化的方向与切削速度的方向平行,使新生成的表面发生加工硬化。正是由于这个变形区材料的作用,刀具刃口附近的后刀面会被摩擦成一个与切削速度方向平行的小平面,切削时间越长,摩擦出的平面就越宽。由于这个变形区的存在,刀具切削刃的刃口半径越大,该变形区的影响范围就越大,变形过程就越广,变形程度就越严重,对切削过程

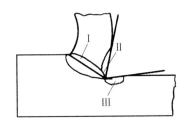

图 2-26　三个变形区

就越不利。该层金属的下方,材料只经受弹性变形或不发生变形。三个变形区的位置如图 2-26 所示。

2.4.2　切屑变形程度的衡量指标

为了描述切屑的变形程度,通常用相对滑移和变形系数两种衡量指标。其表示和计算方法如下。

1. 相对滑移

从图 2-27 中可知,当切削层材料平行四边形 $OHNM$ 产生剪切变形后变为切屑中的材料 $OGPM$ 时,沿剪切面 OM 产生的滑移量为 Δs。用单位厚度所产生的滑移量表示切削变形的程度,称为相对滑移,用 ε 表示:

$$\varepsilon = \frac{\Delta s}{\Delta y}$$

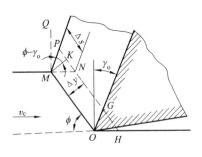

图 2-27　相对滑移

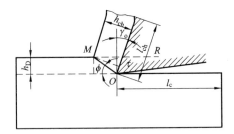

图 2-28　切屑的变形

这实际就是材料力学中所定义的剪应变,国外很多书籍中都称为剪应变,而无相对滑移的概念。

从图中的几何关系可以看出：

$$\varepsilon = \frac{\Delta s}{\Delta y} = \frac{NP}{MK} = \frac{NK + KP}{MK} = \frac{MK\cot\phi + MK\tan(\phi - \gamma_o)}{MK}$$

其中 K 是 M 点在 GP 上的垂足，$\angle QMP = \gamma_o$，$\angle QMK = \angle KNM = \phi$

得：

$$\varepsilon = \cot\phi + \tan(\phi - \gamma_0) \qquad (2-32)$$

或

$$\varepsilon = \frac{\cos\gamma_0}{\sin\phi\cos(\phi - \gamma_0)} \qquad (2-33)$$

2. 变形系数

由于在切削过程中，切屑受力产生变形，使刀具切下的切屑厚度 h_{ch} 大于切削层公称厚度 h_D；而切屑长度 l_{ch} 则小于切削层长度 l_c。切屑厚度 h_{ch} 与切削层厚度 h_D 之比称为厚度变形系数，用 ξ_h 表示；而切削层长度 l_c 与切屑长度 l_{ch} 之比称为长度变形系数，用 ξ_l 表示。二者的表达式为：

$$\xi_h = \frac{h_{ch}}{h_D} \qquad (2-34)$$

$$\xi_l = \frac{l_c}{l_{ch}} \qquad (2-35)$$

从图 2-28 可知，T 是 M 点在前刀面上的垂足，$\angle RMT = \gamma_o$，$\angle RMO = \phi$

$$\xi = \frac{h_{ch}}{h_D} = \frac{OM\cos(\phi - \gamma_0)}{OM\sin\phi} = \cot\phi\text{sos}\gamma_0 + \sin\gamma_0 \qquad (2-36)$$

从上式可知，剪切角 ϕ 越大，则变形系数 ξ 越小。变形系数是通过切屑形成前后的外形尺寸变化来度量切屑变形程度的，显然变形系数越大，切屑变形越大。

在直角自由情况下，工件上切削层公称宽度 b_D 与切屑宽度 b_{ch} 的差别很小，可略去不计。由于切屑形成前后材料的体积不变，有：

$$\xi_h = \xi_l = \xi \qquad (2-37)$$

变形系数 ξ 的数值大于 1。有些国家把变形系数的倒数称为收缩系数，用 r 表示，r 的数值小于 1。

用变形系数来反映切屑变形容易测量，使用方便，也反映了第二变形区和部分第三变形区的影响，体现了综合效果。但它只反映切屑的外观变化，而不反映材料的变形本质。而相对滑移只粗略反映了第一变形区的变形，虽然描述了变形的本质，但也不够精确。这两个衡量指标各有特点，可根据实际情况酌情选用。

从式（2-33）和式（2-36）中消去 ϕ，可得变形系数与相对滑移的关系式：

$$\varepsilon = \frac{\xi^2 - 2\xi\sin\gamma_0 + 1}{\xi\cos\gamma_0} \qquad (2-38)$$

图 2-29 表示了它们之间的关系，可见在变形系数大于 1.5 时两者的变化趋势是一致的。但当用绝对值很大的负前角切削时，变形系数可能等于 1，似乎没有变形，但实际上切屑经历的剪切变形是非常大的。故当变形系数小于 1.5 时，不能反映变形的实际情况。

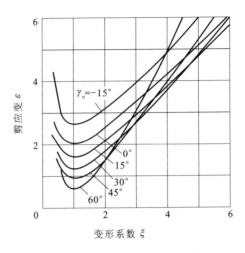

图 2 - 29　剪应变与变形系数的关系

2.4.3　切屑类型及其控制

对不同的工件材料和切削条件,所产生的切屑也不同。根据切屑的形态,一般把切屑分为图 2 - 30 所示的四种基本类型。

1. 带状切屑

高速切削塑性材料时常形成这种切屑(图 2 - 30(a))。其外观呈延绵的长带状,底层(也就是靠近前刀面的一边)光滑,外表面呈毛茸状,无明显裂纹。在切屑的形成过程中,材料所经受的变形程度未达到其塑性极限(如延伸率等),内部的切应力不会达到材料的剪切强度极限,被切除下的材料呈连续状态,称为长带切屑。在直角(刃倾角为零)切削时呈带状,称为带状切屑。一般在加工塑性金属,使用较高的切削速度、较小的进给量和较大的刀具前角时,产生带状切屑。出现带状切屑时,切削力波动小,切削过程平稳,已加工表面质量较高。但在切削层面积较大的情况下,一般都要采取有效的断屑措施,否则会产生缠绕而损坏刀具、破坏加工质量和造成人身伤害事故。数控机床和自动机(线)应避免出现带状切屑。

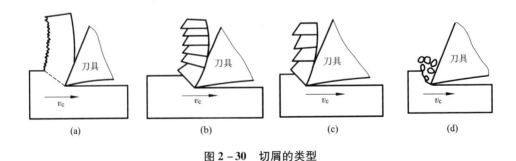

图 2 - 30　切屑的类型

2. 挤裂切屑

切屑的外表面(远离前刀面的一边)呈锯齿状,内表面上有时有裂纹(图 2 - 30(b))。在切屑的形成过程中，材料所经受的变形程度接近其塑性极限(如延伸率等)，部分区域的切应力接近或达到其剪切强度极限，被切除下的材料虽然整体呈连续状态，但部分区域已经断裂，称为挤裂切屑。这种切屑多出现在加工塑性材料，切削速度低、进给量大以及刀具前角较小的情况下。出现挤裂切屑时，切削力波动较大，切削过程不太平稳。挤裂切屑又称节状切屑。同样，在挤裂切屑强度较大的情况下，也必须采用有效的断屑措施。

3. 单元切屑

切削塑性材料时，如果在挤裂切屑的整个剪切面上的切应力都超过材料的剪切强度极限，切屑就会整体断裂，形成颗粒状的分离单元，故称单元切屑[图 2 - 30(c)]。它是在产生挤裂切屑的条件下，前角进一步减小(可以小至负值)，切削速度大幅度降低，而进给量显著增大的情况下出现的。出现单元切屑时，切削力波动更大，切削过程很不平稳。

在加工同一种塑性材料时，切削条件的差异会导致切屑形态显著的不同。因此，只要掌握其变化规律，就可以通过切削条件中各个因素的合理配置，来控制切屑的形态和尺寸。

4. 崩碎切屑

这种切屑呈不规则的细粒状，是在切削脆性材料时出现的[图 2 - 30(d)]。切削脆性材料如铸铁时，切削层材料受到刀具的挤压，在剪切面还未发生剪切变形，或者仅发生了少量剪切变形，材料就在石墨位置产生裂纹并扩展断裂。断裂出的切屑形状和大小都不规则，有些甚至扩展到图 2 - 25 *BO* 线的下方。产生崩碎切屑时，切削过程不平稳，加工表面粗糙。如果采取减小切削厚度(减小进给量和刀具主偏角)，适当提高切削速度等措施，可使切屑转化为针状或片状切屑。

必须注意，崩碎切屑与单元切屑是完全不相同的。单元切屑的断裂方向是剪切面的方向，断裂出的每一个切屑单元形状和大小差别不大。而崩碎切屑断裂的方向是随机的，每一个碎块的形状和大小也是随机的，无规律可循。

5. 切屑的分类与控制

通常希望的切屑形状应不影响操作者安全，不损伤已加工表面、刀具和机床，易清理和运输。图 2 - 31 是 ISO 对切屑的分类。

为了控制切屑形状，通常要进行卷屑和断屑。卷屑的原理是在前刀面上磨出洼槽或作出台阶，使切屑经受附加变形而弯曲。这种结构叫卷屑槽或卷屑台，其高度和宽度由进给量、切削速度、背吃刀量所决定。如果卷屑槽的结构使切屑卷曲后碰到刀具、工件，或者在重力和惯性力的作用下能够折断，就叫断屑槽。断屑槽的设计是实用性很强、经验性知识为主的十分重要的工作，是现代刀具设计中必须着重考虑的问题。图 2 - 32 是切屑的几种折断形式。

2.4.4　前刀面上的摩擦和积屑瘤

1. 前刀面上的摩擦

刀具与切屑之间作用力的情况如图 2 - 33(a)所示。在直角自由切削的情况下，把切屑作为隔离体进行研究。作用在切屑上的力有：前刀面的作用力法向力 F_n 和摩擦力 F_f；工件基体部分通过剪切面对其的作用力法向力 F_{ns} 和剪切力 F_s。前刀面和剪切面作用力的合力分别为 F_r 和 F_r'。忽略切屑的加速度，F_r 和 F_r' 相互平衡，大小相等，方向相反(严格地讲是不共线的，从而产生一个使切屑弯曲的力矩)。

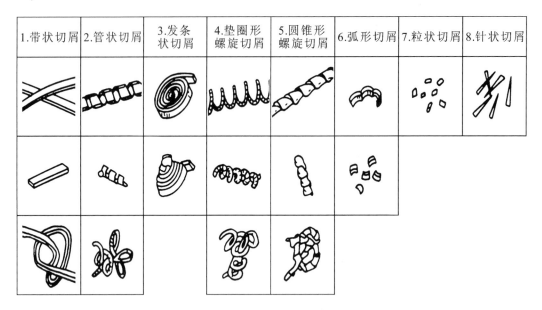

1.带状切屑	2.管状切屑	3.发条状切屑	4.垫圈形螺旋切屑	5.圆锥形螺旋切屑	6.弧形切屑	7.粒状切屑	8.针状切屑

图 2－31　切屑的分类

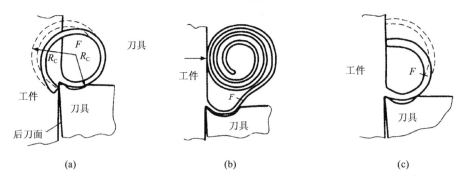

（a）　　　　　　　　　　　（b）　　　　　　　　　　　（c）

图 2－32　切屑的折断形式

（a）碰到后刀面折断；（b）发条状切屑碰到工件折断；（c）C 形切屑碰到工件折断

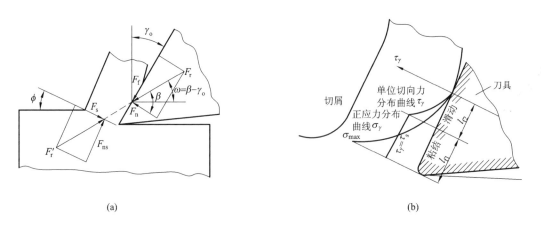

（a）　　　　　　　　　　　　　　　　　（b）

图 2－33　切屑受力与刀－屑间的摩擦

38

切削塑性材料时，切屑从刀具前刀面流过，受到前刀面的严重挤压和摩擦，二者间有很大的压力(2~3GPa)和很高的温度(900℃左右)。把切屑受到的在垂直于前刀面方向上的单位面积的压力称为正应力，平行于前刀面的应力称为切应力。切应力与正应力的比值就是摩擦系数。由于正应力十分巨大，致使刀具前刀面与切屑底层产生粘结。通过实测和计算，得到图 2-33(b)所示的刀-屑间摩擦情况和应力分布曲线。从图可以看出，正应力在切削刃处最大，随着与切削刃的距离增加而减小，近似为指数衰减分布。刀-屑接触面间有两个摩擦区域：粘结区和滑动区。在粘结区(长度为 l_{f1})内，刀-屑之间产生的摩擦称为内摩擦，它不能用库仑定律进行解释和计算。在这个区域内，由于正应力十分巨大，刀具与切屑间的接触不再是峰点接触，而是紧密接触(图 2-34)。紧密接触区中实际接触面积等于名义接触面积，在高压、高温、高速摩擦下，刀具前刀面的吸附膜被彻底清除，切屑新生成的表面还未形成吸附膜，两表面的分子亲和力使得切屑底部的材料粘嵌在前刀面上的高低不平的凹坑中而形成粘结区。粘结现

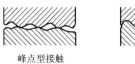

峰点型接触　　　　　紧密型接触

图 2-34　摩擦的接触形式

象产生后，在巨大摩擦力的作用下，切屑底层的流动速度要比切屑的上层缓慢得多，从而在切屑底部形成了一个滞流层。所谓内摩擦，是指滞流层与其上层金属在切屑内部的剪切滑移，这个变形区域就是第二变形区(Ⅱ)。这个区域中单位面积受到的摩擦力等于切屑底层材料的剪切屈服强度，而与正应力的大小无关。由于摩擦系数是切应力除正应力，正应力是变化的，切应力是常数，故该区域的摩擦系数是变化的。

随着切屑远离切削刃，正应力逐渐减小，当压力不足以形成紧密接触时，就进入了滑动区(与前刀面的接触长度为 l_{f2})。在该区域内刀-屑间的摩擦为外摩擦。摩擦力的大小与摩擦系数和法向正压力有关，而与接触面积大小无关，与普通摩擦相同。

在刀-屑间的两种摩擦中，内摩擦力的大小一般占总摩擦力的85%左右，故主要考虑内摩擦在切削过程中的影响。只有在低速切削，刀-屑间的压力和温度都不高时，才考虑外摩擦力的影响。

从图 2-33(b)可看出，在粘结区内切应力 τ_γ 为常数，且等于材料的剪切屈服强度 τ_s；在滑动区内，τ_γ 则随着距离切削刃越远而逐渐减小。

粘结区内的平均摩擦系数 μ 为：

$$\mu = \frac{F_f}{F_n} \approx \frac{\tau_s A_{f1}}{\sigma_{av} A_{f1}} = \frac{\tau_s}{\sigma_{av}} \tag{2-39}$$

式中：A_{f1}——粘结区的刀-屑接触(粘结)面积。

　　　σ_{av}——粘结区的平均正应力。

2. 积屑瘤的产生

在中低速切削塑性材料时，常在刀具前刀面上粘结着一些工件材料，它是一块硬度很高的楔块，称之为积屑瘤(图 2-35)。试验证明，积屑瘤的材料成分与工件材料是相同的。图 2-36 为积屑瘤的金相照片。

积屑瘤的形成过程有多种解释，常见的解释是：在切削塑性金属材料时，切屑的滞流层粘结在前刀面上，切屑中的硬质相和经过加工硬化的硬质点"沉淀"在滞留层中，使其剪切强度增加，滞流层的金属与切屑分离而粘结在前刀面上形成第一层积屑瘤。此后形成的切屑在

其底部又形成新的滞流层，并堆积在第一层积屑瘤上。如此不断堆积，积屑瘤则不断长大。当积屑瘤长到一定高度时，由于刀具前刀面的实际形状发生变化，从而使切屑与前刀面的接触条件和受力情况也发生变化，积屑瘤就不再继续生长。如图 2-35，我们把积屑瘤在垂直于前刀面的方向上度量出的高度叫积屑瘤高度 H_b，把垂直于切削速度方向度量出的积屑瘤伸出切削刃的距离叫积屑瘤的伸出量 Δh_D。在切削条件不变的情况下，积屑瘤的大小与形状也是不断变化的，但其平均值基本不变，叫做相对稳定。所谓的积屑瘤高度和伸出量，就是指的相对稳定值。

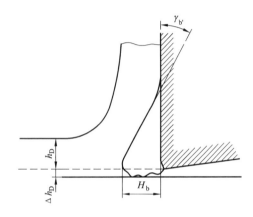

图 2-35　积屑瘤前角和伸出量

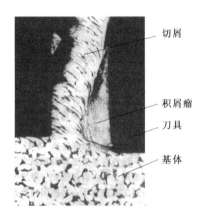

图 2-36　积屑瘤金相照片

3. 积屑瘤对切削过程的影响

（1）增大实际工作前角：当积屑瘤粘附在前刀面上时，可使刀具实际工作前角增大，减小切削变形和切削力。当积屑瘤高度达最大值时，积屑瘤前角 γ_b 可至 30°左右（见图 2-35）。

（2）改变切削层公称厚度：积屑瘤前端伸出切削刃外，伸出量为 H_b，导致切削层公称厚度增大了 Δh_D。由于伸出量是不断改变的，影响了加工的尺寸精度。

（3）影响刀具耐用度：积屑瘤包围着切削刃，并同时覆盖了刀具的部分前刀面，它可以代替切削刃进行切削。如果积屑瘤比较稳定，可以减慢刀具的磨损；如果积屑瘤很不稳定，不断产生、积累、脱落，每次脱落时都粘走一部分刀具材料，反而会加剧刀具的磨损。

（4）影响加工表面粗糙度：由于积屑瘤轮廓形状的不规则，而且不断改变形状，从而使切出的工件表面不平整，表面粗糙度显著增大。此外，由于积屑瘤经常出现整个或部分的脱落和再生，可能引起振动的产生，使表面粗糙度进一步增大。因此，精加工时必须避免产生积屑瘤。

4. 影响积屑瘤的主要因素

（1）工件材料的塑性：工件材料的塑性越大，越容易生成积屑瘤。这是由于材料塑性越大，刀-屑间的平均摩擦系数和接触长度都随之增大的缘故。

（2）切削速度：当工件材料一定时，切削速度则成为影响积屑瘤的首要因素。

图 2-37 所示为在 $a_p = 4.5$ mm，$f = 0.65$ mm/r，用不同切削速度加工 $\sigma_b = 0.49$ GPa 的中碳钢时，所测得的积屑瘤高度随切削速度变化的情况。从图中可看出，在切削速度很低（$v_c < 1 \sim 2$ m/min）和很高（$v_c > 60$ in/min）时，都不易产生积屑瘤；而当 $v_c = 18$ m/min 左右时，最容

易产生积屑瘤,其高度也最大。

切削速度是通过切削温度和平均摩擦系数影响积屑瘤的。切削速度很低时,切削温度不高,内摩擦力大,不容易产生粘结现象;切削速度很高时,切削温度也很高,滞留层金属变软,也不容易形成积屑瘤。在中等切削速度($v_c = 18 \sim 20 \text{ m/min}$ 前后的一段速度区间内)时,切削温度约为 $300 \sim 380℃$,此时平均摩擦系数最大,摩擦力也最大,最容易形成积屑瘤。

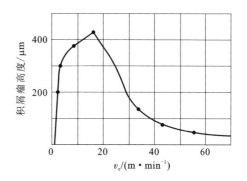

图 2-37　切削速度对积屑瘤高度的影响

(3)刀具前角:刀具前角增大,能够有效降低正应力,减小切屑变形和切削力,降低切削温度,因此能够抑制积屑瘤的产生。

精加工时,积屑瘤是一个有害的因素;粗加工时积屑瘤一般也是弊大于利。因此,在很多情况下都不希望出现积屑瘤。精加工要消除积屑瘤,粗加工可以允许积屑瘤的存在,但要增加其存在的稳定性。可以采取如下措施来抑制积屑瘤:

1)对工件材料进行正火或调质处理,以提高其强度和硬度,降低其塑性;

2)尽量避免采用中等切削速度切削;

3)增大刀具前角,减小刀-屑接触面间的压力;

4)采用性能良好的切削液,改善冷却润滑条件,降低切削温度和减小摩擦。

2.4.5　加工表面的形成与鳞刺

1. 加工表面的形成

前面研究切屑的形成过程时,未考虑切削刃的影响,也未考虑刀具磨损的情况。无论切削刃何等锐利,实际上其刃口总有程度不同的钝圆,其钝圆程度用切削刃钝圆半径 r_n 表示。r_n 的大小取决于刀具材料、楔角大小、刃磨质量等因素。新刃磨的刀具 r_n 为 $5 \sim 32$ μm,高速钢刀具取偏小的值,硬质合金刀具取偏大的值。刀具切削一段时间后,后刀面会产生磨损(磨损量为沿切削速度方向度量出的后刀面的棱面宽度 VB),形成后角 $\alpha_{oe} = 0°$ 的小棱面(图 2-38)。研究加工表面的形成时,必须考虑切削刃钝圆半径 r_n 和小棱面后角 $\alpha_{oe} = 0°$ 的影响,否则将使研究结果与真实情况产生很大的差异,甚至完全背离。

切削层的金属趋近刀具切削刃时,产生塑性变形。切削层在 O 点处分离为两部分:O 点以上部分成为切屑沿前刀面流出;O 点以下部分绕过切削刃沿后刀面流出。O 点可认为是沿剪切面方向所作出的切削刃圆弧的切线的切点。

如图 2-38(a)所示,由于钝圆半径 r_n 的存在,在整个切削厚度 h_D 中,O 点以下厚度为 Δh 的那一层金属无法切除,而是被刃口的钝圆挤压进加工表面,接着与 $\alpha_{oe} = 0°$ 的小棱面相接触,然后表面层金属产生弹性恢复,弹性恢复量为 Δh_1。它使切削表面与后刀面之间产生了一段长度为 Δ 的附加接触区。实际上,这层金属经切削刃剧烈挤压和摩擦,绕过切削刃后成为加工表面。这层金属和沿其厚度方向往工件材料内部延伸的一层金属都经历了很大的塑性变形。刃口半径越大,磨损棱面越宽,其影响范围就越深。正是由于这里的塑性变形,使得加工表面和已加工表面发生加工硬化现象。这个变形区域就是第三变形区(Ⅲ)。

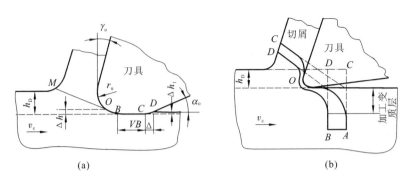

(a)   (b)

图 2 - 38   已加工表面的形成过程

2. 鳞刺

低速切削塑性材料时，切屑底层在前刀面发生滞留与冷焊，使切削层材料受到强烈的推挤。如果推挤产生的拉应力超过了材料的抗拉强度，加工表面就会被撕裂，裂缝深入加工表面和已加工表面内部，形成排列整齐、鱼鳞状的毛刺，称为鳞刺。鳞刺的产生通常认为经过四个阶段(图 2 - 39)：第一阶段，切屑在前刀面流动，高压下抹拭前刀面，产生新鲜的无吸附层的前刀面，叫抹拭；第二阶段，切屑在前刀面冷焊滞留，流速减慢，在工件上撕出裂缝来，叫导裂；第三阶段，切屑不断在前刀面积累，导致裂缝不断扩展，切削力不断增大，叫层积；第四阶段，当切削力大到一定程度，推动滞留的切屑开始流动，切削力减小，切出一个独立的鳞刺来，叫切顶。

抹拭   导裂   层积   切顶

图 2 - 39   鳞刺的形成过程

鳞刺的出现严重影响已加工表面质量，是必须尽力避免的。改变刀具角度，热处理工件材料，使用切削液，改变切削用量，特别是提高切削速度，都可以抑制鳞刺的产生。

2.4.6   影响切屑变形的主要因素

在今后的论述中，讲到增加或减少某个因素，是指除了这个因素外，其他参数都保持不变。

"切削变形"和"切屑变形"是两个相近的名词，切削变形指切削金属材料时产生的所有变形，不但包括第一和第二变形区的变形，而且包括第三变形区的变形。"切屑变形"仅包含第一和第二变形区的变形。这里我们采用"切屑变形"。切屑变形是切屑的形成、积屑瘤和鳞刺的产生、切削力、切削温度和刀具磨损等物理现象产生的主要原因。为此，应该深入地了解和掌握切屑变形的规律，并利用这些规律对切削过程进行有效的控制。影响切屑变形的主要因素有：

（1）工件材料的力学性能：在工件材料的力学性能中，对切屑变形影响最大的是塑性。一般来说，工件材料的塑性越小，则强度越高，摩擦系数 μ 越小，变形系数 ξ 越小，即"越难变形"。

（2）切削速度：切削速度对切削变形的影响如图 2－40 所示。切削碳钢等塑性金属材料时，在产生积屑瘤的切削速度范围内，切削速度对切屑变形的影响是通过积屑瘤来作用的。例如 $v_c = 18$ m/min 左右时，积屑瘤的高度最大，刀具工作前角最大，故变形系数 ξ 取极小值。当 $v_c = 20 \sim 50$ m/min 时，变形系数 ξ 不断上升至最大值，这是由于积屑瘤高度不断减小（见图 2－40）直至消失，实际工作前角不断减小的缘故。变形系数 ξ 达极大值之时，恰为积屑瘤消失之时。在积屑瘤消失以后（大致为 $v_c = 50 \sim 60$ m/min 以后），ξ 随 v_c 逐渐增大而逐渐减小。这主要是由于变形时间短暂，致使变形减小（变形不充分）。当 v_c 很大时，由于切削温度很高，切屑底层已软化，此时切削速度的变化，对变形系数已无明显影响。

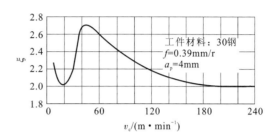

图 2－40 切削速度对变形系数的影响

切削铸铁等脆性金属时，切屑变形都很小，一般不产生积屑瘤。随着切削速度的增大，变形系数还会缓慢地减小。

（3）切削厚度（也就是进给量的影响）

切削层金属变为切屑的过程中，沿切屑厚度方向的变形程度是不相同的。由于切屑沿前刀面流过时，其底层与前刀面产生剧烈的挤压与摩擦，使切屑进一步变形，因而其底层的变形比外层要大。当切削厚度增加时，新增添的部分无切屑底层，故平均切屑变形减小。

（4）前角

对式（2－32）进行分析可得出，前角越大，相对滑移 ε 越小。故前角越大，切屑变形越小，刀具越锋利。前角增大时，剪切角增大使变形减小，刀－屑间平均摩擦系数增大使变形增大，两者的综合效果是前者起主导作用，使切屑变形减小。

2.5 切削力

切削力是金属切削过程中的重要物理现象之一，其大小直接影响切削热、切削温度、刀具磨损和耐用度，从而影响加工质量、生产效率和加工成本。切削力是设计和使用机床、刀具和夹具以及在自动化生产中实行加工质量监控的关键因素之一。

2.5.1 切削力的合成与分解

1. 切削力的定义

切削过程中，工件和切屑要受到刀具的推挤和摩擦作用力，称为切削力；刀具也要受到切屑和工件的反作用力，称为切削抗力。这两种力是作用力和反作用力，大小相等，方向相反，作用在两个物体上，在通常情况下不会引起混淆，一般都不加区分，都叫切削力。为研究方便，我们以作用在刀具上的力为对象。工件和切屑对刀具的作用力是空间分布力，将它们积分合成后成为一个空间集中力，叫总切削力，又叫切削合力。以车削为例，车刀前刀面

(包括主前刀面和副前刀面)受到切屑的分布作用力,将其积分合成得到一个前刀面集中作用力 F_γ;后刀面(包括主后刀面和副后刀面)受到一个工件的分布作用力,将其积分合成,得到一个后刀面集中作用力 F_α;再将这两个集中力合成,得到一个空间集中力 F,就是总切削力。

图 2-41 表示直角自由切削时,作用在刀具上的切削力:作用于刀具前刀面上的弹、塑性变形正压力 $F_{n\gamma}$ 和刀-屑间的摩擦力 $F_{f\gamma}$,F_γ 为二者的合力;作用在刀具后刀面上的弹、塑性变形正压力 $F_{n\alpha}$ 和刀具与已加工表面之间的摩擦力 $F_{f\alpha}$,F_α 为二者的合力。上述各分力的合力为 F,作用在切削刃上某点的正交平面内。

将这个空间集中力根据需要进行分解,可得到各种切削分力。通常将其分解到切削速度方向、进给速度方向和背吃刀量方向等三个相互垂直的方向上。外圆车削时的总切削力分解如图 2-42 所示。

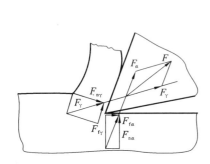

图 2-41 作用在刀具上的力

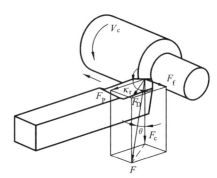

图 2-42 切削合力的分解

设 F 与 v_c 之间的夹角为 θ,分解到切削速度方向的分力叫主切削力 F_c,在不至于混淆的情况下也叫切削力:

$$F_c = F\cos\theta \tag{2-40}$$

分解到基面内的分力叫推挤力 F_D:

$$F_D = F\sin\theta$$

在一般情况(背吃刀量大于进给量很多)下,F_D 近似在正交平面内。将 F_D 进一步分解到进给方向和背吃刀量方向,称为进给力 F_f 和背向力 F_p:

$$F_f = F_D\sin\kappa_r \tag{2-41}$$

$$F_p = F_D\cos\kappa_r \tag{2-42}$$

F_c、F_f 和 F_p 是三个互相垂直的切削分力。之所以这样分解,是因为切削力 F_c 是计算机床切削功率和车刀强度,以及设计机床零件时必不可少的参数。

进给力 F_f 是计算机床进给功率和设计机床进给机构时必不可少的参数。

背向力 F_p 不消耗功率,但在进行加工精度分析、计算工艺系统刚度尤其是工件刚度、计算机床零件和车刀强度以及分析工艺系统的振动分析时,是最重要的的参数。

切削力、进给力和背向力三者的定义,虽然是从车削外圆中引出的,但也适合于铣削、钻削等其他加工方法。

.从图 2-42 可得出外圆车削时切削力的下列关系式:

$$F = \sqrt{F_c^2 + F_D^2} = \sqrt{F_c^2 + F_f^2 + F_p^2} \tag{2-43}$$

从式(2 – 41)可以得到,主偏角 κ_r 的大小影响 F_p 和 F_f 的配置。采用大主偏角,可以使背向力明显减小。这一措施用于车削细长轴和丝杠等工件,可以防止工件弯曲变形而导致的直线度误差。

在三个分力中,主切削力最大,进给力次之,背向力最小且不消耗功率(因在力作用线方向不产生位移)。根据实验,车削时当 $\kappa_r = 45°$、$\lambda_s = 0°$ 和 $\gamma_o = 15°$ 时,三个分力间有以下近似关系:

$$F_f = (0.4 \sim 0.5)F_c \qquad (2 – 44)$$

$$F_p = (0.3 \sim 0.4)F_c \qquad (2 – 45)$$

代入式(2 – 43),得:

$$F = (1.12 \sim 1.18)F_c \qquad (2 – 46)$$

即

$$F_c \approx (0.85 \sim 0.89)F$$

以上近似关系是在一定的实验条件下得出的,随着切削条件如刀具材料和几何参数、切削用量等的不同,三者间的关系可以在一定范围内变化。

2. 工作功率(P_e)

工作功率为切削过程中消耗的总功率。它包括切削功率和进给功率(分别用 P_c 和 P_f 表示)两部分。前者为主运动消耗的功率;后者为进给运动消耗的功率。由于后者在工作功率中所占比例很小(仅为 2% ~ 3%),故一般只计算切削功率 P_c(单位为 kW):

$$P_e \approx P_c = \frac{F_c \cdot v_c}{60} \times 10^{-3} \qquad (2 – 47)$$

式中:切削力 F_c 和切削速度 v_c 的单位分别为 N 和 m/min。

根据求出的切削功率 $P_c(\approx P_e)$,可用下式计算主电动机功率 P_m(单位为 kW):

$$P_m = \frac{P_c}{\eta_m} \qquad (2 – 48)$$

式中:η_m——机床传动效率,一般取 $\eta_m = 0.75 \sim 0.85$。

2.5.2 切削力的理论公式

我们以直角自由切削为例来探讨切削力的理论公式。

如图 2 – 43 所示,取切屑为研究对象,作用在其上的前刀面对其的正压力 F_n 和摩擦力 F_f 形成的合力 F_r,与剪切面对其的正压力 F_{ns} 和剪切力 F_s 形成的合力 F_r' 形成平衡力,两者大小相等方向相反。以 F_r 为直径作圆,圆周上的任一点都可将 F_r 分解为两个互相垂直的力。如果分解为沿切削速度的分力 F_c 和垂直于切削速度的分力 F_p,可得:

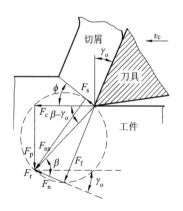

图 2 – 43 切削合力的分解

$$\tan(\beta - \gamma_o) = F_p / F_c$$

$$F_c = F_r \cos(\beta - \gamma_o) \; ; \; F_p = \sin(\beta - \gamma_o)$$

式中:β 为 F_n 与 F_r 间的夹角即摩擦角。实际生产中,通过测量 F_p 和 F_c,就可计算出 β 来,这就是测量前刀面平均摩擦系数的工程方法。

从图中可以看出，剪切面与 F_r 间的夹角为 $\phi + \beta - \gamma_o$，根据材料力学的原理，剪切面应为最大剪应力的方向，F_r 应为最大正应力的方向，它们间的夹角为 45°，即 $\pi/4 = \phi + \beta - \gamma_o$。可得剪切角的计算公式：

$$\phi = \pi/4 - \beta + \gamma_o \qquad (2-49)$$

上式称为李和谢弗（Lee and Shaffer）公式。

设材料的剪切强度极限为 τ，切削层面积为 A_D，则剪切面的面积 $A_s = A_D/\sin\phi$，可得：

$$F_s = \tau A_s = \frac{\tau A_D}{\sin\phi}$$

$$F_s = F_r \cos(\phi + \beta - \gamma_0)$$

$$F_r = \frac{F_s}{\cos(\phi + \beta - \gamma_0)} = \frac{\tau A_D}{\sin\phi \cos(\phi + \beta - \gamma_0)}$$

如果认为剪切面处于让 F_r 取极小值的方向，上式中 F_r 对 ϕ 求导，令其为零，解出 ϕ，可得：

$$\phi = \pi/4 - \beta/2 + \gamma_o/2 \qquad (2-50)$$

上式称为麦钱特（M. E. Merchant）公式。

如果把通过测量 β 计算出的 ϕ 称为计算值，把实际测量的 ϕ 角称为实测值，麦式计算值偏大，切削塑性材料时较接近；谢式计算值偏小，切削脆性材料时较接近；两式的趋势是一致的。

从两式可以看出，当前角 γ_o 增大时，ϕ 随之增大，变形减小。可见在保证切削刃强度的前提下，增大刀具前角对改善切削过程是有利的；当摩擦角 β 增大时，ϕ 随之减小，变形增大，故在低速切削时，采用切削液以减小前刀面上的摩擦系数是很重要的。

造成两式计算结果不准确的原因是，在切削模型里，忽略了切削刃圆钝和后刀面的影响；把剪切面作为一个假想的平面，而实际上它是一个有一定宽度的区域变形区；此外，用一个简单的平均摩擦系数来表示前刀面的摩擦情况是和实际情况不符的。

可得切削分力的理论计算公式：

$$F_c = F_r \cos(\beta - \gamma_0) = \frac{F_s \cos(\beta - \gamma_0)}{\cos(\phi + \beta - \gamma_0)} = \frac{\tau A_D \cos(\beta - \gamma_0)}{\sin\phi \cos(\phi + \beta - \gamma_0)}$$

$$F_p = F_r \sin(\beta - \gamma_0) = \frac{F_s \sin(\beta - \gamma_0)}{\cos(\phi + \beta - \gamma_0)} = \frac{\tau A_D \sin(\beta - \gamma_0)}{\sin\phi \cos(\phi + \beta - \gamma_0)}$$

2.5.3　切削力的测量

如何测量切削力的大小，是实际工作中要解决的问题。常用的办法有由切削功率估算主切削力的估算法和和由测力仪测量的实测法。

测力仪有压电陶瓷测力仪和电阻应变式测力仪等多种形式；有只测量主切削力的单向测力仪和同时测量三个切削分力的三向测力仪。电阻应变式测力仪具有灵敏度高、线性度好、量程范围大、使用可靠和测量精度较高等优点，适用于切削力的动态和静态测量。

这种测力仪常用的电阻元件是电阻应变片，如图 2-44 所示。其特点是受到张力时，其中的电阻丝长度增大，截面积减小，致使电阻值增大；受到压力时，其长度缩短，截面积增加，致使电阻值减小。将若干电阻应变片紧紧粘贴在测力仪的弹性元件的不同位置，分别连成电桥如图 2 - 45(b)所示。在切削力作用下，应变片随弹性元件一起发生变形如图 2 - 45(a)所示，其电阻值发生变化，破坏电桥的平衡。这时，电流表中有与切削力大小成正比的电流流过。经电阻应变仪放大后得到电流读数，该读数也就与切削力的大小成正比。根据电流的读数，在事先标定的切削力与电流的关系曲线上，就可以得到切削力的数值。所谓标定，就是在测力仪上施加一个已知大小的力，就可读出一个电流值；施加不同的力，就可得到不同的电流值。几次反复，就可求出切削力和电流值的对应曲线，叫标定曲线。切削过程中，根据电流值的大小，就可推算出切削力的大小。三向测力仪中，就有三个独立的电桥，每个独立测量一个方向的力(图 2 - 46)。

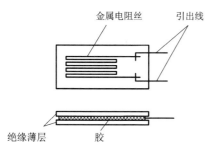

图 2 - 44　电阻应变片

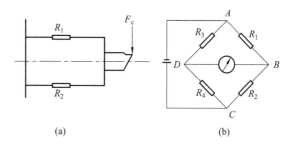

(a)　　　　　　　　　　　(b)

图 2 - 45　弹性元件上的电阻应变片组成电桥

三向测力仪应尽量避免各向分力的相互耦合即相互干扰，即当单独给 F_c 方向加力时，F_p 和 F_f 方向的电桥的读出电流值应保持为零。为达到这一目的，测力仪的形状结构、应变片的粘贴位置等是很有讲究的。

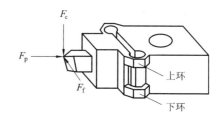

图 2 - 46　八角环型电阻式三向车削测力仪

2.5.4　切削力的经验公式

1. 切削力经验公式的形式

由于金属切削过程的复杂性，切削力的理论计算值与实际测量结果差别太大，一般只用于理论分析。为了指导实际生产，人们总结出了计算切削力的经验公式。

最早想到的办法是假定切削每种工件材料单位切削层面积的切削力为常数，根据这个想法，可得：

$$F_c = A f a_p$$

式中：A 为常数，即单位切削力。

后来发现当 f 改变时，A 也在改变，计算结果与测量结果误差较大。为解决这一问题，需要根据 f 对计算结果进行修正，乘以一个由 f 决定的系数 B_f：

$$F_c = A f a_p B_f$$

这两种经验公式目前还有实际应用，特别在生产现场初步估算切削力时简单明了。

经过实际观察和总结，人们发现用如下形式的公式计算切削力比较接近测量结果，称为

47

指数形式的经验公式：

$$F_c = C_{F_c} a^{x_{F_c}} f^{y_{F_c}} K_{F_c} \quad\quad (2-51)$$

式中：C_{F_c}，x_{F_c}，y_{F_c} 是三个常数，K_{F_c} 是实际情况与试验情况不同时的修正系数。这个系数由一系列的系数相乘得到，考虑问题越多，相乘的项目就越多，得到的结果就越精确。根据这个原理，可得到其他两个切削分力的经验公式如下：

$$F_f = C_{F_f} a_p^{x_{F_f}} f^{y_{F_f}} K_{F_f} \quad\quad (2-52)$$

$$F_p = C_{F_p} a_p^{x_{F_p}} f^{y_{F_p}} K_{F_p} \quad\quad (2-53)$$

式中：C_{F_c}、C_{F_f}、C_{F_p} 决定于被加工材料、刀具材料和加工形式的系数。

x_{F_c}、y_{F_c}、x_{F_f}、y_{F_f}、x_{F_p}、y_{F_p}：分别为三个公式中背吃刀量 a_p、进给量 f 的指数；

K_{F_c}、K_{F_f}、K_{F_p}：分别为三个分力的总修正系数，它们是各个因素对三个分力修正系数的乘积。

$$K_{F_c} = K_{mF_c} K_{\gamma_o F_c} K_{\kappa_r F_c} K_{\lambda_s F_c} K_{\gamma_\varepsilon F_c} \quad\quad (2-54)$$

$$K_{F_p} = K_{mF_p} K_{\gamma_o F_p} K_{\kappa_r F_p} K_{\lambda_s F_p} K_{\gamma_\varepsilon F_p} \quad\quad (2-55)$$

$$K_{F_f} = K_{mF_f} K_{\gamma_o F_f} K_{\kappa_r F_f} K_{\lambda_s F_f} K_{\gamma_\varepsilon F_f} \quad\quad (2-56)$$

式中：K_{mF_c}、K_{mF_f}、K_{mF_p} ——工件材料力学性能对三个分力的修正系数；

$K_{\gamma_o F_c}$、$K_{\gamma_o F_f}$、$K_{\gamma_o F_p}$ ——前角对三个分力的修正系数；

$K_{\kappa_r F_c}$、$K_{\kappa_r F_f}$、$K_{\kappa_r F_p}$ ——主偏角对三个分力的修正系数；

$K_{\lambda_s F_c}$、$K_{\lambda_s F_f}$、$K_{\lambda_s F_p}$ ——刃倾角对三个分力的修正系数；

$K_{r_\varepsilon F_c}$、$K_{r_\varepsilon F_f}$、$K_{r_\varepsilon F_p}$ ——刀尖圆弧对三个分力的修正系数。

以上系数和指数可在切削用量手册中得到，有些手册修正系数的项目还多一些，如切削速度系数 K_{vF_c} 和刀具磨损的修正系数 K_{VBF_c} 等。

某些手册给出的经验公式取如下形式：

$$F_c = C_{F_c} a_p^{x_{F_c}} f^{y_{F_c}} v^{n_{F_c}} K_{F_c}$$

其道理是完全一样的。在使用经验公式时，应弄清公式形式、使用条件和有关参数的单位。

通常情况下，x_{F_c} 约等于 1，y_{F_c} 在 0.65 ~ 0.95 之间。

2. 切削力经验公式的建立

切削力经验公式是指切削力的指数公式，该公式是通过切削实验建立起来的。切削实验的方法很多，有单因素法和多因素法等。数据处理方法有图解法和线性回归法。下面仅介绍以单因素实验（即试验过程中，其他参数都保持不变，只改变一个试验参数）为基础的图解法，以说明指数公式的建立过程。

当进行切削力实验时，保持其他参数都不变，只改变背吃刀量 a_p。用测力仪测出不同 a_p 时的切削分力数据。这时切削力的经验公式变为：

$$F_c = C_{a_p} a_p^{x_{F_c}} \quad\quad (2-57)$$

式中：C_{a_p} 和 x_{F_c} 是要通过试验求出的常数，因为 K_{F_c} 为 1，$C_{a_p} = C_{F_c} f^{y_{F_c}}$ [见式（2-51）]。

两边取对数，得：$\lg F_c = \lg C_{a_p} + x_{F_c} \lg a_p$

如果以 $\lg F_c$ 和 $\lg a_p$ 作图，上式为一条直线。为了免去查对数的麻烦，可以在双对数坐标纸上标出试验数据，近似为一条直线，如图 2-47（a）所示。C_{a_p} 为直线在 $a_p = 1(\lg a_p = 0)$ 上的截距(图示数据为 828N)，x_{F_c} 为直线的斜率(1)。

同理可得切削力 F_c 与进给量 f 的关系式：

$$F_c = C_f f^{y_{F_c}} \qquad\qquad (2-58)$$

C_f 为直线在 $f = 1(\lg f = 0)$ 上的截距(图示数据为 4821.6N)，y_{F_c} 为直线的斜率(0.75)，见图 2-47(b)。

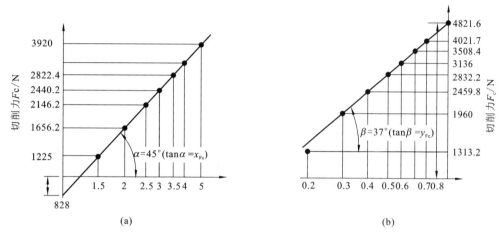

图 2-47　切削力经验公式的建立

由于(2-57)式中 f 是已知的，当求出 y_{F_c} 后，即可由 $C_{a_p} = C_{F_c} f^{y_{F_c}}$ 求出 C_{F_c} 来。如果图 2-47(a)试验时的 f 为 0.4，可得 $C_{F_c} = 828/(0.4^{0.75}) = 1652$。当然，也可以由 $C_f = C_{F_c} a_p^{x_{F_c}}$ 与图 2-47(b)中 a_p 为 3 求出 C_{F_c} 来。即可建立起切削力的经验公式：

$$F_c = 1652 a_p f^{0.75}$$

3. 单位切削力

单位切削力 p 是指切除单位切削层面积所产生的主切削力，设 $x_{F_c} = 1$，$K_{F_c} = 1$，可得：

$$p = \frac{F_c}{A_D} = \frac{C_{F_c} \cdot a_p^{x_{F_c}} \cdot f_p^{y_{F_c}} \cdot K_{F_c}}{a_p \cdot f} = C_{F_c}/f^{1-y_{F_c}} \qquad\qquad (2-59)$$

上式表明，单位切削力 p 与进给量 f 有关，它随着进给量 f 增大而减小。切削手册的单位切削力都是在一定的进给量 f 下给出的，当 f 不同时，要乘以一个修正系数。由单位切削力乘以切削层面积是一个估算主切削力的简便方法：

$$F_c = p f a_p$$

除单位切削力外，某些国家或手册给出的是单位切削功率，它是单位时间切除单位体积的金属所需要的功率：功率为 $v_c \cdot F_c$，切除的金属体积为 $a_p \cdot f \cdot v_c \cdot t$，$t$ 为所用时间，有

$$P = F_c \cdot v_c/(a_p f v_c t/t) = F_c/(a_p f)$$

可见单位切削功率和单位切削力是同一个量纲，同一个物理意义，只是由于各参数的单位不同，两者相差一个比例常数。

某些国家给出的是单位切削能，它是切削单位体积金属所需的能量，有：

$$e = F_c \cdot v_c \cdot t/(a_p \cdot f \cdot v_c \cdot t) = F_c/a_p f$$

可见其与单位切削功率也是相差一个比例常数。

2.5.5 影响切削力的因素

1. 工件材料

工件材料对切削力的影响，主要是工件材料的强度、硬度和塑性。一般来说，材料的强度、硬度越高，则屈服强度越高，切削力越大；在强度、硬度相近的情况下，材料的塑性、韧性越大，则前刀面上的平均摩擦系数越大，切削力也就越大；加工硬化越严重，切削力越大。

加工铸铁时，由于其强度和塑性均比钢小很多，而且产生的崩碎切屑与前刀面的接触面积小，不可能产生大的摩擦力，所以切削力比钢小得多。

2. 切削用量

（1）背吃刀量 a_p。当 a_p 增加时，切削力增加。通过分析，背吃刀量增加一倍，切削刃的工作长度增加一倍，切削层面积增加一倍，切削层厚度没有改变，切屑变形也就没有改变，忽略刀尖的影响，切削力应该增加一倍。查阅切削用量手册可知，车削各种材料时，多数情况下，a_p 的指数 $x_{F_c} \approx 1$ 而略小于 1。这是因为边界和刀尖的影响所致。

（2）进给量 f。和背吃刀量 a_p 一样，进给量 f 增大，切削力也增大，但两者的影响程度是不一样的。f 增加一倍，切削层厚度增加一倍，切削层面积增加一倍，由于切削厚度的增加，使平均切屑变形减小，故切削力不会增加一倍。也可以这样分析：进给量增加一倍，切削刃的工作长度没改变，前后刀面摩擦区的宽度没改变，摩擦力不会增加一倍，故切削力不会增加一倍。此外，进给量增加一倍后，把原来两薄层切屑变成了一层厚切屑，单位体积切屑所耗费的能量显然要减小，故切削力不会增加一倍。各种手册中，$y_{F_c} \approx 0.75$，就是这个原因。

（3）切削速度。切削塑性材料时，切削速度对切削力的影响如图 2-48 所示。对照一下图 2-40，就可发现两条曲线基本上是相似的。这说明切削速度对变形系数和对切削力二者的影响是一致的。

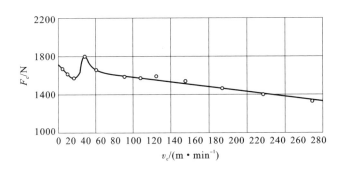

图 2-48 切削速度对切削力的影响

工件材料：45 钢（正火）；187HBS；刀具几何参数：$\gamma_o = 18°$，$\alpha_0 = 6° \sim 8°$，$\kappa_r = 75°$，$\lambda_s = 0°$

$\gamma_\varepsilon = 0.2$ mm；切削用量：$\alpha_p = 3$ mm，$f = 0.25$ mm/r

在图 2-48 的实验条件下，在 $v_c = 5 \sim 18$ m/min 的范围内，遵循着切削速度增大，积屑瘤高度不断增加，实际工作前角逐步变大，变形系数 ξ 逐渐减小，切削力 F_c 随之减小的规律。当 $v_c = 18$ m/min 左右时，积屑瘤高度为极大值，切削力为极小值。当 $v_c > 18$ 以后，则由于积屑瘤高度的逐渐减小，导致实际工作前角减小，因而 F_c 逐渐增大，在 $v_c = 27$ m/min 左右，F_c 最大。此后，积屑瘤消失，随着 v_c 增大，切削温度升高，材料剪切强度降低，使平均摩擦系数降低，切削力也随之缓慢减小。

切削灰铸铁等脆性材料时，切削力随切削速度的增加而缓慢减小，其规律与塑性材料在积屑瘤消失以后的变化规律相同（见图 2－49），但影响程度要小。

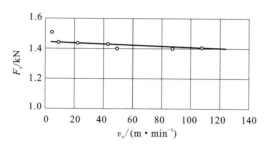

图 2－49　车削灰铸铁时 v_c － F_c 关系曲线

工件：HT200（170HBS）；刀具：焊接式平前刀面外圆车刀，YT8，γ_0—15°，α_o—6°～8°，

α'_o—4°～6°，κ_r—75°，κ'_r—10°～12°，λ_s—0°，r_ε—0.2 mm；切削用量：α_p—4 mm，f—0.3 mm/r

3. 刀具几何参数

（1）前角。前角增大，剪切角 ϕ 增大，切削变形减小，切削力减小。虽然切削各种材料时，切削力都会随前角的增大而减小，但减小的程度却因材料不同而不同。加工塑性大的材料，切削力明显减小；而加工脆性材料，切削力的减小不显著。但前角的曾大受到切削刃强度和刀具结构的限制，也不能太大。

（2）主偏角。主偏角 κ_r 改变使切削层的形状和进给力 F_f 及背向力 F_p 的大小随之改变。如图 2－50 所示，当主偏角 κ_r 增大时，切削厚度 h_D 增加，切削变形减小，故切削力 F_c 减小；但 κ_r 增大后，圆弧刀尖在切削刃上占的切削工作比例增大，使切屑变形和排屑时切屑相互挤压加剧。由试验得到的图 2－51 曲线表明：主偏角在 30°～60°范围内增大，由切削厚度 h_D 的影响起主要作用，促使切削力 F_c 减小；主偏角约在 60°～90°范围内增大，刀尖处圆弧的影响更为突出，故切削力 F_c 增大。

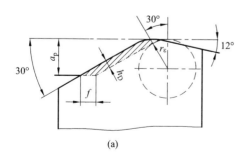
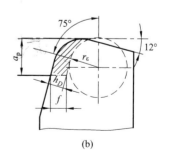

（a）　　　　　　　　　　　　　　　（b）

图 2－50　主偏角对切削面积形状的影响

（a）$\kappa_r = 30°$；（b）$\kappa_r = 75°$

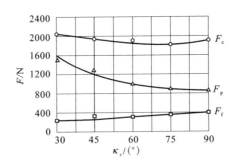

图 2 - 51　主偏角对切削力的影响

工件材料: 45 钢(正火), 187HBS; 刀具结构: 焊接平前面外圆车刀; 刀具材料: YT15; 刀具几何参数: $\gamma_0 = 18°$, $\alpha_0 = 6°$, $\lambda_s = 0°$, $b_{\gamma 1} = 0$, $\gamma_\varepsilon = 0.2$ mm; 切削用量: $\alpha_p = 3$ mm, $f = 0.3$ mm/r, $v_c = 95.5 \sim 103.5$ m/min

主偏角变化对进给力 F_f 及背向力 F_p 的影响, 是由于它们合力的作用方向改变而造成的。κ_r 增大, 使 F_p 减小、F_f 增大。当 $\kappa_r = 90°$ 或 93° 时, 不仅 F_p 甚小, 当背吃刀量较大时, 甚至改变了 F_p 对工件的作用力方向。

因此, 车削轴类零件, 尤其是细长轴, 为了减小背向力 F_p 的作用, 往往采用较大主偏角 ($\kappa_r > 60°$) 的车刀切削。

(3) 刃倾角 λ_s。刃倾角 λ_s 的绝对值增大时, 使主切削刃参加工作长度增加, 摩擦加剧; 但在正交平面中刃口圆弧半径减小, 切削过程锋利, 切削变形减小。上述作用的结果是使 F_c 变化很小。

从刀具角度换算公式可知, 刃倾角 λ_s 变化时, 将引起背前角 γ_p 和进给前角 γ_f 的变化, 从而引起 F_p 和 F_f 的变化。为此, 在工艺系统刚度较差时, 为减小背向力和振动, 不宜用绝对值过大的负刃倾角刀具。

(4) 刀尖圆弧半径 r_ε。刀尖圆弧半径 r_ε 越大, 圆弧刀刃参加工作比例越多, 切削变形和摩擦越大, 切削力也越大(图 2 - 52)。此外, 由于圆弧刀刃上主偏角是变化的, 使参加工作刀刃上主偏角的平均值减小, 因此使 F_p 增大。所以当刀尖圆弧 r_ε 由 0.25 mm 增大到 1 mm 时, F_p 力可增大 20% 左右, 并较易引起振动。

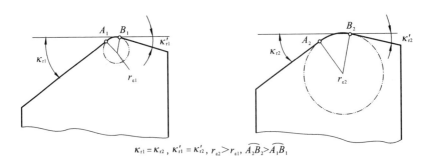

$$\kappa_{r1} = \kappa_{r2},\ \kappa'_{r1} = \kappa'_{r2},\ r_{\varepsilon 2} > r_{\varepsilon 1},\ \overset{\frown}{A_2 B_2} > \overset{\frown}{A_1 B_1}$$

图 2 - 52　刀尖圆弧半径对刀尖圆弧长度的影响

4. 其他因素

(1)切削液。切削液具有冷却、润滑、清洗、防锈四种作用。选择润滑作用强的切削液,可以显著减小前刀面与切屑、后刀面与过渡表面之间的摩擦,减小切削力。

(2)刀具磨损。当后刀面磨损后,将产生一个后角为零,宽度为 VB 的小棱面,随着小棱面面积的不断扩大,将使摩擦急剧上升,显著增大三个切削分力,恶化切削过程。因此,必须对不同切削条件下的刀具规定其最大磨损极限。刀具后刀面磨损对 F_p 和 F_f 的影响比对 F_c 要大。

2.6　切削热与切削温度

切削时所消耗的能量,绝大部分变为热能。大量的切削热,引起切削温度升高。切削热与切削温度是金属切削过程中的重要物理现象之一,它们影响刀具磨损和耐用度,引起工件、机床、刀具和夹具的热变形,降低零件的加工精度和表面质量。

2.6.1　切削热的产生与传出

1. 切削热的产生

切削金属时,切屑变形所消耗的能量称为变形功,前后刀面摩擦所消耗的能量称为摩擦功,它们的绝大部分最后都转化为切削热。因此,三个变形区是产生切削热的三个热源。工件材料、刀具材料以及切削参数不同时,三个热源所产生的切削热也不同。例如切削脆性材料时,由于其塑性变形很小,产生的切削热就比切削塑性材料时少得多。

因为进给运动所消耗的功很小,可略而不计,则在切削过程中单位时间内所产生的热量,等于在主运动中单位时间内切削力所做的功,其表达式为:

$$Q \approx F_c v_c \tag{2-60}$$

式中: Q——单位时间内产生的热量,单位为 W;

　　　F_c——切削力,单位为 N;

　　　v_c——切削速度,单位为 m/s。

2. 切削热的传散

切削过程中所产生的热量,被周围介质带走的很少(干切时约占 1%),主要靠切屑、工件和刀具传散(图 2-53)。

传入切屑、工件和刀具的热量比例,除了与三个变形区产生的热量比例有关外,还与工件材料与刀具材料的导热率、切屑与前刀面的接触长度、切削条件等有关。不同的加工方法,其切削热由切屑、工件、刀具和介质传出的百分比是不同的。

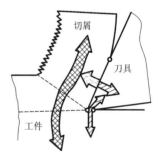

图 2-53　切削热的来源

钻削时,切屑和刀具带走的热量,大部分又传回给工件,主要是依靠工件传出切削热。

2.6.2　切削温度的测量

切削温度的含义有多种,如无特别说明,是指切削过程稳定后,刀具前刀面与切屑接触区的平均温度,有时也指刀具前后刀面与工件和切屑接触区域的平均温度。此外,还有剪切面的平均温度,切削区域某点的实际温度和刀具上某点的温度等。

切削温度是由热的产生和传散情况决定的，切削过程稳定后，切削区域热的产生率和传散率相等，各点温度基本固定不变，叫做热平衡。

1. 工件和刀具上的温度分布

图 2 – 54 所示为车削时，刀具前刀面和正交平面内切屑、工件及刀具的温度分布情况。从这个图中可以归纳出切削温度分布的一些规律：

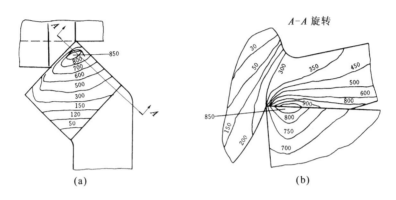

(a)   (b)

图 2 – 54　直角切削的温度分布

工件材料：GCr15；刀具材料：YT14；切削用量：$v_c = 80 \text{ m/min}$, $\alpha_p = 4 \text{ mm}$, $f = 0.5 \text{ mm/r}$

(1) 无论前刀面还是主后刀面上，其最高温度的部位都不在主切削刃上，而是在离它一定距离处(该处称为温度中心，如图 2 – 54 中的 850℃处)。这说明在切削塑性金属时，切屑沿前刀面流出过程中，摩擦热是逐步增大的，直至切屑流到图 2 – 54 所示的粘结区与滑动区的交界处，切削温度才达到最大值。此后，因进入滑动区摩擦逐渐减小，加之散热条件改善，切削温度逐渐下降。

(2) 切屑底层的温度最高，底层附近的切屑温度梯度最大，这说明摩擦热集中在刀 – 屑接触表面上。切屑底层的高温将使其剪切强度下降及与前刀面间的摩擦系数减小。

2. 切削温度测量方法

通过理论计算或利用测量的方法可确定切削温度在切屑、刀具和工件中的分布。测量切削温度的方法有热电偶法、热辐射法、涂色法和红外线法等。其中热电偶法测温虽较近似，但装置简单、测量方便，是较为常用的测温方法。热电偶法分为：

(1) 自然热电偶法　自然热电偶法主要是用于测定刀具前后刀面与工件和切屑接触区域的平均温度，图 2 – 55 为测量装置示意图。自然热电偶法是以刀具和工件作为热电偶的两极，从刀具和工件后端分别引出导线并接于毫伏表上，从而组成一测量回路。切削时，刀具与工件接触处产生高温，形成热电偶的热端；刀具尾端与工件引出端处于室温，形成热电偶的冷端。热、冷端温度的差异产生了热电动势，并由回路中的毫伏表测得，然后通过预先标定的热电动势标定曲线即可换算出切削温度。

(2) 人工热电偶法　这种方法用来测量刀具、切屑、工件上指定点的温度，用它可求得温度分布场和最高温度的位置。

如图 2 – 56 所示，在刀具被测点位置处作出一个小孔($\Phi < 0.5 \text{ mm}$)，孔中插入一标准热电偶，它们与孔壁之间相互保持绝缘。在切削时热电偶接点感受到被测点产生的温度，该温

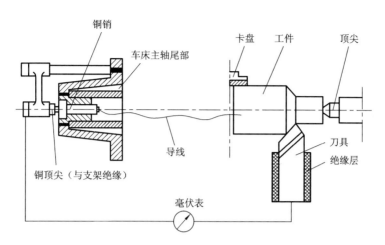

图 2 – 55　自然热电偶法测量切削温度示意图

度可以通过串接在热电偶丝回路中的毫伏表求得。

2.6.3　切削温度的经验公式

采用建立切削力经验公式的相同方法,可求得切削温度的经验公式:

$$\theta = C_{\theta} v_c^{z_{\theta}} f^{y_{\theta}} a_p^{x_{\theta}} \qquad (2-61)$$

式中:θ——由实验测得的刀具与切屑和工件接触区的平均温度,单位为℃;

$\quad C_{\theta}$——切削温度系数,主要取决工件材料、加工方法和刀具材料;

$\quad z_{\theta}$、x_{θ}、y_{θ}——分别为切削速度、背吃刀量和进给量的指数。

由实验得到的高速钢和硬质合金刀具切削中碳钢时的 C_{θ} 和 z_{θ}、x_{θ}、y_{θ} 见表 2 – 4。

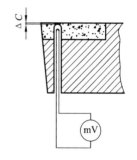

图 2 – 56　人工热电偶法

表 2 – 4　切削温度的系数及指数

刀具材料	加工方法	C_{θ}	z_{θ}			y_{θ}	x_{θ}
			$f = 0.10$ /(mm·r⁻¹)	$f = 0.20$ /(mm·r⁻¹)	$f = 0.30$ /(mm·r⁻¹)		
高速钢	车削	140～70	0.35～0.45			0.20～0.30	0.08～0.10
	铣削	80					
	钻削	150					
硬质合金	车削	320	0.41	0.31	0.26	0.15	0.05

从式(2 – 62)及表 2 – 4 可看出:三个指数按从大至小的排列顺序应为:$z_{\theta} - y_{\theta} - x_{\theta}$。数值大的指数对切削温度的影响大;反之则小。因此,切削速度对切削温度的影响最大,背吃刀

量的影响最小。三个指数值都小于1，说明切削用量三要素与切削温度之间的变化关系是非线性的。现对三要素的影响分析如下：

（1）切削速度。随着切削速度的逐渐提高，切削温度将明显上升。当切削速度 v_c 提高后，材料切除率 Q 提高，消耗于变形和摩擦的能量增大，产生的切削热增加；但是，切削速度的增大将导致切削层金属变形的减小，切屑带走的变形热和摩擦热的比率增大，散热情况改善。综合两方面的影响，切削温度上升明显。从大量的切削实验中得知，切削速度提高一倍，设 $z_\theta = 0.4$，$2^{0.4} = 1.32$，切削温度将上升32%。

（2）进给量。进给量增大时，材料切除率 Q 随之上升，消耗于变形和摩擦的功率，及由此而产生的切削热将增大。但是，当进给量增大时，切屑的平均变形将减小，而且刀－屑接触长度加长，改善了散热条件。所以当进给量增大一倍时，$2^{0.15} = 1.11$，切屑温度仅上升11%左右。以上所述是切削塑性金属时的情况；切削脆性材料时，切削温度上升幅度比10%要小得多。

（3）背吃刀量。如果背吃刀量增大一倍，材料切除率、切削功率以及切削热都将成倍增加，但是，与此同时主切削刃的工作长度也增长了一倍，散热条件也改善了一倍，切削温度应基本不变。考虑到边界条件和刀尖的影响，切削温度略有上升。$2^{0.05} = 1.04$，切削温度仅上升了4%左右。

从以上分析中可知，切削用量对切削温度的影响，是由生热与散热两方面作用的结果。为了降低切削温度，防止刀具迅速磨损，选用大的背吃刀量和进给量，比选用高的切削速度有利；选用大的背吃刀量，也比选用大的进给量有利。

2.6.4　影响切削温度的因素

从切削温度的经验公式，可以看出切削用量对切削温度的影响。除了切削用量，还有一些影响切削温度的因素。

1. 刀具几何参数

（1）前角。总的来说，前角 γ_o 增大，切削力减小，生热减少，切削温度下降；但前角过分增大，刀具散热情况恶化，对切削温度的影响减弱。

（2）主偏角。在其他条件一定时，主偏角增大，则切削厚度随之增大，此时虽然会由于切削力的减小而导致生热的减少，但却因主切削刃的工作长度变短和刀尖角的减小，使散热条件变坏，散热条件的影响超过了切削力的影响，切削温度上升。由此可见，当工艺系统刚性足够时，用小的主偏角切削，对于降低切削温度、提高刀具耐用度有利，特别在切削难加工材料时效果明显。

在刀具几何参数中，除前角 γ_o 和主偏角 κ_r 外，其余参数对切削温度影响较小。对于前角来说，γ_o 增大，虽能使切削温度降低，但考虑到刀具强度和散热效果，γ_o 不能太大。主偏角 κ_r 减少后，既能使切削温度降低的幅度较大，又能提高刀具强度，因此，在工艺系统刚度允许的条件下，减小主偏角是提高刀具耐用度的一个重要措施。

2. 工件材料

工件材料对切削温度的影响，主要是其物理力学性能和材料的热处理状态。其中影响最大的为材料的强度、硬度及热导率。材料的强度、硬度越高，加工硬化能力越强，则总切削力越大，产生的切削热越多，切削温度就越高。热导率越小，则由于散热条件差而导致温度升高。例如：低碳钢的强度、硬度低，导热系数大，因此产生热量少、热量传散快，故切削温度低；高碳钢的强度、硬度高，但导热率接近中碳钢，因此，生热多，切削温度高；40Cr 钢的硬度接近中碳钢，但强度略高，且导热系数小，故切削温度高。对于加工导热性差的合金钢，产生的切削温度可高于 45 钢 30%；不锈钢（1Cr18Ni9Ti）的强度、硬度虽较低，但它的导热率是 45 钢的三分之一，加之塑性很好，切削温度很高，比 45 钢约高 40%；脆性材料切削变形和摩擦小，生热少，故切削温度低。铸铁的切削温度比 45 钢约低 25%。

3. 其他因素的影响

刀具产生磨损量，影响摩擦热的的产生，磨损越大，切削温度越高。当磨损达到一定程度后，切削温度会急剧升高，甚至引起刀具的塌陷和损坏。浇注切削液，切削液的润滑作用减少热量的产生，冷却作用改善散热条件，切削温度显著降低。

2.7　刀具磨损与耐用度

切削过程中，切屑和工件对刀具的摩擦，使刀具发生磨损。研究刀具磨损的原因和磨损所遵循的规律，是一个十分重要的研究课题。

2.7.1　刀具的磨损过程与形态

1. 刀具磨损的形态

刀具不能继续使用时叫失效，失效形态分为磨损和破损两大类。磨损是随着切削过程的进行而逐渐发展的，是时间的连续函数。只要使用刀具，就一定发生磨损。破损是刀具使用过程中突然发生的，是时间的突变函数，如崩刃、碎断、剥落和卷刃等，是应该尽量避免的现象。

（1）前刀面磨损

用较高的切削速度，较大的切削厚度切削钢料等高熔点塑性金属时，常在前刀面上发生磨损。由于切屑底面和刀具前刀面在切削过程中是化学活性很高的新鲜表面，在接触面的高温高压作用下，接触面积的 80% 以上的区域是空气和切削液较难进入的，切屑沿前刀面的滑动逐渐在前刀面上磨出一个月牙形凹窝（如图 2 – 57 所示），所以这种磨损形态又称为月牙洼磨损。

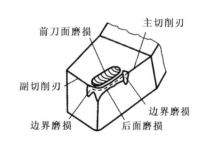

图 2 – 57　刀具的磨损形态

月牙洼的中心位置在切削过程中基本不变，其宽度（在平行于切削刃的方向上度量）取决于切屑的宽度，也基本不变。月牙洼在垂直于切削刃方向上的度量值叫纵深，起初月牙洼的前缘距离主切削刃还有一小段距离，随着切削过程的进行，月牙洼纵深逐渐加大，深度（在垂直于前刀面的方向上度量）也不断增大，其深度最大的位置就是切削温度最高处。当月牙洼发展到其前缘与切削刃之间的棱边很窄时，切削刃强度下降，容易导致崩刃。前刀面的磨损程度用月牙洼的最大深度 KT 来衡量，如图 2 – 58 所示。

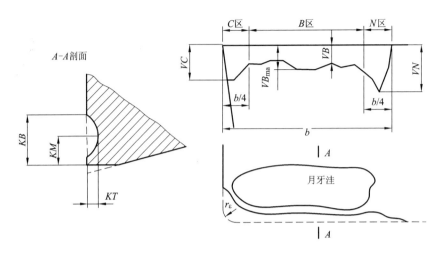

图 2 - 58　刀具磨损的测量

（2）后刀面磨损

切削时，工件新生成的表面与刀具后刀面接触，并相互摩擦，从而引起后刀面磨损。后刀面虽然有后角，但由于切削刃存在一定的钝圆，后刀面与工件表面的接触压力很大，存在着弹性和塑性变形。因此，后刀面与工件实际上是小面积接触，磨损就发生在这个接触面上，形成后角为零的小棱面，如图 2 - 57 所示。

金属切削过程中，后刀面磨损是必定发生的。后刀面磨损往往不均匀，如图 2 - 58 所示。刀尖部分（C 区）强度较低，散热条件又差，磨损比较严重，其最大值为 VC。主切削刃靠近工件外皮处的后刀面（N 区）上，由于待加工表面的作用，磨成较严重的深沟，以 VN 表示。在后刀面磨损带的中间部位（B 区）上，磨损比较均匀，平均磨损带宽度以 VB 表示，而最大磨损宽度以 VB_{max} 表示。

当以中等切削速度中等切削厚度（0.1 mm ~ 0.5 mm）切削塑性金属时，容易发生前、后刀面同时磨损，这种情况下，就看哪种磨损对刀具的失效起主导作用。

（3）边界磨损

切削过程中，常在主切削刃靠近待加工表面处以及副切削刃靠近刀尖处的后刀面上，磨出较深的沟纹，如图 2 - 57 所示。这两处分别是在主、副切削刃与工件待加工表面或已加工表面接触的地方。发生这种边界磨损的主要原因有是刀具在这里的温度梯度和应力梯度最高（即变化最剧烈），此外由于加工硬化作用，还有靠近刀尖部分的副切削刃处的切削厚度减薄到零引起这部分刀刃打滑的作用，造成边界磨损的发生。

2. 刀具磨损过程

刀具的磨损过程，大体上都如图 2 - 59 所示，其中纵坐标为后刀面的磨损宽度 VB（也可为 VC，VN，VB_{max}，KT，NB 等，以 VB 为例），横坐标为刀具的切削时间（所有的切削参数都不改变的条件下），可以分为三个阶段。

（1）初期磨损阶段。即图 2 - 59 中的第 I 阶段。在该阶段中，新刃磨的刀具切削刃很锋利，刀具后刀面与工件只有一条曲线接触，压力很大；另外新刃磨的后刀面比较粗糙，存在刃磨造成的微裂纹、氧化或脱碳层等表面微观缺陷，因此磨损强度很大，表现为磨损曲线在

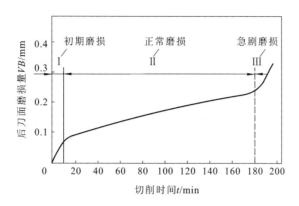

图 2 - 59　刀具的磨损过程

该阶段斜率较大。通常该阶段当 VB 值到达 $0.05 \sim 0.1$ mm 时就基本结束。

（2）正常磨损阶段。即如图 2 - 59 中的第 Ⅱ 阶段。经过初期磨损后，刀具后刀面表面与工件的接触表面不再是一条曲线，而是一个有一定宽度的棱带，压强减小，磨损速度比较均匀与缓慢。在该阶段，曲线的斜率较小，基本为一条直线，持续的时间较长，是刀具的有效工作时间。斜率的大小表示刀具正常工作时的磨损强度，是衡量刀具切削性能的重要指标。

（3）急剧磨损阶段。即如图 2 - 59 中的第 Ⅲ 阶段。当刀具后刀面上的磨损宽度达到一定数值时，由于摩擦剧烈，切削力、切削热及切削温度急剧上升，使刀具的切削性能下降，磨损强度不断加强，最后导致刀具的完全损坏。在此阶段工作，非但不能保证工件的加工质量，刀具材料的损耗也很大，经济上不合算，所以应避免刀具的磨损进入这个阶段。在这个阶段到来之前，就要及时换刀。

3. 刀具的破损

刀具破损是切削过程中发生的刀具突然损坏。只要进行切削，刀具磨损就不可避免。但刀具破损是不正常的损坏，应尽量避免。刀具破损分为脆性破损和塑性破损两种。

（1）脆性破损。可分为破裂、裂纹和剥落三类。在破裂类中，如果在切削刃上仅出现微小的缺口，称之崩刃。如在切削刃上出现小块或大块破裂称为碎断或折断。这种破损，硬质合金刀具比高速钢刀具更容易发生。裂纹破损主要发生在刀具前刀面上。长时间的断续切削，使刀具处在交变应力和热应力的反复作用下，表面层的应力达到或超过刀具材料的疲劳强度极限，从而出现微小的裂纹。这种裂纹继续发展，即不断地扩展和合拢，就会导致碎断和折断。交变应力和热应力产生的裂纹分别称为疲劳裂纹和热裂纹。剥落指连同切削刃一起，在前刀面、主后刀面上剥下一层碎片的刀具破损，有时也在离主切削刃稍远处剥落。这种早期破损在有切屑粘结在刀具上再切入工件时，或积屑瘤脱落时，更容易发生。

（2）塑性破损。切削时，刀具由于高温高压的作用，使前、后刀面的材料产生塑性变形，从而丧失了切削能力，这种破损称为塑性破损。高速钢比硬质合金容易发生塑性破损。高速钢刀具所出现的"卷刃"，即属塑性破损。硬质合金刀具有时也会出现这种破损，其表现形式为切削刃或刀尖的"塌角"（又称"塌陷"）。刀具一旦出现"卷刃"和"塌角"，就不能继续切削。刀具发生塑性破损时不容易被发现，可能造成设备或质量事故，应特别注意。

（3）防止刀具破损的措施有以下几种

1）选用抗拉强度高、冲击韧度高和耐热性高的刀具材料。

2）选择合理的刀具几何参数。采用负倒棱结构，就是硬质合金刀具防止崩刃的有效措施之一。

3）选择合理的切削用量。

4）提高工艺系统的刚性，消除可能产生振动的因素，如加工余量的不均匀，铰刀、铣刀等回转类刀具各个刀齿的刀尖不在同一圆周上等。

5）提高刀具焊接和刃磨的质量，避免在作业过程中，在刀具上留下残余拉应力。

6）合理使用切削液，降低摩擦系数和切削温度，减少刀屑之间的粘结。在产生热裂纹时，不要用切削液，否则裂纹容易扩大。

2.7.2 刀具磨损的原因

刀具磨损的原因比机械零件的磨损要复杂得多，表现在：

1）刀具与切屑、工件之间的接触表面是活性很高的新鲜表面，不存在氧化膜或其他吸附膜；

2）前、后刀面上的接触压力非常大，超过工件材料的屈服强度；

3）切屑、工件与刀具接触面的温度很高。

故金属切削刀具的磨损是机械的、热的、化学的三种效应的综合结果。其原因有以下几种。

1. 硬质点磨损（也称磨料磨损、机械磨损）

在切削过程中，刀具上经常被一些硬质点刻出深浅不一的沟痕。虽然工件材料的硬度远远小于刀具材料的硬度，但工件材料中有些碳化物（Fe_3C、TiC 等）、氮化物（Si_2N_4、AlN 等）、氧化物（SiO、Al_2O_3 等）等硬质点以及积屑瘤的碎片等，具有很高的硬度，甚至超过了刀具材料的硬度。切削过程中这些硬质点将在刀具表面上划出沟纹而导致刀具磨损。这种磨损称硬质点磨损，也叫磨料磨损或机械磨损。

磨料磨损对高速钢作用较明显。因为高速钢在高温时的硬度较有些硬质点（SiO、Al_2O_3、TiC、Si_2N_4）低，耐磨性差。此外，硬质合金中粘结相的钴也易被硬质点磨损。在生产中常采用细晶粒碳化物的硬质合金，或者用减小钴的含量的办法来提高刀具的抗磨损能力。

只要进行切削，都会出现磨料磨损，只是程度不同而已。而对低速刀具（如拉刀、丝锥、板牙等），它是磨损的主要原因。这是由于切削温度低，其他在高温条件下才会出现的磨损还未出现。

2. 粘结磨损

切屑与前刀面、加工表面与后刀面之间在压力和温度作用下，接触面吸附膜被挤破，形成了新鲜表面接触，当接触面间达到原子间距离时就产生粘结。粘结形成后，切屑与刀具要相对运动，粘结就会被撕裂。撕裂通常发生在硬度较低的切屑底层工件材料一方，但在前刀面经受反复的摩擦和温度冲击下，部分材料也会被切屑带走，这就是粘结磨损。粘结磨损在前刀面上留下了凹坑，也就是月牙洼。此外，当前刀面上粘结的积屑瘤脱落时，也会带走一些刀具材料，形成粘结磨损。

粘结磨损的程度与压力、温度及材料间亲合程度有关。例如在低速切削时，由于切削温度低，故粘结是在压力作用下接触点处产生塑性变形所致，亦称为冷焊；在中速时由于切削温度较高，促使材料软化和分子间运动，更易造成粘结。用 YT 硬质合金加工钛合金或含钛不锈钢，由于在高温作用下钛元素之间的亲合作用，也会产生粘结磨损。所以，低、中速切削时，粘结磨损是硬质合金刀具的主要磨损原因。

各种材料的刀具切削时都可能产生粘结磨损，但具体的切削条件不同，磨损情况的差异很大。粘结温度愈低，则愈容易产生粘结磨损。刀具材料剪切强度越低，粘结磨损就越严重。

硬质合金晶粒的粗细对粘结磨损的快慢也有显著影响。合金的晶粒越细，磨损则越缓慢。采用超细颗粒（WC 晶粒的平均尺寸小于 $0.5\ \mu m$），可以进一步减缓粘结磨损，这是由于超细合金硬质相和粘结剂钴高度分散，增加了粘结面积，提高了合金的粘结强度之故。

在高速钢刀具以正常切削速度和硬质合金刀具以中等偏低的切削速度切削时，粘结磨损通常是刀具磨损的主要原因。提高切削速度后，由于刀－屑间摩擦系数的减小，粘结现象趋缓，使硬质合金刀具的粘结磨损减轻。

3. 扩散磨损

在切削区由于高温高压的作用，接触面间分子活动能量大，造成了合金元素相互扩散置换。硬质合金刀具中的 C、W、Co 等元素会向工件和切屑扩散；而工件、切屑中的 Fe 元素则向硬质合金扩散。因此，硬质合金表面便产生贫碳、贫钨和少钴现象。这不仅使硬质合金中硬质相（WC、TiC）的粘结强度降低，而且扩散到硬质合中的 Fe，也会形成新的低硬度、高脆性的复合碳化物，致使刀具的磨损过程加快。这种固态元素相互迁移而造成的磨损称为扩散磨损。

扩散磨损的速度随切削温度的提高而增大。高速钢刀具的切削温度较低，产生扩散作用的条件不够充分，所以出现扩散磨损的机会远小于硬质合金。

在硬质合金中，YG 类与钢产生显著扩散作用的温度为 850~900℃；而 YT 类则为 900~950℃。这是切削钢料时，YT 类硬质合金比 YG 类耐磨的原因之一。在硬质合金中添加 TaC（碳化钽）、NbC（碳化铌）、VC（碳化钒）等化合物，可提高其与工件材料的扩散温度，从而减少刀具的扩散磨损。

若采用细颗粒硬质合金或添加稀有金属硬质合金，采用 TiC、TiN 涂层刀片，对于提高刀具耐磨性和化学稳定性，减少扩散磨损均可起重要作用。

刀具前刀面上的月牙洼处温度最高，扩散作用最强烈。所以，月牙洼的形成除了硬质点磨损的效应外，还有扩散磨损以及粘结磨损的作用。在其他磨损部位，磨损的原因往往也不是单一的因素，而是几种磨损因素的综合作用。

4. 化学磨损

刀具材料中的某些元素与空气、工件材料或切削液中的某些元素发生化学反应，形成硬度较低的化合物被切屑带走，产生和加速了刀具的磨损，称为化学磨损。例如当切削温度达 700~800℃ 时，硬质合金中的 WC、TiC 和 Co 便与空气中的氧发生氧化作用，产生了较软的氧化物（如 WO_3、TiO_2、Co_3O_4 等）被切屑带走。这种化学磨损称氧化磨损。

用金刚石车刀或磨料加工纯铁或低碳钢时，金刚石刀具急剧磨损。这是因为金刚石中的碳极易与铁发生化学反应，而导致化学磨损的缘故。所以金刚石刀具不能加工钢和铸铁。

刀具磨损除了上述几种主要原因外，还有相变磨损、热电磨损等。例如刀具与工件和切屑接触表面有很高的温度，形成了热电偶，在热电动势的作用下，增强了材料的扩散和电化学作用，从而加速了刀具的磨损。曾有报道在用高速钢钻不锈钢材料时，如使钻头与机床和钻套绝缘，磨损速度可降低一倍。

综上所述，刀具磨损的原因不仅与刀具材料、工件材料有关，而且与切削条件有关，尤其是与切削速度的关系最为显著。图 2 - 60 是刀具磨损强度与切削速度的关系曲线。所谓磨损强度，是指切削单位体积的金属所造成的刀具磨损量。

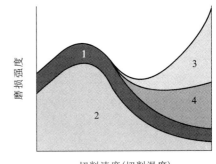

图 2 - 60　切削速度对刀具磨损强度的影响
1—机械磨损；2—粘结磨损；
3—扩散磨损；4—热化学磨损

2.7.3　刀具磨钝标准与刀具耐用度

1.刀具磨钝标准(又称刀具磨损限度)

从刀具磨损过程中可知，在刀具的磨损到达第Ⅲ阶段前，刀具必须进行换刀。这个人为规定的用于判定刀具是否能够继续使用的判定标准，叫刀具磨钝标准。磨钝标准是刀具使用过程中允许磨损量达到的最大值。由于一般刀具都会发生后刀面磨损，而且后刀面磨损量 VB 容易测量，故通常以 1/2 作用主切削刃处(即切削刃工作长度的中间位置)后刀面上测得的磨损带宽度 VB 作为刀具磨钝标准(图 2 - 61)；在自动化生产中使用的精加工刀具，常以工件径向的刀具磨损量 NB 作为刀具的磨钝标准，称为刀具径向磨钝标准(图 2 - 62)；也有用月牙洼磨损深度 KT 作为磨钝标准的。一般那个磨损是影响刀具不能继续使用的主要因素，就选择哪个磨损量作为刀具磨钝标准。

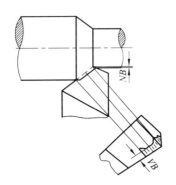

图 2 - 61　刀具磨钝标准的规定

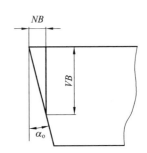

图 2 - 62　车刀的径向磨损量

ISO 规定，在进行刀具耐用度试验时，磨钝标准采用如下方法确定：如果后刀面在 B 区内是有规则的磨损，取 $VB = 0.3$ mm；如果后刀面在 B 区内是无规则的磨损、划伤、剥落或有严重的沟痕，取 $VB_{max} = 0.6$ mm；如果是硬质合金刀具，且发生了严重的月牙洼磨损，则取 $KT = 0.06 + 0.3f$。

实际生产中，磨钝标准的制定既要顾及刀具的合理使用，又要保证加工精度，还要考虑工件材料的切削加工性、工艺系统的实际情况、刀具制造和刃磨的难易程度等诸多因素的影响。例如，高速车削合金钢细长轴，磨钝标准可能定为 $VB = 0.3$ mm；低速车削大型铸钢齿轮毛坯，磨钝标准可能定为 $VB = 1.5$ mm。磨钝标准太大，可能损坏刀具或不能保证加工质量；太小，刀具材料没有被充分利用，增加生产成本，降低生产效率。

2. 刀具耐用度的定义

刀具耐用度是一个表征刀具材料切削性能优劣的综合指标。在相同的切削条件下，耐用度越高，表明刀具材料的耐磨性越好。在比较不同的工件材料切削加工性时，刀具耐用度是一个重要的指标，刀具耐用度越高，表明工件材料的切削加工性越好。

（1）刀具耐用度的定义

刃磨后的刀具从开始使用，直至磨损量达到磨钝标准为止时的纯切削时间（不包括对刀、测量、快进和回程等非切削时间）称为刀具耐用度，用 T 来表示，单位为分钟。在有些情况下，也可以用达到磨钝标准前的刀具切削行程 l_m 来衡量刀具耐用度，l_m 等于切削速度 v_c 和耐用度 T 的乘积。精加工时，也可以用加工完的工件数量来衡量刀具耐用度。

（2）刀具耐用度与刀具寿命的关系

英美等国家，把刀具耐用度叫 tool life；我国和俄国等国家，刀具寿命是指一把新刀具从投入使用直到报废为止的总的切削时间，其中包括多次重磨，因此刀具的寿命等于刀具耐用度与重磨次数的乘积，或可转位不重磨刀片刀刃数与刀具耐用度的乘积。在阅读外文资料时，对这一点应特别注意。

2.7.4　刀具耐用度的经验公式

切削加工时，在工件材料、加工方法、刀具材料等确定以后，切削用量（v_c、f、a_p）成为影响刀具耐用度的最主要的因素。由于切削用量对刀具磨损的影响十分复杂，难以建立精确的理论公式，生产中一般通过做刀具耐用度试验的方法，建立切削用量与刀具耐用度 T 之间的经验公式。

1. 切削速度与刀具耐用度的关系

按照 ISO 的规定，先确定 VB 为一定值（一般取 0.3 mm）作为磨钝标准，并固定其他切削条件，在常用的切削速度范围内，分别取切削速度为 v_{c1}、v_{c2}、v_{c3}、…（一般为 4～5 种速度，且 $v_{c1} > v_{c2} > v_{c3} > \cdots$）做刀具磨损试验。首先以某个切削速度进行切削，每隔一段时间量取一个后刀面磨损量 VB，通过一段时间后可绘出一条磨损曲线，其横坐标为切削进行的时间，纵坐标为后刀面的磨损值 VB。多少个切削速度就可得到多少条磨损曲线，如图 2 - 63 所示。以磨钝标准的 VB 值为纵坐标，做水平线与各个磨损曲线的交点所对应的切削时间，就是各切削速度 v_c 所对应的刀具耐用度 T 的取值。将各 v_c - T 对应值（v_{c1} - T_1、v_{c2} - T_2、v_{c3} - T_3、…）点画在双对数坐标中，通常是接近于图 2 - 64 所示的一条直线。可见 v_c - T 之间呈下列关系：

$$\ln v_c = -m\ln T + \ln C$$

即

$$v_c = \frac{C}{T^m} \tag{2 - 62}$$

式中：C——常数系数，与刀具、工件材料及切削条件有关，是图中 $T = 1$ 时纵坐标的 v_c 值；

　　　m——v_c 对 T 影响程度指数，与刀具材料有关，是图中直线的斜率的绝对值。

式（2 - 62）又叫泰勒公式。在 v_c 增量相同情况下，m 越大，耐用度 T 的减幅越小；说明 m 值越大，v_c 对 T 的影响越小，刀具材料越好。

例如，当车削中碳钢和灰铸铁时，m 值大致如下：

高速钢车刀：$m = 0.11$；

硬质合金可焊接车刀：$m = 0.2$；

硬质合金可转位车刀：$m = 0.25 \sim 0.3$；

陶瓷车刀：$m = 0.4$。

总的说来，切削速度对耐用度的影响是很大的。例如用硬质合金可转位车刀切削，当切削速度为 80 m/min 时，刀具耐用度 $T = 60$ min；而切削速度提高为 160 m/min 时，则按式（2-63），取 $m = 0.25$，计算得刀具耐用度 $T = 3.75$ min。因此，切削速度增加 1 倍，使刀具耐用度下到原来的 1/16。这是由于随着切削速度 v_c 的提高，切削温度 θ 升高较快、摩擦加剧，使刀具迅速磨损所致。

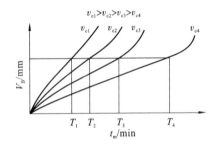

图 2-63　不同切削速度下的刀具磨损曲线　　　　图 2-64　在双对数坐标系上的 v_c-T 曲线

2. 进给量和背吃刀量与刀具耐用度的关系

用求 v_c-T 关系式的方法，同样也可以求出进给量和背吃刀量对刀具耐用度的影响关系式如下：

$$f = \frac{A}{T^n}, \quad a_p = \frac{B}{T^p}$$

与以上二式相对应的关系曲线如图 2-65。f 和 a_p 增大，都使 T 降低。从数值来说，p 最大，n 次之，m 最小。数值越大，该因素对刀具耐用度的影响程度越小。从"影响切削温度的主要因素"中已知，切削用量对切削温度的影响的排列次序从大到小为 v_c 最大，f 次之，和 a_p 最小，可见切削用量对刀具耐用度的影响规律和对切削温度的影响规律是相同的。

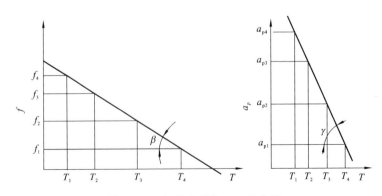

图 2-65　f-T 曲线和 a_p-T 曲线

3. 刀具耐用度方程式

综合 $v_c - T$、$f - T$、$a_p - T$ 三个关系式，即可求得切削用量三要素 v_c、f 和 a_p 与刀具耐用度 T 之间的关系式，即刀具耐用度关系式：

$$T = \frac{C_T}{v_c^x f^y a_p^z} \tag{2-63}$$

式中：C_T——刀具耐用度系数，与工件材料、刀具材料、切削条件有关；

x、y、z——指数，分别表示切削用量三要素对刀具耐用度的影响程度。显然这三个值的数值越小，影响程度就越小。

$$x = 1/m,\ y = 1/n,\ z = 1/p;\ 且\ x > y > z$$

C_T 的值越大，刀具耐用度 T 越高。硬质合金刀具的 C_T 值高于高速钢刀具的；切削加工性好的材料的 C_T 值高于切削加工性差的；外圆纵车时的 C_T 值高于切槽、切断和成形车削时的。

当用硬质合金车刀车削 $\sigma_b = 0.637$ GPa 的中碳钢且 $f > 0.7$ mm/r 时，有：

$$T = \frac{C_T}{v_c^5 f^{2.25} a_p^{0.75}} \tag{2-64}$$

可以看出，切削速度对刀具耐用度的影响最大；进给量次之；背吃刀量的影响最小。当其他条件不变，切削速度 v_c 提高 1 倍，刀具耐用度 T 降低到原来的 3%；进给量 f 提高 1 倍，刀具耐用度 T 降低到原来的 21%；背吃刀量 a_p 提高 1 倍，刀具耐用度 T 降低到原来的 59%。

上式使用时应注意以下两点：

(1) 在较宽的切削用量范围内进行试验时，在积屑瘤存在的范围内，该式不再成立。

(2) 上式的 C_T 值，是在作刀具耐用度试验时所选定的磨钝标准（通常为 $V_B = 0.3$ mm）下得出的。如果磨钝标准改变，耐用度也将改变。例如当磨钝标准由 0.3 mm 变为 0.6 mm 时，C_T 的值将增大一倍，所计算的刀具耐用度也将增大一倍。因此，在从切削用量手册查出有关数据后，还需根据生产实际进行调整。

2.7.5　刀具耐用度的确定方法

1. 刀具耐用度的确定方法

在拟定切削用量前，首先要确定刀具耐用度。常用的确定刀具耐用度的方法有两种：

(1) 最高生产率耐用度。它是以加工每个工件的时间为最少，或单位时间内加工工件的数量为最多的原则来确定的刀具耐用度的，用 T_p 表示。

T_p 求出的方法是：首先建立以耐用度 T 为自变量的单件作业时间 t_o 的函数表达式 $t_o = f_1(T)$；其次 t_o 对 T 求导，并令 $\dfrac{\mathrm{d}t_o}{\mathrm{d}T} = 0$，求出极小值；最后得出使 t_o 为最小的 T，即为最高生产率耐用度 T_p。

$$t_o = t_m + t_a + t_c(t_m/T)$$

式中：t_o、t_m、t_a、t_c 分别为单件作业时间、实际切削时间、辅助时间和换刀时间，T 为刀具耐用度。对某种固定零件，在进给量和背吃刀量不变时的切削总路程 $L(v_c \cdot t_m)$、单件辅助时间、每把刀具的换刀时间都是常数，而加工一个零件需要换 t_m/T 次刀。

设 $v_c t_m = L$，则 $t_m = L/v_c = L/(C/T^m) = AT^m$。

$t_o = AT^m + t_a + t_c(AT^{m-1})$，可求出使 t_o 取极小值的 T 为：

$$T_p = T = t_c(1-m)/m \qquad\qquad (2-65)$$

可见刀具材料的 m 值越小，所选的刀具耐用度应越大。

当刀具耐用度确定以后，就可根据 $v_c T_p^m = C$ 计算出 v_c 的数值来。

（2）最低生产成本耐用度。它是以加工每个工件的工序成本为最低的原则所确定的刀具耐用度，用 T_c 表示。T_c 求出的方法是首先建立以耐用度 T 为自变量的单件工序成本 C 的函数表达式 $C = f_2(T)$；其次 C 对 T 求导，并令 $\dfrac{dC}{dT} = 0$，求出 C 的极小值；最后得出使 C 为最小的 T，即为最低生产成本耐用度 T_c。

采用同样的处理方法，可求出使 C 取极小值的 T 为：

$$T_c = T = (t_c + C_t/C_m)(1-m)/m \qquad\qquad (2-66)$$

式中：C_t——每把刀具的费用；

C_m——该工序单位时间内所分担的全厂开支。

可见刀具越贵，刀具耐用度应越大，机床使用费用越高，刀具耐用度应越小。

从用上述方法求出的两种耐用度的比较得知，$T_c > T_p$。因此，生产中一般均采用最低生产成本耐用度 T_c 作为刀具耐用度的标准。通常只有在生产任务十分紧迫，或生产中出现某工序的薄弱环节，以至影响整个产品的配套时，才考虑采用最高生产率耐用度。同理，当 T_c 确定以后就可以根据 $v_c T_c^m = C$ 求出 v_c 来。

除了以上两种方法外，还有最高利润等其他一些确定刀具耐用度的方法。

根据以上分析，并综合各种具体情况，在确定各种刀具的耐用度时，可按下列准则考虑：

1）复杂的、高精度的、多刃的刀具耐用度应比简单的、低精度的、单刃的刀具高；

2）可转位刀具换刃、换刀片快捷，为使切削刃始终处于锋利状态，刀具耐用度可选得低一些（一般为 15~30 min）；

3）精加工刀具切削负荷小，刀具耐用度应比粗加工刀具选得高一些；

4）大件加工时，为避免一次进给中中途换刀，刀具耐用度应高一些；

5）数控刀具、自动线刀具等耐用度也应选高一些；否则会增加换刀次数，影响整机和整线的工作。

2. 影响刀具耐用度的因素

分析刀具耐用度影响因素的目的是调节各因素的相互关系，以保持刀具耐用度的合理数值。各因素对刀具耐用度的影响，主要是通过它们对切削温度的影响而起作用的。

（1）切削用量的影响

由前述刀具耐用度公式知，切削用量 v_c、f 和 a_p 对刀具耐用度的影响规律如同对切削温度的影响规律。即增大 v_c、f 和 a_p，使切削温度提高、刀具耐用度下降，其中 v_c 影响最大，其次 f，a_p 最小。根据 v_c、f 和 a_p 对 T 的影响程度可知，当确定刀具耐用度合理数值后，应首先考虑增大 a_p，其次增大 f，然后根据 T、a_p 和 f 的值计算出 v_c，这样既能保持刀具耐用度又能发挥刀具切削性能，提高切削效率。

（2）刀具几何参数的影响

刀具几何参数对刀具耐用度有较显著的影响。选择合理的刀具几何参数，是确保刀具耐用度的重要途径；改进刀具几何参数可使刀具耐用度有较大幅度提高。因此，刀具耐用度是衡量刀具几何参数合理和先进与否的重要标志之一。

刀具几何参数中对刀具耐用度影响较大的是前角和主偏角。

前角 γ_o 增大，切削温度降低，耐用度提高；前角 γ_o 太大，刀刃强度低、散热差且易磨损，故耐用度 T 反而下降。因此，前角对刀具耐用度 T 影响呈"驼峰形"。它的峰顶前角 γ_o 值能使耐用度 T 最高，或刀具耐用度允许的切削速度 v_c 较高。

主偏角 κ_r 减小，可增加刀具强度和改善散热条件，故耐用度 T 提高，或刀具耐用度允许的切削速度 v_T 增高。

此外，适当减少副偏角 κ'_r 和增大刀尖圆弧半径 r_ε 都能提高刀尖强度，改善散热条件使刀具耐用度 T 或刀具耐用度允许的切削速度 v_c 增高。

（3）加工材料的影响

工件材料的力学性能及某些物理性能也是影响刀具耐用度的重要因素。加工材料的强度、硬度越高，产生的切削热越多，切削温度也越高，刀具磨损越快，刀具耐用度 T 越低。此外，加工材料的延伸率越大或导热系数越小，均能使切削温度升高，从而使刀具耐用度 T 降低。难加工材料切削时，为使刀具有足够的耐用度，不得不采用较低的切削速度。加工钛合金和不锈钢时，刀具耐用度允许的切削速度 v_c 较 45 钢的低。在同一刀具耐用度的条件下，工件材料的切削加工性越好，则所允许的切削速度越高。

（4）刀具材料的影响

刀具切削部分材料是影响耐用度的主要因素，改善刀具材料的切削性能，使用新型材料，能促进刀具耐用度提高。一般情况下，刀具材料的高温硬度越高、越耐磨，耐用度 T 也越高。

2.8　金属切削规律的应用

本节讨论如何利用金属切削过程的基本规律来指导生产。

2.8.1　工件材料的切削加工性

工件材料的切削加工性是指对其进行切削加工的难易程度。

1. 切削加工性的衡量指标

衡量工件材料切削加工性的指标有多种，应根据实际生产情况的关注点加以选择。

（1）刀具耐用度指标（也称切削速度指标）

刀具耐用度的高低，可以作为衡量工件材料切削加工性的指标。在一定刀具耐用度（刀具磨钝标准一定，除切削速度外其他切削条件都不变，一般工件材料取 $T = 60$ min，难切削材料取 $T = 30$ min）的条件下，允许的切削速度高的工件材料，其切削加工性优于切削速度低的材料。切削某种材料时，刀具耐用度分别为 $T = 60$ min 和 $T = 30$ min 时所允许的切削速度分别用 v_{60} 和 v_{30} 来表示。在相同加工条件下，v_{60} 或 v_{30} 的数值越大，材料的加工性越好，反之，加工性越差。v_{60} 或 v_{30} 可由刀具耐用度试验求出。

在生产中一般用相对加工性 K_v 来衡量工件材料的切削加工性。我国以 $\sigma_b = 0.637$ GPa 的正火 45 钢的 v_{60} 为基准材料，写作 $(v_{60})_j$。其他工件材料的 v_{60} 与其相比，得比值即为 K_v，即：

$$K_V = \frac{v_{60}}{(v_{60})_j} \qquad (2-67)$$

当 $K_v > 1$ 时，该材料比 45 钢容易切削；当 $K_v < 1$ 时，该材料比 45 钢难切削，例如铬钒钢 50CrV 的 $K_v = 0.4$，不锈钢 1Cr18Ni9Ti 的 $K_v = 0.5$，均属较难切削材料。

不同国家所选用的基准材料是不同的，其绝对数值间不具备可比性，但其相对数值间的趋势是一致的。在使用外文手册时，这一点应特别注意。

（2）保证生产质量的指标

在相同加工条件下，比较加工后表面粗糙度等级。粗糙度低，加工性好；反之，加工性差。

还可以用切屑形状是否容易控制、切削温度高低和切削力大小（或消耗功率多少）等作为评价指标来评定材料加工性的好坏。

材料加工性是上述指标综合衡量的结果。但在不同的加工情况下，评定用的指标也有主次之分。例如粗加工时，通常用刀具耐用度和切削力指标；在精加工时，用加工表面粗糙度指标；自动生产线时用切屑形状指标等。

（3）切削加工性的分级表示法

材料加工的难易程度主要取决于材料的物理、力学和机械性能，其中包括材料的硬度 HB、抗拉强度 σ_b、延伸率 δ、冲击值 a_k 和导热系数 λ 等，故通常还可按它们数值的大小来划分加工性等级，见表 2 - 5。

表 2 - 5 工件材料切削加工性分级表

切削加工性		易 切 削			较易切削		较难切削			难 切 削			
等级代号		0	1	2	3	4	5	6	7	8	9	9_a	9_b
硬度	HBS	≤50	>50 ~100	>100 ~150	>150 ~200	>200 ~250	>250 ~300	>300 ~350	>350 ~400	>400 ~480	>480 ~635	>635	
	HRC					>14 ~24.8	>24.8 ~32.3	>32.3 ~38.1	>38.1 ~43	>43 ~50	>50 ~60	>60	
抗拉强度 σ_b/GPa		≤0.196	>0.196 ~0.441	>0.441 ~0.588	>0.588 ~0.784	>0.784 ~0.98	>0.98 ~1.176	>1.176 ~1.372	>1.372 ~1.568	>1.568 ~1.764	>1.764 ~1.96	>1.96 ~2.45	>2.45
延伸率 δ/%		≤10	>10 ~15	>15 ~20	>20 ~25	>25 ~30	>30 ~35	>35 ~40	>40 ~50	>50 ~60	>60 ~100	>100	
冲击值 a_k/ (kJ·m^{-2})		≤196	>196 ~392	>392 ~588	>588 ~784	>784 ~980	>980 ~1372	>1372 ~1764	>1764 ~1962	>1962 ~2450	>2450 ~2940	>2940 ~3920	
热导率 λ/ (W·m^{-1}·K^{-1})		418.68 ~293.08	<293.08 ~167.47	<167.47 ~83.74	83.74 ~62.80	<62.80 ~41.87	41.87 ~33.5	<33.5 ~25.12	<25.12 ~16.75	<16.75 ~8.37	<8.37		

例如：正火 45 钢的主要力学和物理性能为硬度不大于 HBS 229、$\sigma_b = 0.598$ GPa、$\delta = 16\%$、$a_k = 588$ kJ/m^2、$\lambda = 50.24$ W/(m·K)，按表 2 - 5 查出加工性等级"4·3·2·2·4"。切削 45 钢时，允许较高的切削速度（$v_c \leq 150$ m/min），能达到较低的表面粗糙度值，粘屑少，切屑也易于控制，所以说 45 钢的加工性较好。

切削加工性的好坏，要看在生产中的主要关注点。例如某材料塑性很高，强度较低。可

68

能在粗加工时认为是普通加工难度的材料，精加工却认为是难加工材料，精密加工认为是极难加工材料。

通常情况下，分级表中某一个生产者关注的性能难加工，切削加工性就不好；只有所有指标都好，才能判定为加工性好；一般不能用等级代号的平均值来判定加工性能。

2. 影响材料切削加工性的因素

工件材料的切削加工性主要决定于材料的力学、物理性能。

（1）硬度和强度

工件材料的硬度和强度越高，切削力越大，切削温度越高，刀具耐用度越低，切削加工性就越差。例如硬度在 HRC50 以上的淬硬钢、冷硬铸铁等，都很难加工。

材料中的硬质点（如 Al_2O_3、TiC 等夹杂物）越多、形状越锐利，分布越广，刀具越容易磨损，切削加工性就越差。材料的加工硬化现象越严重，切削加工性也越差。

有些材料常温下强度并不高，但高温下却具有较高的强度，其切削加工性比较差。如合金结构钢 20CrMo 常温下的抗拉强度 σ_b 低于 45 钢，但在 600℃ 时，20CrMo 的 σ_b 比 45 钢几乎高一倍。

（2）塑性和韧性

工件材料的塑性越好，切削变形、切削力和切削温度的数值也越大，断屑困难，切削加工性也就越差。韧性对切削加工性的影响与塑性基本相同，但对断屑的影响更为显著。

塑性和韧性特别差的材料的切削加工性也不好。

（3）导热性

工件材料的导热性越好，则切削温度越低，切削加工性就越好。但在精密超精密加工中，如果对工件温度的控制能力较差，则工件材料的导热性越好，工件的加工温升越大，工件精度越难控制，加工性反而不好。

（4）化学成分

材料的化学成分影响材料的力学、物理性能，从而间接影响切削加工性。

1）碳钢中碳的含量越高，其强度、硬度就越高，塑性和韧性则下降。所以高碳钢由于强度、硬度过高，低碳钢由于塑性、韧性过高，导致其切削加工性均不如中碳钢。

2）其他合金元素，如在钢中加入 Cr、Ni、V、Mo、W 等合金元素后，不仅能提高其强度和硬度，而且也增大了塑性，其中大部分元素还会导致导热性下降，所以将使切削加工性变差。

（5）金相组织

金属材料的金相组织是决定其力学和物理性能的重要因素之一，因而对材料的切削加工性有重要的影响。

铁素体和奥氏体主要因为塑性较大（延伸率 $\delta = 30\% \sim 50\%$），因而切削加工性较差。渗碳体和马氏体由于硬度过高，因而切削加工性很差。珠光体的强度、硬度和塑性都比较适中。

3. 改善材料切削加工性的途径

（1）采用适当的热处理方法

采用适当的热处理方法，是改善工件材料切削加工性行之有效的主要途径。如各种钢材一般是以正火状态出厂的，在经过退火后，硬度明显下降，切削加工性得到改善。

（2）调整工件材料的化学成分，发展易切削钢。

（3）选择加工性好的毛坯状态

如低碳钢冷拉后，塑性大为下降，加工性好；锻造毛坯余量不均，且有硬皮，加工性差，若能改为热轧毛坯，可提高切削加工性。

2.8.2 切削液

切削过程中，合理地选择与使用切削液，可以明显地提高生产效率和加工质量。

1. 切削液的作用

（1）冷却作用

切削液浇注在切削区域后，切削热通过切削液的传导、对流和汽化，使切削区内切屑、刀具和工件上的热量散逸而起到冷却作用，以降低切削温度，提高刀具耐用度和工件的加工质量。切削液应有较高的热导率和比热容；使用时要有足够的流量和流速；要有较高的汽化热，以便在切削温度较高时，切削液迅速汽化而大量吸热。

水与油相比，热导率大 3～5 倍；比热容大 1 倍左右；汽化热大 6～12 倍。所以水溶液的冷却性能远远高于油类。

（2）润滑作用

切削液渗透到刀具与切屑、工件表面之间形成润滑膜，从而减小前刀面与切屑、后刀面与工件之间的摩擦。由于切削时各接触面间具有高速、高温、高压和粘结等特点，故切削液的渗透作用是较难实现的。润滑效果是否良好，主要取决于切削液的渗透性、润滑膜（吸附膜）的形成能力及其强度。而这三者又与切削液的添加剂有关。渗透性好，才能使切削液容易流入切削区，在金属表面上扩展并产生粘附作用，形成一层牢固的、有一定强度的润滑膜。

对于某些加工，例如用丝锥攻螺纹，切削液是否具有良好的润滑作用，显得特别重要。用植物油（豆油）为切削液比用 $L-AN_7$ 切削油，攻螺纹扭矩可减少 30%；在矿物油中加入适当的极压添加剂作为切削液，也可取得基本相同的效果。切削扭矩的减小，不仅有助于提高效率，减少丝锥的磨损，而且减少了丝锥在切削过程中折断的可能性。

切削液的润滑功能，对抑制鳞刺和积屑瘤的产生，减小加工表面粗糙度值，以及减少刀具磨损，提高刀具耐用度等方面的作用，都是十分显著的。

（3）清洗作用

浇注切削液能冲走在切削过程中粘附在工件、刀具和机床表面的细屑或磨粒，从而能起到清洗、防止刮伤加工表面和机床导轨面的作用。清洗质量的高低取决于切削液的渗透性、流动性和使用压力。一般可加入剂量较大的表面活性剂和少量的矿物油，用大的稀释比（水占 95%～98%）制成乳化液或水溶液，可提高清洗能力。

切削液的冲洗作用对于精密加工、磨削加工和自动线加工尤为重要。深孔加工则是利用高压切削液排屑。

（4）防锈和其他作用

切削液必须要有良好的防锈作用，防锈作用的优劣取决于切削液本身的性能及加入的添加剂的防锈功能。在切削液中加入防锈添加剂，如亚硝酸钠、磷酸三钠、三乙醇胺和石油磺酸钡等，可使金属表面生成保护膜，从而防止工件、机床和刀具受周围介质（如空气、手汗等）及切削液本身的腐蚀。

切削液除了应具备上述基本作用外，切削液应具备良好的稳定性，在贮存和使用中不产生沉淀或分层、析油、析皂和老化等现象。对细菌和霉菌有一定抵抗能力，不易因发霉及生物降解而导致发臭、变质。另外，切削液还要不损坏涂漆零件，对人体无危害，无刺激性气味。在使用过程中无烟雾或少烟雾。还应该有不污染环境、不损害人体健康、配制容易、价廉等要求。

2. 切削液分类

常用切削液有水溶液、切削油、乳化液与极压切削液等。

（1）水溶液

水溶液主要起冷却作用。由于水的导热系数、比热和汽化热均较大，水溶液就是以水为主要成分并加入防锈添加剂的切削液。常用的有电解水溶液和表面活性水溶液。电解水溶液是在水中加入各种电解质，能渗透至表面油薄膜内部起冷却作用，它主要用于磨削、钻孔和粗车；表面活性水溶液是在水中加入皂类、硫化蓖麻油等表面活性物质，用以增强水溶液的润滑作用，常用于精车、精铣和铰孔等。

（2）乳化液

乳化液是切削加工中广泛使用的切削液，它是由水和油混合而成的液体，常用它代替动植物油。由于油不能溶于水，为使二者混合，须添加乳化剂。乳化剂主要成分为蓖麻油、油酸或松脂，它呈液体或油膏状。利用乳化剂分子的二个头中一头亲水、另一头亲油的特点使水和油均匀地混合。

生产中使用的乳化液是由乳化剂加水配制而成。浓度低的乳化液含水比例多，主要起冷却作用，适用于粗加工和磨削；浓度高的乳化液，主要起润滑作用，适用于精加工。

（3）切削油

切削油主要起润滑作用，一般来说切削油的润滑性能高于水溶液和乳化液，而冷却性能低于这二者。润滑油包括全损耗系统用油（旧称机械油，一般用 10 号或 20 号机油）、轻柴油、煤油、豆油、菜油和蓖麻油等矿物油和动、植物油。

植物油（豆油、菜油、棉籽油等）虽然有良好的润滑性能，但由于易变质，且价格过高，一般很少采用。

在矿物油中全损耗系统用油的润滑性能较好；而煤油的渗透性和清洗功能较好；轻柴油兼具润滑和冷却的作用。有时为使切削液取得较好的综合效果，常将两种油料混合使用，例如在煤油中加全损耗系统用油。

由于矿物油在高温高压下润滑性能欠佳，所以常在油中加入极压添加剂，以改善高温高压下的润滑条件。常用的极压添加剂有硫、氯、磷等的化合物。加入极压添加剂的切削油称为极压切削油。

3. 切削液的添加剂

切削液中的添加剂见表 2-6。

（1）油性添加剂

它的作用是降低金属与切削液的表面张力，使切削液很好地渗透到切削区域中去，形成物理润滑膜，减少刀-屑之间、刀具与工件过渡表面之间界面的摩擦。但这种润滑膜只能在 200℃ 以下的低温起较好的润滑作用，所以它主要用于低速精加工。油性添加剂有油脂类（动、植物油）、脂肪酸、酯类和醇类。

表 2-6 切削液中添加剂

分类		添 加 剂
油性添加剂		动植物油、脂肪酸、脂肪酸皂、脂肪醇、酯类、酮类、胺类等化合物
极压添加剂		硫、磷、氯、碘等有机化合物,如氯化石蜡、二烷基二硫代磷酸锌等
防锈 添加剂	水溶性	亚硝酸钠、磷酸三钠、磷酸氢二钠、苯甲酸钠、苯甲酸胺、三乙醇胺等
	非水溶性	石油磺酸钡、石油磺酸钠、环烷酸锌等
防霉添加剂		苯酚、五氯酚、硫柳汞等化合物
抗泡沫添加剂		二甲基硅油
助溶添加剂		乙醇、正丁醇、苯二甲酸酯、乙二醇醚等
乳化剂(表 面活性剂)	阴离子型	石油磺酸钠、油酸钠皂、松香酸钠皂、高碳酸钠皂、磺化蓖麻油、油酸三乙醇胺等
	非离子型	平平加(聚氧乙烯脂肪醇醚)、司本(山梨糖醇油酸酯)、吐温(聚氧乙烯山梨糖醇油酸酯)
乳化稳定剂		乙二醇、乙醇、正丁醇、二乙二醇单正丁基醚、二甘醇、高碳醇、苯乙醇胺、三乙醇胺

（2）极压添加剂

极压添加剂与金属表面在 600～800℃下产生化学反应,生成化学润滑膜,在高温高压下乃具有良好的润滑性能。它包括氯系极压添加剂、硫系极压添加剂、和含磷的极压添加剂。

常用的氯系极压添加剂有氯化石蜡、氯化脂肪酸等,生成的润滑膜在 300～400℃时就容易被破坏,且易生成有害气体,国内使用较少。

常用的硫系极压添加剂有硫化烯烃,硫化动植物油,也可直接用硫元素硫化矿物油。硫在高温时与铁化合成硫化铁,它形成的化学吸附膜很牢固。由这类添加剂形成的润滑膜,在切削钢时一般可耐 1000℃左右的高温。它常用于拉孔、齿轮加工中。此外,对不锈钢的车、铣、钻和螺纹加工,选用硫化油也能提高刀具耐用度和降低表面粗糙度。

含磷的极压添加剂对减少摩擦和刀具磨损,具有比氯系和硫系添加剂更好的效果。

4. 切削液选用

（1）按刀具材料选用

高速钢刀具耐热性差,粗加工时要求切削液的主要作用是降低切削温度,故应选冷却功能强的切削液,如 3%～5% 的乳化液或水溶液。精加工时的主要任务之一是提高加工表面质量,应选润滑性能好的极压切削油或高浓度的极压乳化液。

硬质合金刀具由于耐热性好,一般不用切削液,必要时也可采用低浓度乳化水溶液,但必须连续充分地供应,否则高温下的刀片会由于冷热不匀而导致内部产生较大的内应力,甚至出现裂纹。

（2）按工件材料选用

加工钢等塑性材料,需用切削液;加工铸铁等脆性材料,一般不用切削液。但是在精加工铸铁及铜、铝等有色金属及其合金时,为获得较小的表面粗糙度值,可采用 10%～20% 的乳化液,加工铸铁时还可用煤油。难加工材料一般选用极压切削油或极压乳化液。

（3）按加工方法选用

对钻孔、铰孔、攻螺纹、拉削等半封闭状态下的切削，刀具工作条件较差，一般选用极压乳化液或极压切削油作切削液，除了对切削区进行冷却润滑外，还起冲洗切屑的作用。

磨削加工时磨削区温度很高，所产生的细小磨屑会破坏已磨削表面的质量，为此要求切削液具有较好的冷却性能和清洗性能及一定的防锈性能，一般常用乳化液。

在讲究环境保护和绿色制造的今天，选用切削液时必须要考虑废液处理问题。许多国家加大了对切削剂污染的处罚力度，并制定了非常严格的切削废液收集、保存、处理措施，甚至不允许切削液洒落在机床外部。有些国家处理切削废液的费用甚至超过购买切削液的费用。

5. 切削液的供给方法

切削液选定后，就需要确定其供给方法：

（1）浇注法。这是切削液常用的供给方法。使用时通过喷嘴将切削液自上而下浇注到切削区。此种方法压力低，流速慢，切削液难以渗入切削区的深层次（也是切削温度最高的部位），故效果较差。但是浇注法设备简单，使用方便。一般通用机床如车床、铣床、齿轮加工机床等均配置有浇注系统，切削液流量一般在 $10 \sim 20$ L/min。

（2）高压冷却法。它是利用较高的工作压力（$1 \sim 10$ MPa）和较大的流量（$30 \sim 200$ L/min），把具有良好冷却、清洗性能和一定润滑、防锈性能的切削液迅速喷至切削区，并把断碎的切屑冲出或吸出切削区。这种方法主要用于深孔加工。

（3）喷雾冷却法。这种方法是利用一定压力（$0.1 \sim 0.4$ MPa）的压缩空气，借助喷雾器，将切削液细化为雾状，通过喷嘴高速喷至切削区。由于雾状液滴的汽化和渗透作用，吸收了大量的热，可取得良好的冷却和润滑效果，刀具耐用度可提高数倍。

2.8.3 刀具合理几何参数的选择

刀具几何参数主要包括：刀具角度、刃口形状、前刀面与后刀面型式等

1. 前角、前刀面的功用和选择

（1）前刀面。前刀面有平面型、曲面型（见图 2 - 66）和带倒棱型（见图 2 - 67）三种。

平面型前刀面制造容易，重磨方便，刀具廓形精度高。其中正前角前刀面的切削刃强度较低，能承受的切削力小，主要用在精加工刀具、加工有色金属刀具和具有复杂刃形刀具上；负前角前刀面的切削刃强度高，切削时切削刃产生挤压作用，切削力大，易产生振动，故它常用于受冲击载荷刀具，加工高硬度、高强度材料的刀具和挤压切削刀具上。曲面前刀面起卷屑作用，有利于断屑和排屑，主要用于粗加工塑性金属刀具和孔加工刀具上。有些刀具的曲面前刀面由刀具结构决定，如丝锥、钻头等。波形前刀面（或后刀面）是由许多弧形槽连接而

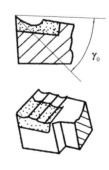

图 2 - 66 曲面型前刀面

成，由于弧形切削刃具有可变的刃倾角，使切屑挤向弧形槽底，改变材料应力状态，促使脆性材料形成的崩碎切屑转变成瓦楞形切屑。目前在加工铸铁和铅黄铜等脆性材料的车刀和刨刀上应用较多。

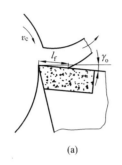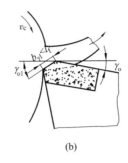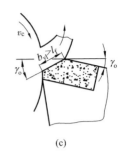

(a)　　　　　　　　　(b)　　　　　　　　　(c)

图 2 – 67　前刀面上的倒棱

(a)平面型前刀面；(b)有负倒棱的前刀面；(c)实际为负前角的倒棱

（2）倒棱。倒棱指前刀面与正交平面的交线在正交平面内不是一条连续曲线，而是有明显转折点的几段曲线。通常靠近切削刃的一段是一段直线，其长度在切削层公称厚度的 3 倍以内。也就是说，前刀面上靠近切削刃的地方有一个很窄的平面或曲面带。

制作倒棱的原因是，增大前角，有助于减小切屑变形和切削力、切削温度等，有利于切削条件的改善，但增大前角也削弱了切削刃强度、恶化了散热条件，形成了负面效应。为解决这一矛盾，在正前角的前刀面上磨出很窄的一段倒棱就可以既改善了切削条件，又不会使切削刃过渡削弱，提高了刀具的整体切削性能。由于倒棱部分的前角一般为负值，通常称为负倒棱。对有倒棱的刀具，从靠近切削刃开始对前刀面进行编号，叫第一、第二前刀面等，并在相应的表示符号中增加下标 1，2 等。

为了提高正前角刀具（尤其是硬质合金和陶瓷刀具）切削刃的强度，常在切削刃处制出宽度为 $b_{\gamma 1}$ 的负倒棱。图 2 – 67（a）表示正前角无负倒棱的车刀，l_f 为前刀面与切屑的接触长度。无负倒棱正前角车刀，切削变形最小，故总切削力最小。图 2 – 67（b）表示负倒棱 $b_{\gamma 1} < l_f$，此时，负倒棱越宽，则切屑与负倒棱接触长度越长，切屑变形越大。图 2 – 67（c）表示 $b_{\gamma 1} > l_f$ 时，即当切钢时（$b_{\gamma 1}/f$）$\geqslant 5$，切灰铸铁时（$b_{\gamma 1}/f$）$\geqslant 3$ 时，切屑仅与负倒棱接触，此时正前角的前刀面已失去前刀面的作用，切屑只从具有负前角的负倒棱前刀面上流过，其作用与无倒棱的负前角刀具相同。

倒棱的设计主要以经验设计为主，倒棱也可以与卷屑槽、断屑槽综合考虑。

（3）前角。前角影响切削过程中的变形和摩擦，同时又影响刀刃的强度。增大前角，使切削变形和摩擦减小，由此引起切削力小、切削热少，故加工表面质量高，但刀具强度低，热传导差。所以，过大的前角不仅不能发挥优点，反而使刀具耐用度降低。在一定的切削条件下，不同前角的刀具有不同的耐用度。使刀具耐用度取极大值的前角，叫刀具的合理几何前角。

选择前角时，应在刀具强度许可条件下，尽量选用大的前角。前角的数值主要由工件材料、刀具材料和刀具结构决定。前角是否合理，主要影响加工质量和切削效益。

2. 后角和后刀面的功用和选择

（1）后角的作用。后角主要影响后刀面与工件表面间的摩擦，对刀具耐用度影响极大。如果说前角的选择影响刀具好不好用，那么后角的选择则决定刀具能不能用。前角可正可负，而后角绝对不能是负值。在正交平面中，从切削刃做工件相对于刀具的运动速度矢量，该矢量一定要与后刀面有一个夹角,并且该矢量一定要处于刀具材料的外部,也就是说,切削刃上每一点的工作后角都要大于零。后角小于零,不仅刀具不能正常切削,通常会损坏工艺系统,引发生产事故。对于进给量较大的切削加工(如凸轮和丝杠车削),通常都要校核工作后角,以防生产事故的发生。

(2)后角的大小主要由刀具材料和工艺要求决定。增大后角,可以减小刀具与工件间的挤压摩擦,但随着后角的增大,这个影响越来越小。

在刀具磨钝标准 VB 相同时,后角大的刀具重磨前所磨去的刀具材料多,耐用度高。但增大到一定程度后切削刃严重削弱,耐用度反而降低。同时后角越大,每次重磨刀具损失的材料越多,刀具径向磨损量 NB 越大,刀具径向尺寸减小越厉害[图 2-68(a)]。对铰刀、内孔拉刀等定尺寸精加工刀具,由于对刀具的径向磨损量 NB 有限制,不宜采用大的后角[图 2-68(b)]。有些刀具,如切断刀的副后角,由于工艺或结构条件的限制,只能取很小的数值,甚至不到 1 度。

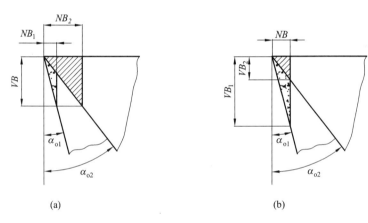

图 2-68　后角与磨损量的关系

(a)VB 一定时,α_0 越大磨去的材料越多;(b)NB 一定时,α_0 越小磨去的材料越多

(3)后刀面的形式。与前刀面一样,后刀面也可做成多种形式。后刀面也是从切削刃开始进行编号,在相应的表示符号加上数字下标。很多定尺寸刀具和刀具的导向部分,后刀面靠近切削刃磨出一个很窄的后角为零的部分,叫刃带[图 2-69(b)]。刃带宽度 $b_{\alpha1} = 0.1 \sim 0.2$ mm,可以沿主切削刃磨出,也可以沿副切削刃磨出。副切削刃的刃带一般较宽,甚至接近 1 mm。当工艺系统刚性较差,容易产生振动时,有时在后刀面上采用消振棱结构。消振棱是后刀面在靠近切削刃处磨出的

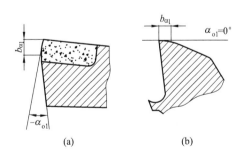

图 2-69　后角与后刀面的作用

(a)消振棱;(b)刃带

一段后角为负值($\alpha_{01} = -5° \sim -10°$),宽度为 0.1 mm 左右的刃带[图 2-69(a)]。它的作用是增大刀具后刀面与工件表面的接触面积,由摩擦形成阻尼作用,减小或消除工艺系统的振

动。在车削细长轴时经常采取这样的消振措施。

（4）刃口形式。前刀面和后刀面的交线叫切削刃，法平面与前、后刀面的交线在切削刃附近的形状叫刃口形式。前、后刀面间的过渡圆弧半径叫刃口半径，刃口半径越小，刀具就越锋利。金刚石刀具的刃口半径可以小于一微米。上述负倒棱、消振棱、刃带等都是刃口形式的一种。对于陶瓷等一些脆性材料制成的刀具，为防止崩刃，有时把自然形成的刃口半径人为加大，把刃口磨成一段圆弧，叫倒圆刃。

3. 主偏角、副偏角和过渡刃的功用与选择

（1）主偏角的作用及其选择

主偏角的作用是形成合适的切削层形状，并使切削层源源不断地投入切削。如果主偏角减小，刀尖的强度增强，散热条件改善，工件已加工表面粗糙度降低，主切削刃的作用长度加长，主切削刃单位长度上的切削负荷减小。但背向力大，切屑厚度减小而导致断屑效果变差。主偏角增大时的效果与上述情况相反。选择主偏角时主要考虑刀具结构、工艺条件和系统刚度。如不考虑工艺要求的限制，刀具耐用度随主偏角的改变而改变，在主偏角取某个值时刀具耐用度有极大值。但由于工艺条件和其他因素的限制，往往不能取这个极大值。通常主偏角由最主要的限制因素决定。如加工阶梯轴时，选取$\kappa_r = 90°$；加工细长轴时，选取的κ_r等于甚至大于90°；单件生产中，通常用一把$\kappa_r = 45°$的弯头车刀先后完成车端面、车外圆和倒角的加工。

（2）副偏角的作用及其选择

副偏角κ_r'主要影响已加工表面粗糙度和刀尖强度。副偏角主要由刀具结构和工艺要求决定，取值在几度到十几度。有些刀具（切断刀、钻头等）的副偏角只能很小，甚至不到一度。

（3）刀尖与过渡刃

在主切削与副切削刃之间有一个过渡部分，叫过渡刃，如图 2-70 所示。过渡刃有直线过渡刃和圆弧过渡刃两种。过渡刃的作用主要是增加刀尖强度，改善散热条件，提高刀具耐用度；它可在不减小主偏角的条件下降低已加工表面粗糙度。普通切削刀具常磨出较小圆弧过渡刃，以提高刀尖强度、降低已加工表面粗糙度和提高刀具耐用度。随着工件材料强度和硬度提高，切削用量增大，过渡刃尺寸可相应加大。当过渡刃与进给方向平行，即其偏角为零时，该过渡刃叫平行刃，亦称为修光刃。它的长度一般为$b_\varepsilon = (1.2 \sim 1.5)f$。具有修光刃的刀具如果刀刃平直，装刀精确，工艺系统刚性足够，那么即使用在大进给切削条件下，仍

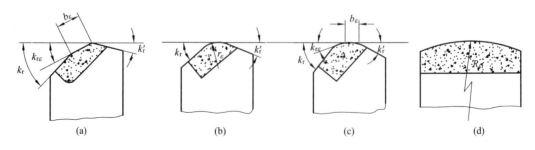

图 2-70　过渡刃形式

（a）直线刃；（b）圆弧刃；（c）平行刃；（d）大圆弧刃

能达到很低的表面粗糙度值；用带有修光刃的车刀切削时，背向力很大，因此要求工艺系统有很好的刚性，否则会引起振动，产生事与愿违的结果。修光刃在硬质合金端面铣刀中有广泛的应用。生产中也常在宽刃精车刀和宽刃精刨刀上磨出大圆弧（半径为 300～500 mm）过渡刃，它既能修光残留面积，又利于对刀具的使用。圆弧过渡刃的半径越大，加工表面粗糙度值越小，但是过渡刃上各点的主偏角也很小，从而产生较大的背向力，使工艺系统容易振动。

应当特别注意，刀尖形式是主、副切削刃在基面内投影的形状，千万不能与刃口形式混淆。刃口形式是前、后刀面与法平面（或正交平面）交线的形状，是完全不同的两个概念。

4. 刃倾角的功用与选择

刃倾角主要影响切屑的流向、刀具强度和刀具的锐利性。刃倾角为负，切屑流向已加工表面，反之离开已加工表面。有些刀具如车刀、镗刀、铰刀和丝锥等，常利用改变刃倾角 λ_s 来获得所需的切屑流向。在间断切削时，选择负的刃倾角能提高刀头强度、保护刀尖（图 2-71）。图 2-71(c) 表示硬质合金 90°偏刀车削带缺口工件的情况。当刃倾角由正值变至负值时，刃口将从受弯变为受压，且在切入工件时，免使刀尖首先受到冲击。刃倾角绝对值的增大，将导致切削刃作用钝圆半径 r_ε 的减小，从而使切削刃变得更加锐利。在微量精车、精刨时，用大刃倾角刀具可切下很薄的材料。生产中常通过采用绝对值大的刃倾角来提高刀具的锐利性。

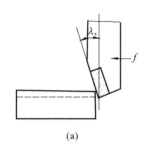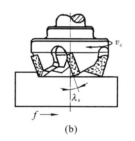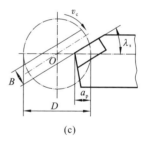

|(a)|(b)|(c)|

图 2-71 间断切削时的刃倾角

(a)刨刀；(b)铣刀；(c)车刀

2.8.4 切削用量的选择及其优化

当确定了刀具几何参数后，还需要选择切削用量参数 v_c、f、a_p 才能进行加工。目前许多工厂是通过切实可行的切削用量手册、实践资料或工艺试验来确定切削用量的。相同的加工条件，选用不同的切削用量，会有不同的经济效益和加工质量。切削用量选低了，会降低生产效率、增加生产成本；切削用量选高了，会加速刀具磨损，增加换刀时间和磨刀费用，也会降低生产效率和增加生产成本。选择切削用量的前提是必须保证安全生产和加工质量。

1. 切削用量选择原则

根据不同的加工条件和加工要求，选择切削用量时应从以下几个方面分析：

（1）生产效率。切削用量 v_c、f 和 a_p 增大，都可提高切削效率。由于背吃刀量对刀具耐用度的影响最小；另外增加背吃刀量不但可以增加切削效率，还可以减少走刀次数，减少辅助时间；故应在生产条件许可的情况下，首先选择尽可能大的背吃刀量。背吃刀量的选择一般是阶梯式的，不能随意选择。

（2）机床功率。机床功率是由主切削力和切削速度决定的。但背吃刀量 a_p 增大一倍，F_c 增加一倍，切削功率增加一倍；切削速度 v_c 增大一倍，F_c 基本不变，切削功率增加一倍；进给量 f 增加一倍，由于 y_{Fc} 明显小于1，切削力只增加80%左右、，故切削功率也只增加80%左右。所以在机床功率不足的情况下，粗加工时有时可能尽量增大进给量 f。

（3）刀具耐用度。在切削用量参数中，对刀具耐用度影响最大的是切削速度 v_c，其次是进给量 f，影响最小的是背吃刀量 a_p，过高的切削速度和大的进给量，会由于经常磨刀、装卸刀具而提高加工成本。可见，一般情况下，应根据加工条件选择尽可能大的背吃刀量 a_p，然后根据切削力或表面粗糙度选择尽可能大的进给量 f，最后根据刀具耐用度选择切削速度 v_c。

（4）表面粗糙度。这是在半精加工、精加工时确定切削用量应考虑的主要问题。对表面粗糙度影响最大的因素是进给量 f。在较理想的条件下，提高切削速度 v_c 能在一定程度上降低表面粗糙度。而在一般的条件下，背吃刀量 a_p 对切削过程产生的积屑瘤、鳞刺、加工硬化和残余应力等现象无显著影响，故背吃刀量对表面粗糙度影响较小。

综上所述，合理选择切削用量，应该首先选择一个尽量大的背吃刀量 a_p，其次根据切削力或表面粗糙度选择一个大的进给量 f，最后根据已确定的 a_p 和 f，并在刀具耐用度和机床功率允许条件下选择一个合理的切削速度。

除此之外，还应当考虑断屑、排屑、已加工表面质量、工艺系统刚性、生产节拍要求等因素。

2. 切削用量选择方法

粗加工的切削用量，一般以提高生产效率为主，但也应考虑经济性和加工成本；半精加工和精加工的切削用量，应以保证加工质量为前提，并兼顾切削效率、经济性和加工成本。粗车、半精车和精车切削用量的具体选择方法：

（1）粗车时切削用量的选择

1）背吃刀量 a_p：根据加工余量多少而定。除留给下道工序的余量外，其余的粗加工余量尽可能一次切除，以使走刀次数最少。当粗加工余量太大或加工的工艺系统刚性较差时，则加工余量应分两次或数次走刀切除。如果走两刀，一般第一刀切除70%左右，第二刀切除30%左右。

2）进给量 f：当背吃刀量 a_p 确定后，再选出进给量 f 就能计算切削力。该力作用在工件、机床和刀具上，也就是说，应该在不损坏刀具的刀片和刀杆，不超出机床进给机构强度，不顶弯工件和不产生振动等条件下，选取一个最大的进给量 f 值。或者利用确定的 a_p 和 f 求出主切削力 F_c，来校验刀片和刀杆的强度；根据计算出的背向力 F_p 来校验工件的刚性；根据计算的进给抗力 F_f 来校验机床进给机构薄弱环节的强度等。

3）切削速度 v_c：在背吃刀量 a_p 和进给量 f 选定后，再决定出合理的刀具耐用度，根据刀具耐用度就可确定切削速度 v_c。刀具耐用度 T 所允许的切削速度 v_T 应为：

$$v_T = \frac{C_v}{T^m a_p^{x_v} f^{y_v}} \cdot K_v \, (\text{m/min}) \tag{2-68}$$

式中：C_v——与刀具耐用度实验条件有关的系数；

　　　m、x_v、y_v——分别表示 T、a_p 和 f 对 v_c 影响程度的指数；

K_v——切削条件与实验条件不同时的修正系数。

4）校验机床功率。在粗加工时切削用量还受到机床功率的限制。因此，选定了切削用量后，尚需校验机床功率是否足够。

工厂实际生产中，除按照上述方法决定切削用量外，还可以根据生产情况，采用查表的办法从切削用量手册中选取切削用量，如表 2 - 7。

表 2 - 7　硬质合金车刀和高速钢车刀粗车外圆和端面时的进给量

工件材料	车刀刀杆尺寸 $B \times H$ /mm × mm	工件直径 d_w/mm	背吃刀量 α_p/mm				
			≤3	>3 ~ 5	>5 ~ 8	>8 ~ 12	12 以上
			进给量 f/mm				
碳素结构钢和合多结构钢	16 × 25	20	0.3 ~ 0.4	—	—	—	—
		40	0.4 ~ 0.5	0.4 ~ 0.5	—	—	—
		60	0.5 ~ 0.6	0.5 ~ 0.7	0.3 ~ 0.5	—	—
		100	0.6 ~ 0.9	0.6 ~ 0.9	0.5 ~ 0.6	0.4 ~ 0.5	—
		400	0.8 ~ 1.2	0.8 ~ 1.2	0.6 ~ 0.8	0.5 ~ 0.6	—
	20 ~ 30 25 × 25	20	0.3 ~ 0.4	—	—	—	—
		40	0.4 ~ 0.5	0.3 ~ 0.4	—	—	—
		60	0.6 ~ 0.7	0.5 ~ 0.7	0.4 ~ 0.6	—	—
		100	0.8 ~ 1.0	0.7 ~ 0.9	0.5 ~ 0.7	0.4 ~ 0.7	—
		400	1.2 ~ 1.4	1.0 ~ 1.2	0.8 ~ 1.0	0.6 ~ 0.9	0.4 ~ 0.6

（2）半精车、精车切削用量选择

1）背吃刀量 a_p：半精车、精车余量较小，原则上应一次切除。通常情况下，余量由工艺人员决定。应注意为硬质合金刀具所留的余量不能太小，一般应大于 0.5 mm。

2）进给量 f：半精车和精车的背吃刀量较小，产生的切削力不大，故增大进给量主要受到表面粗糙度的限制，在一定刀具参数和刀尖圆弧半径的条件下，根据表面粗糙度要求可利用计算法或查表法确定进给量。

3）切削速度 v_c：半精车、精车的背吃刀量和进给量较小，切削速度主要受刀具耐用度限制。切削速度可利用公式或资料确定。

（3）切削用量的优化技术

根据切削用量的选择方法，应该首先选择尽可能大的背吃刀量，再根据工艺系统强度刚度和加工质量选择尽可能大的进给量，最后根据合理的刀具耐用度（最高生产率、最低成本、最大利润或经验值）计算出应该采用的切削速度来。这种方法没有考虑机床可实现的切削用量范围，也没有考虑更多的限制条件。例如，按照上述方法，计算出的进给量和切削速度超出了机床的实现范围，或者超出了机床的功率或扭矩范围，这种情况下如何选取一组切削参数取得最优效果，就难以进行了。

随着计算机技术的发展和计算方法的改进，发展了切削用量优化技术。

优化时，首先要确定一个优化目标，如最高生产率、最低成本、最大利润等。

其次要确定一些设计变量，即切削用量。它指切削过程可以控制的输入变量。优化的目标就是要确定设计变量的取值。通常 a_p 由工艺规程确定，通常一般只取 v_c 和 f 为设计变量。

接着要确定一些限制条件，又叫边界条件。它们是在优化过程中保持不变，但又受到切削用量影响的参数，如机床最大功率、扭矩、工件表面最大粗糙度、最低最高转速和进给量、工艺系统刚度等等。

最后要确定一个目标函数，即优化目标与设计变量之间的函数关系式。

目标函数确定以后，就可通过数值算法求出优化目标在边界条件限制下的最大值来，目标函数取最大值时的切削用量的取值，就是最优化的切削用量。这里要强调几点，一是求最大值而不是极大值，二是最大值是在边界条件限制下的最大值，三是设计变量(切削用量)的取值可能是离散值，四是边界条件的多少根据需要确定，五是边界条件和设计变量可以互相转换。

2.9 磨削原理

2.9.1 砂轮的特性与选择

磨削加工以磨具作为切削工具，磨具由磨料为主制成，通常有油石、砂轮、砂带等，其中以砂轮应用最广。砂轮是由一定比例的磨料和结合剂经压制和烧结而成。其特性取决于磨料、粒度、结合剂、硬度和组织等五个参数

1. 磨料

磨具中用于切除材料的硬质颗粒叫磨料，它具有很高的硬度和一定的强度和韧性，以及在高温下稳定的物理、化学性能。目前工业上使用的磨料几乎都为人造磨料，常用的有刚玉类(即沙子)、碳化硅类和高硬度类等三类。

按照其纯度和添加的金属元素的不同，每一类又分为若干不同的品种。表 2-8 列出了常用磨料的名称、代号、主要性能和用途。

表 2-8　常用磨料性能及适用范围

磨料名称		代号	主要成分	颜色	力学性能	反应性	热稳定性	适用磨削范围
刚玉类	棕刚玉	A	Al_2O_3 95% TiO_3 2% ~3%	褐色	韧性大 硬度大	稳定	2100℃ 熔融	碳钢、合金钢、铸铁
	白刚玉	WA	Al_2O_3 >99%	白色				淬火钢、高速钢
碳化硅类	黑碳化硅	C	SiC >95%	黑色		与铁有反应	>1500℃ 氧化	铸铁、黄铜、非金属材料
	绿碳化硅	GC	SiC >99%	绿色				硬质合金等
高硬磨料类	氮化硼	CBN	六方氮化硼	黑色	高硬度 高强度	高温时与水碱有反应	<1300℃ 稳定	硬质合金、高速钢
	人造金刚石	D	碳结晶体	乳白色			>700℃ 石墨化	硬质合金、宝石

2. 粒度

粒度指磨料颗粒的大小。对于用筛分法来确定粒度号的较大磨粒，以其能通过的筛网每英寸长度上的孔数来表示。国家标准规定了粒度号的序列值，例如粒度 80 号，用 80# 表示，含义为此种磨粒能通过每英寸长度上有 80 个孔的筛网，但不包含能通过每英寸长度上有 90 个孔的筛网的小颗粒(90# 为下一个粒度号)。粒度号越大，磨料的颗粒越小，磨料越细。对于颗粒很小的磨粒，其大小用微粉表示，通常用液浮沉降速度法筛选，以磨粒的最大尺寸用

μm 为单位的测量数值表示，并在数字前面冠以"W"。例如 W10，表示此种微粉的最大尺寸为 10 ~ 7 微米(7 为下一个微粉号)。微分号越小，微粉的颗粒越细。国家标准也规定了微粉的序列值。

磨料粒度选择的原则是：粗磨时以高生产率为主要目标，应选小的粒度号，一般为 36# ~ 60#；精磨时以保证表面粗糙度要求为主要目标，应选大的粒度号，一般为 80# ~ 120#。工件材料塑性大或磨削接触面积大时，为避免磨削温度过高，造成工件表面烧伤，宜选小粒度号；工件材料软时，为避免砂轮气孔堵塞，也应选小粒度号；反之则选大粒度号。成形磨削，为保持砂轮轮廓的精度，宜用大粒度号。

磨料常用的粒度号、尺寸及应用范围见表 2 - 9。

表 2 - 9　常用磨粒粒度及尺寸

类　别	粒度	颗粒尺寸/μm	应用范围	类　别	粒度	颗粒尺寸/μm	应用范围
磨粒	12# ~ 36#	2000 ~ 1600 500 ~ 400	荒磨 打毛刺	微粉	W40 ~ W28	40 ~ 28 28 ~ 20	珩磨 研磨
	46# ~ 80#	400 ~ 315 200 ~ 160	粗磨 半精磨 精磨		W20 ~ W14	20 ~ 14 14 ~ 10	研磨 超级光磨 超精磨削
	100# ~ 280#	160 ~ 125 50 ~ 40	精磨 珩磨		W10 ~ W5	10 ~ 7 5 ~ 3.5	研磨 超级光磨 镜面磨削

3. 结合剂

结合剂就是把磨粒粘结在一起形成磨具的结合材料，不同的结合剂粘结的磨具有不同的物理性能指标和用途，常用结合剂的名称、代号、性能和适用范围见表 2 - 10。

表 2 - 10　常用结合剂的性能及适用范围

结合剂	代号(旧)	性　能	适 用 范 围
陶瓷	V(A)	耐热,耐蚀,气孔率大,易保持廓形,弹性差	最常用,适用于各类磨削加工
树脂	B(S)	强度较 V 高,弹性好,耐热性差	高速磨削,切断,开槽等
橡胶	R(X)	强度较 B 高,更富有弹性,气孔率小,耐热性差	切断,开槽,无心磨的导轮
金属	(J)	强度最高,导电性好,磨耗少,自锐性差	适用于金刚石砂轮

4. 硬度

砂轮的硬度是指磨粒受力后从砂轮表层脱落的难易程度，反映磨粒与结合剂的粘固强度。砂轮硬表示磨粒难以脱落，砂轮软表示磨粒容易脱落，它与磨料本身的硬度毫无关系。例如，金刚石磨料可以制成软砂轮，白刚玉可以制成硬砂轮。砂轮的硬度等级名称及代号见表 2 - 11。

表 2 – 11　砂轮的硬度等级及代号

等级	超软	软			中软		中		中硬			硬		超硬
代号	CR	R			ZR		Z		ZY			Y		CY
代号 GB2484—83	CR	R_1	R_2	R_3	ZR_1	ZR_2	Z_1	Z_2	ZY_1	ZY_2	ZY_3	Y_1	Y_2	CY
代号 GB2484—84	D	E	F	G	H	J	K	L	M	N	P	Q	R	S	T	Y

选用砂轮时,应注意硬度要选得适当。选择砂轮硬度时,可参照以下几条原则:

(1)若工件材料较硬,砂轮硬度应选得软些,磨粒易于脱落,避免磨钝的砂轮工作而烧伤工件;若工件材料较软,砂轮的硬度应选得硬些,以取得较好的经济效益。

(2)砂轮与工件的接触面大时,应选用软砂轮;内孔磨削和端面平磨时,砂轮硬度应比外圆磨削的砂轮硬度低。

(3)精磨或成形磨削时,应选用较硬的砂轮以保持砂轮形状。

(4)砂轮的粒度号较大时,其硬度应选低一些的,以避免砂轮堵塞。

(5)磨削有色金属、橡胶、树脂等软材料,应选用较软的砂轮以免砂轮堵塞。

在机械加工中,常用的砂轮硬度是 R2(H)至 Z2(N)。

5. 组织

砂轮的组织反映了磨粒、结合剂、气孔三者之间的比例关系。磨粒在砂轮总体积中所占的比例越大,则砂轮的组织越紧密,气孔越小;反之,磨粒的比例越小,则组织越疏松,气孔越大。组织用组织号表示,组织号越大,气孔所占的体积比例越大。

砂轮组织的级别可分为紧密、中等、疏松三大类别(图 2 – 72),细分可分为 15 级,见表 2 – 12。

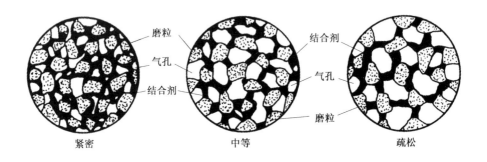

图 2 – 72　砂轮的组织

表 2 – 12　砂轮的组织号

类别	紧密				中等				疏松						
组织号	0	1	2	3	4	5	6	7	8	9	10	11	12	13	14
磨粒占砂轮体积/%	62	60	58	56	54	52	50	48	46	44	42	40	38	36	34

紧密组织的砂轮适用于重压力下的磨削。在成形磨削和精密磨削时，紧密组织的砂轮能保持砂轮的成形性，并可获得较小的粗糙度。

中等组织的砂轮适用于一般的磨削工作，如淬火钢的磨削及刀具刃磨等。

疏松组织的砂轮不易堵塞，适用于平面磨、内圆磨等磨削接触面积较大的工序以及磨削热敏性强的材料或薄工件。一般砂轮若未标明组织号，即为中等组织。

金刚石和立方氮化硼等超硬磨料砂轮，国家标准规定用浓度表示其含量的多少，磨具标注浓度而不标注组织。浓度表示每立方厘米的磨具工作层体积中所含磨料的多少。如果含磨料 4.4 克拉，则浓度为 100％；磨料增减 1.1 克拉，浓度增减 25％。

6. 砂轮标识

磨具通常都具有标识，以砂轮为例，标识：

P 400 × 100 × 127 A 60 L(ZR2) 5 B 35

P 表示平形砂轮(中空圆柱形)，外径 400，厚度 100，内径 127，棕刚玉磨料，60 号粒度，中软硬度，5 号组织(中等)，树脂结合剂，允许的最高磨削线速度为 35 m/s 等。砂轮的标识在不同时期有不同的标准版本，最新标准为 GB/T2484—2006 等，必要时可自行查阅。

2.9.2　磨削过程

磨削加工的本质也是一种切削加工，但与普通的切削加工相比，磨削过程更为复杂。

1. 磨屑形成过程

典型磨屑形成过程可以分为三个阶段，如图 2-73 所示。

(1) 滑擦阶段。磨粒切刃开始与工件接触，切削厚度由零逐渐增加。由于磨粒具有绝对值很大的工作负前角和较大的切削刃钝圆半径，在工件表面滑擦而过，工件仅产生弹性变形。这一阶段称为滑擦阶段(E 到 P)。

(2) 刻划阶段。当磨粒继续前进时，挤入深度逐渐增大，超过工件材料的弹性极限，工件材料从磨粒的两边和下方绕过磨粒而发生塑性变形，在工件表面留下刻痕，在磨粒两边和前方产生隆起，这一阶段称为刻划阶段，也称耕犁阶段(P 到 c)。

(3) 切削阶段。随着磨粒继续向工件挤入，切削厚度不断增大，当其达到临界值时，被磨粒挤压的金属材料产生滑移而形成切屑(c 点以后)。

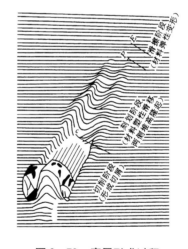

图 2-73　磨屑形成过程

需要指出的是，磨粒离开工件表面时，切削厚度逐渐减小，从进行切削的切削阶段，要经历塑性变形的刻划阶段和弹性变形的滑擦阶段才能离开工件。

2. 磨削特点

(1) 磨粒的前角为负前角。磨粒的大小、形状和方位是随机的，形成的工作角度也是随机的。磨粒的基面是通过磨粒上的选定点包含砂轮轴线的平面，故其前角为一个绝对值很大的负前角，且每一点都不相同。

（2）磨粒切削刃相对于很小的切削厚度（0.1～10 μm）来说，切削刃钝圆半径（一般为10～35 μm）很大，磨削时产生强烈的摩擦和挤压作用。

（3）磨削过程的金属去除是多个磨粒与工件作用的综合效果。磨粒在砂轮表面分布参差不齐，大小不一，形状各异，高低不同，有些仅起滑擦（抛光）作用，另一些起滑擦和刻划作用，还有一些完成从滑擦、刻划到切除切屑的全部功能。此外，在磨削过程中砂轮与工件之间还会掺入碎裂和脱落的磨粒细末，产生一定的抛光和研磨作用。所以，磨削过程是复杂的切削、刻划、抛光和研磨的综合过程。

（4）单个磨粒的切削厚度非常小，可以得到高的加工精度和小的表面粗糙度。

（5）砂轮具有自锐性。在切削加工中，如果刀具磨钝或损坏，则切削不能再继续进行而必须重磨刀具。然而磨削时则不同，磨粒的破裂可形成新的锐利的刀刃，磨钝的磨粒在磨削力的作用下可自行脱落而露出锋利的新磨粒，使磨削过程继续进行。砂轮的这种性质称为自锐性（自砺性）。磨削之所以能磨削高硬度的工件，在工件和磨粒硬度十分相近的情况下也能进行磨削，就是因为砂轮具有自锐作用。它使磨粒总能以锐利的刀刃对工件连续地进行切削。

3. 砂轮的磨损与修整

（1）砂轮的磨损

与刀具相同，砂轮在切削一段时间后也会发生磨损，其磨损形态有以下三种（图2-74）：

①磨耗磨损。指由于磨粒与工件之间的摩擦、粘结和扩散而在磨粒与工件的接触处发生的磨粒磨损，通常在磨粒上形成一个包含磨削速度的小平面，如图2-74A平面。在磨损过程中，磨粒逐渐变钝，小平面不断扩大。当小平面过大且变钝的磨粒过多时，应通过修整去除变钝的磨粒。

②磨粒破碎。磨削过程中，若作用在磨粒上的应力超过磨粒本身的强度时，磨粒上的一部分就会以微小碎片的形式从砂轮上脱落，如图2-74磨粒从B面破碎。磨粒的破碎能局部地恢复已磨

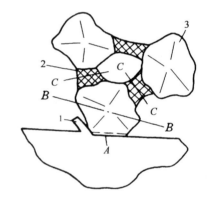

图2-74 砂轮磨损的三种形态

1—切屑；2—结合剂；3—磨粒；
A—磨耗磨损；B—磨粒破碎；C—结合桥断裂

钝磨粒的磨削性能。图中B面为示意画法，实际上破碎的方位和大小是随机的，破碎后留在砂轮表面的沙粒形状也是随机的。

③磨粒脱落。也叫结合桥断裂，磨削过程中，如果磨粒受到的磨削力大于结合剂所能提供的结合力，磨粒就会从砂轮上整体脱落，如图2-74在C面脱落。磨粒脱落能去除已磨钝的磨粒，保持砂轮的切削能力。

此外，磨削塑性材料时，被磨材料会粘附在磨粒上，磨下的磨屑也会糊塞在砂轮表面的气孔中，使砂轮丧失磨削能力的现象，也叫砂轮磨损。

（2）砂轮的修整

当砂轮磨钝后就应进行修整。当砂轮的形状精度被破坏，或砂轮表面磨钝的磨粒太多，或磨钝磨粒的小平面过大，或砂轮表面已经被堵塞，就应进行砂轮修整。修整的目的有三个，一是去除已经磨损或被磨屑堵塞的砂轮表层，使里层锐利的磨粒显露出来参与切削；二

是使砂轮表面形成更多的切削刃,在一个磨粒上切出很多个高低相近的微刃,从而减小工件表面的粗糙度值;三是把砂轮已经损坏的形状进行修复。

要达到上述修整砂轮的目的,尤其是目的之二,除了要根据具体情况选择合适的修整工具外,还要确定适当的修整用量。修整砂轮常用的工具有单粒金刚石笔、多粒细碎金刚石笔、金刚石滚轮等。应用最广的是用单粒金刚石笔以车削法修整砂轮(图 2 - 75),其运动情况类似于车床上切削螺纹。

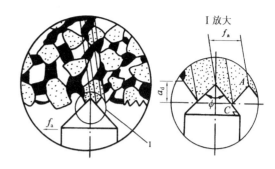

图 2 - 75　单粒金刚石笔以车削法修整砂轮

2.9.3　磨削力

砂轮与工件之间的作用力称为磨削合力。磨削合力在磨削速度(砂轮表面线速度)方向上的分力(投影)叫主磨削力,也叫切向磨削力,简称磨削力,用 F_t 表示,相当于车削中的主切削力 F_c;垂直于主磨削力的磨削分力叫推挤力,推挤力在砂轮半径方向上的磨削分力叫径向磨削力,用 F_n 表示,相当于车削中的 F_p;沿砂轮轴向的磨削分力叫轴向磨削力,用 F_f 表示,与车削中的 F_f 相同,但仅为 F_t 的 10% 左右。

由于磨粒几何形状的随机性和几何参数的不合理,单个磨粒的切削厚度又很小,磨削时的单位切削力(单位切削功率,单位切削能等)比普通切削加工高出 10 倍以上。由于磨粒以负前角进行切削,刃口钝圆半径与切削厚度之比较大,且磨削时砂轮与工件的接触面积较大,故磨削合力的三个分力中,径向分力 F_n 最大,一般为主磨削力 F_t 的 1.5 到 3 倍以上。磨削时由于径向力较大,引起工件、夹具及机床的弹性变形,一方面影响加工精度,另一方面造成实际径向进给量与名义径向进给量之间的差别。故当余量即将磨完时,就可停止进给,利用工艺系统的弹性恢复进行光磨,以提高加工精度和表面质量。圆周磨削时,轴向磨削分力相对很小,一般可以忽略。

2.9.4　磨削温度

由于磨削过程中磨粒的切削厚度很小,摩擦力很大,磨削速度很高(车削速度的数倍),故切除单位体积的材料所消耗的功率为车、铣等其他切削方法的 10 倍以上。磨削消耗的能量基本都转变为热能。

由于产生的热量很多,而磨粒经过磨削区的时间极短,传给工件的热量不多,砂轮又是热的不良导体,所切下的切屑数量很少,在这期间内产生的热量很难传散,磨削点的瞬时温度可高达 1000℃ 以上(磨削点温度)。磨削中看到的火花,就是高温下切屑在空气中燃烧的现象。磨削温度可以严格地分为如下几种:

磨削点温度,是指磨粒棱角与磨屑和工件接触点的温度。每个磨粒和磨粒上的不同点的温度都不相同,一般指这些接触处的典型值。它是磨削区中温度最高的部位,直接影响磨粒的磨耗磨损和磨屑形态。

磨削区温度,是指砂轮与工件接触区的平均温度。它与磨削烧伤、磨削裂纹密切相关。

由于磨削热很多而且很难耗散，在工件和砂轮接触区的工件表面的一层极薄的金属内形成非常高的温度(磨削区温度)和极大的温度梯度，可能改变工件表层的金相组织，产生磨削残余应力，甚至出现磨削烧伤和微裂纹，影响磨削表面质量。因此，磨削时需要使用大量的切削液，以降低磨削区的温度。

工件平均温升，指磨削热传入工件后引起工件平均温度的升高。由于磨削热很多，可引起工件温度的明显升高，影响工件的形状精度和尺寸精度。由于干磨(不使用磨削液的磨削)时磨削热大部都传给了工件，更要充分考虑工件温升问题。

如不加特别说明，磨削温度通常指磨削区温度。

思考与习题

1. 什么是切削用量三要素？

2. 刀具切削部分材料必须具备哪些性能？

3. 常见的刀具材料有哪些？各有什么特点和适用范围？

4. 涂层刀具的特点是什么？

5. 刀具的结构形式有哪几种？

6. 叙述基面、切削平面、正交平面、法平面、进给平面和背平面的定义。

7. 叙述正交前角、法后角、刃倾角、主偏角的定义。

8. 试述刀具的标注角度与工作角度的区别，为什么车床切断时最后工件是被挤断的？

9. 试画出题图 2-1 所示切断刀的正交平面参考系的标注角度 γ_o、α_o、κ_r、κ'_r、α'_o(要求标出假定主运动方向 v_c、假定进给运动方向 v_f、基面 P_r 和切削平面 P_s)

题图 2-1

题图 2-2

10. 绘制题图 2-2 所示 45° 弯头车刀车端面时的正交平面参考系的标注角度(从外缘向中心车端面)：$\gamma_o = 15°$，$\lambda_s = 0°$，$\alpha_0 = 8°$，$\kappa_r = 45°$，$\alpha'_o = 6°$。

11. 镗孔时工件内孔直径为 $\phi50$ mm，镗刀的几何角度为 $\gamma_o = 10°$，$\lambda_s = 0°$，$\alpha_0 = 8°$，$\kappa_r = 75°$。若镗刀在安装时刀尖比工件中心高 $h = 1$ mm，忽略进给运动的影响，试计算镗刀的工作后角 α_{oe}。

12. 如题图 2-3 所示的车端面，试标出背吃刀量 a_p、进给量 f、公称厚度 h_D、公称宽度 b_D。又若 $a_p = 5$ mm，$f = 0.3$ mm/r，$\kappa_r = 45°$，试求切削面积 A_D。

13. 外圆车削，车刀的 $\kappa_r = 60$，$\lambda_s = 0$；毛坯直径 100 mm，加工后直径 92 mm，主轴转速 300 r/min，进给量 0.2 mm/min。请计算切削速度、切削层公称厚度、切削层公称宽度、切削层公称面积。

14. 叙述三个变形区的变形特点。

15. 什么是相对滑移和变形系数?

16. 何谓积屑瘤? 积屑瘤在切削加工中有何利弊? 如何控制积屑瘤的形成?

17. 什么是鳞刺? 影响鳞刺形成的因素有哪些?

18. 切削用量是如何影响切屑变形的? 影响切屑变形的因素还有哪些?

19. 什么是剪切角? 写出切削力的理论公式。

20. 切削合力是如何分解的? 给出切削力的经验公式。

21. 切削用量是如何影响切削力的? 影响切削力的因素还有哪些?

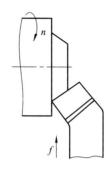

题图 2 - 3

22. 用 YT15 硬质合金外圆车刀纵车 $\sigma_b = 0.87$ GPa 的 30 钢。车刀的几何参数为 $\gamma_o = 15°$、$\lambda_s = 0°$、$\kappa_r = 75°$, 前刀面带卷屑槽, $r_\varepsilon = 0.56$ mm, 车削时切削用量为 $a_p \times f \times v_c = 4$ mm/r $\times 1.7$ m/s(102 m/min)。

(1) 用指数经验公式计算三个切削分力并计算切削功率;

(2) 用单位切削力和单位切削功率计算主切削力以及切削功率;

23. 什么是切削热? 切削温度是如何定义的?

24. 切削用量是如何影响切削温度的? 与对切削力的影响有何异同? 影响切削温度的因素还有哪些?

25. 刀具磨损有几种形式? 各在什么条件下产生?

26. 刀具磨钝标准有哪些? 粗加工和精加工所选用磨钝标准是否相同, 为什么?

27. 刀具耐用度的经验公式是怎样的? 切削用量是如何影响刀具耐用度的? 影响刀具耐用度的因素还有哪些?

28. 何谓最高生产率耐用度和最低成本耐用度?

29. 何谓工件材料切削加工性? 什么是相对加工性指标? 改善工件材料切削加工性的措施有哪些?

30. 切削液的主要作用是什么? 切削加工中常用的切削液有哪几类? 如何选用?

31. 前角和后角的功用分别是什么? 选择前后、角的主要依据是什么?

32. 选择切削用量的原则是什么? 为什么说选择切削用量的次序是先选 a_p, 再选 f, 最后选 v_c?

33. 砂轮的特性由哪些因素决定?

34. 磨粒大小如何表示? 什么叫砂轮硬度? 如何选择砂轮硬度?

35. 磨屑是如何形成的? 磨削力和磨削温度有何特点?

第3章
机床、刀具与加工方法

【概述】

◎本章提要：本章介绍了零件表面的成形方法；金属切削机床的分类、型号及所能加工的典型表面；车床、车刀及 CA6140 车床的传动系统和典型机械结构；钻、铣、镗、刨拉床的加工原理和所用的刀具的结构特点；磨削和光整加工方法；齿轮加工方法；数控机床简介等内容。要求能够了解各类机床的运动形式和切削用量，掌握 CA6140 的传动系统和典型机械结构，掌握钻头、铣刀等刀具切削部分的几何参数度，并能初步选择切削机床和所用刀具。

3.1 零件表面的形成方法

机械加工是根据设计要求，选用合适的加工方法，通过机床、刀具与工件的相对运动，从毛坯上切除多余材料，使之形成满足形状、尺寸精度和表面质量的零件的过程。因此，机械加工过程也就是零件表面的形成过程。

1. 零件表面的构成

机械零件的表面形状千变万化，但大都是由几种常见的表面组合而成的。这些表面包括平面、圆柱面、圆锥面、球面、螺旋面、圆环面以及成形曲面等。图 3 - 1 表示了几种零件上的常见表面。

图 3 - 1 常见表面类型

2. 常见工件表面的成形方法

机械加工中，工件表面是由工件与刀具之间的相对运动和刀具切削刃共同形成的。所有的表面，都可以看成一段曲线(叫母线)沿着另外一段曲线(叫导线)运动所形成，这两条曲线都叫发生线。相同的表面，可以用不同的切削刃和不同的(工件与刀具之间)相对运动来实现，如圆柱面既可以看成是一个圆沿直线运动形成，也可以看成是一段直线沿一个圆运动形成。由切削刃相对工件运动，形成工件表面的方法可以分为四类，即轨迹法、成形法、展成法和相切法等。

(1)轨迹法：指的是刀具切削刃与工件表面之间为近似点接触，通过刀具与工件之间的相对运动，由刀具刀尖的运动轨迹来形成工件表面。如外圆柱面车削，工件旋转形成圆(母线)，刀具运动形成直线(导线)，圆沿直线运动形成圆柱。又如在图3-2(a)中，刀具往复运动形成直线 A_1(母线)，往复后再沿曲线 A_2(导线)运动，就可形成图示曲面。

(2)成形法：是指刀具切削刃与工件表面之间为线接触，形状互补。刀具的切削刃就是母线，刀具沿导线运动就可形成工件表面。如图3-2(b)所示，通过刀具的一次直线往复就可以形成工件表面。又如成形法车削手柄也是这种方法。

(3)展成法：又叫范成法，是指对各种齿形表面进行加工时，刀具的切削刃与工件表面之间为线接触，刀具与工件之间作展成运动(或称啮合运动)，齿形表面的母线由切削刃各瞬时位置的包络线形成。与轨迹法不同，轨迹法的母线是刀具切削刃上的同一段(刀尖)通过切削运动形成，而展成法的母线在不同位置上是由切削刃上不同的线段通过切削运动所形成。图3-2(d)说明用齿条插刀插削圆柱齿轮的运动，其中 A_{21} 为插刀往复的直线运动(导线)，齿坯的旋转运动 A_{22} 和插刀的平移运动 B_{21} 形成展成运动，切削刃在不同位置(时刻)的包络线形成导线，插削运动与展成运动共同形成了齿廓表面。齿廓的形成原理如图3-23(e)所示。

(4)相切法：刀具的旋转运动形成母线，刀具在不同位置的轮廓的包络线形成导线，这种表面形成方法叫相切法。如图3-2(c)所示，铣刀做旋转运动 B_1 形成母线，铣刀在旋转的同时沿曲线 A_2(导线的等距线)运动，铣刀各瞬时位置外圆的包络线形成工件表面。

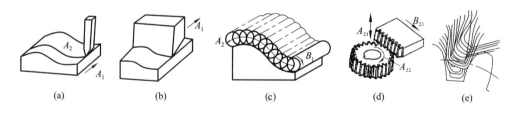

(a)　　　　(b)　　　　(c)　　　　(d)　　　　(e)

图 3-2　常见成形方法

(a)轨迹法；(b)成形法；(c)相切法；(d)展成法

3.2　金属切削机床

3.2.1　机床的分类、型号和技术参数

1. 机床的分类

机床主要是按可实现的运动方式进行分类。根据我国 1994 年颁布的标准 GB/T 15375—94《金属切削机床型号编制方法》，机床分为 11 大类如表 3-1 所示。

表 3-1　机床的分类

类别	车床	钻床	镗床	磨床			齿轮加工机床	螺纹加工机床	铣床	刨插床	拉床	锯床	其他机床
代号	C	Z	T	M	2M	3M	Y	S	X	B	L	G	Q
读音	车	钻	镗	磨	二磨	三磨	牙	丝	铣	刨	拉	割	其他

根据评价指标的不同，机床还有其他一些分类方法。

（1）按照灵活程度和效率，机床可分为：

1）通用机床：这类机床的工艺范围很宽，可以加工一定尺寸范围内的多种类型零件，完成多种多样的工序，但效率较低，精度较差。如卧式车床、万能升降台铣床、万能外圆磨床等。

2）专门化机床：这类机床的工艺范围较窄，只能用于加工不同尺寸的一类或几类零件的一道（或几到）特定工序，灵活性较差，但效率较高，精度稳定。如丝杆车床、凸轮轴车床等。

3）专用机床：这类机床的工艺范围最窄，通常只能完成某一特定零件的特定工序。如加工机床导轨的专用导轨磨床，加工活塞销孔用的销孔镗床等。它是根据特定的工艺要求专门设计制造的，生产率和自动化程度较高，质量稳定，适用于大批量生产。

（2）按照机床的工作精度，可分为普通精度机床、精密机床和高精度机床等。

（3）按照重量和尺寸，可分为仪表机床、中型机床（一般机床）、大型机床（质量大于10 t）、重型机床（质量在30 t以上）和超重型机床（质量在100 t以上）等。

（4）按照机床主要功能部件的数目，可分为单轴、多轴、单刀、多刀机床等。

（5）按照自动化程度不同，可分为普通、半自动和自动机床。自动机床具有完整的自动工作循环，包括自动装卸工件，能够连续的自动加工出工件。半自动机床也有完整的自动工作循环，但装卸工件还需人工完成，因此不能连续地加工。

（6）按照数控水平，可分为一般机床、数控机床、加工中心等。

2. 机床的型号编制

机床的型号是机床产品的代号，用以表明机床的类型，通用和结构特性，主要技术参数等。GB/T15375—1994《金属切削机床型号编制方法》规定，我国的机床型号由汉语拼音字母和阿拉伯数字按一定规律组合而成。

（1）通用机床的型号编制

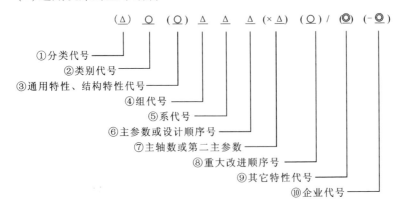

注：① 有"（ ）"的代号或数字，当无内容时，则不表示。若有内容则不带括号；

②有"〇"符号者,为大写的汉语拼音字母;

③有"△"符号者,为阿拉伯数字;

④有"◎"符号者,为大写汉语拼音字母、或阿拉伯数字、或两者兼有之。

由十部分组合而成,每一个代号代表一部分,各部分由汉语拼音字母或数字组成。

每部分的内容如下:①:分类代号。所谓类,指机床分为车、铣、钻等 11 大类,如果某一大类的机床分组太多,则把大类再分为小类,每一个小类就叫一个分类,用一位数字表示;②:类代号。即 11 大类的代号,由一位大写汉语拼音字母表示;③:通用特性,结构性代号;④ 组代号,每类机床分为十组;⑤:系代号,每组机床又分为多个系列,叫系;⑥:主参数或设计顺序号;⑦:主轴数或第二主参数;⑧:重大改进顺序号;⑨:其他特性代号;⑩:企业代号。例如 CM6132 就是一个机床的型号。下面是每部分内容的简要介绍:

①分类代号。分为 11 大类,见表 3 – 1 所示。

②机床的类别代号。如表 3 – 1 所示。

③机床的特性代号。是可选部分。既可表示通用特性,如表 3 – 2 所示,由国家标准规定;也可表示结构特性如:CA6140 中的"A"。结构特性代号的字母不得选用通用特性代号已选用的字母,由机床厂规定和解释。

表 3 – 2 机床的通用特性代号

通用特性	高精度	精密	自动	半自动	数控	加工中心(自动换刀)	仿型	轻型	加重型	简式或经济型	柔性加工单元	数显	高速
代号	G	M	Z	B	K	H	F	Q	C	J	R	X	S
读音	高	密	自	半	控	换	仿	轻	重	简	柔	显	速

④机床的组别代号。用一位数字表示,其划分见表 3 – 3。

⑤系别代号。把每组机床再分为多个系,系的划分可参考有关资料。

⑥机床的主参数或设计顺序号。机床主参数代表机床规格的大小,在机床型号中,用数字给出主参数的折算数值,不同的机床折算方法不同,具体规定可参考有关资料。如 CA6140 中的 40 表示该车床在床身上所能车削的圆柱体的最大直径为 400 mm。当无法用主参数表示机床规格时,在型号中用设计顺序号表示。

⑦主轴数或第二主参数。第二主参数一般是最大跨距、最大工作长度、工作台工作面长度等,它也用折算值表示。

⑧机床的重大改进顺序号,用 A、B、C 等表示。

⑨其他特性代号。用数字或字母或阿拉伯数字来表示。

⑩企业代号。生产单位为机床厂时,由机床厂所在城市名称的大写汉语拼音字母及该厂在该城市建立的先后顺序号,或机床厂名称的大写汉语拼音字母表示。

表3-3 通用机床类、组划分表

类别＼组别	0	1	2	3	4	5	6	7	8	9
车床 C	仪表车床	单轴自动、半自动车床	多轴自动、半自动车床	回轮、转塔车床	曲轴及凸轮轴车床	立式车床	落地及卧式车床	仿形及多刀车床	轮、轴、辊、锭及铲齿车床	其他车床
钻床 Z	—	坐标镗钻床	深孔钻床	摇臂钻床	台式钻床	立式钻床	卧式钻床	铣钻床	中心孔钻床	—
镗床 T	—	—	深孔镗床	—	坐标镗床	立式镗床	卧式铣镗床	精镗床	汽车、拖拉机修理用镗床	—
磨床 M	仪表磨床	外圆磨床	内圆磨床	砂轮机	坐标磨床	导轨磨床	刀具刃磨床	平面及端面磨床	曲轴、凸轮轴、花键轴及轧辊磨床	工具磨床
磨床 2M	—	超精机	内圆研磨机	外圆及其他研磨机	抛光机	砂带抛光及磨削机床	刀具刃磨及研磨机床	可转位刀片磨削机床	研磨机	其他磨床
磨床 3M	—	球轴承套圈沟磨床	滚子轴承套圈滚道磨床	轴承套圈超精磨床	—	叶片磨削机床	滚子加工机床	钢球加工机床	气门、活塞及活塞环磨削机床	汽车、拖拉机修理用磨床
齿轮加工机床 Y	仪表齿轮加工机	—	锥齿轮加工机	滚齿及铣齿机	剃齿及研齿机	插齿机	花键轴铣床	齿轮磨齿机	其他齿轮加工机	齿轮倒角及检查机
螺纹加工机床 S	—	—	—	套丝机	攻丝机	—	螺纹铣床	螺纹磨床	螺纹车床	—
铣床 X	仪表铣床	悬臂及滑枕铣床	龙门铣床	平面铣床	仿形铣床	立式升降台铣床	卧式升降台铣床	床身铣床	工具铣床	其他铣床
刨插床 B	—	悬臂刨床	龙门刨床	—	—	插床	牛头刨床	—	边缘及模具刨床	其他刨床
拉床 L	—	—	侧拉床	卧式外拉床	连续拉床	立式内拉床	卧式内拉床	立式外拉床	键槽及螺纹拉床	其他拉床
锯床 G	—	—	砂轮片锯床	卧式带锯床	立式带锯床	圆锯床	弓锯床	—	锉锯床	—
其他机床 Q	其他仪表机床	管子加工机床	木螺钉加工机床	—	刻线机	切断机	—	—	—	—

通用机床的型号编制举例如下：

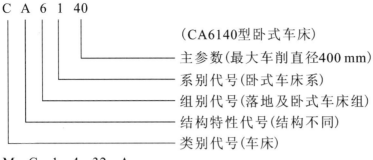

（2）专用机床的型号编制

1）专用机床型号表示方法

专用机床的型号一般由设计单位代号和设计顺序号组成，其表示方法为：

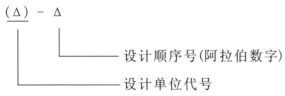

2）设计单位代号

包括机床生产厂和机床研究单位代号（位于型号之首），见金属切削机床型号编制方法（GB/T15975—1994）附录 A。

3）专用机床的设计顺序号

按该单位的设计顺序号（从"001"起始）排列，位于设计单位代号之后，并用"－"隔开，读作"至"。

例如，北京第一机床厂设计制造的第 100 种专用机床为专用铣床，其型号为 B1－100。

3. 机床的主要技术参数

机床的主要技术参数包括主参数和基本参数。主参数已在前面型号编制方法中作了说明。基本参数包括尺寸参数、运动参数和动力参数。

（1）尺寸参数

机床的尺寸参数是指机床的主要结构尺寸。多数机床的主参数也是一种尺寸参数，但尺寸参数除了主参数外还包括一些其他尺寸。例如，对于卧式车床，除了主参数（床身上工件最大回转直径）和第二主参数（最大工件长度）外，有时还要确定在刀架上的工件最大回转直径和主轴孔内允许通过的最大棒料直径等。

（2）运动参数

机床的运动参数是指机床执行件的运动速度，包括主运动的速度范围、速度数列和进给运动的进给量范围、进给量数列，以及空行程的速度等。

1）主运动参数

对回转类主运动包括最高、最低转速，有级变速的分挡序列，无级变速的变速精度等，对平移运动类主运动包括最低最高速度，有级还是无级变速，匀速还是非匀速，有无急回机构等。

对回转类主运动机床，所加工的工件越小，或所使用的刀具直径越小，机床所能提供的转速就应该越大。最高转速应由需要的最高速度和最小直径决定，最低转速应由需要的最低速度和最大直径决定。对于有级变速的机床，其转速分挡应该采用等比级数，常用的公比有1.06、1.12、1.26、1.41、1.58、1.78和2。

2）进给运动参数

大部分机床（如车床、钻床等）的进给量用工件或刀具每转的位移（mm/r）表示。直线往复运动的机床，如刨床、插床，以每一往复的位移量表示。由于铣床和磨床使用的是多刃刀具，进给量常以每分钟的位移量（mm/min）表示。进给运动的参数和设计方法与主运动类似。

（3）动力参数

机床的动力参数主要指驱动主运动、进给运动和空行程运动的电动机功率。机床的驱动功率原则上应根据切削用量和传动系统的效率来确定。对通用机床电动机功率的确定，除了进行分析计算外，还可以对同类机床的功率进行类比法确定。

1）主传动功率

机床的主传动功率 $P_主$ 由三部分组成，即

$$P_主 = P_切 + P_空 + P_附 \tag{3-1}$$

式中：$P_切$——切削功率，指切削工作所消耗的功率。

$P_空$——空载功率，指机床不进行切削，即空运转时所消耗的功率。

$P_附$——附加功率，指机床进行切削时，因负载而增加的机械摩擦所消耗功率。

2）进给传动功率

如主运动和进给传动共用一台电动机，且其进给传动功率远比主传动功率小时，如卧式车床和钻床的进给传动功率仅为主传动功率的3%～5%，此时计算电动机功率可忽略进给传动功率。

若进给传动与空行程传动共用一台电动机，如升降台铣床，因空行程传动所需的功率比进给传动所需的功率大得多，且机床上空行程运动和进给运动不可能同时进行。此时，可按空行程功率来确定电动机功率。只有当进给传动使用单独的电动机驱动时，如龙门铣床以及用液压缸驱动进给的机床（如仿形车床、多刀半自动车床和组合机床等），才需确定进给传动功率。进给传动功率通常也采用类比与计算相结合的方法来确定。

3）空行程功率

空行程功率是指为节省零件加工的辅助时间和减轻员工劳动，机床移动部件空行程时快速移动所需的传动功率。该功率的大小由移动部件的重量和部件启动时的惯性力所决定。空行程功率往往比进给功率大得多，设计时常和同类机床进行类比或通过试验测试等来确定。

3.2.2　典型机床及其加工工艺范围

为了对机床的运动及其加工工艺范围有一个整体印象,下面简要介绍几类典型机床。

1. 车床

车床是使用最广泛的一种机床,其特征是工件做旋转运动形成主运动,刀具做平移运动形成进给运动。只要是工件旋转形成完成主要工作时的主运动,而不论其旋转轴是水平的(卧式车床)还是垂直的(立式车床),是一个旋转轴(单轴)还是多个旋转轴(多轴),也不论进给运动是直线运动还是曲线或旋转运动,所使用的刀具是车刀还是钻头或滚轮,都叫车床。

它的加工范围很广,能完成车削内、外圆柱面,内、外圆锥面,回转体成形面,环形槽,端面,螺纹,钻孔,扩孔,铰孔,攻螺纹等工作。图 3 - 3 为卧式车床所能加工的部分表面。

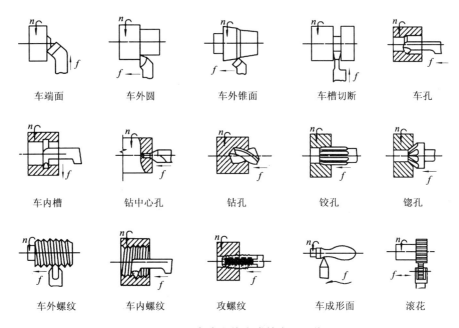

车端面	车外圆	车外锥面	车槽切断	车孔
车内槽	钻中心孔	钻孔	铰孔	锪孔
车外螺纹	车内螺纹	攻螺纹	车成形面	滚花

图 3 - 3　车床上能完成的主要工作

2. 铣床

铣床是结构较复杂的一种机床,其特征是多齿刀具做旋转运动形成主运动,工件做平移或旋转运动形成进给运动。只要是刀具旋转形成完成主要工作时的主运动,而不论其旋转轴是水平的(卧式铣床)还是垂直的(立式铣床),也不论进给运动是直线运动还是曲线或旋转运动,所使用的刀具是铣刀还是钻头,都叫铣床。同等规格的铣床价格要高于车床。

它的加工范围也很广,主要用于平面和成型槽的加工。图 3 - 4 为铣床能加工的部分表面。

3. 钻床

钻床是结构较简单的一种机床,其特征是刀具在做旋转运动形成主运动外,同时做直线运动形成进给运动。钻床主要用于孔类表面的加工。图 3 - 5 为钻床能完成的部分工作。

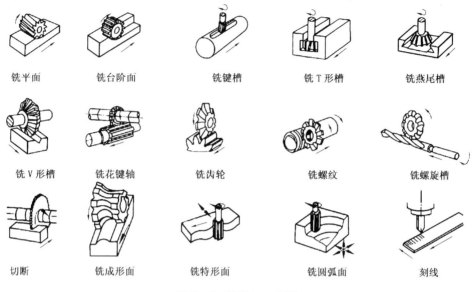

铣平面　铣台阶面　铣键槽　铣 T 形槽　铣燕尾槽

铣 V 形槽　铣花键轴　铣齿轮　铣螺纹　铣螺旋槽

切断　铣成形面　铣特形面　铣圆弧面　刻线

图 3 - 4　铣削加工范围

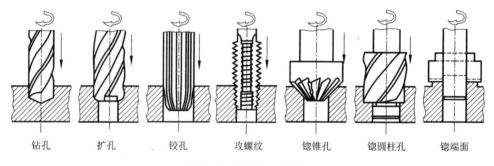

钻孔　扩孔　铰孔　攻螺纹　锪锥孔　锪圆柱孔　锪端面

图 3 - 5　钻床加工范围

4. 镗床

镗床是主要进行孔的精加工的机床，其主运动是单齿刀具的旋转运动。卧式镗床是能够实现铣床和钻床所能实现的运动及其运动的组合的较为复杂的一种机床。它主要用于加工位置要求较高的孔系，但也能够完成铣床、钻床和车床所能完成的大部分工作。其特征是刀具旋转运动形成主运动，而进给运动可以由刀具、工件或者两者的组合来完成。图 3 - 6 为卧式镗床所能完成的部分工作。

5. 磨床

磨床是以砂轮等磨具作为切削刀具的机床。其结构形式与铣床类似，砂轮做旋转运动是主运动，进给运动由砂轮或工件做直线、曲线或回转运动来完成。常见的磨床有外圆磨、内圆磨、平面磨、齿轮磨等。

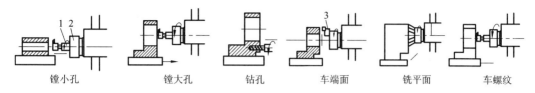

镗小孔　　　镗大孔　　　钻孔　　　车端面　　　铣平面　　　车螺纹

图 3 - 6　卧式镗床的主要工作
1—主轴；2—平旋盘；3—径向刀架

6. 刨床、插床和拉床

刨床和插床的主运动是往复直线运动，可以由刀具完成(牛头刨)，也可以由工件完成(龙门刨)。进给运动一般由不进行主运动的部件完成。即如果刀具完成主运动，则由工件完成进给运动。如果工件完成主运动，则由刀具完成进给运动。它们是运动较简单的机床，一般用于加工平面和沟槽。此外，只有一个直线主运动的机床叫拉床，是结构最简单、效率最高、只用于大批量生产的机床。

7. 齿轮加工机床

齿轮加工机床是专门用于齿轮加工的机床，其运动一般都较复杂，常见的有铣齿、滚齿、插齿、磨齿、拉齿等。

3.2.3　机床的传动联系和传动原理图

1. 机床的必备组成

为了实现加工过程中所需的各种运动，机床必须有执行件、运动源和传动装置三个基本部分。

(1)执行件，是执行机床运动的部件，如主轴、刀架、工作台等，其任务是：

1)装夹刀具和工件，直接带动它们完成一定形式的运动 ；

2)保证其运动轨迹的准确性，旋转运动的正圆度和直线运动的直线度。

(2)运动源，是为执行件提供所需能量的动力装置，如交流异步电动机、直流电动机、步进电机等。

(3)传动装置，是传递运动和动力的装置，通过它把执行件和运动源或一个执行件与另一个执行件联系起来，使执行件获得一定速度和方向的运动，并使有关执行件之间保持某种确定的运动关系。机床传动装置形式有机械、液压、电气、气压等多种。本课程将主要讲述机械的传动装置如皮带、齿轮、齿条、丝杠螺母等传动件实现的运动联系。

机床的运动按其组成不同，可分为简单运动、复合运动或两者组合。

简单运动指单独的旋转运动或直线运动，只需有一条传动链将运动源与相应执行件联系起来，便可获得所需运动。运动轨迹的准确性由主轴轴承、刀架、工作台导轨等的精度来保证。

复合运动指由保持严格函数关系的几个单元运动(旋转的或直线的)组成，必须有传动链将实现这些单元运动的执行件联起来，使其保持确定的函数关系；或者通过专门的控制和伺服系统来保证单元运动间的函数关系。

2. 机床的传动联系和传动链

为了得到所需的工件表面，需通过一系列的传动件把执行件和运动源，或者把执行件和执行件之间联系起来，称为传动联系。构成一个传动联系的一系列顺序排列的传动件称为传动链。传动链中通常有两类传动机构：一类是传动比和传动方向固定不变的传动机构，如定比齿轮副、蜗杆蜗轮副、丝杠螺母副等，称为定比传动机构。另一类是根据加工要求可以变换传动比和传动方向的传动机构，如挂轮变速机构、滑移齿轮变速机构、离合器换向机构等，称为换置机构。

传动链可分为两类：外联系传动链和内联系传动链。

（1）外联系传动链

联系运动源和执行件，使执行件获得一定速度和方向运动的传动链。机床上有几个简单运动，就需要有几条外联系传动链，每条传动链可以有自己的运动源，也可以和其他传动链共用一个运动源。

如外圆车削时，从电动机传到主轴的传动链就是外联系传动链。外联系运动链如果有误差，不会影响工件的加工精度，故其传动比可以不准确，瞬时传动比也可以变化。

（2）内联系传动链

当表面成形运动为复合成形运动时，为完成复合成形运动，必须有传动链把实现这些单元运动的执行件与执行件联系起来，使其保持确定的运动关系，这种运动链叫内联系传动链。例如车削外圆柱螺纹时，工件每旋转一转，刀具必须准确地移动移动一个导程，传动链必须保证这种函数关系，这种传动链就叫内联系传动链。

机床工作时，内联系传动链所联系的两个执行件，将按照规定的运动关系作相对运动。由于内联系传动链本身不能提供运动，为使执行件得到运动，还需有外联系传动链将运动源的运动传到内联系传动链上来。

对内联系传动链、要求内部两个单元运动必须保持严格的运动关系，其传动比是否准确以及由其确定的两单元运动的相对运动方向是否正确，会直接影响被加工表面的形状精度。因此，内联系传动链中不能有传动比不确定、或瞬时传动比变化的传动机构，如带传动、链传动等。调整内联系传动链的换置机构（即改变传动比的机构）时，其传动比也必须有足够精度。外联系传动链联系的是整个复合运动与外部运动源，只决定成形运动的速度和方向，对加工表面的形状没有直接影响。

一个传动链是外联系传动链，还是内联系传动链，有时需要从机床功能上进行分析。例如外圆车削时从主轴到车刀纵向进给的传动链是外联系传动链，其传动比的变化仅影响表面粗糙度而不影响工件精度，故传动比也不需要准确，即进给量的数值不需要精确，可以由经验临时调整。车削螺纹时，这条传动链变为内联系传动链，其传动比必须是具有一定精度的常数，需要准确计算。

3. 传动原理图

为了便于研究机床的传动联系，常用一些简单的符号表示运动源与执行件、执行件与执行件之间的传动联系，这就是传动原理图。传动原理图仅表示形成某一表面所需的成形、分度，和与表面成形有直接关系的运动及其传动联系。图3-7为传动原理图常用的一部分符号。

图3-8是卧式车床的传动原理图。在车削螺纹时，卧式车床有两条主要传动链。一条

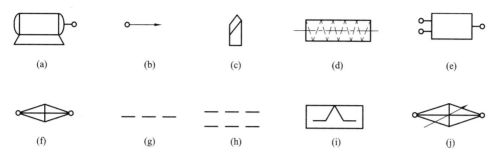

图 3 - 7　传动原理图常用的一些示意符号

(a)电动机；(b)主轴；(c)车刀；(d)滚刀；(e)合成机构；(f)传动比可变换的换置机构；
(g)传动比不变的机械联系；(h)电的联系；(i)脉冲发生器；(j)快调换置机构——数控系统

是外联系传动链，即从电动机 - 1 - 2 - u_v - 3 - 4 - 主轴，称为主运动传动链，它把电动机的动力和运动传递给主轴。传动链中 u_v 为主轴变速及换向的换置机构。另一条由主轴 - 4 - 5 - u_f - 6 - 7 - 丝杠 - 刀具，得到刀具和工件间的复合成形运动——螺旋运动，这是一条内联系传动链。调整换置机构 u_f 即可得到不同的螺纹导程。

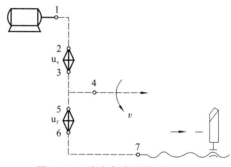

图 3 - 8　卧式车床的传动原理图

3.3　车床及车刀

车床主要用于加工各种回转表面(内外圆柱面，圆锥面及成形回转表面)和回转体的端面，有些车床可以加工螺纹面。由于主运动为工件旋转，故一次装夹中车削出的多个端面的平行度、多个外圆的同轴度、端面对外圆的垂直度容易得到保证。

车床的主运动是由工件的旋转运动实现，车床的进给运动则由刀具的移动完成。

车床种类繁多，按其用途和结构的不同，主要分为：卧式车床及落地车床，立式车床，转塔车床，仪表车床，单轴自动和半自动车床，多轴自动和半自动车床，仿形车床及多刀车床，专门化车床等。

3.3.1　CA6140 型卧式车床的传动系统

1. CA6140 型卧式车床

卧式车床是最常见的机床，通过对其组成和结构的研究，可以掌握一般机床的普遍规律。CA6140 是典型的卧式车床，其组成如图 3 -9 所示，它的主要部件有：

①主轴箱：主轴箱 1 固定在床身 4 的左端，主轴箱内装有主轴和变速传动机构。主轴前端装有卡盘，用以夹持工件；由电动机经变速机构，把动力传给主轴，使主轴带动工件按规定的转速旋转，以实现主运动。

②刀架、床鞍：刀架和床鞍 2 位于床身 4 的导轨上，并可沿此导轨纵向移动。刀架部件

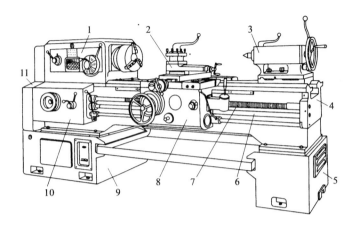

图 3-9 卧式车床的外形
1—主轴箱；2—刀架；3—尾座；4—床身；5,9—床腿；
6—光杠；7—丝杠；8—溜板箱；10—进给箱；11—挂轮变速机构

由几层结构组成，最下面一层叫床鞍，又叫纵溜板，带动刀架左右移动；其上为横溜板，带动刀架前后移动；最上层是小刀架，可以旋转并移动。刀架部件用于装夹车刀，并使车刀作纵向、横向或斜向运动。

③尾座：尾座 3 安装在床身 4 右端的导轨上，可沿导轨纵向调整位置。尾座的功用是用后顶尖支承长工件。在尾座上还可以安装钻头等孔加工刀具进行孔加工。

④床身：床身 4 固定在左床腿 9 和右床腿 5 上。床身是车床的基本支承件。在床身上安装着车床的各个主要部件，使它们在工作时保持准确的相对位置或运动轨迹。

⑤溜板箱：溜板箱 8 固定在刀架 2 的底部，可带动刀架一起作纵向运动。溜板箱的功用是把进给箱传来的运动传递给刀架，使刀架实现纵向进给、横向进给、快速移动或车螺纹。在溜板箱上装有各种操纵手柄或按钮。

⑥进给箱：进给箱 10 固定在床身 4 的左前侧，进给箱内装有进给运动的变换机构，用于改变机动进给的进给量或改变被加工螺纹的导程。

CA6140 车床的主要参数有：它适用于加工各种轴类，套筒类和盘类零件上的回转表面，如：内外圆柱面，圆锥面，环槽及成形回转表面；端面及各种常用螺纹；还可以进行钻孔，扩孔，铰孔，和滚花等工艺。

床身上最大工件回转直径 400 mm；最大工件长度有 750，1000，1500，2000 mm 等四个档次；刀架上最大工件回转直径 210 mm；主轴转速正转 10～1400 r/min24 级，反转 14～1580 r/min12 级；进给量纵向 0.028～6.33 mm/r 64 级，横向 0.014～3.16 mm/r 64 级；米制螺纹 44 种，英制螺纹 20 种，模数螺纹 39 种，径节螺纹 37 种；主电机功率 7.5 kW。

2. CA6140 卧式车床的传动系统

图 3-10 是 CA6140 的传动系统图，传动系统包括主运动传动链和进给运动传动链两部分。在传动系统图中，小矩形代表齿轮，中间用一个 x 表示与传动轴固联，用一个横线表示可以沿传动轴滑移，旁边的数字表示齿轮的齿数。两个矩用虚线连接表示在空间中这两个齿轮是相互啮合的，但由于要在平面上表示清楚，绘图时将它们分开了。每一个带有罗马数

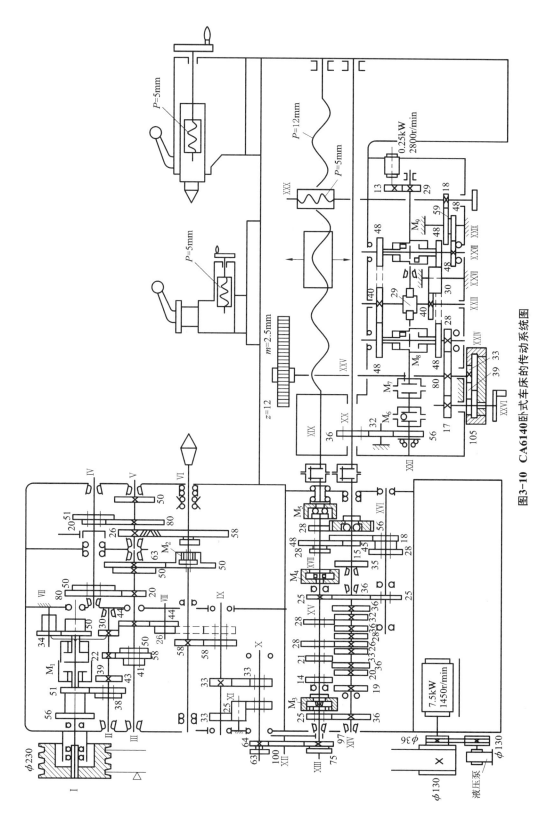

图3-10　CA6140卧式车床的传动系统图

101

字的粗实线代表一个传动轴。其他图形符号的含义可参看国家标准《机构运动简图符号》

（1）主运动传动链

主运动传动链的两末端件是主电动机与主轴，它的功用是把动力源（电动机）的运动及动力传给主轴，使主轴带动工件旋转实现主运动，并满足卧式车床主轴变速和换向的要求。

1）主运动传动路线

主运动的动力源是电动机，执行件是主轴。在传动系统图中，运动由电动机经 V 带轮传动副 $\phi130/\phi230$ 传至主轴箱中的轴 I。轴 I 上装有双向多片摩擦离合器 M_1，摩擦片左移时离合器左半部接合，由摩擦片带动左边双联齿轮（56 和 51 齿）使 II 轴正转，也就使主轴正转；摩擦片右移时离合器右半部接合，由摩擦片带动齿轮 50（此处 50 代表 50 个齿的齿轮，不是齿轮的编号，后同）经 VII 中间轴上的齿轮 34 再带动 II 轴反转，主轴也就反转；摩擦片居中时，轴 I 空转，其上的齿轮不转，主轴停止转动。正转时轴 I 上的双联滑移齿轮使轴 II 可得到 2 种转速，而反转时 II 轴只能得到 1 种转速，故机床主轴正转的级数是反转级数的两倍。

运动由轴 II 到轴 III，然后分成两条路线传给主轴 VI：当主轴 VI 上的滑移齿轮（Z=50）移至左边位置时，运动从轴 III 经齿轮副 63/50 直接传给主轴 VI，使主轴得到高转速，这时主轴 VI 上齿轮 58 空套在轴上空转，不影响主轴的运动；当主轴 VI 上的滑移齿轮（Z=50）向右移，则齿轮 58 经齿轮式离合器 M_2 带动齿轮 50（这时它已与齿轮 63 脱开），再带动主轴旋转。滑移齿轮 50 右移时，轴 III 的运动经轴 IV 和轴 V 后传给主轴 VI，主轴获得中、低转速。主运动传动路线表达式如下：

$$\text{电机（7.5kW，1450 r/min）} - \frac{\phi130}{\phi230} - I - \begin{cases} M_1\text{左} - \begin{cases} \dfrac{56}{38} \\[4pt] \dfrac{51}{43} \end{cases} - \\ M_1\text{右} - \dfrac{50}{34} - VII - \dfrac{34}{30} \end{cases} - II - \begin{cases} \dfrac{39}{41} \\[4pt] \dfrac{30}{50} \\[4pt] \dfrac{22}{58} \end{cases} - III -$$

$$\begin{cases} \begin{cases} \dfrac{20}{80} \\[4pt] \dfrac{50}{50} \end{cases} - IV - \begin{cases} \dfrac{20}{80} \\[4pt] \dfrac{50}{51} \end{cases} - V - \dfrac{26}{58} - M_2\text{（合）} \\[20pt] - \dfrac{63}{50} \end{cases} - VI\text{（主轴）}$$

2）主轴的转速级数与转速计算

由传动系统图和传动路线表达式可以看出，主轴正转时，轴 II 上的双联滑移齿轮可有两种啮合位置，分别经 56/38 或 51/43 使轴 II 获得两种速度。其中的每种转速经轴 III 的三联滑移齿轮 39/41 或 30/50 或 22/58 的齿轮啮合，使轴 III 获得三种转速，因此轴 II 的两种转速可使轴 III 获得 2×3＝6 种转速。经高速分支传动路线时，由齿轮副 63/50 使主轴 VI 获得 6 种高转速。经低速分支传动路线时，轴 III 的 6 种转速经轴 IV 上的两对双联滑移齿轮，使主轴得到 6×2×2＝24 种低转速。因为轴 III 到轴 V 间的两个双联滑移齿轮变速组得到的四种传动比中，有两种重复，即

$$u_1 = \frac{50}{50} \times \frac{51}{50} \approx 1, \quad u_2 = \frac{50}{50} \times \frac{20}{80} \approx \frac{1}{4}, \quad u_3 = \frac{20}{80} \times \frac{51}{50} \approx \frac{1}{4}, \quad u_4 = \frac{20}{80} \times \frac{20}{80} \approx \frac{1}{16}$$

其中 u_2、u_3 基本相等，因此经低速传动路线时，主轴Ⅵ获得的实际只有 $6 \times (4-1) = 18$ 级转速，其中有 6 种重复转速。

同理，主轴反转时，只能获得 $3 + 3 \times (2 \times 2 - 1) = 12$ 级转速。

主轴的转速可按下列运动平衡式计算：

$$n_{主} = n_{电} \times \frac{130}{230} \times (1 - \varepsilon) u_{Ⅰ-Ⅱ} \times u_{Ⅱ-Ⅲ} \times u_{Ⅲ-Ⅳ} \tag{3-2}$$

式中：ε——V 带轮的滑动系数，可取 $\varepsilon = 0.02$；

　　$u_{Ⅰ-Ⅱ}$——轴Ⅰ和轴Ⅱ间的可变传动比，其余类推。

例如，齿轮啮合情况（离合器 M_2 拨向左侧），主轴的转速为：

$$n_{主} = 1450 \times \frac{130}{230} \times (1 - 0.02) \times \frac{51}{43} \times \frac{22}{58} \times \frac{63}{50} \approx 450 \ r/min$$

主轴反转主要用于车螺纹，在不断开主轴和刀架间传动联系的情况下，使刀架退回到起始位置。

3）CA6140 的主运动传动（正转）转速图

图 3-11 为 CA6140 的主运动传动（正转）转速图，距离相等的竖线代表传动轴，轴号标在上面，线间的距离与中心距无关。水平线代表转速，由于转速为等比级数，为使转速排列均匀，纵坐标一般采用对数坐标，但以实际转速标注。各轴之间的连线的倾斜程度代表传动比，向上斜增速，向下斜减速。

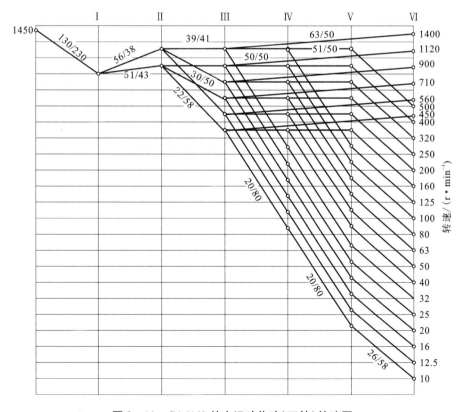

图 3-11　CA6140 的主运动传动（正转）转速图

传动原理图、表达式或传动转速图，都能表示传动系统的逻辑关系。

（2）进给运动传动链

进给运动传动链的两个末端件分别是主轴和刀架，其作用是实现刀具纵向或横向移动及变速与换向。它包括车螺纹进给运动传动链和机动进给运动传动链。

1）车螺纹进给运动传动链

CA6140 型普通车床可以车削米制、英制、模数和径节四种螺纹。车削螺纹时，主轴与刀架之间必须保持严格的传动比关系，即主轴每转一转，刀架应均匀地移动一个导程 P。由此可列出车削螺纹传动链的运动平衡方程式为：

$$\text{I}_{\text{主轴}} \times u \times L_{\text{丝}} = P \qquad (3-3)$$

式中：u——从主轴到丝杠之间全部传动副的总传动比；

$L_{\text{丝}}$——机床丝杠的导程，CA6140 型车床 $L_{\text{丝}} = 12$ mm；

P——被加工工件的导程（mm）。

①车削米制螺纹

米制螺纹是国际标准和我国标准的螺纹，以导程和螺距为多少 mm 表示。

车削米制螺纹时，运动由主轴Ⅵ经齿轮副 58/58 至轴Ⅸ，再经三星轮换向机构 33/33（车左螺纹时经 33/25 × 25/33）传动轴Ⅹ，再经挂轮 63/100 × 100/75 传到进给箱中轴ⅩⅢ，进给箱中的离合器 M3 和 M4 脱开，M5 接合，再经移换机构的齿轮副 25/36 传到轴ⅩⅣ，由轴ⅩⅣ和ⅩⅤ间的基本变速组 u_j、移换机构的齿轮副 25/36 × 36/25 将运动传到轴ⅩⅥ，再经增倍变速组 u_b 传至轴ⅩⅧ，最后经齿式离合器 M5，传动丝杠ⅩⅨ，经溜板箱带动刀架纵向运动，完成米制螺纹的加工。其传动路线表达如下：

$$主轴Ⅵ - \frac{58}{58} - Ⅸ - \left\{ \begin{array}{l} \frac{33}{33}（右螺纹） \\ \frac{33}{25} - Ⅺ - \frac{25}{33}（左螺纹） \end{array} \right\} - Ⅹ - \frac{63}{100} \times \frac{100}{75} - ⅩⅢ - \frac{25}{36} - ⅩⅣ - u_j - ⅩⅤ -$$

$$\frac{36}{25} \times \frac{25}{36} - ⅩⅥ - u_b - ⅩⅧ - M_5（啮合） - ⅩⅨ（丝杠） - 刀架$$

此传动路线能加工的最大螺纹导程是 12 mm。如果需车削导程大于 12 mm 的米制螺纹，应采用扩大导程传动路线。这时，主轴Ⅵ的运动（此时 M2 接合，主轴处于低速状态）经斜齿轮传动副 58/26 到轴Ⅴ，背轮机构 80/20 与 80/20 或 50/50 至轴Ⅲ，再经 44/44、26/58（轴Ⅸ滑移齿轮 Z58 处于右位与轴ⅧZ 26 啮合）传到轴Ⅸ，其传动路线表达式为：

$$主轴Ⅵ - \left\{ \begin{array}{l} （扩大导程）\frac{58}{26}Ⅴ - \frac{80}{20} - Ⅳ - \left\{ \begin{array}{l} \frac{50}{50} \\ \frac{80}{20} \end{array} \right\} - Ⅲ - \frac{44}{44} \times \frac{26}{58} \\ \\ （正常导程） - - - - - - - \frac{58}{58} - - - - - - - \end{array} \right\} - Ⅸ - （接正常导程传动路线）$$

从传动路线表达式可知，扩大螺纹导程时，主轴Ⅵ到轴Ⅸ的传动比为：

当主轴转速为 40 ~ 125 r/min 时，$u_1 = \frac{58}{26} \times \frac{80}{20} \times \frac{50}{50} \times \frac{44}{44} \times \frac{26}{58} = 4$

当主轴转速为 10 ~ 32 r/min 时，$u_2 = \frac{58}{26} \times \frac{80}{20} \times \frac{80}{20} \times \frac{44}{44} \times \frac{26}{58} = 16$

而正常螺纹导程时，主轴Ⅵ到轴Ⅸ的传动比为：

$$u = \frac{58}{58} = 1$$

所以，通过扩大导程传动路线可将正常螺纹导程扩大 4 倍或 16 倍。CA6140 型车床车削大导程米制螺纹时，最大螺纹导程为 $P_{max} = 12 \times 16 = 192$ mm。

②车削英制螺纹

英制螺纹是英、美等少数英寸制国家所采用的螺纹标准。我国部分管螺纹也采用英制螺纹。英制螺纹以每英寸长度上的螺纹扣数 α（扣/in）表示，其标准值也按分段等差数列的规律排列。英制螺纹的导程 $P_\alpha = 1/\alpha$（in）。由于 CA6140 型车床的丝杠是米制螺纹，被加工的英制螺纹也应换算成以毫米为单位的相应导程值，即

$$P_\alpha = \frac{1}{\alpha}\text{in} = \frac{25.4}{\alpha}\text{ mm}$$

车削英制螺纹时，对传动路线作如下变动，首先，改变传动链中部分传动副的传动比，使其包含特殊因子 25.4；其次，将基本组两轴的主、被动关系对调，以便使分母为等差级数。其余部分的传动路线与车削米制螺纹时相同。

③车削模数螺纹

模数螺纹主要用在米制蜗杆中，模数螺纹螺距 $P = \pi m$，P 也是分段等差数列。所以模数螺纹的导程为：

$$P_m = k\pi m$$

式中：P_m——模数螺纹的导程（mm）；

　　　k——螺纹的头数；

　　　m——螺纹模数。

模数螺纹的标准模数 m 也是分段等差数列。车削时的传动路线与车削米制螺纹的传动路线基本相同。由于模数螺纹的螺距中含有 π 因子，因此车削模数螺纹时所用的挂轮与车削米制螺纹时不同，需用 $\frac{64}{100} \times \frac{100}{97}$ 来引入常数 π，其运动平衡式为

$$P_m = 1（主轴）\times \frac{58}{58} \times \frac{33}{33} \times \frac{64}{100} \times \frac{100}{97} \times \frac{25}{36} \times u_j \times \frac{25}{36} \times \frac{36}{25} \times u_b \times 12$$

上式中 $\frac{64}{100} \times \frac{100}{97} \times \frac{25}{36} \approx \frac{7\pi}{48}$，其绝对误差为 0.00004，相对误差为 0.00009，这种误差很小，一般可以忽略。

④车削径节螺纹

径节螺纹主要用于同英制蜗轮相配合，即为英制蜗杆，其标准参数为径节，用 DP 表示，其定义为：对于英制蜗轮，将其总齿数折算到每一英寸分度圆直径上所得的齿数值，称为径节。

径节螺纹与模数螺数的关系，与英制螺纹与公制螺纹的关系相同。

2）机动进给运动传动链

机动进给传动链主要是用来加工圆柱面和端面，为了减少丝杠及开合螺母磨损，保证螺纹传动链的精度，机动进给是由光杠经溜板箱传动的。这是因为机动进给是外联系传动链，

机动进给误差不影响加工精度。进给运动的传动路线为：

$$主轴（VI）-\left[\begin{array}{l}—公制螺纹传动路线—\\—英制螺纹传动路线—\end{array}\right]-XVII\frac{28}{56}-\underset{（光杠）}{XI}-\frac{36}{32}×\frac{32}{56}-\underset{（超越离合器）}{M_6}-$$

$$\underset{（安全离合器）}{M_7}-XX-\frac{4}{29}-XXXI-$$

$$\left[\begin{array}{l}-\left[\begin{array}{l}-\frac{40}{48}-M_8（↑）—\\-\frac{40}{30}×\frac{30}{48}-M_8（↓）—\end{array}\right]-XXII-\frac{28}{80}-XXIII-z_{12}-齿条（纵向进给）\\-\left[\begin{array}{l}-\frac{40}{48}-M_9（↑）—\\-\frac{40}{30}×\frac{30}{48}-M_9（↓）—\end{array}\right]-XXV-\frac{48}{48}×\frac{59}{18}-\underset{（横向丝杠）}{XXVII}（横向进给）\end{array}\right.$$

为了避免两种运动同时产生而发生事故，纵向机动进给、横向机动进给及车螺纹三种传动路线，只允许同时接通其中一种，这是由操纵机构及互锁机构来保证的。

溜板箱中的双向牙嵌式离合器 M_8 及 M_9 用于变换进给运动的方向。

3）刀架快速机动移动

为了缩短辅助时间，提高生产效率，CA6140 型卧式车床的刀架可实现快速机动移动。刀架的纵向和横向快速移动由快速移动电动机（$P=0.25$ kW，$n=2800$ r/min）传动，经齿轮副 13/29 使轴 XII 高速转动，再经蜗轮蜗杆副 4/29、溜板箱内的转换机构，使刀架实现纵向或横向的快速移动。快移方向由溜板箱中双向离合器 M_6 和 M_7 控制。其传动路线表达式为：

$$快速移动电动机-\frac{13}{29}-XII-\frac{4}{29}-XXIII-\left\{\begin{array}{l}M_6……纵向\\M_7……横向\end{array}\right\}$$

为了缩短辅助时间和简化操作，在刀架快速移动时不必脱开进给运动传动链。这时，为了避免仍在转动的光杠和快速移动电机同时驱动轴 XII 而造成破坏，在齿轮 Z_{56} 与轴 XX 之间装有超越离合器 M_6。关于超越离合器 M_6 的结构及工作原理将在下文中予以介绍。

3.3.2 CA6140 型卧式车床的典型机械结构

1. 双向多片摩擦离合器、制动器及其操纵机构

双向多片摩擦离合器装在轴 I 上。原理见图 3－12。

摩擦离合器由内摩擦片 3、外摩擦片 2、止推片 10 及 11、压块 8 及空套双联齿轮 1 等组成。离合器左、右两部分结构是相同的。左离合器用来传动主轴正转，用于切削加工，需传递的转矩较大，所以片数较多。右离合器传动主轴反转，主要用于退回，片数较少。

图 3－12（a）表示的是左离合器。内摩擦片 3 的孔是花键孔，装在轴 I 的花键上，随轴旋转，外摩擦片 2 的孔是圆孔，直径略大于花键外径。外圆上有 4 个凸起，嵌在空套齿轮 I 的缺口中。内、外摩擦片相间安装。当杆 7 通过销 5 向左推动压块 8 时，将内片与外片互相压紧，轴 I 的转矩便通过摩擦片间的摩擦力矩传给齿轮 I，使主轴正转，同理，当压块 8 向右时，使主轴反转。压块 8 处于中间位置时，左、右离合器都脱开，轴 II 以后的各轴停转。

离合器的位置，由手柄 18 操纵［图 3－12（b）］。向上扳，杆 20 向外，使曲柄 21 和齿扇 17 作顺时针转动。齿条 22 向右移动。齿条左端有拨叉 23，它卡在滑套 12 的环槽内，使滑套

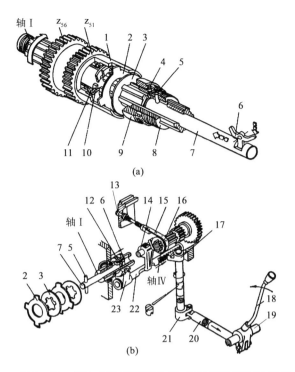

图 3 - 12　双向多片摩擦离合器、制动器及其操纵机构

12 也向右移动。滑套 12 内孔的两端为锥孔，中间为圆柱孔。当滑套 12 向右移动时，就将元宝销(杠杆)6 的右端向下压。元宝销 6 的回转中心轴装在轴 I 上。元宝销 6 作顺时针方向转动时，下端的凸缘便推动装在轴 I 内孔中的拉杆 7 向左移动[图 3 - 12(a)右端]，并通过销 5 带动压块 8 向左压紧，主轴正转。同理，将手柄 18 扳至下端位置时，右离合器压紧，主轴反转。当手柄 18 处于中间位置时，离合器脱开，主轴停止转动。为了操纵方便，在操纵杆 19 上装有两个操纵手柄 18，分别位于进给箱右侧及溜板箱右侧。

　　摩擦离合器还能起过载保护的作用。当机床过载时，摩擦片打滑，就可避免损坏机床。摩擦片间的压紧力是根据离合器应传递的额定转矩确定的。摩擦片磨损后，压紧力减小，可用一字头旋具将弹簧销 4 按下，同时拧动压块 8 上的螺母 9，直到螺母压紧离合器的摩擦片。调整好位置后，使弹簧销 4 重新卡入螺母 9 的缺口中，防止螺母松动。

　　制动器装在轴 IV 上，在离合器脱开时制动主轴，以缩短辅助时间。制动盘 16 是一个钢制圆盘，与轴 IV 花键连接。周边围着制动带 15。制动带是一条钢带，内侧有一层酚醛石棉以增加摩擦。制动带的一端与杠杆 14 连接，另一端通过调节螺钉 13 等与箱体相连。为了操纵方便并避免出错，制动器和摩擦离合器共用一套操纵机构，也由手柄 18 操纵。当离合器脱开时，齿条 22 处于中间位置。这时齿条轴 22 上的凸起正处于与杠杆 14 下端相接触的位置，使杠杆 14 向逆时针方向摆动，将制动带拉紧。齿条轴 22 凸起的左、右边都是凹槽。左、右离合器中任一个接合时，杠杆 14 都按顺时针方向摆动，使制动带放松。制动带的拉紧程度由调节螺钉 13 调整。调整后应检查在压紧离合器时制动带是否松开。

2. 变速操纵机构

图3-13为CA6140型车床主轴箱中的一种变速操纵机构。它用一个手柄同时操纵轴Ⅱ、Ⅲ上的双联滑移齿轮和三联滑移齿轮，变换轴Ⅰ—Ⅲ间的六种传动比。转动手柄，通过链传动使轴4转动，轴4上固定盘形凸轮3和曲柄2。凸轮3上有一条封闭的曲线槽，它由二段不同半径的圆弧和直线组成。凸轮上有1~6六个变速位置。如图所示，在位置1、2、3时，杠杆5上端的滚子处于凸轮槽曲线的大半径圆弧处。杠杆5经拨叉6将轴Ⅱ上的双联滑移齿轮移向左端位置，位置4、5、6则将双联滑移齿转移向右端位置。

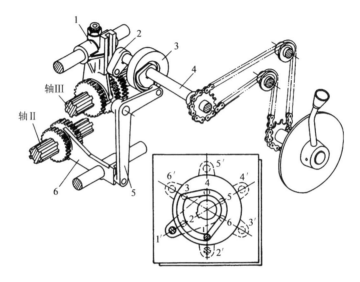

图3-13 变速操纵机构

曲柄2随轴4转动，带动拨叉1拨动轴Ⅲ上的三联齿轮，使它处于左、中、右三个位置。依次转动手柄至各个变速位置，就可使两个滑移齿轮的轴向位置实现6种不同的组合，使轴Ⅲ得到6种不同的转速。

滑移齿轮移至各规定的位置后，都必须可靠地定位。本操纵机构中采用钢球定位装置。

3. 纵、横向机动进给操纵机构

CA6140型车床的纵、横向机动进给操纵机构如图3-14所示。在溜板箱右侧，有一个集中操纵手柄1，当手柄1向左或向右扳动时，可使刀架相应作纵向向左或向右运动；若向前或向后扳动手柄1，刀架也相应地向前或向后横向运动。手柄的顶端有快速移动按钮S，当手柄1扳至左、右或前、后任一位置时，点动快速电动机，刀架即在相应方向快速移动。

向左或向右扳动手柄1，使手柄座3绕着销轴2摆动（销轴2装在轴向位置固定的轴23上），手柄座下端的开口槽通过球头销4拨动轴5轴向移动，再经杠杆11和连杆12使凸轮13转动，凸轮上的曲线槽又通过圆销14带动轴15以及固定在它上面的拨叉16向前或向后移动，拨叉拨动离合器M_8，使之与轴ⅩⅫ上两个空套齿轮之一啮合，于是纵向机动进给运动接通，刀架相应地向左或向右移动。

向后或向前扳动手柄1，通过手柄座3使轴23以及固定在它左端的凸轮22转动，凸轮上曲线槽通过圆销19使杠杆20绕销轴21摆动，再经杠杆20上的另一圆销18，带动轴10以及固定在它上面的拨叉 17 向前或向后移动，拨叉拨动离合器 M_9，使之与轴 XXV 上两空套齿轮之一啮合，于是横向机动进给运动接通，刀架相应地向前或向后移动。

当手柄 1 扳至中间直立位置时，离合器 M_8 和 M_9 均处于中间位置，机动进给传动链断开。

纵向、横向进给运动是互锁的，即离合器 M_8 和 M_9 不能同时接合，手柄 1 的结构可以保证互锁（手柄轴的限位盖板上开有十字形槽，所以手柄只能在一个位置）。

机床工作时，纵、横向机动进给运动和丝杠传动不能同时接通。丝杠传动是由溜板箱的开合螺母开或合来控制的。因此，溜板箱中设有互锁机构，保证车螺纹开合螺母合上时，机动进给运动不能接通。而当机动进给运动接通时，开合螺母不能合上。开合螺母的操纵由手柄 6 实现。顺时针转动手柄，螺母闭合，逆时针转动手柄，螺母松开。

4. 互锁机构

图 3 - 15 所示互锁机构由开合螺母操纵轴 7 上的凸肩 a、轴 5 上的球头销 9 和弹簧销 8 以及支承套 24（参见图 3 - 14、图 3 - 15）等组成。图 3 - 14 表示丝杠传动和纵横向机动进给均未接通时的情况，此时可扳动手柄 l（图 3 - 14）至前、后、左、右任意位置，接通相应方向的纵向或横向机动进给，或者扳动手柄 6，使开合螺母合上，此位置称中间位置。

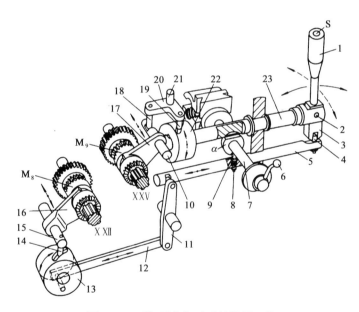

图 3 - 14 纵、横向机动进给操纵机构

1—手柄；2—销轴；3—手柄座；4—球头销；5—轴；6—开合螺母机构操纵手柄；7—轴
8—弹簧销；9—球头销；10—拨叉轴；11—杠杆；12—连杆；13—凸轮；14—圆销
15—拨叉轴；16、17—拨叉；18、19—圆销；20—杠杆；21—销轴；22—凸轮；23—轴

如果向下扳动手柄 6 使开合螺母合上，则轴 7 顺时针转过一个角度，其上凸肩 a 嵌入轴 23 的槽中，将轴 23 卡住，使其不能转动，同时，凸肩又将装在支承套 24 横向孔中的球头销 9 压下，使它的下端插入轴 5 的孔中，将轴 5 锁住，使其不能左右移动〔见图 3 - 15（a）〕。这时纵、横向机动进给都不能接通。如果接通纵向机动进给，则因轴 5 沿轴线方向移动了一定位置，其上的横孔与球头销 9 错位（轴线不在同一直线上），使球头销不能往下移动，因而轴 7

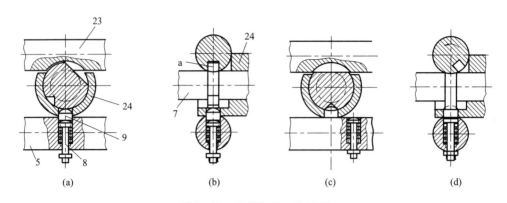

图 3 – 15　互锁机构工作原理

5、7、23—轴；8—弹簧销；9—球头销；24—支承套

被锁住而无法转动[见图 3 – 15(b)]。如果接通横向机动进给时，由于轴 23 转动了位置，其上的沟槽不再对准轴 7 的凸肩 a，使轴 7 无法转动[见图 3 – 15(c)]，因此，接通纵向或横向机动进给后、开合螺母均不能合上。

5. 超越离合器

为了避免光杠和快速电机同时传动轴 XX 而造成损坏，在溜板箱左端齿轮 56 与轴 XX 之间装有超越离合器(见图 3 – 16)。由光杠传来的进给运动(低速)，使齿轮 56(即外环 1)按图示逆时针方向转动。三个短圆柱滚子 3 分别在弹簧 5 的弹力及滚子 3 与外环 1 间摩擦力的作用下，楔紧在外环 1 和星形体 2 之间，外环通过滚子 3 带动星形体 2 一起转动，于是运动便经过安全离合器 M_7 传至轴 XX，实现正常的机动进给。当按下快移按钮时，快速电动机的运动由齿轮副 $\dfrac{13}{29}$ 传至轴 XX，使星形体 2 得到一个与齿轮 56 转向相同而转速却快得多的旋转运动(高速)。这时，由于滚子 3 与外环 1 及星形体 2 之间的摩擦力，使滚子 3 通过柱销 4 压缩弹簧 5 而向楔形槽的宽端滚动，从而脱开外环 1 和星形体 2(及轴 XX)间的传动联系。这时光杠 XIX 不再驱动轴 XX。因此，刀架可实现快速移动。一旦快速电动机停止转动，超越离合器自动接合，刀架立即恢复正常的机动进给运动。

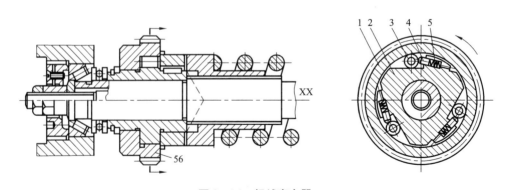

图 3 – 16　超越离合器

1—外环；2—星形体；3—滚子；4—顶销；5—弹簧

6. 进给过载保护装置

进给过程中，当进给力过大或刀架移动受到阻碍时，为了避免损坏传动机构，在溜板箱中设置有安全离合器 M_7，使刀架在过载时能自动停止进给，所以亦称之为进给的过载保护装置（参见图 3 - 10）。安全离合器的工作原理是：由光杠传来的运动经单向超越离合器的外环即齿轮 Z_{56}，并通过滚子传给星形体（参见图 3 - 17），再经过平键传至安全离合器 M_7 的左半部 5，然后由其螺旋形端面齿传至离合器的右半部 6。再经过花键传至轴 X X。离合器的右半部 6 后端的弹簧 7 的弹力，克服离合器在传递扭矩时所产生的轴向分力，使离合器左、右部分保持啮合。机床过载时，轴 X X 上的蜗杆的阻力矩加大，安全离合器传递的转矩也加大，因而作用在螺旋形端面齿上的轴向力也将加大。当轴向力超过弹簧 7 的弹力时，弹簧不再能保持离合器左、右两半相啮合，于是轴向力便将离合器右半部推开，这时离合器左半部 5 继续旋转，而离合器右半部却不能被带动，所以在两者之间产生打滑现象，使传动链断开。传动机构得到保护，不会因过载而损坏。当过载原因被排除后，由于弹簧 7 的弹力，安全离合器自动恢复啮合，重新正常工作。机床许用的最大进给力决定于弹簧 7 的弹力，并可通过调整弹簧的压缩量来改变弹力的大小。

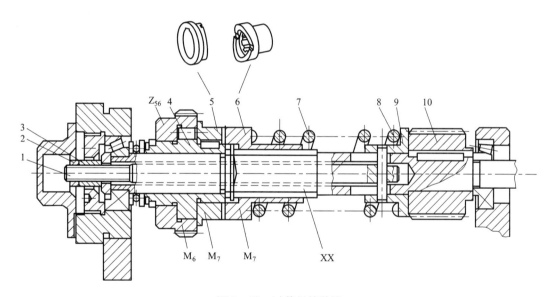

图 3 - 17　过载保护装置

3.3.3　车削工艺与常见车刀

1. 车床所能完成的工作

车床所能完成的工作很多，常见的如 3.2.2 图 3 - 3 所示。

车削时，可用不同的方法完成同样的工作。如圆柱体平端面，既可以从外向内进给，也可以从内向外进给。

2. 常见车刀

车刀按用途可分为外圆车刀、螺纹车刀、镗孔刀、端面车刀、切断刀等，如图 3 - 18 所示。

按结构不同又可分为多种形式，有整体式［图 3 - 19（a）］、焊接式［图 3 - 19（b）］、机夹重磨式[图3-19(c)]、可转位式[图3-19(d)]和成形车刀(图3-20)等。

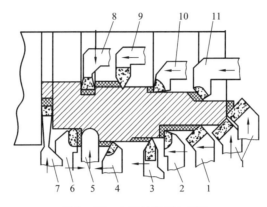

图3-18 车刀的类型与用途

1—45°弯头车刀;2—90°外圆车刀;3—外螺纹车刀;4—75°外圆车刀;5—成形车刀;6—90°左偏切外圆车刀;
7—割槽刀;8—内孔槽刀;9—内螺纹车刀;10—盲孔镗刀;11—通孔镗刀

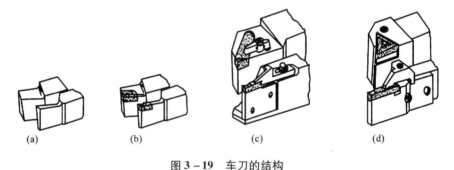

图3-19 车刀的结构

(a)整体式;(b)焊接式;(c)机夹式;(d)可转位车刀

3. 成形车刀

　　成形车刀是指切削刃的形状与工件所要求的形状互补,工件加工的形状精度由切削刃的形状决定,这种车刀叫成形车刀。图3-20所示为成形车刀,图3-20(a)为平体式,常用于成形铣刀、滚刀、螺纹刀具的铲背车削(详见成形铣刀部分),其进给前角和后角与一般车刀的相同。图3-20(b)为棱体成形车刀,其刀体为一个正棱柱体。磨削时将棱体端面磨成一个倾斜平面,该平面与棱体端面有一个夹角 θ。使用时,将棱体通过燕尾安装在刀杆上,燕尾使棱体倾斜一个 α_f 角度形成进给后角,同时也形成进给前角 γ_f, $\gamma_f + \alpha_f = \theta$。刀具磨损后重磨前刀面,刃磨简单的同时,还能保证切削刃轮廓不变。重磨次数比平体式成形车刀要多得多,并且简单。图3-20(c)为圆体成形车刀,刀体是一个回转面。制造时将前刀面磨削成与刀具回转体半径有一个夹角 θ(或者说与刀具中心线有一个距离)的平面。安装时使刀具中心线比工件中心线高出一个距离形成进给后角,切削刃最高点与工件中心线同高,并形成进给前角。$\gamma_f + \alpha_f = \theta$。刀具磨损后也重磨前刀面,重磨次数比棱体成形车刀更多。

4. 机夹可转位车刀

　　机械夹固式可转位车刀简称可转位车刀。它与普通机夹车刀的不同点在于刀片为多边

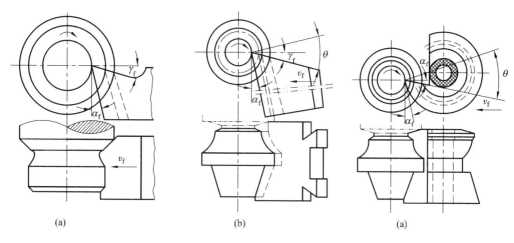

图 3 - 20　成形车刀种类
(a)平体成形车刀；(b)棱体成形车刀；(c)圆体成形车刀

形，每一边都可作切削刃。当一个刀刃用钝后，只需将刀片转动一个角度重新夹固，即可使新的刀刃投入工作。当所有刀刃都用钝后，更换新刀片继续工作。可转位车刀的角度，由安装刀片的刀槽的角度和刀片的角度共同形成。设计刀具角度，由于刀片的角度是固定的，就变成了设计刀槽的角度。可转位刀片的形状和材料，都是由刀具制造厂家决定，使用者只能选用，不得磨削。例如涂层刀片的涂层厚度仅几十微米，磨削会使涂层失去意义。2.2.6 节图2－5为具有杠杆式夹紧机构的可转位车刀的结构图。

可转位车刀的刀片有多种，常见的有三角形，四边形，五边形，圆形等。

可转位车刀的刀片是通过机械机构夹紧在刀杆上的，夹紧机构应满足：

(1)定位精度高。刀片转位或更换新刀片后，刀尖位置的变化应在工件精度允许的范围内。

(2)刀片夹紧可靠。应保证刀片、刀垫、刀杆接触面紧密贴合，经得起冲击和振动。同时，夹紧力也不宜过大，应力分布应均匀，以免压碎刀片。

(3)排屑流畅。刀片前面上最好无障碍，保证切屑排出流畅，并容易观察。特别对于车孔刀，最好不用上压式，防止切屑缠绕划伤已加工表面。

(4)使用方便。转换刀刃和更换新刀片方便、迅速。

这些原则在其他使用机械夹固刀片的刀具中同样有效。

5. 车床常见附件

常见的车床附件有三爪卡盘，其三个卡爪安装在阿基米德螺线上，三爪联动，同时向着或者背离中心运动，属于定心夹紧装置。三爪卡盘常用于装夹圆柱形或六角形等轴对称截面的工件。三个卡爪的位置不能调换，否则不能对心。

四爪卡盘的卡爪每个都可以单独调整，故可用于装夹不是中心对称的工件，装夹时须找正，如图 3 - 21。

图 3 - 22 所示为用花盘安装工件的情况。

车床常用附件还有顶尖、中心架和跟刀架等，可参看有关书籍。

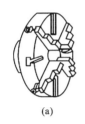
(a)

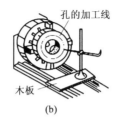

孔的加工线

木板

(b)

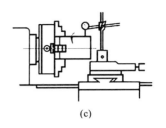
(c)

图 3-21　四爪卡盘及其找正

(a)外形；(b)划线找正；(c)用百分表找正

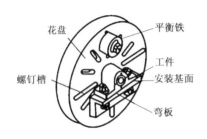

花盘　　　平衡铁

工件

螺钉槽　　安装基面

弯板

垫铁
压板
螺钉

螺钉槽

工件

平衡铁

图 3-22　用花盘安装工件

6. 立式车床

对于一些笨重的盘类工件，常在立式车床上加工(图 3-23)。立式车床的工件安装在垂直布置的主轴端面上，称为工作台。工作时工件旋转，刀具沿工件轴向或径向进给，非常适宜于安装和加工直径很大而厚度较小的工件。

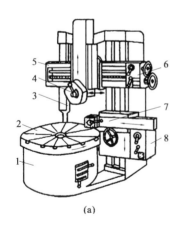
(a)

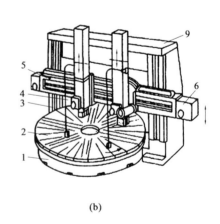
(b)

图 3-23　立式车床

(a)单立柱式；(b)双立柱式

1—底座；2—工作台；3—立柱；4—垂直刀架；5—横梁；

6—垂直刀架进给箱；7—侧刀架；8—侧刀架进给箱；9—顶梁

114

3.4 钻床及钻头

3.4.1 钻床的加工范围与分类

钻床是用钻头在工件上加工孔的机床。通常用于加工尺寸较小，精度要求不太高的孔。钻床工作时工件固定，刀具既完成旋转的主运动，也完成沿刀具轴向的进给运动。

1. 钻床分类

（1）台式钻床，如图 3－24 所示，通常安装在钳工台上，主要用于小型工件小型孔（通常小于 12 mm）的单件小批加工。台式钻床钻头的轴向进给是通过手动旋转送进手柄完成的，无机动进给功能。当加工孔的直径小于 10 mm 时，通常用手直接扶持工件，而不必进行夹紧。但当工件尺寸较小或较薄时，即使加工小孔也要进行夹紧。当钻头钻通工件时，由于钻头轴向力突然减小，手动进给的进给量会突然增大，钻头扭矩也会突然增大。用手扶持工件加工时，这时要特别小心，防止发生安全事故。台式钻床的转速可通过皮带轮上的皮带位置调整，钻头与工作台的距离可通过主轴架在立柱上的上下位置进行调整。

（2）立式钻床，如图 3－25，适用于中小工件的中小型孔的单件、小批量生产，工作时需移动工件。立式钻床通常具有机动进给功能，可以通过变速箱调整主轴转速。必须强调，当所加工孔的直径在 10 mm 以上时，通常都要对工件进行夹紧，否则容易造成安全事故。

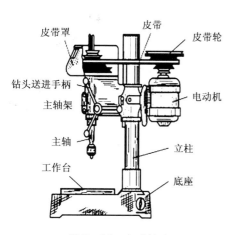

图 3－24　台式钻床

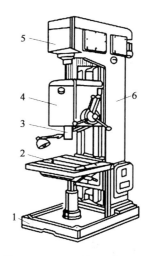

图 3－25　立式钻床的外形图
1—底座；2—工作台；3—主轴；
4—进给箱；5—变速箱；6—立柱

（3）摇臂钻床，如图 3－26，适用于加工一些大而重的工件上的孔，工作时工件不动，转动摇臂并沿摇臂移动主轴箱使钻头达到所需位置。摇臂钻床也有主轴转速变换、进给量调整和机动进给功能。

（4）深孔钻床，如图 3－27。一般将长径比大于 5 的孔叫深孔，专门加工深孔的机床叫深孔钻床，常用于加工枪管、炮管等工件。其主轴一般为水平布置，工件旋转而刀具进给。

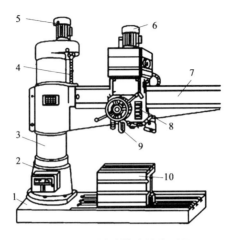

图 3 – 26　摇臂钻床的外形图

1—底座；2—内立柱；3—外立柱；4—丝杠；
5、6—电动机；7—摇臂；8—主轴箱；9—主轴；10—工作台

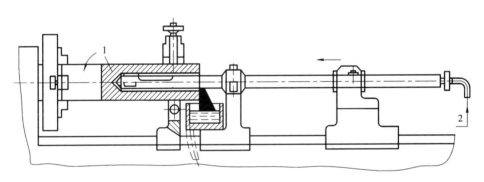

图 3 – 27　深孔加工示意图

1—工件；2—切削液

2. 钻削特点

钻削刀具刚性差，排屑困难，切削热不易排出，刀具容易引偏。所谓刀具引偏，是指刀具中心线发生弯曲或偏移的情况。图 3 – 28 表示了两种刀具引偏的情况。图 3 – 28（a）为刀具旋转并进给的情况，即钻床钻孔，所钻孔轴线弯曲但直径不变；图 3 – 28（b）为工件旋转刀具进给的情况，即车床钻孔，所钻孔轴线不弯但孔径变化。为防止钻头引偏或孔的位置误差过大，常用钻套引导钻头（图 3 – 29）；为防止开始钻削时钻头定心不准，常在工件上先打出定心坑。

3. 钻床能完成的工作

钻床所能完成的工作如 3.2.2 图 3 – 5 所示。

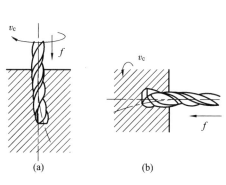

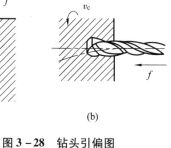

图 3 – 28　钻头引偏图　　　　　　　图 3 – 29　用钻模为钻头导向

3.4.2　麻花钻及孔加工刀具

1. 麻花钻

麻花钻是常见的孔加工刀具，一般用于在实体材料上钻孔。钻孔的质量较低，尺寸精度为 IT11 ~ IT12，Ra 为 50 ~ 12.5 μm。加工范围为 ϕ0.1 ~ ϕ80 mm，ϕ30 mm 以下时最常用。

（1）麻花钻的结构如图 3 – 30 所示。

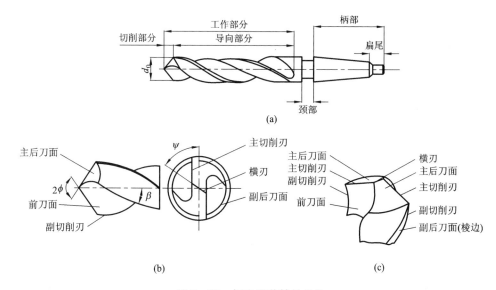

图 3 – 30　标准麻花钻的结构

（a）标准麻花钻的组成示意；（b）麻花钻的切削部分（一）；（c）麻花钻的切削部分（二）

麻花钻分为切削部分、导向部分和柄部。切削部分担负主要的切削工作。它有两条主切削刃，两条副切削刃和一条横刃。其螺旋槽表面为前刀面，切削部分顶端的曲面为后刀面，棱边为副后刀面。它有两个刀齿（刃瓣），每个刀齿可看作一把镗内孔的车刀（图 3 – 31）。两个主后刀面的交线称为横刃,它是麻花钻所特有,而其他刀具所没有的。横刃上有很大的负前角,会造成很大的轴向力,恶化了切削条件。钻头的两条主切削刃不过钻头中心,其间的距离为钻心厚度。为了提高钻头的强度和刚度,其工作部分的钻心厚度(一般用一假想圆的直径表示)制成自钻尖向柄部递增。麻花钻除了高速钢钻头外,还有硬质合金钻头。硬质合金麻花钻有整体式、镶片式和无横刃式三种,直径较大时还可以采用可转位式结构。

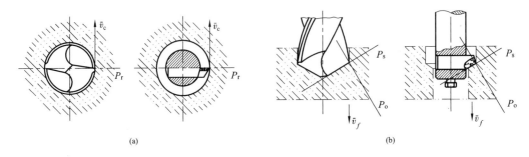

(a)   (b)

图 3-31　麻花钻的每个切削刃相当于一把镗刀

　　麻花钻切削部分总结起来为 5 个切削刃:两个主切削刃在圆锥面,两个副切削刃是螺旋槽的边,一个横刃在顶端;6 个刀面:两个主前刀面在螺旋槽,两个主后刀面在靠近圆锥面的斜面(同时也是横刃的前刀面和后刀面),两个副后刀面是螺旋槽的棱边。

　　导向部分起导向与排屑作用,并作为切削部分的重磨储备。导向部分有两条对称的棱边(棱带)和螺旋槽。其中较窄的棱边起导向和修光孔壁的作用,同时也减少了钻头外径和孔壁的摩擦面积;较深的螺旋槽(容屑槽)用来进行排屑和输送切削液。为了减少导向部分与已加工孔孔壁之间的摩擦,对直径大于 1 mm 的麻花钻,在由切削部分至柄部的方向,制出直径逐渐减小的倒锥度,以形成麻花钻的副偏角 κ'_r。

　　柄部用于与机床或夹具的连接,起夹持定位作用,并传递扭矩和轴向力。柄部可分为直柄(圆柱体)和锥柄。直柄用于小型钻头,常用弹簧夹头装夹;锥柄用于大型钻头,圆锥部分用于定心,扁尾插入机床主轴端槽内传递扭矩。直径较大的钻头还有颈部,用作磨削柄部时的砂轮越程槽或打标记处。麻花钻的安装方式如图 3-32 所示,图3-32(a)为锥柄安装;图3-32(b)为变径套,用于协调主轴内孔与钻头直径的不同;图3-32(c)为锥柄钻头的拆卸方法。

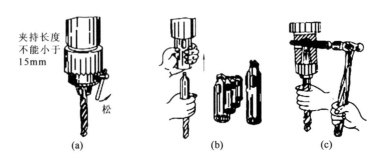

夹持长度
不能小于
15mm

松

(a)   (b)   (c)

图 3-32　钻头的安装

（2）麻花钻的角度

表示钻头几何角度所用的参考系及坐标平面与车刀相同，但由于麻花钻的结构复杂，刀具几何角度的理解远比车刀困难。

麻花钻的各种几何参数很多，有一些是钻头制造时控制的参数，使用者在使用时无法改变，例如钻头直径 d_0、直径倒锥度 κ'_r、钻心直径 d_c、螺旋角 β 等，可以称之为制造参数。另一些几何参数是钻头的使用者根据具体的加工条件，通过刃磨得到的，是刃磨时控制的参数。它们是构成钻头切削部分几何形状的刃磨参数，也称独立角度，包括顶角 2φ、进给后角 α_f、横刃斜角 ψ 等。还有一些几何参数是非独立的，即当刃磨的独立参数形成以后，这些参数也自然获得，为了研究钻削过程，可以由制造参数和独立角度通过几何换算而求得。例如主切削刃上的主偏角 κ_r、刃倾角 λ_s、前角 γ_0、后角 α_0 等，一般称为派生角度，见图 3 – 33。

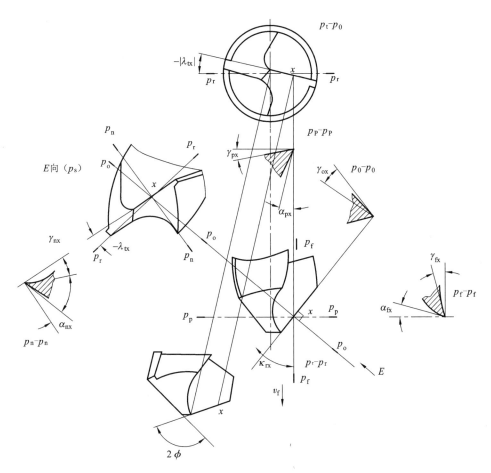

图 3 – 33　麻花钻主切削刃上的几何角度

1）螺旋角 β

钻头螺旋槽最外缘的螺旋线与钻头轴线之间的夹角为钻头的螺旋角，其大小与螺旋槽导程和钻头直径有关。如图 3 – 34 所示，由于螺旋槽的导程是固定的，故主切削刃上不同点处的螺旋角是不相等的。钻头外径处的螺旋角最大，越靠近钻心螺旋角越小。钻头的螺旋角实

119

际上就是钻头的进给剖面前角 γ_f，故钻头的工作图上通常只标注螺旋角而不标注前角。

2）顶角 2φ

麻花钻的顶角是两主切削刃在与它们平行的平面上投影的夹角。标准麻花钻的顶角 2φ 一般为 $118°$ $\pm 2°$，钻头的螺旋槽等结构即按此顶角设计的，故也称此顶角为设计顶角。此时主切削刃是直线。如果实际顶角大于或小于设计顶角，则两主切削刃呈内凹或外凸的曲线。由于顶角仅表示两主切削刃的相对位置而与基面无关，故主切削刃上各点的顶角相同。

顶角的大小影响钻头的钻削性能，若顶角较小，则主切削刃长度较大，单位长度切削刃上的切削负荷减轻，进给力减小；此外，刀尖角 ε_r 随之增大（注意，刀尖角不是钻尖角，它是主切削刃与副切削刃在

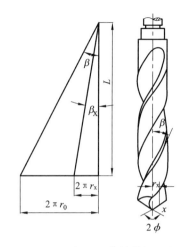

图 3-34　标准麻花钻的螺旋角

基面内的投影间的夹角，故刀尖角位于钻头外圆刃带处），有利于主、副切削刃相交处强度的提高和散热条件的改善，从而提高钻头的耐用度。但是，若顶角过小，将使钻尖强度削弱，切削厚度减小，切削变形增大。如果按加工材料确定顶角，加工钢、铸铁、硬青铜时，2φ 一般为 $116°\sim120°$；加工硬铸铁、不锈钢、耐热钢等，2φ 一般为 $120°\sim150°$。

3）主偏角 κ_r

主偏角是在基面里测量的主切削刃与钻头轴线（进给方向）之间的夹角，它与基面有关。基面是垂直于切削速度的平面，由于钻头是旋转的，切削速度就是圆的切线，故所有旋转类刀具的基面都是通过切削刃上的选定点，包含刀具回转轴线的平面。由于主切削刃上各点的基面不同，故主切削刃上不同点 x 的主偏角 κ_{rx} 也不同。主偏角 κ_r 不等于半顶角 2φ，但当麻花钻磨出了顶角后，主切削刃上各点处的主偏角也就随之确定了。

4）刃倾角 λ_s 和端面刃倾角 λ_t

由于麻花钻的主切削刃不通过钻头轴线，主切削刃不在基面内，从而形成了刃倾角 λ_s。为了测量的方便，麻花钻还引入了端面刃倾角 λ_t 的概念，即主切削刃和基面在钻头端面的投影线之间的夹角。主切削刃上任意一点 x 处的刃倾角 λ_{sx} 和端面刃倾角 λ_{tx} 均为负值，且都是变化的，外缘处角度绝对值最小，越近钻心绝对值越大。

5）前角 γ_o

由于前刀面是一个螺旋面，因此主切削刃上各点 x 的前角 γ_{ox} 是变化的。由钻头的外缘到钻心，前角由 $30°$ 减小到 $-30°$，如图 3-35 所示。图中横坐

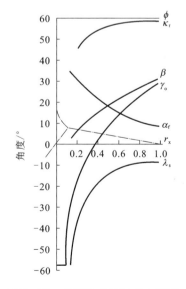

图 3-35　麻花钻角度的分布情况

标为选定点 x 的半径与钻头半径的比值。

6）后角 α_f

麻花钻主切削刃上任意点 x 的后角 α_{fx} 是在以钻心为轴心线的圆柱面的切平面上测量的，相当于进给后角，如图 3 - 36 所示。这是由于主切削刃在进行切削时作圆周运动，进给后角较能客观地反映钻头后刀面与加工表面之间的摩擦关系，同时测量也比较方便。

钻头的后角 α_{fx} 也是变化的。在刃磨钻头时，一般把钻心处后角磨得大些，而外缘处后角磨得小些。这样做的目的是为了与前角的变化相适应，使切削刃各点处的楔角不致相差太大，以保证刀刃的等强度（图 3 - 36），同时也考虑了进给速度引起的工作后角变化的问题。

钻头的端面绝对不能磨成一个锥面，后刀面在远离切削刃时必须沿锥面向刀柄方向收缩，否则钻头不能工作。如果磨成锥面，则主切削刃的后角为零，考虑到进给速度时甚至为负。后角小于等于零的刀具是不能工作的，不是无法钻孔，就是损坏刀具或工件。

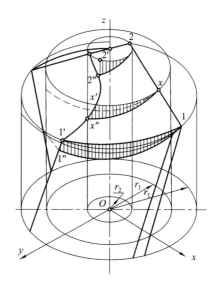

图 3 - 36　钻头的后角

7）横刃角度

横刃的角度见图 3 - 37。横刃是钻头两个主后刀面刃磨后自然形成的切削刃。由于钻头横刃通过钻头轴心，并且它在钻头端面内的投影为直线，因此横刃上各点的基面相同。横刃角度包括横刃斜角 ψ、横刃前角 γ_ψ 和横刃后角 α_ψ。对标准麻花钻而言，$\psi = 50° \sim 55°$，$\gamma_\psi = -(54° \sim 60°)$，$\alpha_\psi = 90° - |\gamma_\psi| = 30° \sim 36°$。由于横刃具有很大的负前角，因此钻削时横刃的切削条件很差，会发生严重的挤压。

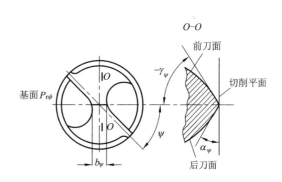

图 3 - 37　钻头的横刃角度

8）副偏角 κ'_r 和副后角 α'_f

麻花钻的副后刀面是钻头外缘处的两条棱边，为了保证足够的导向作用，副后角总是取为零度。副偏角是由棱边直径从钻尖到柄部逐渐缩小而形成的。其大小取决于钻头直径。数值通常很小。直径 18 mm 以上的麻花钻，其倒锥度为 $0.05 \sim 0.12$ mm/100mm。

图 3 - 35 为钻头角度沿切削刃从外到内的变化情况，横坐标表示切削刃上选定点 x 的半径与钻头外圆半径的比值，曲线在横坐标为 0.2 左右中断表示主切削刃已经结束，半径更小的部分为横刃工作处。

（3）钻削参数

1）钻削速度 v_c，它是主切削刃旋转的线速度，由钻头转速 n 形成。如不特别指出选定点，则指钻头最外圆处的切削速度。

2）进给量 f，钻头每转沿其轴线运动的距离。由于麻花钻有两个主切削刃，故每齿进给量是进给量的一半。所有刀具的进给量都影响切削层公称厚度，也就是切屑的厚度。

3）背吃刀量 a_p，它等于钻头的半径。根据定义，它同时垂直于切削速度和进给速度，影响切削层公称宽度，也就是切下的切屑的宽度。

4）钻削扭矩与钻削轴向力的计算可查看有关手册。钻头所受的径向力的合力通常为 0，但当两个主切削刃刃磨得不对称时，径向合力不为零，影响钻孔精度。

由于钻头端部的横刃是钻头轴向力的主要来源，钻通孔时，当横刃切出瞬间轴向力突然下降，手动控制进给时（如手电钻）犹如突然加大进给量一样，切削扭矩会急剧增加，引起振动，甚至导致钻头折断。所以钻通孔时，在孔将钻通时，须减少轴向压力，缓慢进给，防止事故发生。这一点在手拿工件钻孔时须特别注意。

（4）麻花钻的修磨（群钻）

普通麻花钻存在很多缺点，如主切削刃前角变化大；横刃为负前角（约 $-54°\sim -60°$），横刃长度大，接近钻心处的横刃后角为 0，切削条件极为恶劣，钻头的轴向力主要由横刃产生；每个主刃切下一整块切屑，在螺旋槽内挤压扭转，不但排屑难，而且会刮擦损伤孔壁；副后角为零（刃带），与孔壁摩擦大；刀尖（指主副切削刃相交处）角小，散热条件差，磨损快等。

针对这些缺点，我国原人大副委员长倪志福 1953 年做工人时率先对麻花钻进行了修磨，生产效率提高了数倍，引起了世界性轰动。修磨的方法是修磨横刃，将其变短；修磨前刀面，使外圆处的前角变小；修磨棱边，使有一定的副后角；修磨切削刃，使刀尖角变大；修磨后刀面，形成分屑槽，把一条切屑变成几条。这样修磨后的麻花钻叫群钻（表示群策群力），大大改善了切削条件，在生产效率不变的情况下，刀具耐用度可提高数倍。图 3-38 为标准群钻，其特点为：三尖七刃锐当先，月牙弧槽分两边，一侧外刃再开槽，横刃磨低窄又尖。

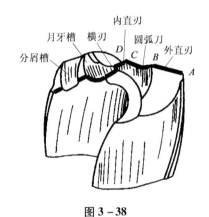

图 3-38

2. 铰刀

铰刀有手（用）铰刀和机（用）铰刀两种，如图 3-39、图 3-40 所示。手铰刀多为直柄，末端有方头，以便铰杆（或铰手）装夹，手铰刀直径通常为 1~50 mm。机铰刀多为锥柄，便于装夹在机床的主轴孔内，其直径通常为 10~80 mm。

铰刀由工作部分和柄部组成，工作部分又由切削部分和校准部分组成。有些铰刀在切削部分的前面还有引导锥部分，用于引导铰刀进入工件孔；校准部分的后面还有倒锥部分，用于引导刀具脱离工件。铰刀排屑槽为直槽，有 6~12 个刀齿（多为偶数，便于测量铰刀直径）。担负主要切削工作的主切削刃分布在锥面上，校准部分为副切削刃，分布在圆柱体上，用于孔的校正、修光。

铰孔是孔的精加工方法之一，孔的尺寸由刀具本身的尺寸来保证。基本偏差不同的同一基本尺寸的孔，要用不同的铰刀加工。例如 φ10F7 和 φ10H7 孔所用的铰刀是不同的。铰孔精度一般达 IT8~IT6，表面粗糙度 $Ra1.6\sim0.4$ μm。铰刀的刚性好，刀刃数目多，导向性能

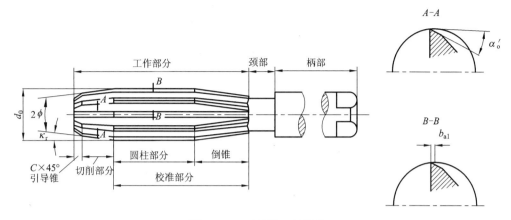

图 3-39 手用铰刀的结构

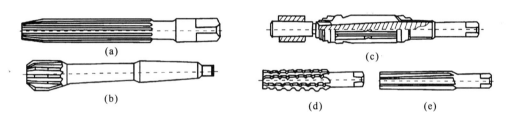

图 3-40 铰刀的种类

（a）手用整体式圆柱铰刀；（b）机用整体式圆柱铰刀；（c）可调式手用铰刀；（d）圆锥粗铰刀；（e）圆锥精铰刀

好且负荷均匀，制造精度高。修光部分能校准孔径和修光孔壁。铰孔的加工余量小（粗铰为 0.15~0.35 mm，精铰为 0.05~0.15 mm），即 a_p 小，切削速度低（粗铰钢件为 0.07~0.12 m/s，精铰为 0.03~0.08 m/s），切削力、切削热都小，并可以避免产生积屑瘤，因此铰孔的加工质量高。铰孔的进给量一般为 0.2~1.2 mm/r（约为钻孔时进给量的 3~5 倍），进给量过小则会产生打滑和啃刮现象。

铰孔主要主要用于提高孔的尺寸精度和形状精度，对轴线偏斜等位置误差不能修正。铰刀的切削刃必须有后角，校准部分在后刀面磨有宽度很窄的后角为 0 的刃带（又叫棱边）。

此外，还有铰制圆锥孔的锥孔铰刀等，可调式铰刀的刀齿安装在圆锥体上，通过螺纹可以调整铰孔直径。铰刀的常见类型见图 3-40。

3. 其他孔加工刀具

除了麻花钻和铰刀外，还有很多其他孔加工刀具，如锪钻、镗刀、丝锥等（图 3-41）。

（1）丝锥是加工内螺纹的工具，前部的锥体部分 l_1 是切削部分，后部的 l_0 是校准部分，前角由容屑槽形成，后角由铲削形成（见成形铣刀部分）。

（2）中心钻（图 3-42），主要用于钻轴类零件的中心孔，根据其结构特点分为无护锥中心钻[如图 3-42（a）]和带护锥中心钻[如图 3-42（b）]两种。钻孔前，如果先打一个中心孔，有利于钻头的导向，防止孔的偏斜。

（3）扩孔钻（图 3-43），扩孔钻用于对已有孔的扩大，其外形与麻花钻相类似。扩孔钻

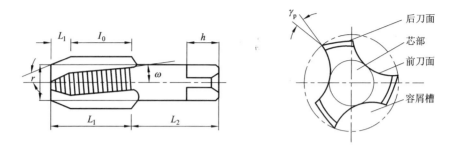

图 3 - 41　手用丝锥的结构

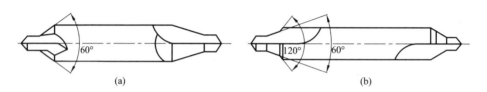

图 3 - 42　中心钻

(a)无护锥中心钻；(b)有护锥中心钻

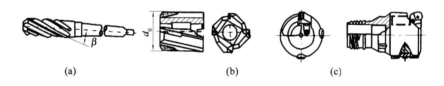

图 3 - 43　扩孔钻

(a)高速钢整体式；(b)镶齿套式；(c)硬质合金或转位式

通常有三个或四个刃瓣，没有横刃，前角和后角沿切削刃的变化较小，故加工时导向效果好，轴向抗力小，切削条件优于钻孔。另外，扩孔钻主切削刃较短，容屑槽浅；刀齿数目多，钻心粗壮，刚度强，切削过程平稳。因此，扩孔时可采用较大的切削用量，加工质量也比麻花钻好。一般加工精度可达 IT10 ~ IT11，表面粗糙度 Ra 可达 3. 2 μm ~ 6. 3 μm。常见的结构形式有高速钢整体式、镶齿套式和硬质合金可转位式，分别如图 3 - 43(a)、(b)、(c)所示。

(4)套料钻(图 3 - 44)。又叫环孔钻，用来加工直径大于 60 mm 的孔。采用套料钻加工，只切出一个环形孔，在中心部位留下料芯。由于它切下的金属少，不但省金属材料，还可节省刀具和动力的消耗。并且生产率高，加工精度也高。因此在重型机械的孔加工中应用较多。在薄板加工大孔的套料钻中心还有一个用于定心的小直径的麻花钻。

(5)孔加工复合刀具。为提高加工效率，常将钻、扩、铰、锪等刀具复合起来做成一体，叫孔加工复合刀具，如图 3 - 45 所示。

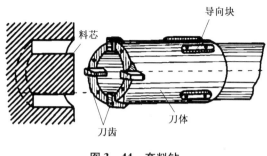

图 3 - 44　套料钻

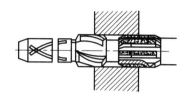

图 3 - 45　扩铰复合刀具

3.5　铣床与铣刀

3.5.1　铣床分类及工艺范围

1. 铣床

铣床的种类很多,它通过刀具旋转的主运动和工件的进给运动加工工件。最常见的有卧式升降台铣床、立式升降台铣床和龙门铣床这三种。

(1)卧式升降台铣床

卧式升降台铣床又称卧铣,其主轴水平布置,外形如图 3 - 46 所示。床身 1 固定在底座 7 上。在床身内部装有主轴变速机构及主轴部件等。床身顶部的导轨上装有横梁 2,可沿水平方向调整其前后位置,主轴的悬伸端有支承,以提高刀杆刚性。升降台 6 安装在床身前的垂直导轨上,可上下垂直移动。升降台内装有进给机构,用于工作台的进给运动和快速移动。工作台 4 安装在床鞍上,可作纵向(左右)移动。床鞍 5(横溜板)可带动工作台沿升降台横向导轨作横向(内外)移动。这样固定在工作台上的工件,可以在三个方向实现任一方向的调整或进给运动。

(2)立式升降台铣床

立式升降台铣床又称立铣,这类铣床与卧式升降台铣床的主要区别在于它的主轴是垂直布置的。

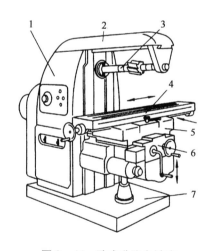

图 3 - 46　卧式升降台铣床

1—床身;2—悬梁;3—主轴;4—工作台;
5—床鞍;6—升降台;7—底座

图 3 - 47 为立式升降台铣床的外形图,其工作台 3、床鞍 4 及升降台 5 与卧式升降台铣床相同。立铣头 1 可根据加工要求在垂直平面内调整角度,使主轴回转中心线倾斜到需要的位置。立式铣床由于主轴垂直于工作台布置,铣刀直径可以做的很大。由于铣刀刀杆处于受压状态,与卧式铣床刀杆处于弯曲状态相比,刀刚度要大得多,故可采用较大的切削用量,这是其突出的优点。

125

（3）龙门铣床

龙门铣床由于床身两侧的立柱和横梁组成的"龙门"式框架而得名，其外形如图3-48所示。加工时，工件固定在工作台上作直线进给运动。横梁上的两个垂直铣头3可在横梁上沿水平方向调整位置。立柱上的两个水平铣头则可沿垂直方向调整位置。各铣刀的背吃刀量的调整，都可由铣头主轴套筒带动铣刀沿主轴轴向移动来实现。有些龙门铣床上的立铣头主轴可以作倾斜调整，以便铣斜面。龙门铣床的刚性好，精度较高，可用几把铣刀同时铣削，所以生产率和加工精度都较高。适宜加工大中型或重型工件上的平面和沟槽，常用于成批大量生产。

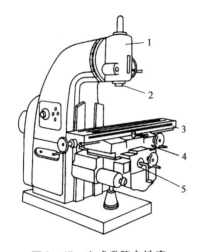

图3-47　立式升降台铣床

1—立铣头；2—主轴；3—工作台；

4—床鞍；5—升降台

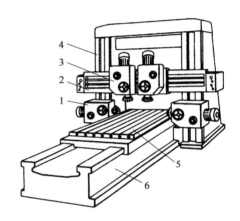

图3-48　龙门铣床

1—侧刀架；2—横梁；3—立刀架；

4—立柱；5—工作台；6—床身

2.铣削的加工范围

铣削的加工范围如3.2.2 图3-4所示。

3.5.2　铣刀的种类及角度

1.铣刀的种类

铣刀为多齿回转刀具，其每一个刀齿都相当于一把车刀固定在铣刀的回转面上。铣刀的主切削刃都分布在圆柱面或圆锥面上，端面可能有副切削刃。铣刀种类很多，结构不一，应用范围很广，按其用途可分为加工平面用铣刀、加工沟槽用铣刀、加工成形面用铣刀等三大类。通用规格的铣刀已标准化，一般均由专业工具厂生产。下面介绍几种常用铣刀。

（1）圆柱铣刀。圆柱铣刀如图3-49所示。它一般都是用高速钢制成整体的，螺旋形的主切削刃分布在圆柱表面上。螺旋形的刀

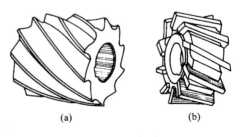

图3-49　圆柱铣刀

（a）整体式；（b）镶齿式

齿切削时是逐渐切入和脱离工件的,所以切削过程较平稳。主要用于卧式铣床上加工宽度小于铣刀轴向长度的狭长平面。

铣刀外径较大时,常制成镶齿形式。圆柱铣刀的两端面一般都没有副切削刃。

(2)端铣刀。又称面铣刀或端面铣刀,如图 3 - 50 所示,主切削刃分布在圆锥表面上,有时也分布在圆柱表面上。而分布在端面的切削刃为副切削刃,使用时铣刀的轴线垂直于待加工表面(或已加工表面)。端铣刀主要用在立式铣床或卧式铣床上加工台阶面和平面,特别适合较大平面的加工。主偏角为 90° 的面铣刀可铣底部较宽的台阶面。面铣刀的直径一般较大,用面铣刀加工平面,同时参加切削的刀齿较多,又有副切削刃的修光作用,使加工表面粗糙度值小,因此可以用较大的切削用量,生产率较高,应用广泛。

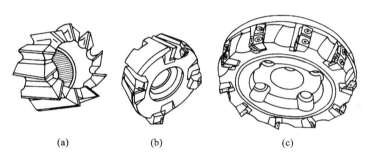

图 3 - 50　面铣刀

(a)整体式刀片;(b)镶焊接式硬质合金刀片;(c)机械夹固式可转位硬质合金刀片

(3)立铣刀。立铣刀如图 3 - 51 所示,一般由 2 ~ 4 个刀齿组成,圆柱面上的切削刃是主切削刃,端面上分布着副切削刃,工作时沿垂直于铣刀轴线的方向作进给运动。立铣刀端面的副切削刃一般都不会延长至刀具中心,副偏角一般也不大,有利于减小已加工表面的粗糙度。它主要用于加工凹槽,台阶面以及利用靠模加工成形面。立铣刀的直径一般较小。

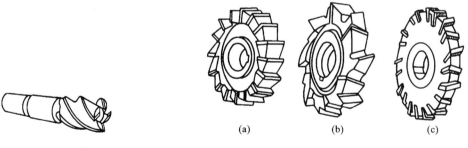

图 3 - 51　立铣刀

图 3 - 52　三面刃铣刀

(a)直齿 (b)交错齿;(c)镶齿

(4)三面刃铣刀。三面刃铣刀如图 3 - 52 所示,可分为直齿三面刃和错齿三面刃。它主要用在卧式铣床上加工台阶面和浅沟槽。三面刃铣刀除圆周分布有主切削刃外,两端面也都分布有副切削刃。三面刃铣刀的两端面要向内凹,以形成副偏角减少摩擦。错齿三面刃铣刀每个刀齿只有一边的副切削刃参加工作,前后两齿参加工作的副切削刃相互错开,每个刀齿切下的切屑都比槽宽要窄一些，故工作条件较好。当铣刀直径较大时，可做成镶齿三面刃铣刀。

（5）锯片铣刀。锯片铣刀本身很薄，只在圆周上有刀齿，用于切断工件和铣窄槽。为了避免夹刀，其厚度由边缘向中心减薄，使两侧形成副偏角；或者前后两齿和错齿三面刃铣刀一样左右相错。

（6）键槽铣刀。键槽铣刀的外形与立铣刀相似，不同的是它在圆周上只有两个螺旋刀齿，其端面的副切削刃也延伸至轴心线，并且其端面稍向里凹，以便形成副

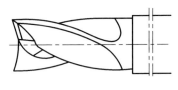

图 3-53　键槽铣刀

偏角并有利于在圆柱表面铣键槽时的定位。键槽铣刀在铣两端不通的键槽时，可以作适量的轴向进给。它主要用于加工圆头封闭键槽，使用它加工时，要作多次轴向进给和纵向进给才能完成键槽加工。

其他还有角度铣刀、成形铣刀、T形槽铣刀、燕尾槽铣刀、仿形铣用的指形铣刀等，可参看 3.3.2 节图 3-4。

2. 铣刀的几何角度

铣刀是多齿刀具，但铣刀的每个刀齿可看作是一把小车刀。铣刀的切削主运动是绕它本身轴线的旋转运动，进给运动则和它的回转轴线相垂直。刀具的参考平面非常重要，复习如下：

①基面 p_r。铣刀刀刃上任一点的基面，是通过该点而又垂直于该点切削速度方向的平面。切削速度就是该点圆弧的切线，故刀刃上任一点的基面就是通过该点并包含铣刀轴线的平面。这是所有回转类刀具的共同点。

②切削平面 p_0。铣刀刀刃上任一点的切削平面是该点切削速度方向与切削刃上该点的切线组成的平面。对圆柱铣刀，切削平面就是切削刃上选定点处圆柱的切平面。

③正交平面 p_o。正交平面是垂直于基面和切屑平面的平面，即垂直于铣刀轴线的平面。这个平面同时也是铣刀的进给平面 p_f。

④法平面 p_n。法平面是垂直于切削刃的平面。

（1）圆柱铣刀的几何角度。

圆柱铣刀的角度，如图 3-54（b）所示。

1）法前角 γ_n 和主前角 γ_o

为了设计和制造方便，在不特别指明的情况下，圆柱铣刀的前角指其法前角 γ_n，即在法剖面内测量的前刀面与基面之间的夹角。但一般测量铣刀时常用端面前角（即正交前角 γ_o），即在端面内测量的前刀面与基面之间的夹角。一般在图纸上只标注 γ_n，γ_o 可由 γ_n 和刃倾角 λ_s 算出。铣刀的刃倾角即其螺旋角。

$$\mathrm{tg}\gamma_o = \mathrm{tg}\gamma_n / \cos\lambda_s$$

2）端面后角 α_0

为了便于测量，且刀具的后刀面与工件的摩擦是沿切削速度方向进行的，故在不特别说明时，圆柱铣刀后角指其端面后角（正交后角）α_0，即在端面内测量的后刀面与切削平面之间的夹角。由于铣削厚度很小，故铣刀的后角一般比车刀的后角要大些，通常取 $\alpha_0 = 12° \sim 16°$。

128

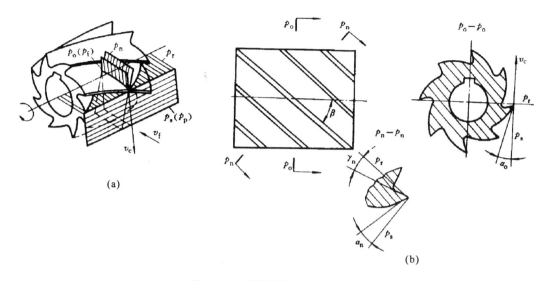

图 3 - 54　圆柱形铣刀的几何角度

（a）圆柱形铣刀标注坐标系；（b）圆柱形铣刀几何角度

3）刃倾角 λ_s

圆柱铣刀的螺旋角 β 就是其刃倾角 λ_s。螺旋角是圆柱铣刀的一个重要参数，它使铣刀有斜角切削的优点。同时它使铣刀每个刀齿的切入和切出工件逐渐完成，也使铣刀同时参加工作的齿数增多，进一步提高了切削的平稳性；螺旋角增大，还可改善排屑情况，使切屑形成长条的螺卷屑排出铣刀的容屑槽外，有利于提高生产率。但螺旋角增大，将使轴向力增加。

4）圆柱铣刀的主偏角恒为 90°，因为没有副切削刃，故无副偏角。

（2）面铣刀的几何角度

面铣刀的几何角度比较简单，每个刀齿完全等价于一个车刀，如图 3 - 55 所示。该铣刀主切削刃有一段过渡刃，过渡刃的主偏角较小，有利于提高刀尖强度和减小表面粗糙度。主切削刃的主偏角较大，有利于减小切削变形。

（3）成形铣刀的后角

把铣刀切削刃的形状复制到工件上形成已加工表面的铣刀叫成形铣刀，如加工齿轮和花键的铣刀。

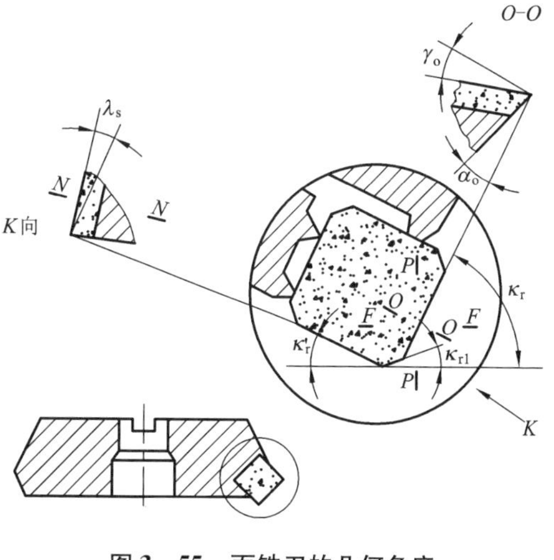

铣刀的刀齿分为尖齿和铲齿两种。

1）尖齿铣刀磨损后重磨后刀面，磨削

图 3 - 55　面铣刀的几何角度

方法简单，磨削后铣刀切削刃的形状会发生改变，故仅用于相切法形成加工面的情况。尖齿铣刀周磨法重磨的工作原理是：铣刀前刀面向上，刀刃与刀具中心线同高，砂轮中心线低于铣刀中心线一个距离 H，即可磨削出所需的后角来。H 的大小与铣刀直径、砂轮直径、铣刀后角的大小有关。尖齿铣刀的后刀面也可用蝶形砂轮磨削。铰刀等刀具的后刀面也是用蝶形砂轮磨削出来的。

2）铲齿铣刀一般是成形铣刀，如盘形齿轮铣刀、螺旋槽铣刀等。铲齿铣刀磨损后重磨前刀面，并且前刀面为平面，故重磨后切削刃的形状保持不变。成形铣刀的后刀面要经过铲齿车削和铲齿磨削加工，重磨时保持切削刃形状不变。下面以铲铲齿车削为例，说明铲齿成形铣刀的后角是如何形成的。很多刀具如丝锥、滚刀等成形刀具都要经过铲齿加工。

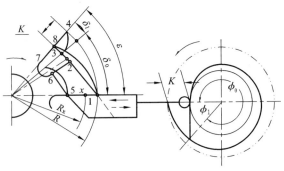

图 3 – 56　成形铣刀的铲刀的铲齿过程

如图 3 – 56 所示，铲刀是一把进给前角等于零的平体成形车刀，其前刀面置于与铲齿车床中心等高的水平面内。铣刀毛坯（也就是工件）绕铲齿车床主轴作等速转动的同时，铲刀在具有阿基米德螺线的凸轮控制下向铣刀轴线等速推进。从而可知，铲刀切削刃上的任一点相对铣刀的运动轨迹为阿基米德螺线，即铲刀铲出的成形铣刀的端面剖面内的齿背曲线为阿基米德螺线。因铲刀沿铣刀半径方向铲齿，故称为径向铲齿。成形铣刀的铲齿过程为：当铣刀转过 δ_0 角时，凸轮转过 φ_0 角，铲刀铲出一个刀齿的齿背。接着，当铣刀再转过 δ_1 角时，凸轮则转过 φ_1 角，铲刀快速复位即作回程运动。总之，当铣刀转过一个齿间角（$\varepsilon = 2\pi/z$）时，铲刀则完成一个往复行程。这样的过程每重复一次，则铲削完铣刀的一个刀齿，并且铲刀恢复原位。铣刀的端面后角就是阿基米德螺线与圆弧间的夹角，其大小由凸轮决定。凸轮与铣刀间的运动关系由铲齿车床保证。

3.5.3 铣削原理

1. 铣削用量与铣削层参数

（1）铣削用量四要素

铣削的主运动是铣刀的回转运动，而进给运动则通常由工件实现。所谓铣削用量，是指铣削时在铣床上直接调整的参数。铣削用量有四个要素（图 3 – 57）。

1）铣削速度 v_c。

铣削速度是指铣刀切削时的最大线速度。根据铣削速度和铣刀直径，一般换算为铣床主轴转速 n 来调整机床。

2）进给速度 v_f。

工件相对于铣刀沿进给方向每秒的位移（mm/s）。此外还有两种方法表示进给量，即每齿进给量 f_z，指铣刀每转过一个刀齿时，工件与铣刀沿进给方向的相对位移（mm/z）；每转进给量 f 指铣刀每转 1 转，工件相对于铣刀沿进给方向的位移（mm/r）；三者的关系如下：

$$v_f = f \cdot n = f_z \cdot z \cdot n$$

选择铣削用量时，手册上给出的一般都是每齿进给量，需要根据铣刀参数换算成每分钟进给速度调整机床。

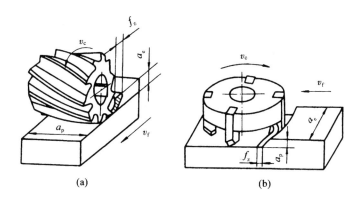

图 3 - 57　铣削用量要素

（a）圆周铣削；（b）端铣

3）背吃刀量（铣削深度）a_p

沿平行于铣刀轴线方向测量的被切削层尺寸，它的改变影响主切削刃的工作长度。

4）侧吃刀量（铣削宽度）a_e

同时垂直于进给方向和背吃刀量方向（即铣刀轴线方向）度量的材料去除层的尺寸，它影响所切下切屑的长度。

（2）铣削切削层参数

铣削时每个刀齿所切削下的材料层的参数叫铣削切削层参数。它是铣刀相邻的两个刀齿在工件上先后形成的两个过渡表面之间的一层金属层的参数，也就是每个刀齿正在切削的那一层材料，表示了每个刀齿的切削负荷，如图 3 - 57 所示。切削层参数与切前公称横截面积规定在基面内度量，它对铣削过程有很大影响。

1）切削厚度 h_D

即切削层公称厚度的简称，指铣刀上相邻两个刀齿主切削刃所形成的过渡表面间的垂直距离。从图 3 - 58（a）可看出，在用无螺旋角的圆柱形铣刀铣削过程中，切削厚度是不断地变化的，即在不同瞬间，切削刃上选定点的切削层局部厚度 h_D 是不等的。h_D 可按下式计算：

$$h_D = f_z \cdot \sin\psi$$

式中：ψ 为瞬时接触角，它是进给速度与切削速度间的夹角。在图中刀齿刚切入时，$\psi = 0$，$h_D = 0$ 为最小值。当刀齿切离工件时，$\psi = \delta$，h_D 达到最大值。一般以 $\psi = \delta/2$ 处的切削厚度作为平均切削厚度。切削厚度决定切屑的厚度，平均切削厚度由每齿进给量和刀齿的工作转角的大小决定。

面铣刀端铣时，其切削厚度 h_D 如图 3 - 58（b）所示，刀齿在任意位置时的切削厚度为：

$$h_D = f_z \cdot \cos\phi \sin K_r$$

端铣时，请注意刀齿的作用角 ϕ 与圆周铣时的接触角 ψ 相差 90°，由最大变为零，然后由零变为最大。刀齿刚切入工件时，切削厚度为最小，以后逐渐增大，到中间位置时，切削厚度为最大，然后又逐渐减小。

2）切削宽度 b_D

是切削层公称宽度的简称，指铣刀作用主切削刃在基面中投影的长度。其值由背吃刀量

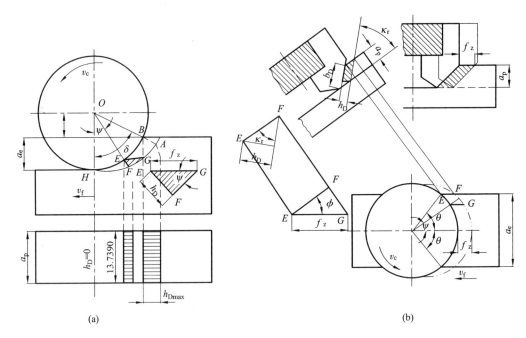

(a)   (b)

图 3 – 58　铣刀切削层参数

(a)无螺旋角圆周铣刀圆周铣削时的切削厚度；(b)端面铣削时的切削厚度

的决定。直齿圆柱形铣刀的切削宽度等于背吃刀量 a_p，即 $b_D = a_p$，如图 3 – 58 所示，而螺旋齿圆柱形铣刀的 b_D 是随齿工作位置不同而变化的。刀齿切入工件后，b_D 由零逐渐增大到最大值的，然后又逐渐减小至零，因而刀齿受到的冲击较小。

面铣刀端铣时，铣刀的单个刀齿类似于车刀，每个刀齿的切削宽度如图 3 – 58(b)所示，始终保持不变，其值为：

$$b_D = a_p / \sin\kappa_r$$

3）切削层横截面积 A_{Dav}

铣刀每个切削齿的切削层公称横截面积 $A_D = h_D \times b_D$。铣刀的总切削层横截面积应为同时参加切削的刀齿切削层横截面积之和。但是由于铣削时切削厚度、切削宽度和同时工作的齿数均随时间变化而变化，所以总切削面积也随时间而变化。将切削层总切削面积的平均值称为切削层横截面积 A_{Dav}。

2. 铣削方式

平面铣削有周铣法和端铣法两种方法，周铣法用铣刀圆柱面上的切削刃作为主切削刃进行铣削，一般无副切削刃；端铣法用铣刀圆锥面上的切削刃作为主切削刃进行铣削，端面为副切削刃。

（1）周铣法

周铣法有逆铣和顺铣两种铣削方式。

1）逆铣。铣刀切削速度 v_c 的方向与工件进给速度 v_f 的方向相反时，称为逆铣［见图 3 – 59(a)］。

2）顺铣。铣刀切削速度 v_c 的方向与工件进给速度 v_f 的方向相同时，称为顺铣［见图

132

3 - 59(b)]。

如果想像为工件不动,刀具在旋转的同时进行平移,则可得到刀具切削刃上任意点相对于工件的轨迹。相邻两切削刃对应点的轨迹间的距离就是切削层公称厚度(切削厚度)。铣刀每个刀齿逆铣时切削厚度从 0 变到最大,顺铣时切削厚度从最大变到 0。

由于逆铣时刀齿开始切削的厚度为零,刀齿和加工表面挤压摩擦严重,故刀齿磨损比顺铣严重,刀具耐用度低。实践表明:顺铣时,铣刀耐用度可比逆铣时提高 2 ~ 3 倍。但顺铣由于切削刃从待加工表面开始切削,故不宜用于铣削带硬皮的工件。

在卧式铣床中,丝杠的螺母相对于床身固定不动,丝杠旋转时由螺母推动

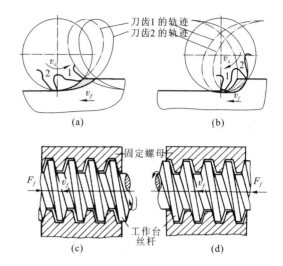

图 3 - 59 铣削时丝杠和螺母的间隙

(a)逆铣;(b)顺铣

丝杠带动工作台和工件完成进给运动。逆铣时,工件受到的进给方向铣削分力 F_f 与进给运动 v_f 的方向相反[图 3 - 59(c)],将铣床工作台丝杠始终压向螺母,故进给运动平稳。而顺铣时工件所受到的进给方向铣削分力 F_f 与运动 v_f 的方向相同,如果该分力的大小超过工作台的摩擦力,则会拉动工作台前进,把螺母推动丝杠(工作台)前进的运动形式,变成螺母阻碍丝杠(工作台)前进的运动形式[图 3 - 59(d)]。如果丝杠、螺母之间有螺纹间隙,则工作台就会突然向前窜动,加工表面就会像楔角很小的一个斜面塞进后刀面。由于斜楔对力的放大作用,可将铣刀齿折断而打刀。因此,在存在螺纹间隙的铣床上,只能采用逆铣,而不允许采用顺铣。常见的螺纹间隙消除装置可参看有关资料。

(2)端铣法

根据铣刀和工件之间相对位置的不同,端铣法又分为对称铣削、不对称逆铣和不对称顺铣三种铣削方式。

1)对称铣削。铣削过程中,面铣刀轴线始终位于铣削弧长的对称中心位置,此种铣削方式称为对称铣削,如图 3 - 60(a) 所示。

2)不对称逆铣。当面铣刀轴线偏置于铣削弧长对称中心的一侧,以较小的切削厚度切入,又以较大的切削厚度切出的铣削方式称为不对称逆铣,如图 3 - 60(b)所示。该种铣削方式的特点是切入冲击较小,适用于端铣普通碳钢和高强度低合金钢。

3)不对称顺铣。当面铣刀轴线偏置于铣削弧长对称中心的另一侧,刀齿以较大的切削厚度切入,而以较小的切削厚度切出的铣削方式称为不对称顺铣,如图 3 - 60(c)所示。该种铣削方式的特点是适合于加工不锈钢等一类中等强度和高塑性的材料,可减小逆铣时刀齿的滑行、挤压现象和加工表面的冷硬程度。

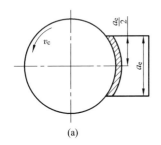 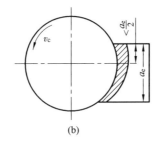 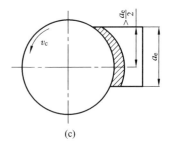

(a)   (b)   (c)

图 3 – 60　端铣的三种铣削方式

(a)对称铣削；(b)不对称逆铣；(c)不对称顺铣

3. 铣削的工艺特点

铣削具有以下工艺特点：

（1）多刃切削。铣刀同时有多个刀齿参加切削，切削刃的作用总长度长，生产率高。但由于刃磨和装配的误差，难以保证各个刀齿在刀体上应有的正确位置（如面铣刀各刀齿的刀尖不在同一端平面上），从而容易产生振动和冲击。

（2）可选用不同的铣削方式。铣削时可供选择的切削方式较多（如顺铣、逆铣、周铣、端铣、对称和不对称铣削等），可根据工件材料和其他条件进行合理的选择。

（3）断续切削。铣削时，刀齿依次切入和切离工件，易引起周期性的冲击振动。此外，一个刀齿工作后可在空气中冷却，然后再进行工作。这固然有助于刀齿温度的降低，但也容易导致热冲击的产生。这二者都可能造成刀具的破损。

（4）半封闭切削。铣削时，每个刀齿切下的切屑只有离开工件后才能排出，刀齿的容屑空间小，呈半封闭状态，容屑和排屑条件较差。

（5）生产率高。铣削时，同时参加铣削的刀齿较多，进给速度快；铣削的主运动是铣刀的旋转，条件允许时可采用大直径铣刀，有利于进行高速切削。因此，铣削生产效率比刨削高。

铣削与刨削的加工质量大至相当，经粗、精加工后都可达到中等精度。但在加工大平面时，刨削后无明显接刀痕，而直径小于工件宽度的端铣刀，铣削时各次走刀间有明显的接刀痕，影响表面质量。粗铣后尺寸公差等级可达到 IT11 ~ 13 级，表面粗糙度一般为 $Ra12.5$；精铣后尺寸公差等级为 IT7 ~ 9 级，表面粗糙度一般为 $Ra1.6 ~ 3.2\ \mu m$。用硬质合金镶齿端铣刀铣削大平面时，直线度可达到 0.08 ~ 0.04 mm/m。

3.6　镗床与镗削

3.6.1　镗床

镗床是主要进行孔的精加工的机床，其主运动是单齿刀具的旋转运动。常见的镗床有卧式镗床、立式镗床、坐标镗床、金刚镗床等。其中坐标镗床是一种高精度机床，因其具有坐标测量装置，能精确地控制工作台、主轴箱等移动部件的位移，实现工件和刀具的精确定位而得名。它具有良好的刚性和抗震性。它主要用来镗削精密孔（IT5 级或更高）和位置精度要求很高的孔系(位置误差可达 0.002 mm),例如钻模、镗模上的精密孔系。金刚镗床因运动精度高,能够使用天然金刚石镗刀精镗内孔而得名,实际为高速、高精度、大刚度镗床的别名。

卧式镗床应用最广,能够实现铣床和钻床所能实现的运动及其运动的组合的较为复杂的一种机床。正是因为如此,有时也叫卧式镗铣床。它主要用于加工位置要求较高的孔系,但也能够完成铣床、钻床和车床所能完成的大部分工作。其特征是刀具的旋转运动为主运动,而进给运动可以由刀具、工件或者两者的组合来完成。卧式镗床是以镗轴直径为其主参数的(折算系数 1/10)。常用的卧式镗床型号有 T68、T611 等,其镗轴直径分别为 85 mm 和 110 mm。

1. 卧式镗床能够实现的运动和主要部件

图 3-61 为卧式镗床的外观图。床身 10 为机床的基础件,前立柱 7 与其固联在一起。它们要求有足够的强度、刚度和吸振性能。后立柱 2 和工作台部件 3 能够沿床身导轨作纵向(y 轴方向)移动;主轴箱 8 能沿前立柱上的导轨作垂直(z 轴方向)移动;工作台部件的纵向移动是通过其最下层的下滑座 11 在床身导轨上平移实现的;工作台部件的横向(x 方向)移动是通过其中层的上滑座 12 相对于下滑座的平移实现的;上滑座上有圆环形导轨,工作台部件最上层的工作台面可以在该导轨内绕铅垂轴线相对于上滑座回转 360°,以便在一次安装中对工件上相互平行或成一定角度的孔和平面进行加工。

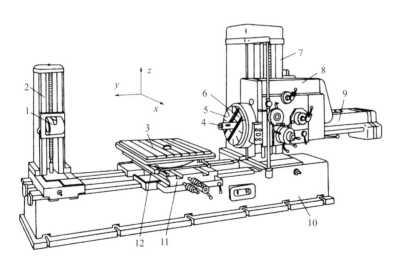

图 3-61　卧式镗铣床

1—后支承架;2—后立柱;;3—工作台;4—镗轴;5—平旋盘;6—径向刀具溜板
7—前立柱;8—主轴箱;;9—后尾筒;10—床身;11—下滑座;12—上滑座

主轴箱 8 可沿前立柱导轨作垂直(z 轴方向)移动,一方面可以实现垂直进给;另一方面可以适应工件上被加工孔位置的高低不同的需要。主轴箱内装有主运动和进给运动的变速机构和操纵机构。根据不同的加工情况,刀具可以直接装在镗轴 4 前端的锥孔内,也可以装在平旋盘 5 的径向刀具溜板 6 上。在加工长度较短的孔时,刀具与工件间的相对运动类似于钻床上钻孔,即镗轴 4 和刀具一起作主运动,并且又沿其轴线作进给运动。该进给运动是由主轴箱 8 右端的后尾筒 9 内的轴向进给机构提供的。平旋盘 5 只能作回转主运动,装在平旋盘导轨上的径向刀具溜板6，除了随平旋盘一起回转外，还可以沿导轨移动，作径向进给运动。

后立柱2可沿床身导轨作纵向移动，其目的是当用双面支承的镗模镗削通孔时，便于针对不同长度的镗杆来调整它的纵向位置。后支承架1沿后立柱2上下移动，是为了与镗轴4保持等高，并用以支承长镗杆的悬伸端。

综上所述，卧式铣镗床的主运动有镗轴和平旋盘的回转运动；进给运动有镗轴的轴向进给运动、平旋盘溜板的径向进给运动、主轴箱的垂直进给运动、工作台的纵向和横向进给运动；辅助运动有工作台的转位、后立柱纵向调位、后支承架的垂直方向调位、主轴箱沿垂直方向和工作台沿纵、横方向的快速调位运动等。

2. 卧式镗床的典型加工功能

如前所述，在卧式镗铣床上除了镗孔以外，还可完成切槽、车端面等多种加工。但是，要进行其中的某些加工，则需要使用与该机床配套的基本附件，如万能镗刀架、平旋盘镗孔刀架、平旋盘铣刀座、精进给刀架、车螺纹刀架等。此外，在购置机床时还可以向厂方提出专门订货，订购本厂生产所需要的，为扩大机床功能而配套设计制造的镗床附加装置，如立铣头、加长铣头、镗长锥孔装置，镗内球面装置等。

卧式镗铣床上所能加工的典型表面如图3-62所示。其中图3-62(a)为用装在镗轴上的悬伸刀杆镗孔，由于孔的长度短，故由镗轴完成纵向进给运动(f_1)；图3-62(b)所示工件孔的直径较大，故用装在平旋盘上的悬伸刀杆镗孔，由工作台完成纵向进给运动(f_2)；图3-62(c)所示为用装在平旋盘刀具溜板上的单刀车端面，由刀具溜板完成径向进给运动(f_3)；图3-62(d)为用装在镗轴上钻头钻孔，主运动和进给运动(f_4)均由钻头完成；图3-62(e)为用装在镗轴上的端面铣刀铣平面，由主轴箱完成垂直进给运动(f_5)，当铣刀在垂直方向加工完宽度等于铣刀直径的一块平面后，工作台再横向作调位运动(f_5')，使新的一块尚未加工的面积投入切削；图3-62(f)为用一端装在镗轴内，另一端用后支承架支撑的长镗杆同时镗削工件上的两个孔，由工作台完成纵向进给(f_6)；图3-62(g)和图3-62(h)所示为用装在平旋盘上的车螺纹刀架上的车刀和装在镗杆上的附件上的车刀车内螺纹，分别由工作台和镗杆完成纵向进给运动(f_7和f_8)。

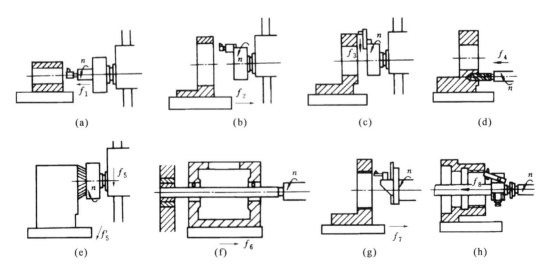

图3-62 卧式镗铣床所能加工的典型表面

3.6.2 镗孔的加工方式和工艺特点

镗孔是一种应用非常广泛的孔加工方法，其特点是用单齿刀具以轨迹法对已有孔进行加工。能进行孔的粗加工、半精加工和精加工，能用于加工通孔和盲孔。对工件材料的适应范围也很广，一般有色金属、灰铸铁和结构钢等都可以镗削。镗孔可以在各种镗床上进行，也可以在各种车床、各类铣床和加工中心上进行。

镗孔的加工方式有三种，具有不同的工艺特点，所加工孔的工艺特性也不相同。

①工件旋转刀具作进给运动。在车床类机床上加工盘类零件属于这种方式。其特点是加工后孔的轴线和工件的回转轴线一致，孔轴线的直线度好，在一次安装中所加工的外圆和内孔同轴度高，所加工的端面与内孔垂直度好。刀具进给方向与回转轴线不平行或不呈直线运动，都不会影响所镗孔轴线的位置和直线度，也不影响孔在任何一个截面内的圆度，仅会使孔径发生变化，产生锥度、鼓形、腰形等缺陷。

②工件不动而刀具作旋转和进给运动。在镗床类机床上镗轴进给镗孔属于这种加工方式。这种方式也能基本保证镗孔的轴线和机床主轴轴线一致，但随着镗杆伸出长度的增加，镗杆变形加大会使孔径逐渐减小。此外，镗杆及主轴自重引起的下垂变形，也会形成孔轴线的弯曲。在镗削同一轴线的多个孔时，会产生同轴度误差。故这种方式适于加工孔深不大而孔径较大的壳体孔。

③刀具旋转工件作进给运动。在镗床类机床上工作台进给镗孔属于这种加工方式。这种加工方式适于镗削箱体两壁相距较远的同轴孔系，易于保证孔与孔、孔与平面间的位置精度，如同轴度、平行度、垂直度等。镗孔时进给运动方向发生偏斜或非直线性都不会影响孔径。但镗孔的轴线相对于机床主轴线会产生偏斜或不成直线，使孔的横截面形状呈椭圆形。镗杆与机床主轴间多用浮动连接，以减少主轴误差对加工精度的影响。

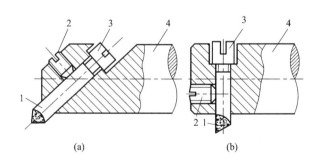

(a)　　　　　　　　(b)

图 3 - 63　单刃镗刀

（a）盲孔镗刀；（b）通孔镗刀

1—刀头；2—紧固螺钉；3—调节螺钉；4—镗杆

镗孔使用结构简单的单刃镗刀。由于刀具受到孔径尺寸的限制，刚性较差，容易发生振动，所以切削用量比外圆车削小。加之切削液的注入和排屑困难，以及观察和测量的不便，因此，镗孔比车外圆以及扩孔、铰孔的生产率低。镗孔可以用一种镗刀加工一定范围内各种不同直径的孔。镗削是加工很大直径的孔的唯一方法。在单件小批生产中，镗孔可以避免准备大量不同尺寸的扩孔钻和铰刀，是一种比较经济的加工方法。粗镗孔的精度为 IT11 ~

IT13，表面粗糙度为 $Ra6.3 \sim 12.5$ μm；半精镗的精度为 IT9 ~ IT10，Ra 为 $1.6 \sim 3.2$ μm；精镗的精度为 IT7 ~ IT8，Ra 为 $0.8 \sim 1.6$ μm。精细镗的精度可达 IT6，Ra 可达 $0.1 \sim 0.4$ μm。

镗床上使用的具有调整结构的单刃镗刀如图 3 - 65 所示，微调镗刀如图 3 - 64。所镗孔的直径由微调装置调整刀尖的伸出长度来调整。

精镗可以采用浮动镗刀加工（图 3 - 65），这种镗刀有两个中心对称的切削刃，切削刃间的距离就是所镗孔的直径。使用时将镗刀安装在镗杆的方形孔内，镗刀可以沿所镗孔的直径方向自由移动（即镗刀可以浮动），靠两个切削刃的受力平衡来决定镗刀所处的位置。这种镗刀能够获得较高的孔的尺寸精度（直径精度）。但由于刀片在镗杆矩形孔中浮动，故不能纠正孔的轴线的形位误差，需由上一道工序保证孔的轴线的形位精度。

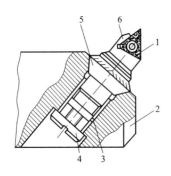

图 3 - 64　微调镗刀
1—刀片；2—镗杆；3—导向键；
4—紧固螺钉；5—精调螺母；6—刀块

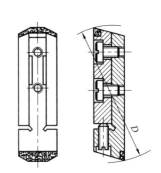

图 3 - 65　双刃镗刀

精密孔的精细镗削常在金刚镗床上进行高速精镗。金刚镗床具有高的精度和刚度，主轴转速高（可达 5000 r/min），并采用带传动，借助多速电动机及更换带轮实现变速。进给机构常用液压传动，高速旋转的零件都经过精确的平衡，电动机安装在防振垫片上，因此加工时的振动和变形极小。镗刀目前不仅使用天然金刚石，也使用人造金刚石、硬质合金和立方氮化硼刀具。

3.7　刨削与拉削

刨削、拉削的特点是主运动为工件或刀具的平移运动，因此它们都有切削行程和回程。由于运动件具有惯性，故它们的切削速度都不高。刨削一般采用轨迹法加工，拉削一般采用成形法加工。

3.7.1　刨床与刨削

刨床有牛头刨床、龙门刨床，插床实际是立式刨床。

1. 牛头刨床

牛头刨床的外形如图 3 - 66 所示。其主运动为滑枕的左右平移，主参数是最大刨削长度。

牛头刨床工作时，刨刀装在刀架上由滑枕带动作直线往复运动，刨刀向前运动时进行切削称为工作行程，退回时不切削称为空行程。行程的长度可以调整，通过急回机构使空行程平均速度高于切削行程。工件安装在夹具中或直接安装在工作台上,可以机动完成横向间歇进给运动。工作台的垂直升降、背吃刀量的调整移动都是手动。因此,牛头刨床最适宜于加工水平平面。

牛头刨床的刀架如图 3 – 67 所示,刀夹 1 安装在抬刀板 2 上,抬刀板可绕转销 6 转动,空回程时使切削刃脱离工件防止摩擦或损坏。摇动手柄 4 可以带动滑板 3 及刨刀上下移动,用于调整水平面刨削时的背吃刀量,也用于刨削垂直面和斜面时的手动进给。滑板 3 的移动方向可通过转盘 5 调整,以便进行倾斜平面的刨削。

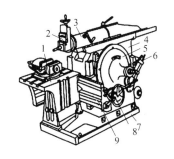

图 3 – 66　牛头刨床

1—工作台;2—刀架;3—滑枕;4—床身;5—摆杆机构;

6—变速机构;7—底座;8—进刀机构;9—横梁

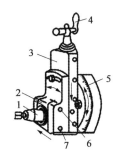

图 3 – 67　牛头刨床刀架

1—刀架;2—抬刀板;3—滑板;4—刀架手柄

5—转盘;6—转销;7—刀座

刨削用量和刨刀几何参数与外圆车削基本相同(图3 – 68)。图 3 – 69 为刨削所能加工的表面。

2. 龙门刨床

龙门刨床因其"龙门"式框架而得名,其外形如图 3 – 70所示。龙门刨床的主运动为工件的往复运动,用来加工大型工件,或同时加工几个中、小型工件。加工时,装夹在工作台上的工件随工作台作直线往复主运动,安装在垂直刀架或侧刀架上的刨刀沿刀架横梁或立柱作间歇的进给运动。

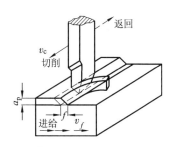

图 3 – 68　刨削用量

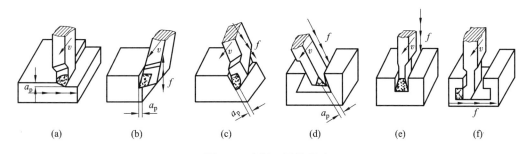

图 3 – 69　刨刀及其用途

(a)刨水平面;(b)刨垂直面;(c)刨斜面;(d)刨燕尾槽;(e)刨直槽;(f)刨 T 形槽

龙门刨床的主参数是最大刨削宽度。与牛头刨床相比，其形体大、结构复杂、刚性好，传动平稳、工作行程长，而且可以有 2~4 个刀架同时进行工作。

3.插床

插床实质上是立式刨床，其外形如图 3-71 所示。加工时，滑枕带动插刀作上下直线往复主运动，工件装夹在工作台上并可实现纵向、横向和圆周方向的间歇进给运动，还可以进行圆周分度。

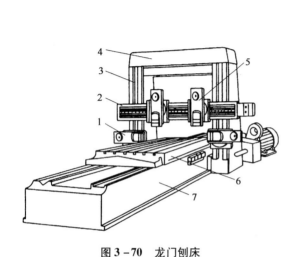

图 3-70　龙门刨床

1—侧刀架；2—横梁；3—立柱；
4—顶梁；5—立刀架；6—工作台；7—床身

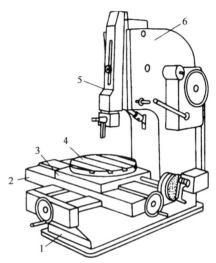

图 3-71　插床

1—床身；2—横滑板；3—纵滑板；
4—圆工作台；5—滑枕；6—立柱

插床主参数是最大插削长度。主要用于单件、小批生产中加工工件的内表面，如方孔、各种多边形孔和内键槽等，特别适合加工不通孔或有障碍台肩的内表面。配合专用附件，还可加工齿轮等。

4.刨削的工艺特点

刨削加工具有如下特点：

(1)生产率较低。刨削加工一般只用一把刀具切削，且空行程不切削，平移运动由于惯性的影响，切削速度也不高，因而生产率低。但刨狭长平面或在龙门刨床上进行多件或多刀刨削时，刨削生产率一般并不比铣削低，且平面度误差小。

(2)精度较低。刨削的两平面之间的尺寸公差等级一般为 IT7~9 级，表面粗糙度一般为 $Ra0.63~5~\mu m$，可满足一般平面加工的要求。但刨削加工的形状和位置误差较小。

(3)通用性较好。刨削加工主要用来加工平面，如机座、箱体、床身、导轨等零件上的平面都可采用刨削加工。添加附件后还可以加工齿轮、齿条、花键、成形表面等。

(4)不用冷却液。由于刨削切削速度低，所以一般不用冷却液。

3.7.2　拉床与拉削

拉削加工是一种高生产率的精加工方法，它的主运动是拉刀或工件的平移运动，进给通过后一刀齿比前一刀齿升高一个每齿进给量完成。拉削过程只有一个主运动，见图 3-72。

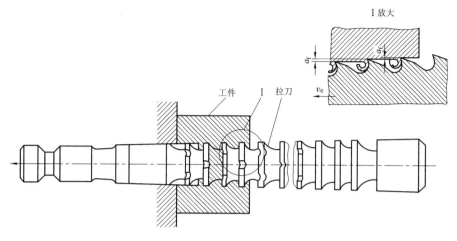

图3-72 拉削过程

1. 拉削方式

拉削方式是指把拉削余量按什么方式和顺序从工件表面上切下来，它决定每个刀齿切下的材料层的截面形状，即"拉削图形"。拉削方式选择是否恰当，直接影响到拉刀切削齿的设计形状、刀齿负荷的分配、拉刀的长度、拉削力的大小、拉刀耐用度以及加工表面的质量和生产率。

常见的拉削方式有种：分层式拉削、分块式拉削和综合式拉削。分层式包括成形式（同廓式）和渐成式两种，分块式常用轮切式，将分层拉削和分块拉削结合应用称为综合式。

（1）分层式拉削

分层式拉削是将加工余量分成若干层，每层用一个刀齿切除。

1）成形式（同廓式）拉削。成形式拉削的拉刀刀齿廓形与加工表面最终廓形相似，按分层式切除加工余量，最后一个切削齿与几个校准齿切出工件的最终尺寸和表面[图3-73(a)为拉圆孔，图3-73(b)为拉方孔]。成形式拉削在拉削内孔时为了避免出现环状切屑，便于容屑及清理切屑，在成形拉刀的刀齿上，应开有前后位置错开的分屑槽。成形式拉削的优点是拉削精度高，表面粗糙度小。但它切削宽度大，齿升（切削厚度）小，单位拉削力大，在加工余量一定时，拉刀齿数多，拉刀长，除圆孔外的拉刀制造困难。

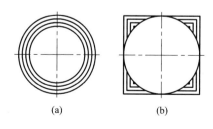

(a)　　　　　(b)

图3-73 成形式拉削图形

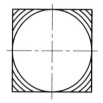

图3-74 渐成式拉削

2）渐成式拉削。按渐成式拉削设计的拉刀，刀齿廓形并不都与被拉削表面相同，工件上要求的表面是由许多刀齿的切削刃逐渐切成的(见图3-74)。这种拉削方式的优点是拉刀制造简单,但工件最终表面由副切削刃形成,有交接痕迹,表面粗糙度大。渐成式拉削常用于加工键槽、花键孔及多边形孔。

(2)分块式拉削

分块式拉削又称轮切式拉削。按轮切式设计的拉刀,以几个刀齿(一般2~3个刀齿)为一组,同组内刀齿尺寸相同,共同切除余量中的一层金属,每个刀齿仅切去其中一部分。图3-75(a)两个刀齿为一组,黑色部分由前一刀齿切除,白色部分由后一刀齿切除。图3-75(b)三个刀齿为一组,共同切除一层材料。这种拉削方式的优点是切削宽度小,齿升大(切削厚度大),单位拉削力小,拉刀齿数少,拉刀短,效率高,能加工有硬皮的工件;但由于被加工表面是由一组刀齿形成的,故加工精度低,表面粗糙度大,拉刀制造复杂。

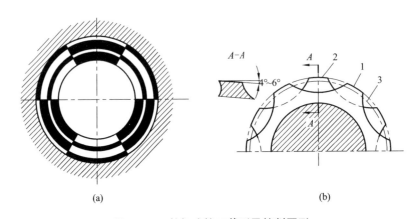

图3-75 轮切式拉刀截形及拉削图形

(3)综合式拉削

综合式拉削是把分块式和成形式拉削结合起来的一种拉削方式(见图3-76)。拉刀的粗切齿和过渡齿按分块式方式工作,精切齿按成形拉削方式工作。其特点是综合发挥了轮切式拉削和成形式拉削的优点。

2. 拉刀

根据加工表面的不同;拉刀可分为内拉刀和外拉刀两大类。根据结构的不同,又可

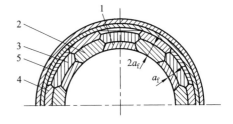

图3-76 综合式拉削图形

分为整体式和装配式两种。此外,根据拉削时刀具受力状态的不同,还有拉刀和推刀之分。推刀在工作时承受推力,其应用范围远不如拉刀广泛。

拉刀虽有多种类型,结构上也各有特点,但其主要组成部分基本相同。现以圆孔拉刀为例,对其主要组成部分介绍如下(图3-77)。

1)前柄 拉刀前端用以夹持和传递动力的部分。

2)颈部 前柄与过渡锥之间的连接部分,打标记和夹持处。

3)过渡锥 引导拉刀前导部进入工件毛坯孔的锥度部分

142

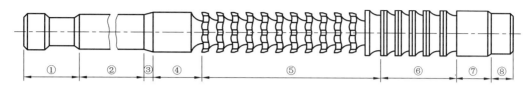

图 3-77 圆孔拉刀的组成

①前柄；②颈部；③过渡锥；④前导部；⑤切削齿；⑥校准齿；⑦后导部；⑧后柄

4）前导部 起引导作用，防止拉刀偏斜，并检查毛坯孔径是否太小，避免损坏第一排刀齿。

5）切削齿 粗切齿、过渡齿和精切齿的总称，用来切去全部拉削余量。

6）校准齿 拉刀最后几个尺寸、形状相同，仅起修光、校准作用。当拉刀重磨时，可作为储备齿变为切削齿。

7）后导部 保证拉刀切离工件时具有正确位置，防止拉刀下垂或工件掉落。

8）后柄 拉刀后端用于夹持或支持的部分。

3. 拉床

拉床只有主运动，切削时，拉刀做平稳的低速直线运动，拉刀承受的切削力也较大，所以拉床的主运动通常是由液压驱动的。拉床的主参数是额定拉力(吨)。

图 3-78 所示为卧式内拉床的外形结构。当液压缸 1 工作时，通过活塞杆驱动圆孔拉刀 4，连同拉刀尾部的活动支承 5 一起左移，装在球面垫圈上的工件 3 即被拉制成符合精度要求的内孔。其拉力通过压力表 2 显示。

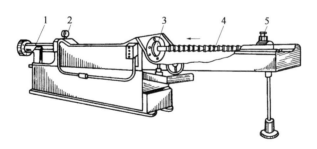

图 3-78 卧式内拉床

1—液压缸；2—压力表；3—工件；4—拉刀；5—活动支承

工件以端平面定位，垂直支承在拉床的球面垫圈(见图 3-78)上。球面垫圈起自动定心的作用，以补偿工件端平面与毛坯孔中心线之间的垂直度误差，保证工件毛坯孔与拉刀同轴，使拉刀受力均匀。

拉床有多种类型，按结构形式可分为卧式和立式拉床，按加工表面可分为内拉式和外拉式拉床，按拉刀受力方式可分为拉式和推式拉床，按运动件的不同可分为刀具运动式和工件运动式拉床。

4. 拉削特点

（1）生产率高。虽然拉削速度较低（加工一般材料时 $v_c = 3 \sim 7$ m/min），但由于同时工作齿数多、切削刃长，而且粗、半精和精加工在一次行程中完成，所以生产率很高。为了减少工件或拉刀的装夹时间，拉床一般都有快速装夹机构。

（2）加工质量高。拉削精度较高，一般为 IT7～IT8；表面粗糙度不大于 $Ra0.8$ μm。

（3）加工范围广。拉削不仅可以加工内表面，而且可以加工平面和外表面。如内外齿轮都可以通过拉削生产。对于一些形状复杂的成形表面，拉削几乎是唯一可供选择的加工方法。如日常锁插钥匙的锁孔，就是通过拉削生产的。

（4）刀具磨损缓慢，耐用度高。通常以天或月为计时单位。

（5）机床结构简单，操作方便。

（6）拉刀制造工艺复杂，成本高，只能用于成批和大量生产。

3.8 磨床及磨削方法

3.8.1 常见磨床及磨削方法

磨床是用磨具或磨料加工各种表面的精密加工机床。磨具的旋转运动通常为主运动。磨削的特点为工件表面由无数磨粒的随机切削形成，加工余小，加工精度高，表面粗糙度低等。磨削尤其适用于淬硬钢件、高硬度特殊材料及非金属材料（如陶瓷）的精加工。

磨床种类很多，其主要类型有：外圆磨床，内圆磨床，平面磨床，工具磨床，刀具和刃具磨床，以及各种专门化磨床.如曲轴磨床、凸轮磨床、齿轮磨床、螺纹磨床等。此外还有珩磨机、研磨机和超精加工机床等精整加工机床。

1. 外圆磨床

外圆磨床有普通外圆磨床、无心外圆磨床、坐标磨床等。

万能外圆磨床如图 3-79 所示。它主要用于磨削内、外圆柱和圆锥表面，也能磨阶梯轴的轴肩和端面，可获得 IT6～IT7 级精度，Ra 在 0.08～1.25 μm 之间。外圆磨床的主参数是最大磨削直径。万能型外圆磨床加工各种典型表面时，机床各部件的相对位置关系和所需要的各种运动：砂轮的旋转运动 $n_砂$ 为主运动；工件旋转运动 $f_周$ 实现工件的周向进给，由头架提供；工件纵向往复运动 $f_纵$ 由工作台 8 提供；砂轮横向进给运动 $f_横$（往复纵磨时是周期的间歇运动；切入磨削时是连续进给运动）由砂轮架 4 提供。此外，机床还有砂轮架的横向快速进退运动、尾架套筒的伸缩移动、尾架沿工作台的调整移动等辅助运动。万能外圆磨床的砂轮架、头架和工作台都能旋转一定角度，并装有内圆磨具附件。万能外圆磨床部分加工示意图如图 3-80。

内外圆磨削时，如果连续沿砂轮径向进给叫横磨法，沿砂轮径向间断进给或不进给叫周磨法。

2. 内圆磨床

内圆磨床的主要类型有普通内圆磨床、无心内圆磨床、行星式内圆磨床、坐标磨床等。内圆磨床的主参数是最大磨削直径。

普通内圆磨床的外形图见图 3-81。头架 3 装在工作台 2 上，可以随工作台沿床身 1 的导轨做纵向往复运动，还可以在水平面内旋转一个角度以磨削锥孔。工件装在头架上，由头

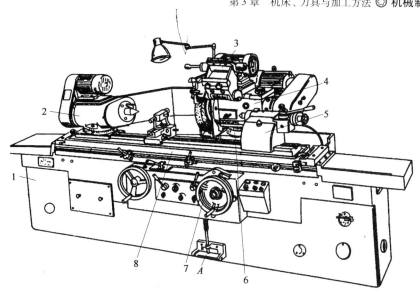

图 3 – 79　M1432A 型万能外圆磨床外形图

1—床身；2—头架；3—内圆磨具；4—砂轮架；5—尾座；6—滑鞍；7—手轮；8—工作台

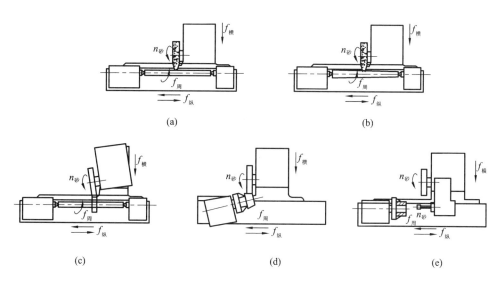

（a）　　　　　　　　　　　　　（b）

（c）　　　　　　　　（d）　　　　　　　（e）

图 3 – 80　万能外圆磨床上典型加工示意图

（a）纵向进给磨削外圆柱表面；（b）纵向进给磨削外圆锥表面；（c）横向进给磨削外圆锥表面；
（d）纵向进给磨削外圆锥表面；（e）内圆磨具磨内孔

架带动做圆周进给。砂轮架上的砂轮做旋转主运动，砂轮架还可完成横向进给运动。内圆磨床的最大特点是砂轮转速高。

3. 平面磨床

普通平面磨床主要有四种类型：卧轴矩台平面磨床、卧轴圆台平面磨床、立轴圆台平面磨床和立轴矩台平面磨床。卧轴矩台平面磨床的外形图如图 3 – 82。

常见的平面磨削方式有四种，如图 3 – 83 所示。工件安装在具有电磁吸盘的矩形或圆形工作台上作纵向往复直线运动或圆周进给运动。由于砂轮宽度限制，需要砂轮沿轴线方向作横向进给运动。为了逐步地切除全部余量，砂轮还需周期性地沿垂直于工件被磨削表面的方向进给。

图 3 – 83(a)、(b)属于周磨法。周磨法砂轮与工件的接触面积小，磨削力小，排屑及冷却条件好，工件受热变形小，且砂轮磨损均匀，所以加工精度较高。然而，砂轮主轴呈悬臂状态，刚性差，不能采用较大的磨削用量，生产率较低。

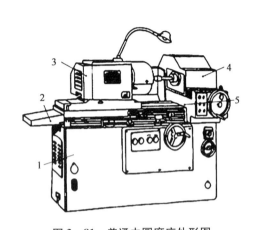

图 3 – 81　普通内圆磨床外形图

1—床身；2—工作台；3—头架；4—砂轮架；5—滑座

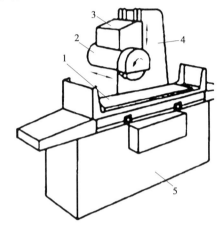

图 3 – 82　卧轴矩台式平面磨床

1—工作台；2—砂轮架；3—滑座；4—立柱；5—床身

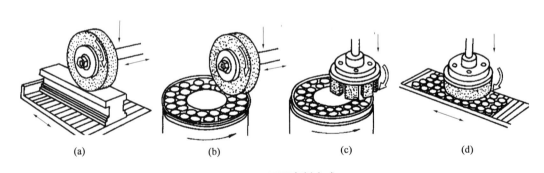

(a)　　　　　　(b)　　　　　　(c)　　　　　　(d)

图 3 – 83　平面磨削方式

(a)卧轴矩台平面磨床磨削；(b)卧轴圆台平面磨床磨削

(c)立轴圆台平面磨床磨削；(d)立轴矩台平面磨床磨削

图 3 – 83(c)、(d)属于端磨法，砂轮与工件的接触面积大，同时参加磨削的磨粒多，且磨削时主轴受压而不同于周磨法的受弯，刚性要好得多，允许采用较大的磨削用量，故生产率高。但在磨削过程中磨削力大，发热量大，冷却条件差，排屑不畅，造成工件的热变形较大，且砂轮端面沿径向各点的线速度不等，使砂轮磨损不均匀，所以这种磨削方法的加工精度不高。

和外圆磨削、内圆磨削相比，由于平面磨床的工作运动简单，机床结构简单，加工系统刚性好，故平面磨削容易保证加工精度。与铣削平面、刨削平面相比，平面磨削更适合于精加工。

平面磨削能加工淬硬工件，以修正热处理变形，且能以最小限度的余量加工带黑皮的平面。

圆台式的生产率稍高些，这是由于圆台式是连续进给，而矩台式有换向时间损失。圆台式只适于磨削小零件和大直径的环形零件端面，不能磨削窄长零件。而矩台式可方便地磨削各种零件，包括直径小于矩台宽度的环形零件。

4. 无心磨削法

无心外圆磨削的工作原理如图 3 - 84 所示。工件置于砂轮和导轮之间的托板上，以工件自身外圆为定位基准。导论与工件间的摩擦系数非常大，当砂轮以转速 n_o 旋转，工件就有回转的趋势，但是由于受到导轮摩擦力的阻碍，结果使工件以接近于导轮线速度（转速 n_w）的线速度回转。这样在砂轮和工件之间形成很大的速度差，从而产生磨削作用。改变导轮的转速 n_f，便可以调整工件的圆周进给速度 n_w。

为了减小工件的圆度误差和加快成圆过程，工件的中心须高于导轮和砂轮的中心连线，使工件与砂轮和导轮之间的接触点相对于工件中心不对称。从而使工件上某些凸起表面在多次转动中能逐次磨圆。

无心外圆磨削有两种磨削方式：贯穿磨法［图 3 - 84（a）、（c）］和切入磨法［图 3 - 84（b）、（d）］。贯穿磨削时，将导轮在与砂轮轴平行的垂直平面内倾斜一个角度 α（通常 α 为 $2° \sim 6°$，这时需将导轮的外圆表面修磨成双曲回转面以与工件呈线接触状态），这样就在工件轴线方向上产生一个轴向进给力。设导轮的线速度为 v_t，它可分解为两个分量 v_{tV} 和 v_{tH}。v_{tV} 带动工件回转，并等于 v_w；v_{tH} 使工件作轴向进给运动，其速度就是 f_a，工件一边回转一边沿轴向进给，就可以连续地进行纵向进给磨削。

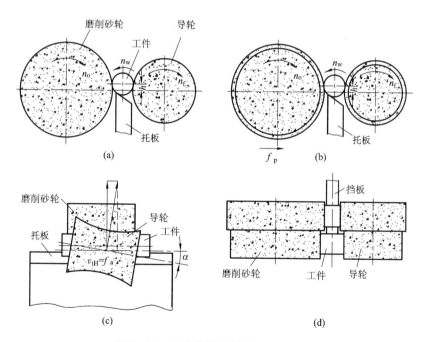

图 3 - 84　无心外圆磨削的加工示意图

切入磨削时，砂轮作横向切入进给运动（f_p）来磨削工件表面。这时导轮的轴线仅倾斜很小的角度（约 $30'$），对工件有微小的轴向力作用，使它顶住定位挡板，得到可靠的轴向定位。

在无心外圆磨削过程中，由于工件是靠自身轴线定位，因而磨削出来的工件尺寸精度与几何精度都比较高，表面粗糙度小。如果配备适当的自动装卸料机构，就易于实现自动化。但是，无心外圆磨床调整费时，只适于大批大量生产。当工件外表面不连续（例如有长键槽）或与其他表面有较高的同轴要求时，不适宜采用无心外圆磨削。

3.8.2 光整加工

某些精密、超精密零件，其尺寸精度、或形位精度、或表面粗糙度要求很高，普通精加工方法无法达到，精加工后还需进行光整加工。

1. 研磨

研磨是用研具与研磨剂对工件表面进行光整加工的方法。研磨时，研磨剂置于研具与工件之间，在一定压力作用下，研具与工件作复杂的相对运动，通过研磨剂的机械及化学作用，研去工件表面极薄的一层材料，从而达到很高的精度和很小的表面粗糙度。

为了使研磨剂中的磨料能嵌入研具表面，充分发挥其切削作用，研具材料应比工件材料软。最常用的研具材料是铸铁。

研磨剂由磨料、研磨液和辅助填料混合制成。研磨有手工研磨和机械研磨两种方式。手工研磨是由人手持研具或工件进行研磨。机械研磨是在研磨机上进行研磨。

2. 超级光磨

超级光磨（也称超精加工）是用装有细磨粒、低硬度磨条的磨头，在一定压力下对工件外圆表面进行光整加工的方法。加工时，工件低速运动，磨条以一定压力轻压于工件表面，在作轴向进给的同时，还沿轴向作往复振动。这三个运动使每个磨粒在工件表面上的运动轨迹都不重复，从而对工件的微观不平表面进行修磨，使工件表面达到很高的精度和很小的表面粗糙度。

3. 抛光

抛光是利用高速旋转的涂有磨膏的抛光轮（用帆布或皮革制成的软轮），对工件表面进行光整加工的方法。抛光时，将工件压在高速旋转的抛光轮上，通过磨膏介质的化学作用使工件表面产生一层极薄的软膜，因而可用比工件材料软的磨料进行加工，而不会在工件表面上留下划痕。抛光只降低工件的表面粗糙度。

4. 滚压加工

滚压加工是采用硬度比工件高的滚轮或滚珠，对半精加工后的零件表面在常温下加压，使受压点产生塑性变形。其结果不仅能降低表面粗糙度，而且能使表面的金属结构和性能发生变化，晶粒变细，并沿着变形最大的方向延伸（有时呈纤维状），表面留下有利的残余压应力，提高零件抗疲劳强度、耐磨和耐腐蚀性。

5. 珩磨

珩磨是利用装夹在珩磨头圆周上的若干条细磨粒油石，由胀开机构将油石沿径向撑开，使其压向工件孔壁；与此同时，使珩磨头作回转运动和直线往复运动对孔进行低速磨削。珩磨头运动的组合，使油石上的磨粒在孔的表面上的切削轨迹成交叉而不重复的网纹，因而容易获得粗糙度较小的加工表面。珩磨的加工原理与超级光磨类似。

珩磨能够获得很高的尺寸精度和形状精度。珩磨孔的尺寸精度可达 IT6，圆度和圆柱度可达到 $0.3 \sim 0.5 \mu m$。珩磨不能修正被加工孔轴线的形位误差。珩磨时，油石与工件接触面积大，因此需供应大量清洁的冷却润滑液。珩磨时，磨粒会嵌入加工表面中，故珩磨后要将工件清洗，否则会加速零件在工作过程中的磨损。

3.9　齿轮加工机床及刀具简介

3.9.1　齿轮加工方法

齿轮加工方法有多种，常见的粗加工方法有铣齿，滚齿，插齿，刨齿等，精加工方法有拉齿，剃齿，磨齿，珩齿，研齿等。根据成形原理的不同，可分为成形法和展成法（范成法）两类。根据我国规定，齿轮精度控制参数有三组，第 I 公差组主要控制齿轮在一转内回转角的全部误差，它主要影响传递运动准确性；第 II 公差组主要控制齿轮在一个齿距范围内的转角误差，它主要影响传动的工作平稳性；第 III 公差组主要控制具体化的接触痕迹，它影响齿轮受载后载荷分布的均匀性。这三组公差分别表现为分度、齿形和齿面精度。根据使用要求的不同，齿轮加工要求的着重点也不同。

1. 成形法

是指用与被切齿轮齿间（齿槽）形状相符的成形刀具，直接切出齿形的加工方法，如铣齿、成形法磨齿等。最常见的成形法加工齿轮的方法是铣齿。

在万能卧式铣床上加工齿轮齿形的方法为（图 3 - 85），工件安装在分度头上，用盘形齿轮铣刀（模数 $m < 10 \sim 16$ 时）或指形齿轮铣刀（一般 $m > 10$），对齿轮的齿间进行铣削。加工完一个齿间后，进行分度（即操作分度头转过 $2\pi/z$），再铣下一个齿间。即一个齿槽一个齿槽的进行加工。

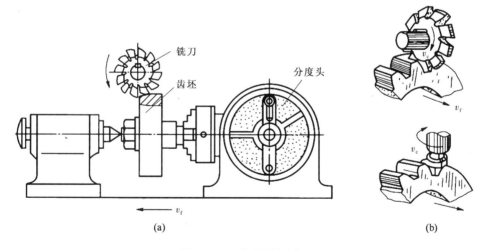

图 3 - 85　成形法铣齿加工

加工小模数齿轮用盘状齿轮铣刀，它实际是铲齿成形铣刀；如加工大模数齿轮仍然用盘状铣刀时，铣刀将变得过于笨重，故加工大模数齿轮用指状齿轮铣刀。铣齿的加工精度，生产率都较低，但机床通用，刀具结构简单，成本低。铣齿时刀具的旋转运动是主运动，工件与铣刀间的沿垂直于铣刀轴线方向的运动为进给运动，加工完一个齿间后工件转动一个齿距角的运动称为分齿运动。

由机械设计可知，模数代表了齿轮轮齿的大小，模数越大，轮齿越大。同一模数的齿轮的轮齿的形状，在齿数变化时也在变化。齿数越小，齿廓越弯，齿间需要去除的材料越多（图3-86）。齿数无穷多时，齿廓变为直线。从理论上讲，每个模数的每个齿数的齿轮，都应设计一把铣刀，但这是不实际的要求。我国规定，将同一模数的齿轮铣刀按其所加工的齿数分为8组（精确的是15组），每一组内不同齿数的齿轮都用同一把铣刀加工，称为刀号。分组见表3-4。分组的原则是各组间的齿形误差相等。

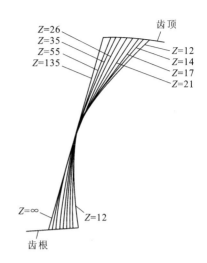

图3-86　齿数的分组

表3-4　齿轮铣刀刀号

刀　号	1	2	3	4	5	6	7	8
加工齿数范围	12~13	14~16	17~20	21~25	26~34	35~54	55~134	135以上

标准齿轮铣刀的模数、压力角和所加工的齿数范围都标记在铣刀上。每种刀号的齿轮铣刀刀齿形状均按所加工齿数范围中的最小齿数设计，这样齿间切除的材料最多。加工该范围内其他齿数的齿轮时，所切除的材料就会多于应切除的材料，产生齿形误差。但这种齿形误差在与其他加工方法加工的齿轮或与准确齿形的齿轮啮合时，只会产生齿侧间隙而不会干涉。这是按最少齿数设计的原因。

加工完一个齿间后的分度工作由分度头（图3-87）完成。分度头是铣床的常用附件，它用于将圆周在常见范围内任意等分（实际有个别等分不能实现）。

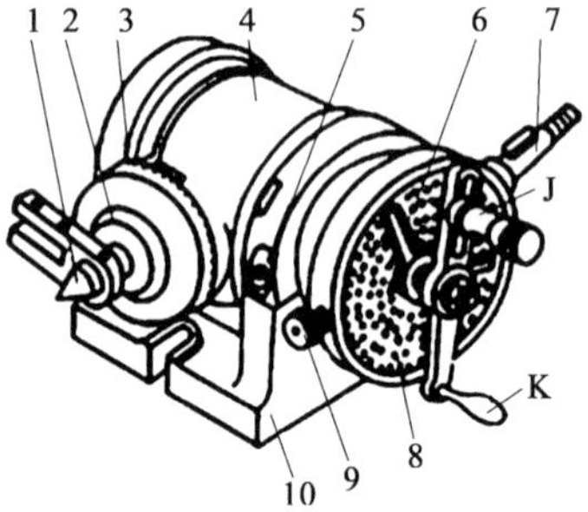

图3-87　F1125型万能分度头外形图

1—顶尖；2—主轴；3—刻度盘；4—壳体；
5—螺母；6—分度叉；7—交换齿轮轴；
8—分度盘；9—分度盘锁紧螺钉；
10—底座；J—分度定位销；K—分度手柄

当加工斜齿圆柱齿轮且精度要求不高时，可以借用加工直齿圆柱齿轮的铣刀。此时铣刀的号数应按照法向截面内的当量齿数来选择，工作台应扳动一个螺旋角使进给方向与齿间槽的方向一致，并通过挂轮系统使工作台在进给的同时，带动分度头按照需要的旋转速度旋转。

2. 范成法(展成法)

采用齿轮的啮合原理进行切削,由刀具切削刃不同部分的包络线形成所需齿廓的加工方法,叫范成法,范成法齿廓的形成原理如图 3–87 所示。范成法只需一把刀具就能加工出同一模数的所有齿数的齿轮,齿形精度和生产效率一般也比成形法高。范成法刀具的切削刃形状,可以与齿轮所需的齿廓形状不同,故刀具可以制作成具有简单形状的切削刃。齿轮的精加工一般只能用范成法。采用范成法加工的齿轮机床有滚齿机,插齿机,磨齿机,剃齿机和珩齿机等。

3.9.2 插齿原理与机床

1. 插齿原理

插齿刀实质上是一个齿轮——它的端面磨有前角,齿顶及齿侧均磨有后角。后角靠齿廓沿插齿刀轴线移动的同时,向其轴线收缩一个距离,与成形铣刀的后角形成原理近似,只不过是"沿轴向铲齿"。插齿刀磨钝后重磨前刀面,相当于对原来的切削刃进行了变位处理,故不影响后续加工的性能和精度。

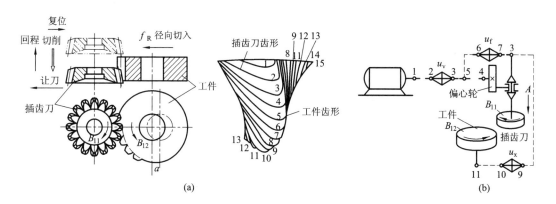

图 3–88 插齿原理

(a)插齿机工作原理;(b)插齿机的传动原理图

插齿的主运动是插齿刀沿齿坯轴向的直线往复运动,在刀具与工件齿坯模拟"两齿轮啮合运动"的过程中,逐渐在轮坯切出齿廓。加工过程中,刀具每往复一次,仅切除工件齿槽的一小部分材料。齿廓曲线是在插齿刀刀刃多次相继切削中,由刀刃不同部分各瞬时位置的包络线形成的。

2. 插齿机的运动

插齿的工作过程为:首先调整工作台使齿坯靠近刀具,然后开始插齿。开始时刀具每往复一次,刀具与工件靠近一个径向进给距离。当切出整个齿深后,插齿机自动停止径向进给,开始圆周进给。工件旋转一周后,加工过程结束。插齿机的运动有:

1)主运动。主运动是插齿刀沿其轴线所作的直线往复运动。立式插齿机上,刀具垂直向下时为工作行程,向上为空行程。主运动的调整由换置机构 u_v 实现,用 A 表示。

2)范成运动。加工过程中,插齿刀和工件轮坯应保持一对齿轮的啮合运动关系,刀具每转过一个齿,齿坯也应该转过一个齿所对应的角度。这一点由换置机构 u_x 实现,用 B_{11} 和 B_{12} 表示。

3)圆周进给运动。插齿刀转动的快慢决定了齿坯转动的决慢，同时也决定了插齿刀每一次切削的切削负荷，插齿刀的转动为圆周进给运动，用插齿刀每次往复行程中，刀具在分度圆圆周上所转过的弧长表示，即圆周进给量的单位为 mm/往复行程。降低圆周进给量会增加形成齿廓的刀刃切削次数，从而提高齿廓曲线的精度。这个运动的调整由换置机构 u_f 实现，用 B_{11} 表示。

4)让刀运动。为避免空行程时擦伤工件齿面和减少刀具磨损，刀具和工件之间在回程时应具有一定间隙。这个运动称为让刀运动。这个运动可由工作台移动来实现，也可由刀具主轴摆动实现。大尺寸及新型号的中、小尺寸插齿机，普遍采用刀具主轴摆动来实现让刀运动。

5)径向切入运动。在开始切削齿坯时，刀具要逐渐地从齿坯外部向齿坯内部切入，这一运动叫径向切入运动。根据工件的材料、模数、精度等条件，可采用一次或数次切入至全齿深的径向切入方法。径向进给量的大小，用插齿刀每次往复行程中工件或刀具径向切入的距离表示，其单位为 mm/往复行程。

3.9.3 滚齿原理与机床

滚齿机是应用最广泛的齿轮加工机床，常用来加工直齿、斜齿的外啮合圆柱齿轮和蜗轮。

1. 滚齿原理

滚齿加工是按照范成法的原理来进行的。滚齿加工过程中，刀具与工件模拟一对交错轴螺旋齿轮的啮合传动，由滚刀上不同的刀齿的不同部分的切削刃的包络线形成轮齿的廓形。

齿轮滚刀本质上是一圆柱斜齿轮，由于其螺旋角很大(接近 90°)，齿数很少(只有一个或几个)，因而可视为一个蜗杆(称为滚刀的基本蜗杆)。用刀具材料来制造这蜗杆，并将蜗杆轴向开槽形成容屑槽和前刀面(通常为平面且通过滚刀轴心线)，径向铲背形成后角，即形成一把齿轮滚刀。

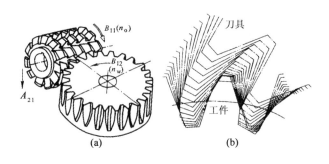

图 3 - 89　滚齿运动

(a)滚齿运动;(b)齿廓展成过程

滚齿过程如图 3 - 89 所示。齿轮滚刀螺旋线法向剖面内各刀齿面相当于一根齿条的刀齿，当滚刀连续转动时，滚刀的前刀面就相当于插齿刀的前刀面在插齿，同时也相当于一根无限长的齿条沿滚刀轴线连续移动。滚刀各刀齿相继切出齿槽中一薄层金属，每个轮齿的齿槽在滚刀旋转过程中由多个刀齿依次切削，这些切削刃一系列瞬时位置的包络线就形成了所需齿廓。

2. 滚齿机的运动

滚齿机的传动原理见图 3 - 90。

1)主运动。滚齿机的主运动是滚刀的旋转运动。它可通过换置机构 u_v 调整，传动链"电机 - 1 - 2 - u_v - 3 - 4 - 刀具"，是外联系传动链，用 $B_{11}(n_0)$ 表示。

2)成形运动。成形运动是滚刀旋转运动和工件旋转运动组成的复合运动(B_{11} 和 B_{12} 的关系)即范成运动。为了得到所需的渐开线齿廓和齿轮齿数，滚齿时滚刀和工件之间必须保持严格的相对运动关系：滚刀转 1 转，工件转 k/z 转，其中 k 为滚刀头数，z 为工件齿数。对单头滚刀，滚刀每转一转，齿坯要转一个齿。这个运动通过 u_x 调整，传动链"滚刀 -4 $-5 -$ 合成 $- 6 - 7 - u_x - 8 - 9 -$ 齿坯"。切削直齿轮时，合成运动不起作用，连接方式相当于 15 处断开，5 直接连接到 6。即"滚刀 $- 4 - 5 - 6 - 7 - u_x - 8 - 9 -$ 齿坯"。齿坯旋转用 $B_{12}(n_w)$ 表示。

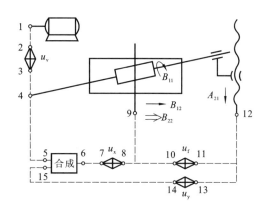

图 3 – 90　滚齿机的传动原理

3）轴向进给运动。为了要切出整个齿轮宽度，齿坯每转一转，滚刀必须沿齿坯轴线移动一个距离才行。这个运动通过换置机构 u_f 调整。传动链"齿坯 $- 9 - 10 - u_f - 11 - 12 -$ 刀架"，是外联系传动链。轴向进给用 A_{21} 表示。

4）工件旋转进给运动。当切削螺旋齿轮时，当滚刀垂直进给时，工件必须根据齿轮所需的螺旋角进行旋转。这个运动由换置机构 u_y 调整，传动链为"刀架 $- 12 - 13 - u_y - 14 - 15 -$ 合成 $- 6 - 7 - 8 - 9 -$ 齿坯"，是内联系传动链用 B_{22} 表示。由于到齿坯旋转的内联系传动链有两条，故需对这两个运动进行合成。运动合成的机械结构可参看有关资料。

5）其他辅助和调整运动。滚齿机还需要其他一些辅助和调整运动，如为了切削出整个齿深，需要调整滚刀和齿坯的径向距离；为了使滚刀的基本蜗杆的方向（即滚刀法向齿廓的法线方向）与齿轮的螺旋线方向一致，需要调整滚刀轴线的方向，使其与水平面倾斜一个角度。直齿轮的螺旋角为零，滚刀需倾斜一个滚刀基本蜗杆的螺旋角；斜齿轮应倾斜的角度，是滚刀基本蜗杆螺旋角与齿轮螺旋角的代数和。

Y3150E 型滚齿机的外形见图 3 – 91。

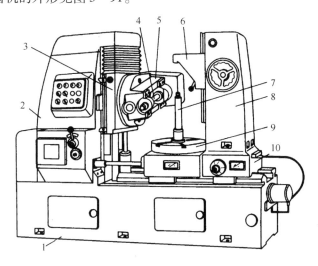

图 3 – 91　Y3150E 型滚齿机

1—床身；2—立柱；3—刀架溜板；4—刀杆；5—刀架体；
6—支架；7—心轴；8—后立柱；9—工作台；10—床鞍

滚齿机除了可以加工齿轮外，还可以加工蜗杆、涡轮和花键等。

3.滚齿加工的特点

滚齿加工有以下特点：

（1）适应性好，一把滚刀可以加工与其模数和压力角相同的不同齿数的齿轮。

（2）生产率较高，旋转运动可以高速切削，无空行程，无分度调整，故滚齿生产率一般比插齿和铣齿高。

（3）被加工齿轮的分齿精度高。

（4）被加工齿轮的齿形精度比铣齿高，因为无刀具分组齿形理论误差。比插齿低，这是因为工件转过一个齿，滚刀转过 $1/k$ 转（k 为滚刀的头数）。设滚刀每转的齿数为 n 个，一个齿槽的齿廓就由 n/k 条折线组成。而插齿加工一个齿槽的折线数不受限制。故插齿齿形精度高于滚齿，表面粗糙度也比滚齿低。

（5）滚齿加工适于加工直齿、斜齿圆柱齿轮和蜗轮，但不能加工内齿轮，扇形齿轮和相距很近的多联齿轮。

（6）滚齿加工中，理论上滚刀齿法截面齿形应为直线（相当于齿条），而实际上，滚刀齿在滚刀的轴向剖面内齿形为直线，法面齿形并非直线，所以滚齿存在理论误差。

3.9.4 齿轮精加工方法

1.磨齿

磨齿是齿轮的精加工方法，一般用于淬硬齿轮的精加工，是所有齿轮加工方法中所加工的齿形精度最高的加工方法。齿轮的磨削方法也分为成形法和范成法。

（1）蜗杆砂轮型磨齿机

用直径很大的修整成蜗杆形的砂轮磨削齿轮，其原理和滚齿机相同（图 3 - 92）。其特点为加工过程连续，生产率最高。其缺点是砂轮修整困难，不易达到高的精度；磨削不同模数的齿轮时需要不同的砂轮；联系砂轮与工件的内联传动链中的各个传动环节转速很高，易产生噪声，磨损快。适用于中小模数齿轮的成批和大量生产。

（2）锥形砂轮型磨齿机

其原理是利用齿条和齿轮啮合的原理来工作的，是范成法加工（图 3 - 93）。砂轮截面形状按照齿条的齿廓修整；砂轮按切削速度旋转（B_1）并沿工件齿宽方向作直线往复运动（A_2）；砂轮两侧锥面的母线就形成了假想齿条的一个齿廓。齿轮在此假想齿条上作无侧隙的啮合滚转运动；被磨削齿轮转动一个齿（$1/z$ 转）的同时（B_{31}），其轴心线移动一个齿距（πm）的距离（A_{32}），便可磨出工件上一个轮齿一侧的齿面。磨齿时，一个齿槽的两侧齿面分别进行磨削；工件向左滚动时，磨削左侧的齿面；向右滚动时，磨削右侧的齿面；工件往复滚动一次，磨完一个齿槽的两侧齿面后，工件离开砂轮，并进行分度，即工件在不作直线移动的情况下绕其轴线转过一个齿。再重复上述过程，磨削下一个齿槽。

其优点是适应性高，砂轮形状简单；缺点是生产率较低，适应用小批和单件生产。

（3）双碟形砂轮型磨齿机

用两个碟形砂轮的端平面来形成假想齿条的齿面，同时磨削齿槽的左右齿面。磨削过程中的成形运动和分度运动，与锥形砂轮型磨齿机基本相同。其优点是砂轮易获得很高的修整精度；磨削接触面积小，磨削力和磨削热很小；能采用自动修整与补偿装置，使砂轮能始终保持锐利和良好的工作精度，因而磨齿精度是各类磨齿机中最高的一种。缺点是生产率低。

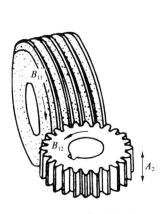

图 3 – 92 蜗杆砂轮磨齿

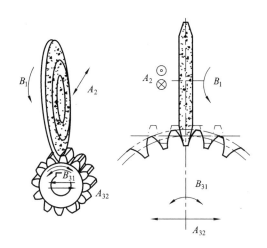

图 3 – 93 锥形砂轮磨齿

（4）成形法磨齿机

其工作原理是将砂轮做成盘状或指状的成型砂轮，采用与铣齿加工相同的原理加工，磨齿精度很低。

2. 剃齿

剃齿是利用一对交错轴斜齿轮啮合的原理在剃齿机上进行的。盘形剃齿刀（图 3 – 94）实质上是一个高精度的斜齿轮，每个齿的齿侧沿渐开线方向开槽以形成刀刃。剃齿原理如图 3 – 94 所示，加工时工件装在工作台上的顶尖间，由装在机床主轴上的剃齿刀带动工件自由转动。剃齿刀与工件间应有一定的夹角 Σ，使剃齿刀与工件的齿向一致，两者形成无侧隙，双面紧密啮合。由于剃齿刀和工件相当于一对交错轴斜齿轮，故在接触点的切向分速度不一致，这样工件的齿侧面沿剃齿刀的齿侧面就产生滑移，利用这种相对滑移在齿面上切下细丝状的切屑。

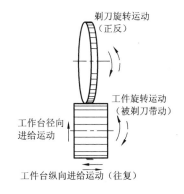

图 3 – 94 剃齿原理

由于剃齿刀与工件啮合时为点接触，为了剃出整个齿侧面，工作台必须带着工件纵向往复运动，工作台每次行程后，剃齿刀带动工件反转，以剃出另一齿侧面。工作台每次双行程后还应作径向进给，逐步剃去所留余量，得到所需的齿厚。

剃齿时由于刀具与工件之间没有强制性运动关系，不能保证分齿均匀，因此剃齿对纠正运动误差的能力较差。

3. 珩齿

珩齿是在珩齿机上用珩磨轮对淬火后齿轮进行光整加工的方法。珩齿的主要作用是去除淬火后轮齿上的氧化皮、及少量的热变形，以降低齿面粗糙度 Ra 值。珩齿原理和运动与剃齿相同，主要区别就是刀具不同，且珩磨轮的转速比剃齿刀高。珩磨轮是珩齿的刀具，它是由磨料加环氧树脂等材料浇铸或热压而成，齿形精度较高的斜齿轮。珩齿时，珩轮与工件在自由对滚过程中,借齿面间的一定压力和相对滑动,由磨粒来进行切削。由于珩轮的磨削速度较低(1~3 m/s),加之磨料粒度较细,结合剂弹性较大,因此珩磨实际上是一种低速磨削、研磨和抛光的综合过程。珩齿时齿面间除了沿齿向产生滑动进行切削外,沿渐开线方向的滑动也使磨粒能切削,齿面的刀痕纹路比较复杂,表面粗糙度显著变小。加上珩齿的切削速度低,齿面不会产生烧伤和裂纹,故齿面质量较好。珩齿的生产率高,在成批、大量生产中得到广泛的应用。

4. 研齿

研齿是齿轮的光整加工方法之一,其工作原理是使被研磨的齿轮和研磨轮在轻微制动下作无间隙的自由啮合,并在啮合的齿面间加入研磨剂,利用啮合时的相对滑动,就可在被研齿轮的齿面上研磨去一层极薄的金属,从而达到减小表面粗糙度和校正齿轮部分误差的目的。

研轮用比工件软的材料(铸铁、青铜等)制成,在研磨压力作用下,把研磨料的颗粒压入研轮的表面内。这样就好像用特殊的结合剂把磨料颗粒粘在研轮上一样,能从被加工表面上切去极其微细的切屑。

3.10 数控机床简介

3.10.1 数控机床的特点

能够以数字指令的方式(即程序)控制机床各种运动和动作的机床叫数控机床。用数控机床加工时,把完成工件加工所需的机床运动和各种动作(如换刀、夹紧等)编制成数控指令,经输入装置传递给数控装置(通常为控制机床的专用计算机)。指令经数控装置处理后变为各种驱动装置协调运动的控制信号,完成工件加工所需的各种运动和动作。大部分数控机床的运动特征与常见机床相同,能够数字控制的车床叫数控车床,能够数控的钻床叫数控钻床等等。数控机床有以下特点:

(1)适应性广。适应性即柔性,数控机床的加工对象改变时,只需改变加工程序就可以自动地加工出新的工件。这是因为在数控机床中,很多普通机床的传动链和运动装换装置被伺服系统所取代,而伺服系统的运动规律可以任意控制。

(2)加工精度高、质量稳定。数控装置的运动精度控制水平普遍达到了微米级,具有多种误差补偿功能,各种基准的多次转换不会产生累积误差,可获得较高的加工精度。数控机床是按数字指令工作的,消除了操作者技术水平的影响,质量的稳定性得到保证。

(3)生产率高。数控机床能有效地减少零件的加工切削时间和辅助时间。数控机床的功率和刚度高,可采用较大的切削用量;可以自动换刀、自动变换切削用量、快速进退、自动装夹工件等;能在一台数控机床上进行多个表面的、不同工艺方法的连续加工等。

(4)能够实现普通机床无法完成的复杂零件的加工。

(5)便于现代化的生产管理。数控机床可以与各种计算机进行信息交换,便于进行设计、制造、管理、营销等部门的工作协调,为先进制造技术的开展奠定了基础。

数控机床的性能指标有很多,如控制轴数,联动轴数,插补功能的强弱,脉冲当量(分辨率),定位精度与重复精度,行程和插补范围,进给速度和调节范围,主轴转速控制和调节,功能强弱和刀具管理，用户界面，操作方便性，故障诊断，可靠性，仿真功能等。

3.10.2　数控机床的组成

数控机床加工零件时，首先按照加工零件图纸的要求，编制加工程序，即数控机床的工作指令。把这种信息输入数控装置，经数控装置进行处理之后，控制机床机械部分完成各种动作，自动地加工出符合图样要求的工件。数控机床的结构框图见图 3 - 95。

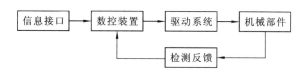

图 3 - 95　数控机床的框图

（1）信息接口。数控加工程序是数控机床自动加工零件的工作指令。在对零件进行工艺分析的基础上，应确定：①零件坐标系，即零件在机床上的安装位置；②刀具与零件相对运动的尺寸参数；③零件加工的顺序；④主运动的启停、换向、变速等；⑤进给运动的速度、方向、位移量等工艺参数；⑥辅助装置的各种动作（如换刀、工件装夹、冷却润滑等）。把这些加工信息用标准的数控代码，按规定的方法和格式，编制成零件加工的数控程序。编制数控程序可由人工进行，也可由计算机程序完成。程序可以通过键盘直接输入数控装置，也可经过控制介质（如纸带、磁带或磁盘）输入，还可通过各种总线接口或网络系统输入。调试好的程序还可以通过信息接口输出保存，或传送给工厂管理系统或其他数控机床。

（2）数控装置。数控装置是数控机床的大脑，它把数控程序转换为运动控制所需的信号和动作控制所需的逻辑信号，使刀具与工件及其他辅助装置严格按数控程序规定的顺序，路线和参数进行动作，自动加工出合格工件。数控装置还担负着加工过程仿真、机床信号收集、故障检测与诊断、各种信息交换等工作。最早的数控装置由逻辑线路组成，叫 NC（数字控制），目前的数控装置由一个到多个计算机组成，叫 CNC（计算机数字控制）。

（3）驱动系统。包括伺服驱动系统和动作驱动系统，是数控机床运动和动作的起源。伺服驱动系统包括驱动器、驱动电机和执行部件等，它的作用是根据来自数控制装置的指令发出控制信号，决定执行部件的方向、加速度、速度和位移。动作驱动系统控制各种辅助机构的启停和运动。数控机床进行轨迹控制时的最小控制单位叫脉冲当量，机床伺服运动的位移量都是脉冲当量的整倍数，故脉冲当量反映了控制精度。每个能够进行精确直线位移或角位移的执行部件，都配有一套伺服驱动系统。常用的脉冲当量有 0.01、0.005、0.001 mm。伺服系统的性能是决定数控加工精度和生产效率的关键因素之一。

（4）机械部件。主要包括主运动部件、进给运动（如工作台、刀架等）部件、支承部件（如床身、立柱等）及其他辅助装置（冷却、润滑、转位、夹紧、换刀等）部件。对于加工中心类的数控机床，还有存放刀具的刀库、交换刀具的机械手等部件。数控机床对机械部件的强度、刚度、精度和抗震性等方面的要求很高，且要便于实现自动化操作与控制。

（5）检测反馈系统。检测反馈系统将机械部件的各种运动和位置信息反馈给数控系统。除此而外，某些数控机床还有环境监测、碰撞检测、安全防护等多种检测系统。

3.10.3 数控机床的分类

(1)按运动轨迹的控制方式,可分为点位控制和轮廓控制。

点位控制系统只要求获得准确的起点和终点。这种系统刀具和机床在相对移动过程中不进行加工,理想的运动轨迹和实际的运动轨迹间允许的误差比较大,运动的速度也不需要准确控制。数控钻床、数控坐标镗床和数控冲床一般采用点位控制系统。

轮廓(轨迹)控制系统能够对两个或两个以上坐标(长度或角度)方向的运动同时进行连续控制,运动过程中需要进行切削加工。这种控制系统的实际运动轨迹和理想运动轨迹的误差要控制在公差范围之内,运动速度也要求平稳。数控车床、数控铣床和数控磨床常采用轮廓控制系统。

(2)按伺服系统的类型可分为开环控制、闭环控制和半闭环控制三类(图3-96)。

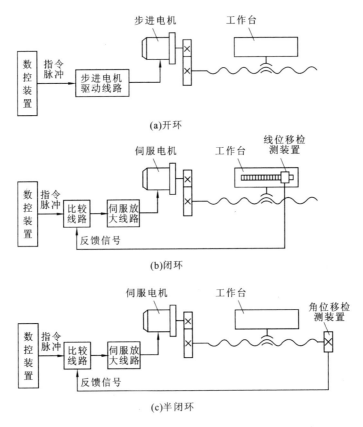

图3-96 开环、闭环和半闭环伺服系统

开环控制采用开环伺服系统,这种系统控制器发出指令后不进行检查,依靠执行机构的精度来保证运动精度。常见的步进电机伺服系统就是这种系统。开环伺服系统没有检测反馈装置,不能进行误差校正,故机床加工精度不高。但系统结构简单、维修方便、价格低廉,适用于经济型数控机床。

闭环控制采用闭环伺服系统,通常由直流(或交流)伺服电机和检测装置等组成。控制器将检测装置检测到的实际位置与需要的理想位置进行比较，根据这个差值进行控制，可保证达到很高的位置精度。但系统复杂，调整维修困难，一般用于高精度的数控机床上。

半闭环控制类似闭环控制，但位置检测装置安装在电机或丝杠等中间环节上，故精度不如闭环控制系统高，但系统结构简单，稳定性好，容易调试，因此应用广泛。

（3）按机床的精度和价格，可分为经济型、普及型和高级型，其功能、精度和价格相差很大。

（4）根据功能的强弱，可分为普通数控机床和加工中心。

能够联动的控制轴在 3 个以上，具有自动换刀装置的数控机床通常称为加工中心（MC），其主要特征是带有一个容量较大的刀库（一般有 10～120 把刀具）和自动换刀机械手。工件在一次装夹后，数控系统能控制机床按不同要求自动选择和更换刀具，自动连续完成铣（车）、钻、镗、铰、锪、攻螺纹等多种工作。

根据第一主轴的功能不同可分为车削加工中心（工件旋转）和（镗铣）加工中心（刀具旋转），根据第一主轴的方位可分为立式加工中心和卧式加工中心。如果第一主轴可以改变方位，则称万能加工中心。联动轴数到达 5 个的万能加工中心，叫 5 轴联动加工中心。

图 3－97 为 JCS－018A 型立式加工中心的外观图。

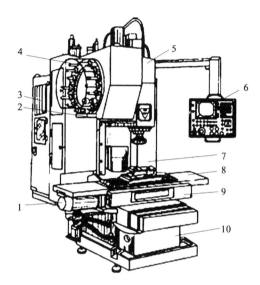

图 3－97 JCS－018A 型立式加工中心的外观图

1—直流伺服电动机；2—换刀机械手；3—数控柜；
4—盘式刀库；5—主轴箱；6—操作面板；
7—驱动电源柜；8—工作台；9—滑座；10—床身

3.10.4 数控机床的发展趋势

1. 高精度

机床主轴回转精度达 $0.01~\mu m$，加工圆度为 $0.1~\mu m$，表面粗糙度 Ra 达 $0.03~\mu m$。

2. 高速度，高效率

指高速进给，高响应伺服，主轴高速回转，高刚度，高速传动等。脉冲当量在 $1~\mu m$ 时，进给速度可达 240 m/min。日本新泻铁工所的 V240 立式 MC 主轴转速高达 50000 rpm，加工一个 NAC55 钢模具，用陶瓷刀具只需 12 h，而在普及型数控上需 9h。瑞士 IBAG 公司生产电主轴最高转速 140000 r/min，最大功率 100 kW。

3. 复合化

工序复合化，一次安装，完成多工序多表面加工，具有刀库，机械手，主轴箱库，可交换工作台等；功能复合化，如车铣复合加工中心等

4. 智能化

采用自适应技术、专家系统、故障自诊断系统、智能化伺服驱动装置等技术，实现高度的智能化和柔性化。

5. 开放式结构

具有在不同的工作平台上均能实现系统功能、且可以与其他的系统应用进行互操作的能力。系统构件(软件和硬件)具有标准化、多样化、和互换性的特征，允许通过对构件的增减来构造系统，实现系统"积木式"的集成。系统向未来技术开放，软硬件接口都遵循公认的标准协议，只需少量的重新设计和调整，新一代的通用软硬件资源就可能被现有系统所采纳、吸收和兼容。标准化的人机界面和标准化的编程语言，方便用户使用，降低了和操作效率直接有关的劳动消耗。

6. 全面的信息交换接口

能够与柔性制造系统、计算机集成制造系统进行连接，能够适应网络制造，精益生产、敏捷制造、并行工程等先进生产模式。

思考与习题

1. 说明零件表面的成形方法。

2. 指出下列机床型号中各位字母和数字代号的具体含义。

CG6125B   Y3150E   Z5130   B1016A   M7130A

3. 什么叫主运动? 什么叫进给运动? 指出下列机床的主运动和进给运动:

1)车床; 2)铣床; 3)牛头刨床; 4)龙门刨床; 5)外圆磨床; 6)平面磨床

4. 车床丝杠和光杠的用途有何不同?

5. 超越离合器的作用是什么? 车床 CA6140 的快速电动机的方向接反了，机床能否正常工作?

6. 某机床主传动系统如题图 3-1 所示，试写出主运动传动链的传动路线表达式和图示齿轮啮合位置时的运动平衡式(算出主轴转速)。

7. 试证明 CA6140 车床的机动进给量 $f_横 \approx 0.5 f_纵$。

8. 车床能完成哪些工作? 常见车刀有哪几种结构形式?

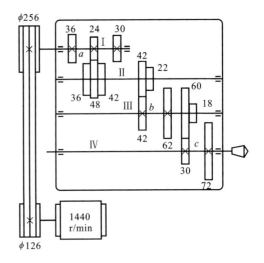

题图 3-1

9. 常见的车床附件有哪些?

10. 成形车刀的后角是怎样形成的? 磨钝后重磨哪个刀面?

11. 卧式车床车削长圆锥体时如何调整?

12. 常用钻床有几类? 其适用范围如何?

13. 标准高速钢麻花钻由哪几部分组成? 切削部分包括哪些几何参数?

14. 绘图标注标准麻花钻的主要几何角度。为什么说钻头的螺旋角 β 就是钻头的进给剖面前角 γ_f?

15. 钻头的主偏角 κ_r 是否等于半顶角 φ? 为什么? 钻头的副偏角是什么?

16. 钻孔有哪些工艺特点?

17. 在车床上钻孔和在钻床上钻孔由于钻头引偏而造成的误差有何不同？为什么？

18. 为何钻削的轴向分力主要由横刃产生而扭矩主要由主切削刃产生？

19. 何谓铰孔？铰孔有哪些工艺特点？

20. 何谓扩孔？扩孔有哪些工艺特点？

21. 丝锥的结构是怎样的？

22. 卧式铣床能够实现哪些运动？立式式铣床能够实现哪些运动？

23. 铣床能够完成哪些工作？

24. 铣刀能够分成哪几类？请绘制并标注圆柱铣刀和端面铣刀的几何角度。

25. 说明铣削用量和铣削层参数。

26. 什么是顺铣和逆铣？各有哪些特点？对机床进给机构有哪些要求？

27. 铣削有哪些主要特点？

28. 卧式镗床由哪几部分组成？具有哪几个运动？能完成哪些工作？

29. 镗孔有哪些工艺特点？镗杆进给和工作台进给的加工误差有何不同？

30. 牛头刨床和龙门刨床都能够实现哪些运动？

31. 叙述刨削的工艺特点，并与铣削进行比较。

32. 简述拉刀的结构及各构成部分的作用。

33. 拉削方式有哪几种？各有什么特点？

34. 简述拉削的工艺特点。

35. 万能外圆磨床能够实现哪些运动？磨削外圆柱体时，工件如何安装？工件和砂轮需作哪些运动？磨削有几个过程？如何操作？

36. 万能外圆磨床上能加工哪些表面？

37. 内圆磨削与外圆磨削相比有哪些特点？

38. 试分析卧轴矩台平面磨床与立轴圆台平面磨床在磨削方法、加工质量、生产率等方面有何不同，各适用于什么情况。

39. 简述无心外圆磨床的工作原理。为什么无心外圆磨床的加工精度和生产率往往比普通外圆磨床高？

40. 研磨、超级光磨、珩磨、抛光有哪些共同点和不同之处？

41. 试分析比较范成法与成形法加工圆柱齿轮的特点。

42. 在卧式铣床上用盘形齿轮铣刀铣削模数为 3，齿数为 25 的圆柱齿轮，应如何选择铣刀？如何调整机床？操作过程是怎样的？如果是螺旋角为 20 度的斜齿轮，又该如何调整？

43. 插齿机床具有哪些运动？插齿过程是怎样的？插齿刀磨损后重磨哪个刀面？

44. 滚齿机床能够实现哪些运动？斜齿轮的滚削过程是怎样的？

45. 齿轮滚刀的前角和后角是怎样形成的？磨损后重磨哪里？

46. 滚齿的精度和生产率为什么比铣齿高？

47. 比较插齿和滚齿的加工原理、加工质量和工艺范围。

48. 剃齿、珩齿和磨齿各适用于什么场合？

49. 数控机床的特点有哪些？由哪几部分组成？

50. 计算机数控机床和加工中心的区别是什么？

第4章
机床夹具

【概述】

◎本章提要：本章介绍了夹具的分类、作用和组成，六点定位原理、常用定位元件与方法、定位误差的分析与计算，夹紧力的计算和常用夹紧机构等内容。重点为工件以平面、内外圆柱面和圆锥面为定位基准时的定位方法和定位误差的分析与计算，多个定位基准的组合方法，夹紧力的方向、大小和作用点分析，常用夹紧机构的结构特点等内容。要求概念准确、方法得当、分析透彻、结论可信。

4.1 夹具的分类、作用与组成

为了加工出满足机械加工质量要求的工件，必须保证工件和刀具在机床上占有正确的位置和方向，并且在加工过程中得到保持，这种装置叫机床夹具，这一过程叫装夹或安装。如不特别说明，装夹或安装指对工件的装夹。

装夹实际上包括了两个过程：一是使工件相对机床、夹具或刀具处于正确位置，称为定位；二是对工件施加一定的外力使其保持这个位置在加工过程中不变，称为夹紧。习惯上还将一些用于扩大机床工艺范围的装置，如靠模、仿型装置等也称为夹具。加工中使用的夹具、刀具、量具以及其他辅助工具等统称为工艺装备。

4.1.1 夹具的分类

夹具的应用非常广泛，可以按照夹具的应用范围进行分类，也可以按照提供给夹具的动力源的不同或工作机床的不同进行分类。

1. 根据夹具的应用范围分类

（1）通用夹具

通用夹具一般是指在通用机床上所附有的夹具，如车床上的三爪和四爪卡盘、顶尖和鸡心夹头，铣、刨和磨床上的平口钳、分度头、回转工作台、中心架和电磁吸盘等。在使用加工过程中，对形状相似，尺寸不同的工件往往无需调整或稍加调整就可用于装夹。这类夹具一般已标准化，由专业工厂生产作为机床附件供用户使用。

通用夹具用于对常见形状和精度要求不高的工件的装夹，对于形状比较复杂和加工精度较高的工件，不能满足使用要求。这种夹具调整能力强，适用性广，主要适用于单件和小批生产。但效率低下，精度不高，对操作者的技术要求高、操作麻烦，在大批量生产中很少采用。所谓批量，是指连续所加工的相同零件的同样工作的零件个数的多少。一个叫单件，几个叫小批，较多叫中批，很多叫大批，基本不换叫大量，详见 5.1.2 节内容。

（2）专用夹具

专用夹具是针对某一工件的某一工序的加工要求而专门设计和制造的夹具。其特点是针对性强，没有通用性，在产品相对稳定、批量较大的生产中得到广泛应用。专用夹具由工厂专门设计和制造，虽然成本较高，但能够提高装夹效率和加工精度，降低对工人的技术要求，提高产品质量的稳定性，在大批量生产中的经济性远远高于使用通用夹具。

（3）成组夹具

在多品种、小批量生产中，为了平衡专用夹具通用性差，需要准备的夹具太多和通用夹具加工精度不高，效率太低的缺点，在成组加工技术基础上发展起来的一类夹具叫成组夹具。它是根据成组加工工艺的原则，为一组形状相近的零件专门设计一种夹具，用于同一组多种零件的加工。它既有一定的效率和精度，又有一定的可调整性。

（4）组合夹具

组合夹具是一种模块化的夹具，并已商品化。标准的模块元件具有较高精度和耐磨性，可组装成各种夹具，夹具用毕即可拆卸，留待组装新的夹具。其工作原理类似于常见的积木玩具。由于使用组合夹具可缩短生产准备周期，元件能重复多次使用，并具有可减少专用夹具数量等优点；因此组合夹具在单件、中小批多品种生产和数控加工中得到广泛应用，是一种较经济的夹具。

（5）随行夹具

随行夹具在使用中随着工件一起运动，夹具和工件一起沿着自动线从一个工位移至下一个工位，直至完成全部工序后才将工件从夹具中拆卸。它主要用在形状复杂且不规则、又无良好输送基面的工件装夹。一些有色金属的工件，虽有良好的输送基面，为了保护基面，避免划伤，也可以采用随行夹具。

2. 根据提供给夹具动力源不同种类进行分类

按夹具夹紧动力源可将夹具分为手动夹具和机动夹具两大类。为减轻劳动强度和确保安全生产，手动夹具应有扩力机构与自锁性能。常用的机动夹具有气动夹具、液压夹具、气液夹具、电动夹具、电磁夹具、真空夹具和离心力夹具等。

（1）手动夹具

靠人力提供夹紧力，这类夹具一般结构简单，制造方便，通常含有自锁装置和增力装置，适用小批量生产和对夹紧力要求不大的场合。

（2）气动夹具

以压缩空气作为提供夹紧力的动力源，通常提供的压力范围在 4~6 个大气压。这类夹具具有动作迅速、操纵方便等优点，通常也有自锁装置和增力装置。

（3）液压夹具

以压力油作为提供夹紧力的动力源，通常提供的压力范围在 30~50 个大气压，靠液压缸实现所需的夹紧力。具有夹紧力大，夹紧平稳，体积小等优点。该夹具便于实现自动化控制，目前在一些组合机床和自动化机床已得到了广泛的应用。

（4）电动夹具

以电动机作为提供夹紧力的动力源，通过一套传动系统实现所需的夹紧力。但较气动夹具、液压夹具运动缓慢。

（5）磁力夹具

以电磁铁对导磁材料所产生的磁力，作为夹紧力。如磨床上的磁盘、轴承行业广泛采用的电磁无心夹具。

（6）真空夹具

以真空泵抽吸夹具吸盘与工件表面空气，形成负压，从而夹紧。这类夹具目前广泛应用在对一些非导磁材料（玻璃、橡胶等）夹紧，如工业机械手常采用这类夹具实现对工件不同工位的搬动。

（7）离心力夹具

利用高速旋转重块，产生的离心力来夹紧工件。如车床上用的离心力夹具。

3. 按使用夹具的机床分类

根据机床的不同，可把夹具分为车床夹具、铣床夹具、钻床夹具、镗床夹具、磨床夹具、齿轮机床夹具、数控机床夹具等。

4.1.2　夹具的作用

夹具在生产中的作用有以下几点：

（1）准确确定工件、机床和刀具三者的相对位置和方向，达到较高的加工精度。某些工件的加工，只有采用专用的夹具，才能达到所需的尺寸、形状或位置要求。例如在一个圆周上加工 3 个均布的通孔，采用划线方式进行加工，其位置度只能达到零点几个毫米。如果孔的位置度要求为几十个微米，通常只能采用专用夹具进行加工。

（2）缩短辅助加工时间，提高劳动生产效率。夹具的使用过程包括两个方面：一是依靠夹具上的专门装置（定向键、对刀装置），实现夹具在机床上正确位置的安装，这种过程一般加工一批工件只进行一次；二是通过工件上的基准面与夹具上的定位元件（支承钉、定位销、心轴和 V 形块等）的接触，确定工件在夹具上的正确位置和方向，并通过夹紧装置保持加工过程中正确位置不变，这个过程每个（组）工件都要进行一次。通过以上两个过程可以实现切削加工过程中所需的工件与刀具间正确的相互运动位置关系。使用夹具后，不但工件安装时间大幅度减少，有时还能省去划线工序，进一步减少辅助时间；同时由于工件安装稳定，有可能加大切削用量，减少机加工时间，取得更好的经济效益。

（3）提高机床的加工工艺范围。例如在普通车床上，装上专用夹具后可以加工成型表面；装上镗模夹具后可以代替镗床进行加工，从而可以提高车床的加工工艺范围，在机床品种数量不足的情况下，这对于中小批量生产是非常有用的。

（4）降低对工人技术要求，减轻工人劳动强度，保障安全生产。采用专用夹具加工过程中，可以省去找正、划线、试切、测量等工作，工件的尺寸和位置精度由夹具的加工、安装精度来保证，从而降低了对工人的技术要求。对于一些大型工件的加工，例如加工车床床身上、下两面上的螺孔，需要把床身工件翻转几次进行加工，劳动强度大而且不安全。采用电动回转式钻夹具后，就能达到提高生产效率、减轻劳动强度、保障生产安全的目的。

4.1.3 夹具的组成

虽然机床夹具种类繁多,但其组成根据功能可以分成几部分。以图4-1钻夹具为例说明如下:

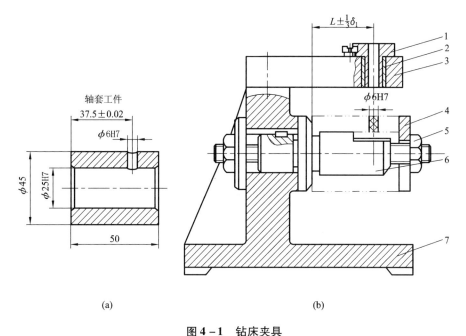

(a)   (b)

图4-1 钻床夹具

1—快换钻套;2—衬套;3—钻模板;4—开口垫圈;5—螺母;6—定位销;7—夹具体

该夹具用于加工如4-1(a)所示工件上的 $\phi6H7$ 孔,保证孔径及轴向尺寸 $\phi37.5\pm0.02$。孔径精度由钻头及由后续工序铰孔保证,孔的位置精度由图4-1(b)所示钻床夹具保证。工件以内孔及端面为定位基准,通过夹具上的定位销6及其端面即可确定工件在夹具中的正确位置。拧紧螺母5,通过开口垫圈4可将工件夹紧,然后由装在钻模板3上的快换钻套1导引钻头进行钻孔。

在夹具设计的有关资料中,通常夹具轮廓用粗实线绘制,工件轮廓用双点划线绘制。加工所形成的工件轮廓用粗实线或阴影表示。

可以看出夹具的结构可分为以下几部分:

(1)定位装置,用于确定工件在夹具中的正确位置,通过它保证工件在加工过程与刀具间保持正确的位置关系。图中的定位销就是定位装置,其外圆柱面及其右端的台阶端面起到了定位作用。

(2)夹紧装置,用于保证在加工过程中,工件在夹具中的正确位置不发生变化。如图中的螺母5和开口垫圈4等。

(3)对刀与引导元件,用于确定刀具在加工前正确位置的元件称为对刀元件,如铣床夹具上的对刀块、塞尺等。用于确定刀具位置并导引刀具进行加工的元件称为引导元件,如图中的快换钻套。

（4）夹具体，是夹具的基座和骨架，用以连接夹具中的元件和装置，使其构成一个整体，并用于与机床有关部位进行连接，以确定夹具相对于机床的位置，如图中的7。

（5）连接元件，确定夹具在机床上正确位置的元件。如定位键、定位销及紧固螺栓等。

（6）辅助装置，根据夹具功用需要的其他装置，如分度机构、靠模装置、上下料装置、安全防护装置等。

在一个夹具中，定位装置、夹紧装置和夹具体是必须具备的，其他部分根据需要而定。

4.2　工件在夹具中的定位

为叙述方便，本章把工件上由本工序新生成的表面叫加工面。工件的加工面是靠刀具与工件相对运动的轨迹来确定的，为了保证加工面正确，必须保证在加工前及加工过程中刀具与工件保持正确的位置与方向关系。机床夹具通过工件的定位基准与夹具的定位元件相接触，保证刀具与工件在加工前能处于一个正确的位置，称为定位；通过夹紧装置，使刀具与工件在加工过程保持定位过程所确定的正确位置保持不变，称为夹紧。定位和夹紧统称为装夹，有时也叫安装。

刀具在机床上的位置是调整好的，夹具是根据加工要求安装在机床的固定位置上的；夹具位置固定后，工件的位置就由定位元件来加以确定，因此选择正确的定位方法和定位元件，是确保工件在加工过程处于正确位置的本质所在。

在图纸或实物上，用来确定所研究或关心的点、线、面（称几何要素）位置时作为参考的那些几何要素称为基准。通俗地讲，基准就是参考的对象。基准可分为设计基准和工艺基准两大类。在图纸上用来确定所研究或关心的几何要素的位置时的参考对象，称为设计基准。加工、测量和装配过程中使用的基准叫工艺基准，也称制造基准。其中在工序图上标注被加工面尺寸（称工序尺寸）和相互位置关系时，所依据的几何要素称为的工序基准。为确定加工时工件相对于机床、夹具、刀具的位置，工件上所依据的几何要素称为的定位基准。定位基准通常是面，所以也称为定位面，常以符号"∨"表示，其尖端指向定位面。关于基准可参看本书5.3.1节。应当注意，基准都是工件上的几何要素。

4.2.1　六点定位原理

在没有采取定位措施以前，工件在空间中的位置是不确定的。我们将工件放在空间直角坐标系下，工件将具有沿 X、Y、Z 轴方向的移动，记为 $\vec{X}$、$\vec{Y}$、$\vec{Z}$；绕 X、Y、Z 轴方向上的转动，记为 $\hat{X}$、$\hat{Y}$、$\hat{Z}$，工件具有六个自由度。要使工件在机床夹具中具有正确的位置，必须约束或限制这些自由度。让夹具的六个支承点（定位元件）与工件的定位基准面相接触，每个支承点限制一个自由度，称为六点定位原理。以图4-2加以说明，长方形工件的底面 H，被不在同一直线上的三个支点 A、B、C 支承，限制了工件沿 Y 方向上的移动 $\vec{Y}$、绕 X、Z 轴的转动 $\hat{X}$、$\hat{Z}$ 三个自由度；工件 V 面靠在 D、E 两个支承点，限制了工件沿 X 方向上的移动 $\vec{X}$ 和绕 Y 轴的转动 $\hat{Y}$；W 面与 F 点接触，限制了 Z 方向上的移动 $\vec{Z}$。采用6个按一定规则布置的支承点，限制工件的6个自由度，完全确定工件在空间的位置，称为完全定位。

1. 定位与夹紧

"定位"与"夹紧"是两个不同的概念。工件一经夹紧，意味着工件的空间位置被固定下来，但并不意味着其空间位置是正确的。如图 4－3，利用平面磨床完成对板状工件的加工，将工件放在磁性工作台上，扳动磁性开关，此时工件在工作台面上的位置就固定了，但并不意味着工件在工作台面上的位置是正确的，它既可以放在位置 1，也可以放在位置 2，也即是说工件在 $\vec{X}$、$\vec{Y}$ 和 $\hat{Z}$ 的三个自由度没有被限制。

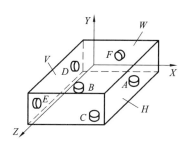

图 4－2　六点定位原理

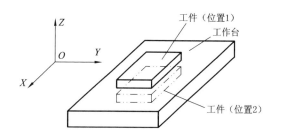

图 4－3　工件在平面工作台上定位

工件上用于确定工件在夹具中的位置并与夹具零件接触的表面叫定位表面，夹具上与工件相接触，用于确定工件在夹具中的位置的元件叫定位元件。定位表面是工件上的表面，也叫定位基准。在多个定位表面同时参与定位的情况下，各定位表面所起的作用也有主次之分。通常将限制工件自由度个数最多的定位表面称为第一定位基准面，也称支承面；限制自由度个数次多的定位表面称为第二定位基准面，也称导向面；限制定位个数为 1 的定位表面称为第三定位基准面，也称止动面。

2. 完全定位与不完全定位

工件在机床上或夹具中定位时，如果限制的自由度少于 6 个时就不能满足加工要求，实际也限制了 6 个自由度，这种定位方式称为完全定位；如果所限制的自由度数目少于 6 个，但仍能满足工件的加工要求，实际装夹中所限制的自由度也少于 6 个，但不少于需要限制的自由度，这种定位方式称为不完全定位。

例如，在一个矩形工件的中心钻一个有一定深度要求的盲孔，工件就要完全定位才能满足要求，如果夹具消除了 6 个自由度，就叫完全定位；而在一个光滑圆盘的中心钻同样的孔，就不必消除工件绕其轴线转动的自由度，如果夹具消除了其他 5 个自由度，就叫不完全定位。

完全定位和不完全定位是根据工件的加工要求决定的，以满足实际工作需要为前提，完全定位和不完全定位都是允许的。

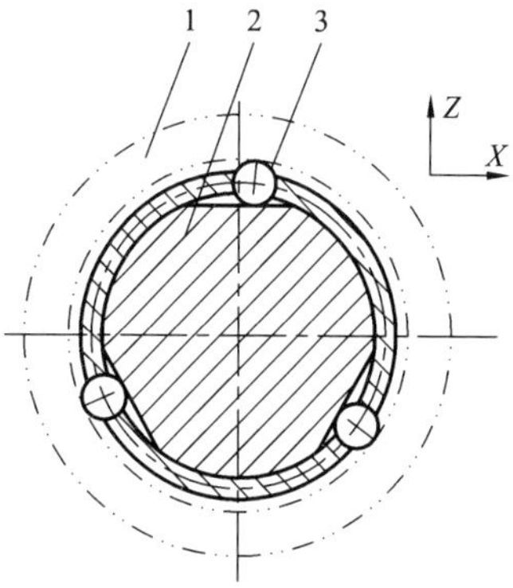

图 4－4　套类零件的定位
1—工件；2—心体；3—滚子

实际上，工件在夹紧以后，全部 6 个自由度都没有了。所谓不需要限制的自由度，是指在夹紧以前，工件相对于机床的位置在某个方向（平移或旋转）上的位置仅需要目测就能满足加工的精度要求（如平面磨床磨削短圆柱片，在接通磁力前工件的前后左右移动），或者工件的特点在某个方向上的位置移动不影响加工要求。如用三爪卡盘在车床车削毛坯为光滑圆柱体的外圆时，工件绕其自身轴线的旋转就不影响加工要求。

应当注意，在考虑定位装置的定位点所限制自由度个数时，要根据它能限制的自由度数目个数来确定它是几点定位，而不能生搬硬套。如图 4-4 为一内孔的自动定心定位原理图，工件 1 装上定位机构后，旋转心体 2，在斜面的推动下带动滚子外胀，与工件内孔接触完成定位。表面上看，夹具有三个点与工件接触应属于三点定位，但事实上，这三个点只限制了沿 $\vec{X}$、$\vec{Z}$ 自由度，应该属于两点定位。

典型定位元件的定位分析详见表 4-1。

表 4-1　典型定位元件的定位分析

工件的定位面	夹具的定位元件				
平面	支承钉	定位情况	1 个支承钉	2 个支承钉	3 个支承钉
		图示	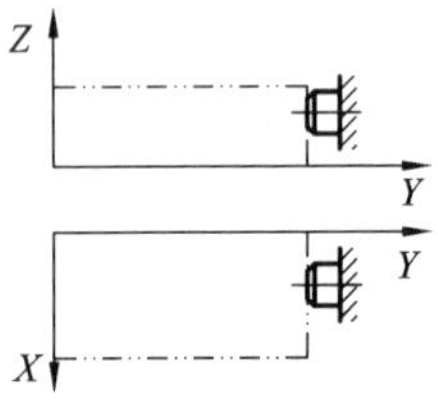	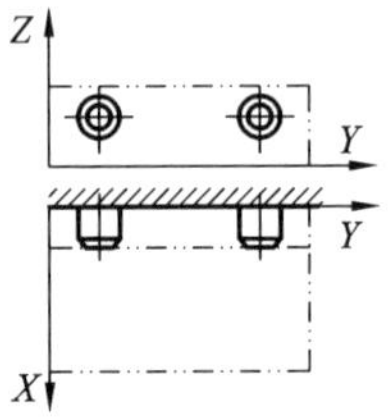	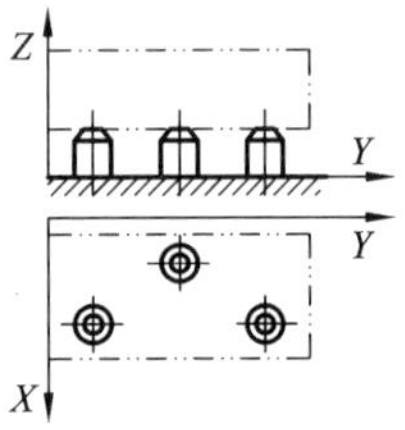
		限制自由度	$\vec{Y}$	$\vec{X}$, $\hat{Z}$	$\vec{Z}$, $\hat{X}$, $\hat{Y}$
	支承板	定位情况	一块条形支承板	两块条形支承板	一块矩形支承板
		图示	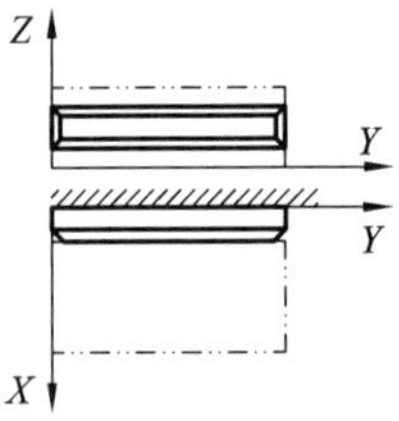	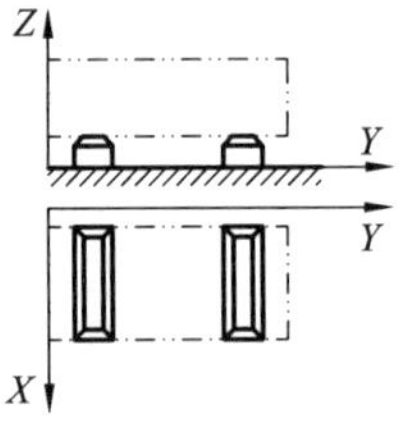	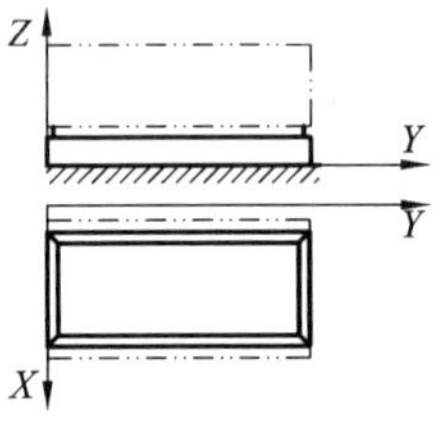
		限制自由度	$\vec{X}$, $\vec{Z}$	$\vec{Z}$, $\hat{X}$, $\hat{Y}$	$\vec{Z}$, $\hat{X}$, $\hat{Y}$
外圆柱面	V 形块	定位情况	一块短 V 形块	两块短 V 形块	一块长 V 形块
		图示	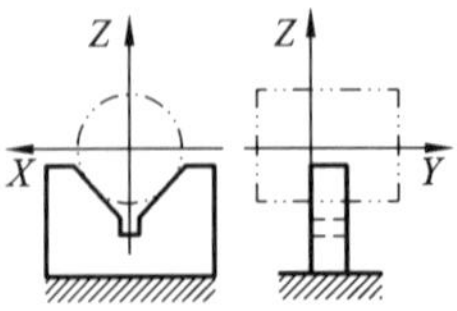	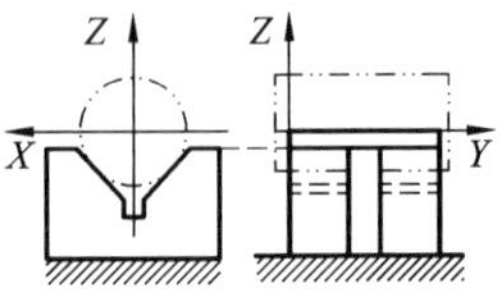	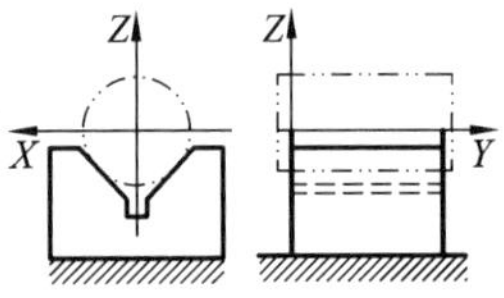
		限制自由度	$\vec{X}$, $\vec{Z}$	$\vec{X}$, $\vec{Z}$, $\hat{X}$, $\hat{Z}$	$\vec{X}$, $\vec{Z}$, $\hat{X}$, $\hat{Z}$

168

工件的定位面		夹具的定位元件		
外圆柱面	定位套	定位情况	一个短定位套	两个短定位套	一个长定位套
		图示	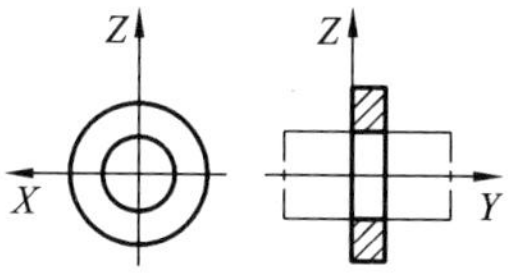	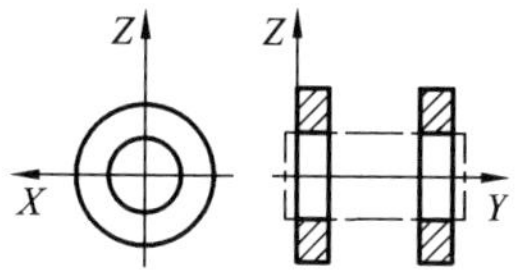	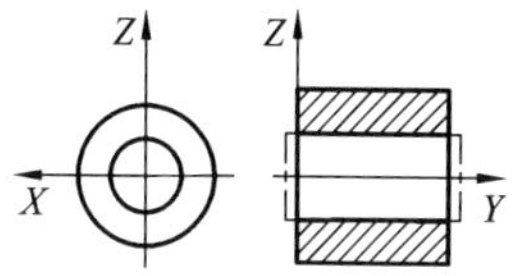
		限制自由度	$\vec{X}$, $\vec{Z}$	$\vec{X}$, $\vec{Z}$, $\hat{X}$, $\hat{Z}$	$\vec{X}$, $\vec{Z}$, $\hat{X}$, $\hat{Z}$
圆孔	圆柱销	定位情况	短圆柱销	长圆柱销	两段短圆柱销
		图示	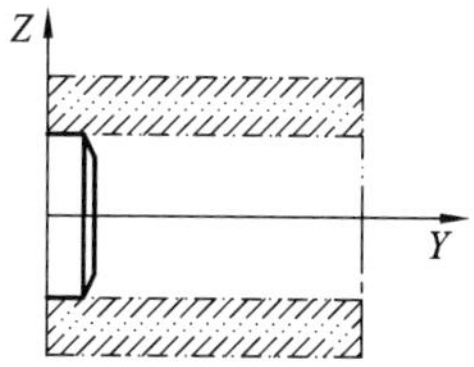	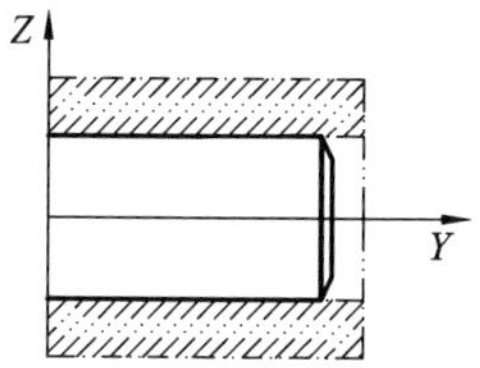	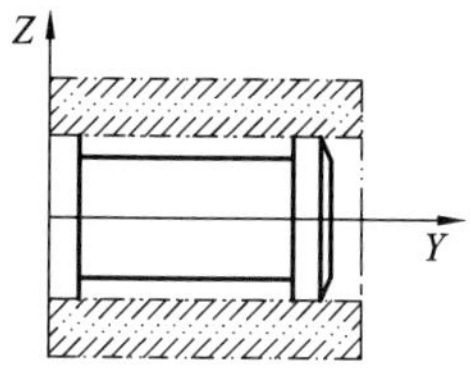
		限制自由度	$\vec{X}$, $\vec{Z}$	$\vec{X}$, $\vec{Z}$, $\hat{X}$, $\hat{Z}$	$\vec{X}$, $\vec{Z}$, $\hat{X}$, $\hat{Z}$
		定位情况	菱形销	长销小平面组合	短销大平面组合
		图示	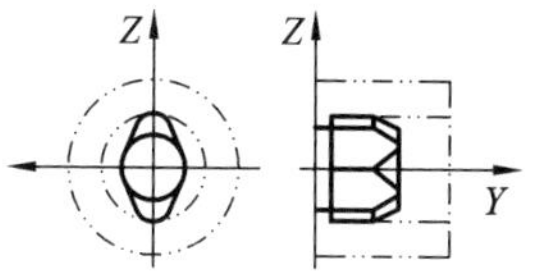	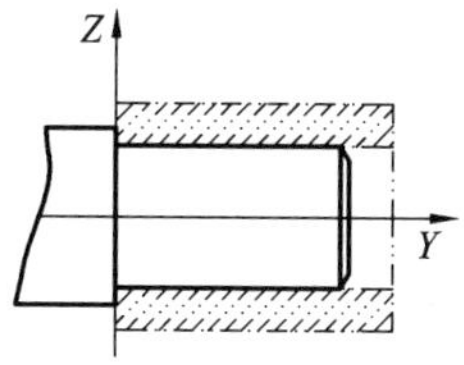	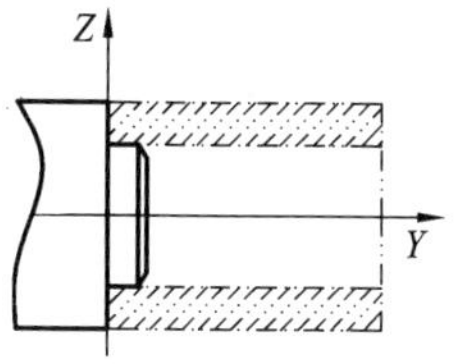
		限制自由度	$\vec{Z}$	$\vec{X}$, $\vec{Y}$, $\vec{Z}$, $\hat{X}$, $\hat{Z}$	$\vec{X}$, $\vec{Y}$, $\vec{Z}$, $\hat{X}$, $\hat{Z}$
	圆锥销	定位情况	固定圆锥销	浮动圆锥销	固定圆锥销与浮动圆锥销组合
		图示	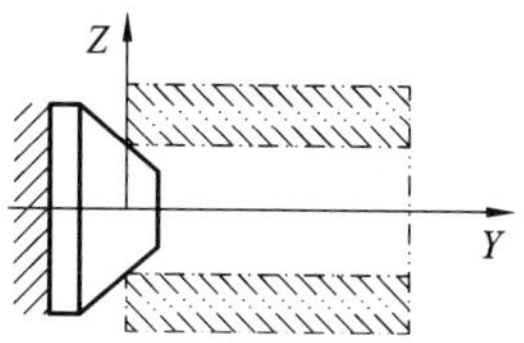	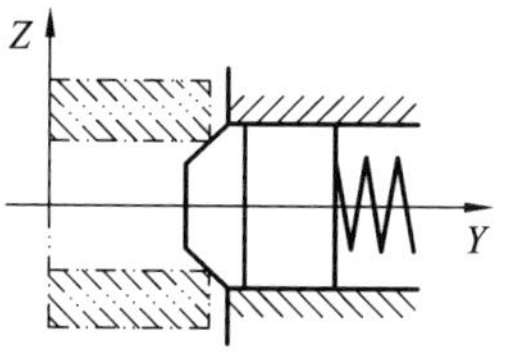	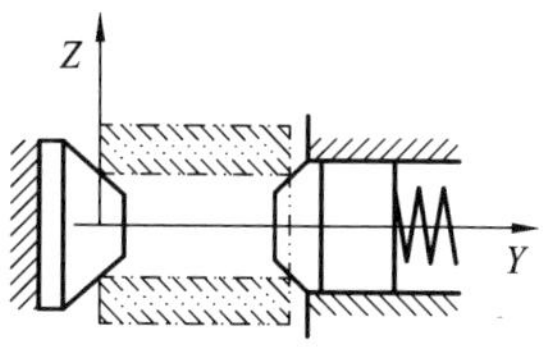
		限制自由度	$\vec{X}$, $\vec{Y}$, $\vec{Z}$	$\vec{X}$, $\vec{Z}$	$\vec{X}$, $\vec{Y}$, $\vec{Z}$, $\hat{X}$, $\hat{Z}$

工件的定位面	夹具的定位元件			
圆孔 心轴	定位情况	长圆柱心轴	短圆柱心轴	小锥度心轴
	图示			
	限制自由度	$\vec{X}, \vec{Z}, \widehat{X}, \widehat{Z}$	$\vec{X}, \vec{Z}$	$\vec{X}, \vec{Z}, \widehat{X}, \widehat{Z}$
圆锥面 锥顶尖及锥度心轴	定位情况	固定顶尖	浮动顶尖	锥度心轴
	图示			
	限制自由度	$\vec{X}, \vec{Y}, \vec{Z}$	$\vec{X}, \vec{Z}$	$\vec{X}, \vec{Y}, \vec{Z}, \widehat{X}, \widehat{Z}$

　　考虑定位方案时，首先应根据工序的加工要求确定必须消除的自由度，选择或设计适当的定位元件对工件进行定位，以保证对这些自由度的限制；其次也要考虑工件的形状特点如：对完整的球形工件，可不必考虑绕三根轴的旋转自由度，对光滑的轴、轴套及盘形类零件，则不必考虑限制绕其自身轴线旋转的自由度。选择定位方案时，允许实际消除的自由度等于或多于需要消除的自由度，不允许实际消除的自由度少于需要消除的自由度。

　　图 4－5 中图 4－5(a)是通过铣削完成对长方体工件上表面的加工，并要保证上下表面间的距离和平行关系，只需限制 $\vec{Z}$、$\widehat{X}$、$\widehat{Y}$ 三个自由度。图 4－5(b)是工件上铣削一个通槽，保证通槽两侧面和底面分别与工件左右侧面、底面的平行关系及槽底与工件底面间的距离，需限制除 $\vec{X}$ 外的五个自由度。图 4－5(c)是在图 4－5(b)的基础上对槽有了一个 X 长度方向的限制，故需限制六个自由度。图 4－5(d)过球心打一通孔，对球体绕三轴心线的旋转不需限制，只需限制 $\vec{X}$、$\vec{Y}$ 两个自由度就可以满足要求。图 4－5(e)是在圆柱体工件铣一通槽，对槽的要求与图 4－5(b)一样，此时是以圆柱体外圆面作为基准面，故较图 4－5(b)而言可以不用限制绕圆柱体自身轴线旋转的自由度，只需限制 $\vec{Y}$、$\vec{Z}$、$\widehat{Y}$、$\widehat{Z}$ 四个自由度。图 4－5(f)在是图 4－5(e)的基础上增加了一条通槽，要求两槽保持对中，这时就需要在图 4－5(e)的基础上增加对 $\widehat{X}$ 自由度限制。

　　在实际夹具设计中，实际的定位点数目不得少于需要限制的自由度数目，但允许多于需要限制的自由度的数目。

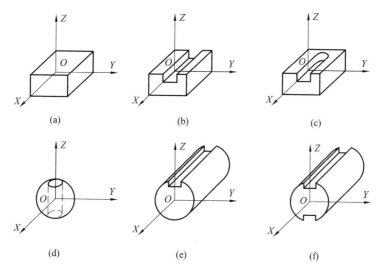

图 4 - 5 工件应限制自由度

3. 过定位与欠定位

工件上某一自由度如果被定位元件重复限制,称为过定位,也称重复定位。过定位是否允许,要视具体情况而定。在工件定位中,如果需要限制的自由度数目多于定位点数,也就是存在应该被消除,但实际没有被消除的自由度,称为欠定位。欠定位不能保证加工要求,是绝对不允许出现的。

图 4 - 6 中采用了四个支承点支承一个平面定位,四个点只限制了绕 X、Y 方向转动和 Z 方向移动三个自由度,属于重复定位。如果工件的定位基准面不平,定位基准上与 4 个支承点对应的定位点就不在一个平面内。根据不在一条直线上

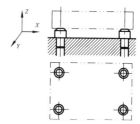

图 4 - 6 平面的重复定位

的三点确定一个平面的原理知,即使夹具 4 个支承点基本在一个平面内,但工件的基准面只能与三个支承点接触。对一批工件来说,有的工件与这三点接触,有的工件则与另三点接触,造成定位不准,增加了误差。这种情况下不允许重复定位,应改用三点支承。

但如果定位基准面是精加工面,此时定位基准上与 4 个支承钉对应的支承点基本在一个平面内,采用四点支承,可以使支承稳固,刚性好,减小工件受力所产生的变形,这种情况下重复定位是允许的,有时还是必要的。这和不平的表面用三脚凳,平整的表面用四脚凳的道理是一样的。

图 4 - 7(a)所示为加工连杆工件的大头圆柱孔的定位方案,定位元件为长圆柱销 1、支承板 2 和挡销 3 图 4 - 7(c)为其俯视图。圆柱销 1 限制了连杆 $\vec{X}$、$\vec{Y}$、$\hat{X}$、$\hat{Y}$ 四个自由度,支承板 2 限制了连杆 $\hat{X}$、$\hat{Y}$、$\vec{Z}$ 三个自由度,挡销 3 限制了连杆 $\vec{Z}$ 自由度。在这个定位方案里,$\hat{X}$、$\hat{Y}$ 自由度被重复限制,属重复定位。如果长圆柱销 1 与支承板 2 之间垂直度误差很小,并且连杆小头孔与连杆端面(指整个连杆的端面)的垂直度误差也很小,这种定位方案是可取的。

但实际上连杆小头孔与连杆端面的垂直度误差较大，夹具自身也存在误差，造成连杆端面不能与支承板良好接触，大孔端面与小孔端面可能只有一个端面与支承板接触，如(a)所示。若用力使它们接触，势必造成连杆和圆柱销的弯曲变形(b)，影响加工精度。其原因就在于 $\widehat{X}$、$\widehat{Y}$ 出现了重复定位。方案(d)中，将长圆柱销改为了短圆柱销，使它失去了对 $\widehat{X}$、$\widehat{Y}$ 自由度的限制，从而消除了重复定位。方案(e)中，将支承板2改为了小支承板2′，使它只限制 $\vec{Z}$，从而也消除了 $\widehat{X}$、$\widehat{Y}$ 重复定位。对连杆大头切削力的支撑，可通过增加辅助支承实现(详见下一节)。在实际加工过程究竟采用哪一种方案，要视具体情况而定。方案(b)，连杆端面是第一定位基准，有利于保证大头孔与其的垂直度。方案(c)，小头圆柱孔是主第一定位基准，有利于保证大头孔轴线与小头孔轴线的平行度。

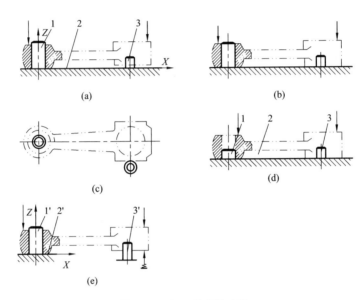

图 4-7　加工连杆的定位

1—长销；2—支承板；3—挡销

　　工件以一面二孔定位，采用了一平面二短圆柱销对工件进行定位的方案。在这个方案中，平面限制了 $\widehat{X}$、$\widehat{Y}$、$\vec{Z}$ 三自由度，短圆柱销1限制了 $\vec{X}$、$\vec{Y}$ 二自由度，短圆柱销2限制了 $\vec{X}$、$\widehat{Z}$ 二自由度。其中自由度 $\vec{X}$ 被重复限制，属重复定位。通常工件两孔中心距 L_g 不可能与夹具两短圆柱销中心距 L_x 完全一致。另外还有工件孔、圆柱销的直径误差等，均可能导致工件孔无法套进圆柱销。为解决这个问题，就必须消除对自由度 $\vec{X}$ 的重复限制，可以增大孔与销间的配合间隙，但这会导致定位误差的增大，也可以将两定位销之一在定位干涉方向(X方向)上削边，做成菱形销，如图4-8所示，以避免对自由度 $\vec{X}$ 的重复限制。

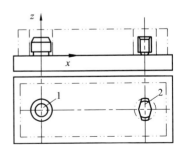

图 4-8　一面两孔定位

172

4.2.2　常用定位元件与定位方法

选择合适的定位元件和定位方法是机床夹具设计中的重要内容之一。定位方法及定位元件的选择必须满足工件的质量要求。定位元件应结构简单、易于制造、方便使用。常用定位元件的结构参数和精度要求等已经标准化系列化，通常在有关设计手册中选取，如《机床夹具设计手册》等。

1. 工件以平面为定位基准

(1) 工件以未加工平面为定位基准时，由于工件定位基准表面粗糙不平，通常用三个支承钉作为定位元件来定位。每个支承钉可以看成一个支承点，消除一个自由度。布置支承钉时，三个支承钉所形成的三角形的面积应尽可能大。

(2) 经过机械加工的平面作为定位基准时，可以直接放在夹具的平板上定位。定位平板应做得中间低些，可以保证定位稳定性和准确性，如图 4 - 9(a)。有时也将定位表面做成间断式的，以便于清除切屑，如图 4 - 9(b)。也可用 3 个以上的支承钉或多个支撑板定位，但应保证它们与工件接触的表面在一个平面内，即平面度误差要小。

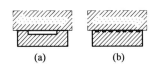

图 4 - 9　支承平板定位

(3) 定位元件

工件以平面为定位基准时，所用的定位元件一般称为支承件。根据支承件所起的作用不同，可分为"主要支承"和"辅助支承"两类。主要支撑有：

1) 支承钉

如图 4 - 10 所示，其中 A 型为平头支承钉，多用于定位基准较光滑的工件；B 型为圆头支承钉，其与工件的接触面积小，但易磨损，容易使工件定位基准面产生压陷，从而使夹紧后带来较大的安装误差，装配时也不易使几个圆头支承保持在同一个平面上，故常用于工件的粗基准定位。C 型为花纹顶面支承钉，常用于要求摩擦力大的工件侧表面定位，防止工件滑动，增加工件定位的稳定性。

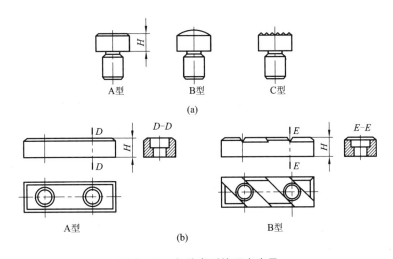

图 4 - 10　各种类型的固定支承

2）支承板

如图 4 - 10(b)所示，用于工件的定位基准精度较高的情况。根据其结构形式分为 A 型、B 型两种。A 型支承板结构简单、制造方便，但螺钉凹坑容易堆积切屑，常用于侧面和顶面的定位，也可用作侧面导向板；B 型支承板有斜向低槽，便于清除切屑，常用于夹具底面。支承板的定位作用要看它的面积和工件总体面积的相对大小而定，如支承板的尺寸接近工件定位基准面尺寸时，支承板相当于三个支承点定位，限制了工件的三个自由度；如支承板的长度接近工件，宽度很窄时，此时支承板只相当于二个支承点定位，限制了工件的两个自由度；当其长度和宽度相比工件都相差很多时，只能消除一个自由度。

3）自位支承（又叫浮动支承）

当定位工件的尺寸较大或刚性较差时，如采用三个固定支承定位元件，工件在夹紧力的作用下变形较大，造成加工误差；如增加支承点，又会形成过定位，增大定位误差，也会降低加工精度。为解决这个矛盾，可采用自位支承。有时工件的定位面不是平面，也可采用自位支承。自位支承是指定位支承点的位置在工件定位过程中，随工件定位基准变化而自动与之适应的定位元件，即它在工件定位时跟随工件定位面自动调整移动，在工件夹紧时它保持定位时的位置不动。自位支承的工作特点是：当自位支承的一个点被压下，其余点即上升，直至这些点与工件接触为止。自位支承与工件虽然是多点接触，但其作用仍相当于一个支承点，只限制了一个自由度，不但增加了支承刚度，还避免了过定位引起的误差，见图 4 - 11。

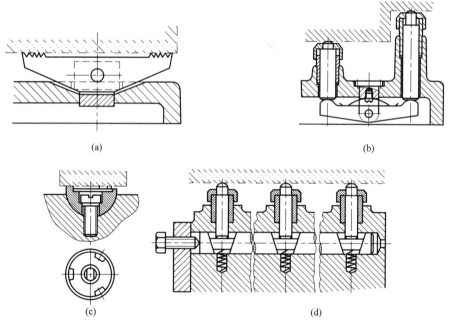

(a)

(b)

(c)

(d)

图 4 - 11　自位支承

图 4 - 11(a)、(b)的结构为两点式自位支承，与工件有两个支承点，常用于断续表面和阶梯表面定位；图 4 - 11(c)为球面三点式自定位支承，当定位基面在两个方向上均不平或倾斜时，能实现三点接触；图 4 - 11(d)滑柱三点式自定位支承，在定位基面不直或倾斜时，能

174

实现三点接触。它们都相当于一个支承点。

4）可调支承

可调支承是指支承的高度可以进行调节的支承。常见的可调支承结构如图 4 - 12 所示，这几种机构都是通过螺钉、螺母机构实现对不同支承高度的调节。调整时要先松开锁紧螺母 2，再调节螺杆 1，最后用锁紧螺母固定。

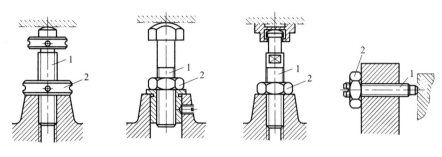

图 4 - 12　各种可调支承

可调支承一般多用于粗基准的定位，或定位基面形状复杂、以及各批毛坯的尺寸、形状变化较大时的定位。例如，不同批次的毛坯形状变化较大，若采用固定支承并用调整法加工，有可能因毛坯尺寸的变化而产生废品。如果采用可调支承，在批次变化时对支承进行调整，就能保证加工精度。可调支承调整完毕后，就相当于固定支承。

5）辅助支承

在夹具中对工件不起限制自由度作用的支承称为辅助支承。工件因其形状不好或刚度较差的原因，在重力、切削力、夹紧力的作用下，变形过大或定位不稳时，应设置辅助支承。辅助支承的工作特点：辅助支承都可以调整，不具备对工件的定位功能。但在工件定位过程或定位以后可以进行调整，用于增加支承的刚度或稳定性。通常调整在工件定位以后进行，调整辅助支承使其与工件支承面接触锁紧。每安装一个工件辅助支承都要调整一次。

如下图 4 - 13 所示工件以小圆柱面在 V 形块上定位，由于工件重心已超出 V 形块的定位区域，工件大端会下垂，小端上翘，从而导致工件定位不准。为了避免这种情况，在工件大端增加一辅助支承。对重型工件而言，设置这种辅助支承是非常必要的，因这类工件若放入夹具而偏离正确位置过大，往往无法靠人力或夹紧力来纠正，所以力求放入夹具后尽量接近正确位置。通过调整辅助支承并观察小圆柱体与 V 形块的接触情况，就可实现准确定位。

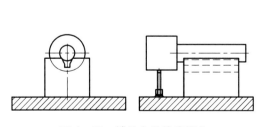

图 4 - 13　辅助支承的应用 1

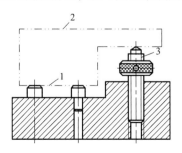

图 4 - 14　辅助支承的应用 2

又如图 4-14 所示为一台阶形工件，当用平面 1 定位铣平面 2 时，则必须在工件右部底面增加辅助支承 3，以提高其安装刚度和稳定性。

图 4-13 或图 4-14 所示的辅助支承，结构简单、操纵费时，效率低下，常用于单件小批生产。

自位式辅助支承如图 4-15(a) 所示，安装工件时，松开手柄，支承 1 在弹簧的作用下升得很高；当工件放在主要支承上后，支承 1 被工件的支承面压下，自动处于需要的高度；这时再转动手柄将支承 1 锁紧。支承杆应能自锁，手柄锁紧时支承不会移动。推引式辅助支承的结构如图 4-15(b) 所示，安装工件前，拉开手柄 4 使支承 5 的高度低于主要支承。当工件放在主要支承上定位以后，推进手柄 4 通过楔块 6 的作用使支承 5 与工件支承面接触并锁紧。楔铁 6 斜面倾角应能满足自锁条件，不会因工件向下的作用力而移动。

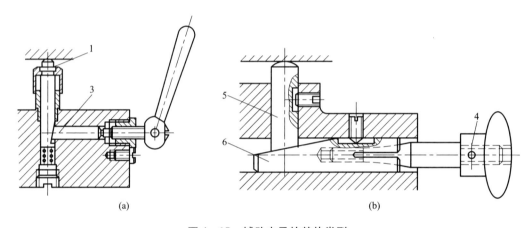

(a)   (b)

图 4-15　辅助支承的其他类型

液压锁紧辅助支承　见图 4-16 所示，支柱 1 依靠弹簧力与工件接触，弹簧力的大小通过调整螺钉 2 实现，压力油通过管路 6 作用在薄壁夹紧套 5 锁紧支柱 1。这种辅助支承结构紧凑，操作方便，但必须有液压动力源。装卸工件时，首先泄放压力油，工件在主要支撑上定位以后，支承 1 依靠弹簧与支承面紧密接触，这时再接通压力油对其锁紧。压力油的泄放与接通可与工件的松开与夹紧联动。

2. 工件以外圆柱面为定位基准

工件以外圆柱面作为定位基准，主要是保证外圆柱面的回转中心在夹具中占有预定的正确位置。常用的定位元件有：V 形块、圆柱孔、半圆座等。

（1）V 形块定位

V 形块是由两块有一定夹角的平面形成。标准 V 形块的夹角 α 有 60°、90°、120° 三种。V 形块定位最大的优点就是对中性好，在对一批工件定位中它不受工件直径的变化，均能保证工件定位基准轴线对中在 V 形块两斜面的对称平面上，且安装方便。V 形块的结构如图 4

图 4-16　液压锁紧辅助支承

－17，图 4－17(a)用于对短的外圆柱面精基准的定位；图 4－17(b)用于对较长的外圆柱面粗基准的定位；图 4－17(c)用于两段精基准圆柱面相距较远的场合；如果定位基准直径与长度较大，则 V 形块不必做成整体式，而采用铸铁底座镶淬火钢垫的形式，如图 4－17(d)所示。

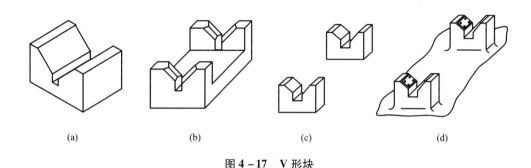

| (a) | (b) | (c) | (d) |

图 4－17　V 形块

　　工件在 V 形块中定位限制的自由度个数取决于接触母线的长度与工件长度的比例，相对接触较长时限制四个自由度，相对接触较短时限制两个自由度。

　　根据 V 形块的运动状态，分为固定式和活动式两种。固定式 V 形块，利用定位销和螺钉将 V 形块固定在夹具体上。活动式 V 形块见图 4－18，图 4－18(a)为加工连杆的定位方案，右边的活动 V 形块可以沿 X 方向自由平动，限制了 $\overset{\frown}{Z}$ 自由度；图 4－18(b)活动 V 形块也可沿 X 移动限制了 $\vec{Y}$ 自由度。在图 4－18(a)、图 4－18(b)中，活动 V 形块在定位的同时还起到了夹紧的作用。

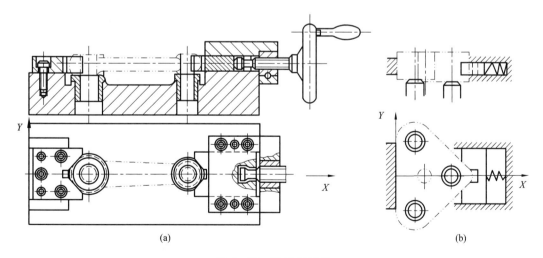

| (a) | (b) |

图 4－18　活动 V 形块

　　（2）定位元件为圆柱孔

　　利用圆柱孔定位，大多数情况下是将定位元件做成一个单独的零件装配到夹具体上，这种定位元件被称为定位套筒、定位衬套或定位环。这种定位元件结构简单，故适应于精基准定位。

常用定位套筒的结构形式如图 4-19 所示。其定位自由度的个数由定位套的长度与端面接触面积来定。不用端面定位,长套筒限制 4 个自由度,短套筒限制 2 个自由度;与端面联合定位,长套筒小端面限制 5 个自由度,短套筒大端面限制 5 个自由度,短套筒小端面限制 3 个自由度。图 4-19(a)、图 4-19(c)小型套筒以小过盈配合压入夹具体中;图 4-19(b)、图 4-19(e)环形套筒以过渡配合装入夹具体,用螺钉固定;图 4-19(d)套筒装入夹具体后,其尾部用螺钉锁紧;图 4-19(f)是一种特殊定位套筒,三段圆柱段起到一个定位套筒的作用;图 4-19(g)定位端面用三个支承代替。

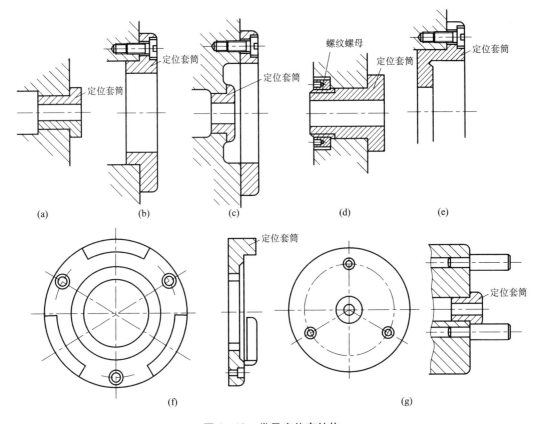

图 4-19　常见定位套结构

（3）半圆形定位座

将同一圆周表面的孔一分为二,下半部分安装在夹具体上,上半部分装在可卸式或铰链式的盖上,下半部分起定位的作用,上半部分起夹紧的作用。主要用于不宜于以整个圆孔定位的大型轴类零件,如曲轴等。其优点是定位较整个圆孔方便,夹紧力均匀。半圆孔定位装置如图 4-20。

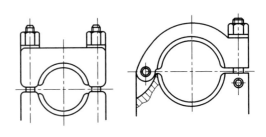

图 4-20　半圆形定位座

3. 工件以圆柱孔为定位基准

工件以圆柱孔为定位基准在生产实践中应用得非常广泛，如：盘类、齿轮、套类等零件的加工。常用于圆柱孔定位的定位元件有圆柱销、圆锥销、定位心轴。

（1）圆柱销

图 4 - 21 为常用的固定式定位销结构。当工件部分直径较小时，可选用图 4 - 21(a)结构，为增强定位销的刚度，避免因撞击折断，或热处理时发生淬裂，定位销的根部应做成圆弧过渡，为避免过渡圆弧对定位造成影响，夹具体就做成沉孔；工件孔的尺寸较大时，可选用图 4 - 21(b)结构；当工件的定位基准是内孔与端面的组合时，可选用图 4 - 21(c)带有端台或支承垫圈的结构；在大批大量生产中，为便于更换定位销可采用图 4 - 21(d)结构，定位销与衬套间是间隙配合，衬套与夹具体通常是过渡或过盈配合。定位销限制的自由度个数，取决于定位销与圆柱孔接触的长度，一般长圆柱销限制四个自由度，短圆柱销限制两个自由度，4 - 22(e)所示的削边短圆柱销限制一个自由度。定位销与夹具体的配合通常为过盈配合，以便定位准确。为便于工件顺利装入，定位销的头部应有 15°倒角。

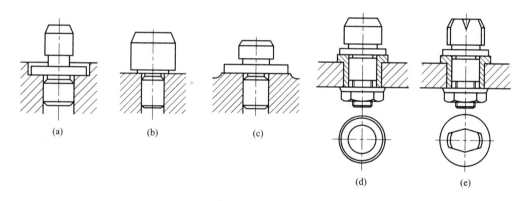

图 4 - 21　定位销

（2）圆锥销

生产中工件的圆柱孔定位基准用夹具的圆锥销定位的情况也很常见。如图 4 - 22。圆锥销与圆柱孔接触部分为一圆形，限制了三个方向上的自由度$(\vec{X}、\vec{Y}、\vec{Z})$。图 4 - 22(a)用于以圆柱孔为定位基准的情况。由于以单个圆锥销对工件进行定位容易出现倾斜，故在定位中经

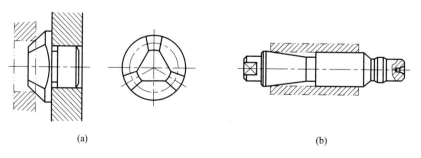

图 4 - 22　圆锥销定位

常组合使用如图4−22(b)，为圆锥与圆柱组合定位，常用于工件基准孔较长而加工精度不高的场合。以较大的锥度使工件正确定位，且轴向位移不大。而较长的圆柱部分可使工件倾斜较小。

（3）定位心轴

定位心轴常用于对套类、盘类零件孔的定位，心轴的种类很多。图4−23是常见的几类心轴结构。图4−23(a)是间隙配合的刚性心轴，定心精度不高，但装卸方便。

为了快速装卸工件，可采用开口垫圈。开口垫圈的两个表面应平行，一般要进行磨削。当工件定位孔与端面的垂直度误差较大时，应采用球面垫圈。切削力矩靠螺旋夹紧产生的摩擦力传递。

图4−23(b)为过盈配合心轴。心轴由引导部分1、工作部分2和传动装置连接3组成。引导部分可以使工件快速而正确地套入心轴。心轴工作部分略带锥度，心轴两端的凹槽供车削工件端面时退刀使用。心轴两端设有顶尖孔，其左端传动部分铣扁，以便能迅速的放入到车床主轴带有长方槽孔的拨盘中；传动部分也可加工成带有莫氏锥柄的结构，使用时直接插入车床主轴的前锥孔内。这种心轴制造简单而且定位准确，但装卸不便，易损伤工件定位孔。因此多用于定心精度要求较高的场合。

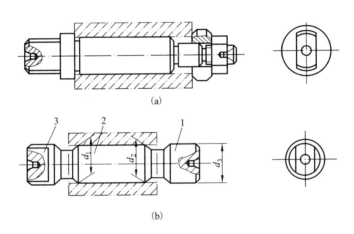

(a)

(b)

图4−23　几种常见定位心轴

小锥度心轴如图4−24所示，可以消除心轴与定位孔间的间隙，提高定位精度和方便装卸，依靠工件定位基准弹性变形所产生的摩擦力矩带动工件转动。心轴锥度K一般取

$$K = \frac{1}{5000} \sim \frac{1}{1000}$$

即每100 mm长度上，心轴的直径减小$0.02 \sim 0.1$ mm。心轴的长度取决于被定位孔的长度、孔的直径公差和心轴锥度等参数。

图4−24　小锥度心轴

4. 工件以圆锥孔为定位基准

工件以圆锥孔作为定位基准面时，常用的定位元件有圆锥心轴、顶尖等。

（1）圆锥心轴。图4−25是通过工件锥形孔与锥形心轴接触来实现定位。这种定位方式的定心精度、角向精度均比较高，轴向定位精度取决于工件孔与心轴的尺寸精度。除自身回转方向的旋转自由度不能确定外，它可以限制 5 个方向上的自由度。

当心轴的圆锥倾角小于自锁角时，为便于装卸，可在心轴的大端安装一个螺母，如图4－25(b)。

（2）顶尖。在加工轴类零件或对定心要求比较高的零件时，常在工件的两端加工中心孔（锥孔），利用顶尖与中心孔的配合实现定位。图 4－26(a) 为两顶尖定位，左端顶尖限制了三个方向自由度，右端顶尖限制了二个方向自由度，这定位方式定心精度高，可实现基准统一，但也存在轴向定位精度不高的缺陷。为弥补这个不足，可采用图 4－26(b)轴向浮动的前顶尖定位方式。此时工件端面为轴向定位基准面，在顶尖套的端面上紧贴定位，使前顶尖只起定心作用。

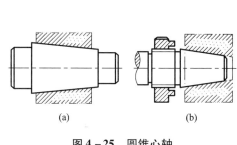

图 4 - 25　圆锥心轴

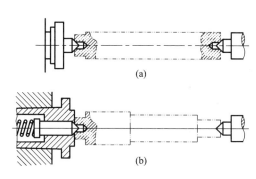

图 4 - 26　利用顶尖对轴类零件定位

4.2.3　定位误差的分析与计算

在加工过程中，刀具与工件之间的相对位置，是保证加工精度的重要因素。刀具与机床的相对位置是确定的，夹具与机床的相对位置也是确定的，保证刀具与工件间的相对位置，就转化为保证工件与夹具间的相对位置了。把工件相对于夹具的位置确定下来，这一过程叫定位。一批工件在夹具上的位置变化，决定了工件相应参数的变化。将一批工件在夹具上（无夹具时就是在机床上）的定位不准确引起的加工误差，称为定位误差。因此，定位误差只存在于调整法保证的工件参数，试切法中无定位误差的概念。

在分析定位误差时，应当假定刀具相对于夹具的位置是固定不动的。也就是说，加工以后新形成的工件表面(以下称为加工面)相对于夹具是固定不动的。所谓相对于夹具固定不动，是指加工面相对于夹具的定位元件(与工件的接触点)固定不动。由于加工面是不动的，而工序尺寸是工序基准到加工面的尺寸，故工序基准因工件定位引起的变化范围就是定位误差。这里的工序尺寸是广义的工序尺寸，可以先作为长度尺寸理解。

由于工序基准的变化具有方向性，如果变动方向与工序尺寸的方向不一致，应当向工序尺寸的方向上投影。

研究定位误差的目的，是要评价所采用的定位方案和定位元件能否满足工件的加工精度要求。由于造成加工误差的因素多种多样，为了保证加工精度，一般把定位误差限制在工件公差的五分之一到三分之一。即：

$$\Delta_{定位} \leqslant (1/5 \sim 1/3)T$$

如果定位误差过大，就应改变定位方案或定位元件。定位误差的分析与计算是机床夹具设计的最重要的内容之一。

定位误差的主要来源有两个方面：

1）一批工件的定位基准相对于夹具的定位元件的位置变化，或夹具定位元件本身相对于夹具体的位置变化，这种原因所确造成的加工误差，称为基准位置误差。

2）工件的工序基准与定位基准不重合引起的加工误差，称为基准不重合误差。

如果基准位置误差和基准不重合误差具有方向性，应向工序尺寸方向投影再求代数和，或求矢量和以后再向工序尺寸方向投影。

为便于叙述，通常假定工序基准就是设计基准，如果工序基准与设计基准不重合，用下一章尺寸链的方法来解决。

1. 平面为定位基准的定位误差

图4-27(a)所示为所要加工的工件，在一个六面体上加工一个缺口。定位方式如图4-27(b)所示，第一基准是其下平面，在3个支承钉上定位；第二基准为左侧平面，用两个水平布置的支承钉定位。

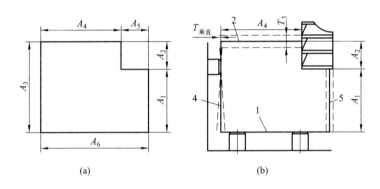

(a)   (b)

图4-27　平面定位误差分析

高度方向，如果要求保证的尺寸为A_1，工序基准为面1，定位基准为面1，工序基准与定位基准重合，故基准不重合误差为0；一批工件安装时，面1的位置也不会相对夹具发生变化，故基准位置误差0；这种情况的定位误差$\Delta_{定位(A_1)}$为$0+0=0$。

如果要求保证的尺寸为A_2，则工序基准为面2，而定位基准为面1，基准不重合，一批工件的工序基准的变化范围为T_3，亦即A_3的公差，如虚线所示，基准不重合误差为T_3，一批工件加工时面1的位置不会发生变化，故基准位置误差为0，定位误差$\Delta_{定位(A_2)}$为$T_3+0=T_3$。可见同一个夹具，工序基准不一样时，定位误差也不一样。

在水平方向，如果要求保证的尺寸为A_4，则工序基准为面4，而定位基准为面4，基准不重合误差为0。设工件面1与面4的垂直度公差为$T_{垂直}$，则一批工件安装时面1的位置有如图4-27(b)4所指附近虚线所示的变化范围，基准位置误差为$T_{垂直}$，对A_4的定位误差$\Delta_{定位(A_4)}$为$0+T_{垂直}=T_{垂直}$。可见定位误差与要求的工序尺寸相关，同一个夹具，工序尺寸不同，定位误差也不同。

如果要求保证的尺寸为 A_5，则工序基准为面5，而定位基准为面4，基准不重合误差不为0，工序基准的变化范围（假定定位基准不变的情况）如图 $4-27(b)5$ 所指附近虚线所示，基准不重合误差为 T_6。当然，定位基准的位置误差还是 $T_{垂直}$，故 $\Delta_{定位(A_5)}$ 为 $T_6+T_{垂直}$。

可见，分析定位误差的关键是：画出相对夹具不动的加工面，看看工序基准相对加工面（也就是夹具）的变化范围有多大。

2. 外圆用 V 形块定位的定位误差

如图 $4-28$ 所示，轴在 V 形块上定位铣键槽，分析工序尺寸 H,H_1,H_2 的定位误差（忽略 V 形块制造误差的影响）。

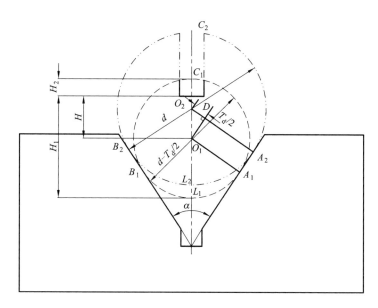

图 4 – 28　V 形块定位误差分析

当工件外圆柱面放入 V 形块时，工件外圆柱面母线与 V 形块两个倾斜平面接触，此时外圆柱面母线是定位基准，工件直径变化时，其位置也在变化。为分析简单起见，我们不区分基准不重合误差和基准位移误差，直接分析工序基准相对于夹具在工序尺寸方向上的变化量，这个变化范围就是定位误差。工序基准的变化范围，就是工件定位时最不利的两种极端情况下工序基准的极端位置间的区域。如果从基准位移误差和基准不重合误差分析，结果相同，有兴趣的读者可看有关书籍。

（1）工序尺寸为 H 时的定位误差

工序尺寸为 H 时，工序基准为圆柱体的轴心线。键槽的底部如图双粗实线所示固定不动（所有定位误差分析中，都认为加工面位置不动），当工件从最小（虚线）变到最大（双点划线）时，工序基准（圆心）从 O_1 变到 O_2，这个变化量就是定位误差。通过 O_1 做 O_2-A_2 的垂线交 O_2-A_2 于 D，O_1-D 平行于 A_1-A_2。O_2-D 为圆柱体的半径公差，O_1-O_2 为直角三角形的斜边：长度为 $(T_d/2)/\sin(\alpha/2)$

$$\Delta_{定位(H)}=O_1O_2=\frac{T_d}{2\sin\left(\dfrac{\alpha}{2}\right)} \tag{4-1}$$

（2）工序尺寸为 H_1 时的定位误差

工序尺寸为 H_1 时，工序基准是工件外圆下母线 L，工序基准在工序尺寸 H_1 方向上的最大变化量为 L_1L_2，即为工序尺寸 H_1 的定位误差，得

$$\Delta_{\text{定位}(H_1)} = L_1L_2 = O_1L_1 + O_1O_2 - O_2L_2 = \frac{d - T_d}{2} + \frac{T_d}{2\sin\left(\dfrac{\alpha}{2}\right)} - \frac{d}{2} = \frac{T_d}{2}\left(\frac{1}{\sin\dfrac{\alpha}{2}} - 1\right) \quad (4-2)$$

（3）工序尺寸为 H_2 时的定位误差

工序尺寸为 H_2 时，工序基准为工件外圆柱面上母线 C，工序基准在工序尺寸 H_2 方向上的最大变化量 C_1C_2，即为工序尺寸 H_2 的定位误差，得

$$\Delta_{\text{定位}(H_2)} = C_1C_2 = O_2C_2 + O_1O_2 - O_1C_1 = \frac{d}{2} + \frac{T_d}{2\sin\left(\dfrac{\alpha}{2}\right)} - \frac{d - T_d}{2} = \frac{T_d}{2}\left(\frac{1}{\sin\dfrac{\alpha}{2}} + 1\right) \quad (4-3)$$

可见以 V 形块定位铣键槽时，定位误差的大小不但与圆柱体的直径公差有关（成正比），而且与尺寸的标注方式有关。从下母线标注定位误差最小，中心线次之，从上母线标注定位误差最大。

如果用 V 形块定位在圆柱体的端面加工几何要素，其工序基准的位置和工序尺寸的方向可能不同于上述 3 种情况，需要具体情况具体分析。

3. 工件内孔以圆柱销定位的定位误差

工件以以圆柱孔作为定位基准时，常用的定位元件有定位销、心轴等。下面分几种情况进行定位误差分析

（1）工件孔与定位元件之间无间隙，如采用定位心轴、过盈配合、定心夹紧机构等，基准位移误差为 0

图 4-29 所示是一套类零件上钻一通孔，在心轴上无间隙定位时（膨胀心轴，或定位孔和心轴间为过盈配合）的定位误差情况。

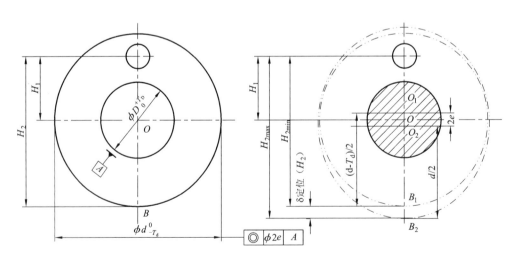

图 4-29 工件以圆柱孔在心轴上无间隙定位

如果要求的尺寸是 H_1，则工件的工序基准是内孔的轴心线，基准位移误差为零，基准不重合误差也为零，故定位误差为零。请注意，根据图纸情况，外圆对内孔有同轴度要求，可以推定 H_1 的工序基准是内孔轴心线，而不是外圆轴心线。如果对工序基准是内孔还是外圆的轴心线有疑问，可向有关部门澄清。

如果要求的尺寸是 H_2，，则工序基准为外圆母线，与定位基准不重合。工件外圆对内孔的同轴度公差为 $\phi 2e$，工件外圆直径的公差为 T_d，故外圆母线相对于外圆轴线的变化范围为 $T_d/2$，外圆轴线相对于内孔轴线的变化范围为 $2e$，故外圆母线相对于内孔轴线的变化范围在 H_2 方向上的投影为 $2e + T_d/2$，此即为基准不重合误差。由于基准位置误差为 0，故定位误差为

$$\Delta_{定位(H_2)} = B_1 B_2 = \frac{T_d}{2} + 2e \qquad (4-4)$$

（2）定位孔与定位元件间存在间隙，定位销轴线与重力线平行的情况，即水平面垂直轴装夹工件。

以图 4-30 为例，如果采用刚性心轴与定位孔间隙配合，设定位孔的公差为 T_D，定位心轴的公差为 T_{d_1}，孔与心轴间设计的最小间隙为 $X_{\min}$，则最大间隙为 $X_{\max} = T_D + T_{d_1} + X_{\min}$ 如图 4-30（b）所示，此即工件内孔轴线相对于定位销轴线的变化范围，也就是基准位移误差，即：

$$\Delta_{位置(H_1)} = T_D + T_{d_1} + X_{\min} \qquad (4-5)$$

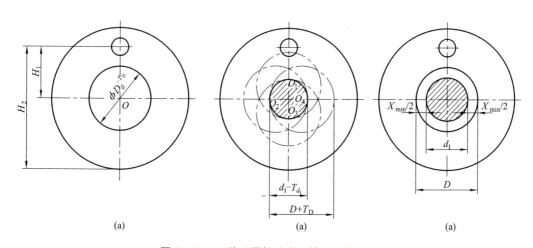

图 4-30 工件以圆柱孔在心轴上间隙定位

当要求的工序尺寸为 H_1 时，由于基准不重合误差为 0，这也就是定位误差。

当要求的工序尺寸为 H_2 时，定位误差为基准不重合误差加上基准位移误差，即

$$\Delta_{定位(H_2)} = T_D + T_{d_1} + X_{\min} + T_d/2 + 2e \qquad (4-6)$$

（3）定位孔与定位元件间存在间隙，定位销轴线与重力线垂直布置的情况。

在这种情况下，由于重力的作用，工件内孔轴线只能偏向定位销轴线的下方，故其基准位移误差为

$$\Delta_{位置(H_1)} = T_D/2 + T_{d_1}/2 - X_{\min} \qquad (4-7)$$

其他情况不再赘述。

4. 工件以一面两孔定位时的定位误差

箱体类加工时常采用工件以一面两孔组合定位，即一个大平面及与该平面相垂直的两个圆孔作为组合定位基准，夹具上与之相适应的定位元件是一面两销。平面为第一定位基准，孔 1 为第二定位基准，孔 2 为第三定位基准。

如图 4-31，工件采用一面两孔定位时，由于两孔、两销的直径、中心距都存在制造误差，工件极易出现因过定位而不能顺利装卸的问题。解决的方法有两个，一是减少定位销 2 的直径（图 4-31(a)），另一种方法是将定位销 2 做成削边销（4-31(b)）。

设 $D_1 {}^{+T_{D_1}}_0$、$D_2 {}^{+T_{D_2}}_0$ 为工件圆柱孔的直径，$d_1 {}^0_{-T_{d_1}}$、$d_2 {}^0_{-T_{d_2}}$ 为夹具定位销的直径，$L \pm T_L/2$ 为工件的孔距尺寸，$l \pm T_1/2$ 为定位销的孔距尺寸。为保证顺利装卸工件，工件孔与夹具销间必须保证的最小直径间隙为 $X_{\min}$。

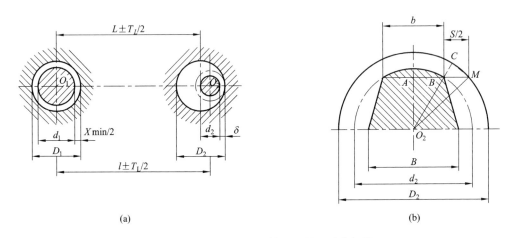

(a)   (b)

图 4-31 工件用一面两销定位的误差分析图

当工件孔为最小，夹具销为最大，工件孔距为最小（最大），夹具孔距为最大（最小）时，工件最难装入夹具。图 4-31(a)显示了这种情况，如果 $d_1 = D_1 - X_{\min}$，显然 d_2 应比 $D_2 - X_{\min}$ 小。从图中可以看出，d_2 应减小的程度为 $T_L + T_1 - X_{\min}$，才能顺利装入。即：

$$d_2 = D_2 - (T_L + T_1 - X_{\min}) \tag{4-8}$$

对于孔 1，其轴心线在一批工件加工中的变化范围就是基准位移误差，显然相当于工件孔和圆柱销存在间隙的情况，即在 X 方向和 Y 方向的基准位移误差都为：

$$\Delta_{位置(1)} = T_{D_1} + T_{d_1} + X_{\min} \tag{4-9}$$

对于孔 2，由于其不限制工件的 X 方向自由度，故只关心其在 Y 方向的基准位移误差。显然：

$$\Delta_{位置(2)} = T_{D_2} + T_{d_2} + T_L + T_1 \tag{4-10}$$

这时工件的转角误差如图 4-32 所示，θ 为转角误差的一半，即向一个方向上的旋转角度。

$$\mathrm{tg}\theta = (T_{D_1} + T_{D_2} + T_{d_1} + T_{d_2} + T_L + T_1 + X_{\min})/(2L) \tag{4-11}$$

显然由于减小了 d_2，使得转角误差增大。如果不减小 d_2，即 $d_2 = D_2 - X_{\min}$ 时，转角误差

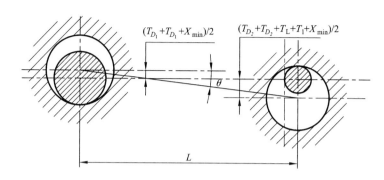

图 4 - 32　两孔定位的转角误差

的一半仅为:

$$\text{tg}\theta_1 = (T_{D_1} + T_{D_2} + T_{d_1} + T_{d_2} + 2X_{\min})/(2L) \qquad (4-12)$$

为了减小转角误差,通常不采用减小定位销 2 的直径的方法,而采用削边销。如果销 2 的直径为 $d_2 - X_{\min}$,只在 Y 方向上保持一段圆柱面,其余部分削边,如图 4 - 31(b)所示。为顺利装入工件,必须使 BM 等于圆柱形定位销应减小的部分,即 $BM = T_L + T_l$,由几何关系可得(ΔABO_2 与 ΔBCM 基本近似),$(X_{\min}/2)/(T_L + T_l) \approx (b/2)/(d_2/2) \approx b/D_2$,削边销的宽度为:

$$b = \frac{D_2 \cdot X_{\min}}{2(T_L + T_l)} \qquad (4-13)$$

削边销的宽度已标准化,有表格可查。

这时的转角误差的一半由式(4 - 12)计算:

工件以一面两孔定位时的设计步骤为:

1)夹具两定位销之间的中心距与工件相同,公差为工件中心距公差的(1/3 ~ 1/5)。

2)确定圆柱销的尺寸和公差,通常基本尺寸相同,在 H 孔的情况下,取 g6 或 f7。

3)确定削边销削边宽度。

4)校核转角误差。

4.3　工件在夹具中的夹紧

工件在夹具中定位以后,还必须进行夹紧才能保持其正确位置在加工中不会变化。

4.3.1　夹紧装置的组成与要求

夹紧的方式虽然千差万别,但其组成部分却大体相同。如图 4 - 33 所示夹具,气缸 1 产生的力经斜楔 2、滚子 3、压板 4 将工件 5 夹紧。夹紧装置可以分为两大部分:

(1)力源装置

力源装置的作用就是把动力源的能量,转化为夹紧装置的主动力和运动,通过传力机构和夹紧元件将工件夹紧。根据动力源的不同,可分为手动和机动,机动又分为电力、气动、液压、惯性等不同类别。图 4 - 33 中的汽缸就是力源。

（2）夹紧机构

一般将传力机构和夹紧元件，统称为夹紧机构。它的作用是传递力和运动，并使其转变为夹紧运动和夹紧力，完成对工件的夹紧。传力机构在传递力的过程中，根据夹紧的需要可以起着不同的作用。常见的作用有：

1）改变作用力的方向

如图4-33中的斜楔将汽缸杆向左的推力，转变为向上的推力。

2）改变力的大小

常采用机械机构来改变力的大小和运动的行程，夹具一般都为增力机构。如图4-33就是斜楔来增大夹紧力。

3）自锁作用

当动力源产生的作用力消失后，仍能使工件得到可靠的夹紧而不松脱，叫做自锁。传力机构一般都有自锁环节，以保证安全生产。如图4-33斜楔2就具有自锁功能。如果角度 a 小于一定数值，工件夹紧后，即使气缸的气源消失，也能保证夹紧不会松开。

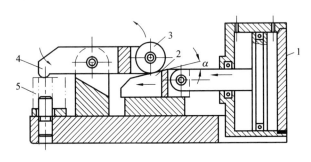

图4-33　夹具装置的组成
1—气缸；2—斜楔；3—滚子；4—压板；5—工件

夹紧装置的设计目标是：保证加工质量；保证生产效率；操作方便安全；制造成本低廉。夹紧装置设计时应当考虑：

（1）夹紧力应稳定、适当、可靠。夹紧力的大小要能预计；既不能太大使工件或夹具过分变形，也不能太小使夹紧不可靠；既不能破坏工件定位，也不能损坏定位元件。

（2）夹紧机构应合理的布置夹紧点，使工件、定位元件、导向件和夹具体的变形得到控制。夹紧工件时不应破坏已加工面的精度和表面质量。

（3）夹具机构应操作安全、方便、省力。

（4）夹紧装置应结构简单、紧凑，尽量采用标准件。

（5）夹紧行程应有一定的余量，或具有调整能力。

4.3.2　夹紧力的确定

确定夹紧力就是要确定夹紧力的大小、方向和作用点。在确定这夹紧力的这三项要素中，应结合工件的结构特点和质量要求、定位元件结构和布置、切削力的方向和大小等诸多因素来进行综合考虑。

1. 夹紧力的方向

(1)夹紧力的方向应垂直于第一定位基准面,以利于保证精度

夹紧力应有助于定位,而加工过程中工件的位置是由定位元件所确定的。在存在几个定位基准的情况下,第一基准对是最重要的基准,夹紧力的方向指向主要定位基准面有利于保证加工精度。

如图 4 - 34 所示,在直角形工件上镗一内孔,要求保证孔的中心线与基准面 A 间的垂直度。由于夹具的精度比工件精度要高得多,忽略掉夹具的误差。图 4 - 34(a)所示,以 A 面为主要基准面,夹紧力 W 垂直于主基准面 A,则无论工件 A、B 间的垂直度误差有多大,都不影响到加工的孔与基准面 A 间的垂直度精度;当夹紧力 W 垂直于 B 面时,A、B 间的垂直度误差将直接转变为所镗孔与 A 面的垂直度误差,不利于保证加工精度[图 4 - 34(b)、(c)]。

但如果要保证所镗内孔轴线与面 B 间的平行度要求,则应以 B 面为第一定位基准,夹紧力也应垂直于 B 面[如图 4 - 34(b)、(c)],此时工件 A 面与 B 面的不垂直度误差才不会转化为内孔轴线与 B 面间的平行度误差。

考虑到工件重力的作用,通常情况下将主要定位基准面置于水平位置安放,这样放置工件最稳,操作也比较方便。

(2)夹紧力的方向应有利于保持工件的定位

如图 4 - 35 方向 1、2 是合理的方向,方向 3、4 是不合理的方向。这一点在采用压板等旋转运动形式的夹紧元件时应特别注意。

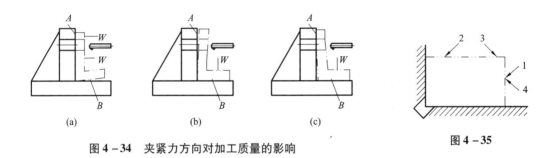

图 4 - 34　夹紧力方向对加工质量的影响

图 4 - 35

(3)夹紧力的方向应有利于减小夹紧力

夹紧力小,可以减轻工人的劳动强度,使夹具结构紧凑,提高劳动效率。夹紧力的大小与重力、切削力的方向有关。

图 4 - 36(a)为夹紧力 W 与切削力 F 和重力 G 方向一致,此时由于重力和切削力有助于夹紧,所需夹紧力最小,这是在夹具设计最理想的状况。图 4 - 36(b)为夹紧力与重力同向而切削力水平,此时重力与夹紧力所产生的摩擦阻力应大于切削力。图 4 - 36(c)为定位面倾斜情况,为保证定位可靠,夹紧力方向应垂直于定位面,此时所需夹紧力的大小介于图 4 - 36(a)与图 4 - 36(b)之间。图 4 - 36(d)为定位面处于竖直情况,此时所需的夹紧力最大。图 4 - 36(e)定位面朝下,此时夹紧力应大于重力和切削力之和。由于定位面和工件朝下,定位和安装都很不方便,这种情况下常带自锁装置。

(4)夹紧力的方向应与工件刚度最大的方向一致,以减小工件变形

图 4 - 37 所示情况,夹紧套筒工件时,轴向夹紧比径向夹紧有利。

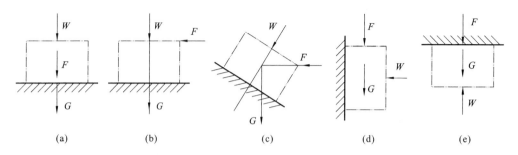

图 4 - 36　夹紧力与夹紧方向关系

2. 夹紧力的作用点

（1）确定夹紧力作用点的位置，应不破坏定位，夹紧力合力的作用点应不使工件产生倾覆力矩

当工件放在六个支承中时，夹紧力的作用点常按下列原则选取：

相对三点支承时，作用点应选在三角形之重心附近；

相对二点支承时，作用点应选在两支承点连线之中点或稍偏向安全一面；

相对一点支承时，作用点应正对着支承。

图 4 - 38 所示为夹紧力作用点选择不当的例子。

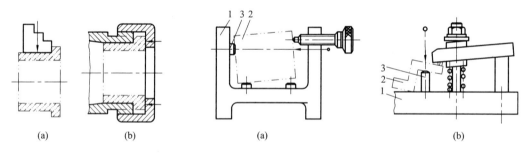

图 4 - 37　夹紧力与刚度最大方向关系

图 4 - 38　夹紧力作用点选取

1—夹具；2—工件；3—支撑

当需要几个夹紧点，或均匀分布线接触或面接触夹紧时，夹紧机构应保证各个夹紧点能够均匀受力。这种机构一般为浮动机构。

（2）应保证夹紧变形不影响加工精度

为保证夹紧变形不影响加工精度，夹紧力作用点应落在刚性较好的部位，如图 4 - 39 所示，图 4 - 39（a）作用点不如图 4 - 39（b）。作用点的位置也应避免放在加工表的上方或者容易引起变形的地方，也不能离加工部位太远以防工件在加工过程中出现转动或振动。夹紧力作用点的数目应使工件在加工接触面上受力均匀，对刚性小且精度要求高的工件，应使夹紧力分散改为多点支承，变点支承为线支承。

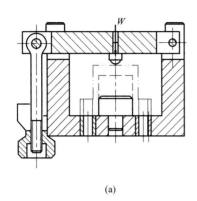 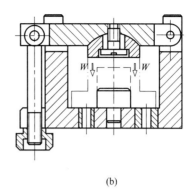

(a)　　　　　　　　　　　　(b)

图 4 – 39　夹紧变形

（3）应接近加工部位以防止工件变形和振动

图 4 – 40 为铣削一特殊工件水平孔端面的示意图，工件不仅以主体部分的三个平面作为定位基准并以主夹紧力 F_1 进行夹紧，为防止切削时产生振动和变形，还采用了辅助支承和辅助夹紧力 F_2 进行辅助夹紧。

3. 夹紧力的大小

夹紧力的大小对夹具设计十分重要，夹紧力太小，工件将出现振动或移动，不仅无法保证加工精度，还有可能造成生产事故或人员伤害；夹紧力太大，工件和夹具元件的变形太大，不仅影响加工质量，而且可能使工件产生永久变形或表面损坏。

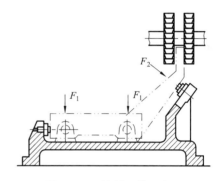

图 4 – 40　铣削工件示意图

所需夹紧力大小的计算，应根据工件在加工过程整体受力的情况，绘出受力平衡图，计算出所需的最小夹紧力。通常工件会受到多种作用力，应抓住主要主要矛盾，忽略次要矛盾。工件受到的重力一类的常量力比较容易处理，对变值力要进行具体分析，找出其最大的可能值，最不利的作用方向，最不利的作用点作为计算夹紧力的基础。常见的变值力有切削力、惯性力（离心力）摩擦力等。通常根据力的平衡原理计算出的夹紧力是加工所需的最小夹紧力，应从保证加工安全的角度出发，在所计算出的夹紧力基础上乘一安全系数。即：

$$W = KW_0 \tag{4 – 14}$$

式中：W——实际夹紧力；

　　　K——安全系数；

　　　W_0——计算出的所需最小夹紧力。

根据生产经验，一般取安全系数 $K = 1.5 \sim 3$，粗加工取 $K = 2.5 \sim 3$，精加工取 $K = 1.5 \sim 2$

在实际的夹具设计中，并非所有的情况都需要计算夹紧力。对于手动夹紧机构，常根据经验或类比法进行设计。对于机动夹紧的夹具，常常通过工艺试验来实测切削力的大小，然后计算夹紧力。

图 4-41 所示为利用车床三爪卡盘夹持轴类零件车削外圆面。车削时，工件受到得切削力可分解为三个互相垂直方向上的力 F_p、F_f、F_c，切削分力 F_c 力图使工件相对卡爪转动倾向，进给抗力 F_f 有力图使工件沿轴线方向后退的倾向。由于吃刀抗力有支承力平衡，故在计算夹紧力时可不予以考虑，可主要考虑切削分力 F_c 所产生的切削力矩对工件的作用，假设每个卡爪的夹紧力相等，根据力矩的平衡原理得

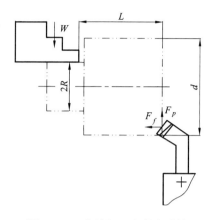

$$F_c \times \frac{d}{2} = 3W_0\mu \times R \qquad (4-15)$$

式中：μ——卡爪与工件外圆表面的摩擦系数；

图 4-41　车销加工夹紧力计算

W_0——理论夹紧力

得：

$$W_0 = \frac{F_c \times \dfrac{d}{2}}{3\mu R} \qquad (4-16)$$

考虑到进给力 F_f 的影响，以及工件从卡盘伸出长度对夹紧力影响，计算夹紧力还应乘以修正系数 K'，其值根据 $\dfrac{L}{d}$ 的比值选取。

L/d	0.5	1.0	1.5	2.0
K'	1.0	1.5	2.5	4.0

考虑到安全系数得实际夹紧力

$$W = KK'W_0 = KK'\frac{F_c \times \dfrac{d}{2}}{3\mu R} \qquad (4-17)$$

在进行机动三爪卡盘夹紧机构设计时，应根据这个计算结果设计驱动机构。

4.3.3　常用夹紧机构

1. 楔块夹紧机构

楔块夹紧机构，是利用楔块的轴向移动产生的与移动方向有一定角度的（通常为垂直）夹紧力直接或推动传力机构间接地将工件夹紧的机构。如图 4-42 钻床夹具，斜楔水平向右移动，产生向上的夹紧力，将工件 3 夹紧。

夹紧动力作用于楔块的大端，楔块楔入工件和夹具体之间使工件夹紧。楔块所产生的夹紧力 W 的大小，可根据图 4-43 进行分析计算。设楔块上下平面间的夹角楔角为 α，楔块在动力 Q、工件对它的作用力 R_1、夹具体对它的作用力 R_2 的作用下平衡。R_1 由正压力 W（等于楔块对工件的夹紧力）和摩擦力 f_1 组成，R_1 与 W 间的夹角为摩擦角 ϕ_1；R_2 也由正压力 N 和摩擦力 f_2 组成，R_2 与 N 间的夹角为摩擦角 ϕ_2。根据力的平衡原理，Q、R_1、R_2 的矢量和为 0，即三力形成一个封闭的三角形如图（b）。

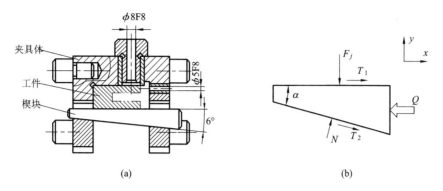

图 4 – 42 楔块夹紧机构

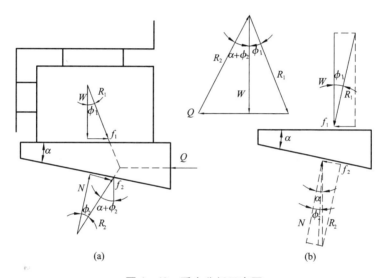

图 4 – 43 受力分析示意图

由图(b)知:

$$Q = R_1 \times \sin\phi_1 + R_2 \times \sin(\alpha + \phi_2) \qquad (4-18)$$

将未知力 R_1、R_2 表示为夹紧力的函数:

$$R_1 = \frac{W}{\cos\phi_1} \qquad (4-19)$$

$$R_2 = \frac{W}{\cos(\alpha + \phi_2)} \qquad (4-20)$$

得:

$$Q = W\mathrm{tg}\phi_1 + W\mathrm{tg}(\alpha + \phi_2) \qquad (4-21)$$

夹紧力大小为:

$$W = \frac{Q}{\mathrm{tg}\phi_1 + \mathrm{tg}(\alpha + \phi_2)} \qquad (4-22)$$

通常把夹紧力与夹紧动力的比值 W/Q 叫增力比。斜楔夹紧机构的增力比为

$\dfrac{1}{\mathrm{tg}\phi_1 + \mathrm{tg}(\alpha + \phi_2)}$，由于 ϕ_1、ϕ_2 和 α 都很小，故斜楔机构可以放大夹紧动力。

如果要求夹紧动力 Q 撤除后，楔块仍应保持对工件的夹紧(手动夹紧机构通常都有这个要求)，此时对机构就有自锁要求。根据机械设计，斜面受力自锁的条件是斜面升角小于摩擦角。由于斜楔夹紧机构的运动物体为斜楔，上下两面都受到摩擦力，故自锁的条件为楔角应不大于上下两面摩擦角之和，即：

$$\alpha \leqslant \phi_1 + \phi_2$$

有的夹紧机构为防止斜楔移动对工件造成损坏，可能把工件一边的滑动摩擦改为滚子滚动摩擦，由于滚动摩擦比滑动摩擦小很多，计算中可以认为滚动摩擦一边的摩擦角为 0。

斜楔夹紧机构的特点为：增力比与 α 有关，α 越小，增力比越大，但斜楔运动行程 S 越大；夹紧行程 h(即夹紧元件相对工件在夹紧方向上的位移)和斜楔移动距离的关系为：$h = \mathrm{tg}\alpha$，由于 α 较小，故斜楔夹紧机构的夹紧行程较小。增大楔角可增加夹紧行程，但影响自锁性能。不少夹紧机构采用双升角的斜楔或变升角曲面斜楔，开始加紧时采用大升角以增加 h，夹紧终了时采用小升角以增大夹紧力和保证自锁。

2. 螺旋夹紧机构

螺旋夹紧机构具有结构简单，制造方便，夹紧行程不受限制，夹紧可靠等优点而被广泛应用于夹紧装置中。

图 4-44 为简单的螺旋夹紧机构。图 4-44(a)是用扳手直接拧紧螺钉，螺钉头直接作用在工件上，不足之处在于容易将工件表面压坏。图 4-44(b)在螺钉的头部安装了一个压脚，通过它夹紧工件，由于压脚与螺钉间有间隙，压脚可以摆动，可以保证与工件表面的良好接触，且不易将工件表面压坏。

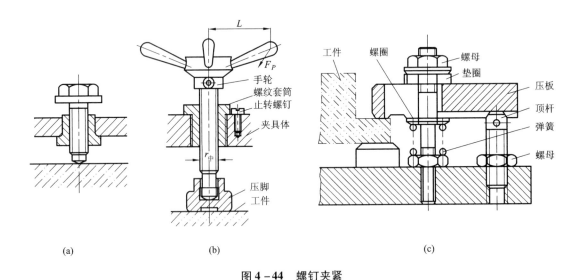

图 4-44　螺钉夹紧

螺旋夹紧机构可以看成绕在圆柱体上的一个斜楔夹紧机构，其的受力分析和自锁条件在机械设计中已有论述，有

$$W = \frac{P \times L}{\text{tg}(\alpha + \phi_1) \times r_中 + \text{tg}\phi_2 \times R} \tag{4-23}$$

式中：P——夹紧动力；

　　　L——扳手长度；

　　　α——螺纹的螺旋升角；

　　　ϕ_1——螺纹的摩擦角；

　　　$r_中$——螺纹中径；

　　　ϕ_2——螺钉端部与工件(或压脚)的摩擦角；

　　　R——螺钉端部与工件(或压脚)的当量摩擦半径。

　　螺旋夹紧机构的缺点是每次夹紧和松开工件时间较长，效率低。提高效率的措施是使用各种快速螺旋夹紧机构，如图 4-44(c)所示的压板，只要旋松螺钉，便可使压板向右退出。图 4-45(a)采用开口垫圈 1，松开螺母后即可快速取下，工件也可快速更换；图 4-45(b)采用开槽压板，松开螺母后即可放倒拉杆 1，揭开压板 2 快速更换工件。螺旋夹紧机构设计中，应注意保证螺母、垫片等小型单个元件的不被丢失，必要时可用链条等连接到夹具体。

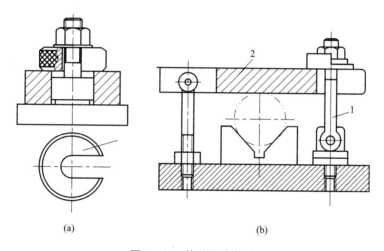

(a)　　　　　　　　　　　　　　　　　(b)

图 4-45　快速更换装置

3. 偏心夹紧机构

　　图 4-46 是一种常见的偏心压板夹紧机构。偏心压板机构的特点是：外力 Q 作用于手柄 1，偏心轮 2 绕轴 3 转动，偏心轮圆柱面压在垫板 4 上，在垫板的反作用力下，小轴 3 向上移动，推动压板压紧工件。偏心轮的夹紧原理见图 4-46(b)，圆偏心轮直径为 $2R$，几何中心为 O_1，回转中心为 O，偏心距为 e，虚线圆为基圆，其直径为 $2R-2e$，圆偏心就相当于绕在基圆盘上的楔块，如图阴影部分所示。

　　偏心轮夹紧的增力比和自锁条件等可参看有关书籍。

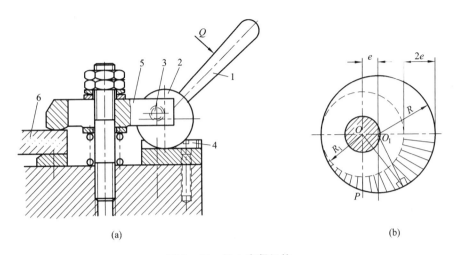

(a)   (b)

图 4 – 46   偏心夹紧机构

1—手柄；2—偏心轮；3—轴；4—垫板；5—压板；6—工件

4. 对中、定心夹紧机构

对中夹紧机构指在工件夹紧过程中，能保持工件的对称中心不变的夹紧机构。图 4 – 47(a)为左右螺纹对中夹紧机构原理图，图 4 – 47(b)为左右推杆内槽对中夹紧原理图。

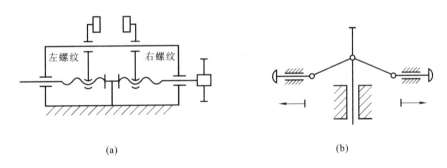

(a)   (b)

图 4 – 47   对中夹紧机构

定心夹紧机构是指工件在夹紧过程中保持工件的回转中心不变。如三爪卡盘和钻头弹簧夹头就是典型的定心夹紧机构。图 4 – 48 是一种斜楔式定心夹紧装置，用于定心夹紧工件内孔。拉杆 3 向左移动时，带动斜楔 2(分布在圆锥面上)向左移动，推动三个滑块 1 向外运动而定心夹紧工件。

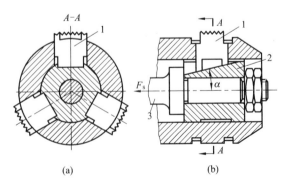

(a)   (b)

图 4 – 48   定心夹紧机构

196

4.4　导向、对刀与其他装置

在机床夹具中，除了定位元件和夹紧装置外，有时还要根据加工质量要求，设计刀具的导向装置、对刀装置、分度装置以及夹具体等。

1. 导向装置

在钻孔或镗孔夹具中，为保证加工孔的位置精度和减小钻头或镗杆因其结构细长、刚性差，在切削加工过程中产生的偏斜，一般在钻床夹具或镗床夹具都有导向元件或导向装置来正确引导刀具的方向。钻头的导向元件一般叫钻套，如图 4-49 的元件 1。钻套的结构和材料一般都标准化，可根据需要选用。为了在钻套磨损后能快速更换，钻套一般都设计成能够快换的形式。图 4-49 为常见钻套的结构形式。

加工箱体、支架等一类工件时，往往要在同一中心线上加工相距较远的多个孔，这类加工通常在镗床上完成。为了解决镗杆的导向和变形问题，镗床夹具中将支承和引导镗杆的元件叫镗套。

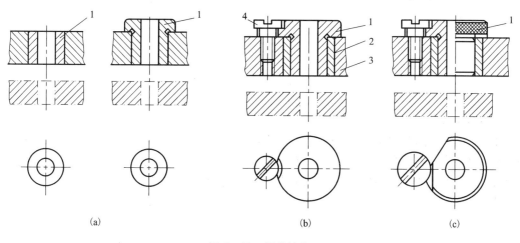

图 4-49　标准钻套

（a）固定钻套；（b）可换钻套；（c）快换钻套

1—钻套；2—衬套；3—夹具体；4—螺钉

2. 对刀装置

对刀装置通常用在铣床和刨床夹具中。当铣床或刨床夹具在机床工作台上按进给方向校正并固定以后，还需调整刀具与定位元件间的位置关系以确定刀具与被加工面间的相对位置。如图 4-50 为几种铣刀对刀装置，图 4-50（a）是高度对刀块、图 4-50（b）、图 4-50（e）是直角对刀块、图 4-50（c）、图 4-50（d）为成型对刀装置。在操作时将刀具对准到离对刀块表面距离 S，即认为夹具对刀已经对准。刀具与对刀装置表面间的距离 S 用塞尺检查，主要是便于操作和控制刀具。如刀具直接与刀块接触，容易碰伤刀具刃口和对刀块工作表面，且接触情况不易察觉，尺寸不易控制。

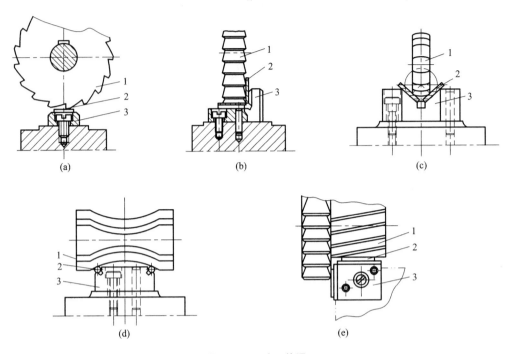

图 4 – 50 对刀装置

1—铣刀；2—塞尺；3— 对刀块

3. 分度装置

生产实践中，经常遇到在某些工件上加工形状、尺寸相同，而位置等分或不等分的表面，如齿轮加工、花键轴上的等分键槽、六角螺母等。为了保持加工精度和加工效率，常需设计带有分度装置的夹具。最常见的分度装置是铣床附件分度头。图 4 – 51 为常见的径向分度结构形式。

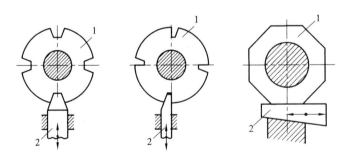

图 4 – 51 径向分度结构形式

1—分度盘；2—定位销

4. 连接装置

夹具必须安装在机床上，而且必须与刀具和机床保持正确的位置关系，才能保证加工质量。

　　夹具在车床和内外圆磨床的连接方式，是由机床本身的连接方式决定的，需根据机床说明书设计。

　　夹具在钻床上的连接方式，一般只保证对工作台的垂直度或平行度要求，工件的位置精度由钻模板保证，其连接较为简单，一般只对夹具的旋转自由度定位。

　　夹具在铣、刨、镗床上的连接比较复杂，不仅要位置正确，而且要方向正确，通常对夹具的六个自由度都要定位。为了便于安装，通常都设计有定位键、定位台等连接装置。

思考与习题

　　1. 夹具的作用有哪些？由哪几部分组成？

　　2. 为什么说夹紧不等于定位？

　　3. 什么是六点定位原理？什么是完全定位？什么是不完全定位？什么是过定位？什么是欠定位？是否允许存在欠定位？是否允许过定位？是否允许不完全定位？举例说明。

　　4. 工件在夹具中定位时，下列几种说法是否正确，为什么。

　　　1）凡是有六个定位支承点的，即为完全定位；

　　　2）凡是定位支承点数超过六个的，就是过定位；

　　　3）定位支承点数不超过六个的，就不会出现过定位。

　　5. 工件以平面为定位基准的定位方法有哪些？

　　6. 工件以外圆柱面（或其轴心线）为定位基准的定位方法有哪些？

　　7. 工件以内圆柱孔（或其轴心线）为定位基准的定位方法有哪些？

　　8. 工件以内圆锥孔（或其轴心线）为定位基准的定位方法有哪些？

　　9. 什么是辅助支承？辅助支承和主要支承有何区别？使用辅助支承时应注意哪些问题？试举例说明辅助支承的作用。

　　10. 什么是自位支承？试分析自位支承与辅助支承的不同。

　　11. 什么是定位误差？什么是基准位置误差？什么是基准不重合误差？

　　12. 说明工件外圆以 V 形块定位的定位误差。

　　13. 说明工件内孔以圆柱销定位的定位误差。

　　14. 说明工件以一面两孔定位时的定位误差。

　　15. 试分析题图 4-1 中各工件加工时需要限制哪些自由度，确定其工序基准，并选择定位基准（用符号在图中表示）。

　　16. 造成定位误差的原因是什么？若在夹具中对工件一个一个地进行试切法加工，是否还有定位误差？为什么？

　　17. 采用"一面两销"方式定位时，为什么应将其中一个定位销做成削边销？怎样确定削边销的安装方向以及两定位销的直径尺寸和尺寸公差？

　　18. 铣削连杆小端的两侧面时，若采用题图 4-2 所示定位方式，试计算加工尺寸 $15^{+0.3}_{0}$ mm 的定位误差。

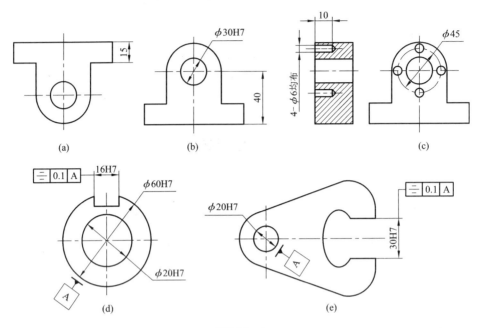

题图 4-1

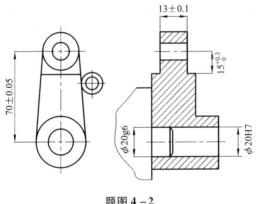

题图 4-2

19. 如题图 4-3 所示，工件以一面两孔定位加工孔 O_1、O_2，试分析定位误差。

20. 工件定位如题图 4-4 所示，欲加工 C 面，要保证尺寸 (20±0.1) mm，试分析该定位方案能否满足精度要求？若不能满足时应如何改进？

21. 如题图 4-5 所示，工件以 A、B 面定位加工孔 φ10H7，试计算尺寸 (12±0.1) mm 和 (30±0.1) mm 的定位误差。

22. 题图 4-6 所示一套筒零件，除缺口 B 外，其余表面均已加工。试分析当加工缺口 B，保证尺寸 $8^{+0.20}_{0}$ mm 时有几种定位方案，并算出每种定位方案的工序尺寸及偏差。

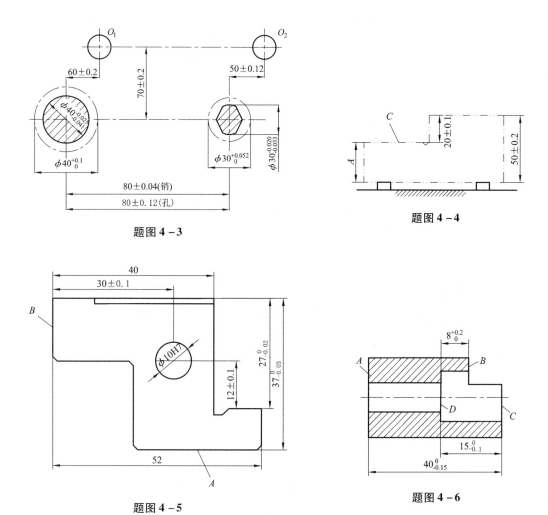

题图 4 - 3

题图 4 - 4

题图 4 - 5

题图 4 - 6

23. 题图 4 - 7 所示的定位方式在阶梯轴上铣槽，V 形块的角度 $\alpha = 90°$，试计算加工尺寸 74 ± 0.1 mm 的定位误差。

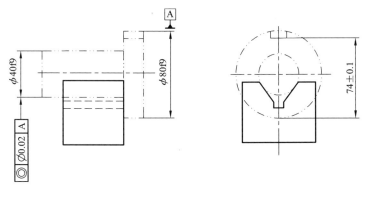

题图 4 - 7

24. 工件定位如题图 4－8 所示。若定位误差控制在工件尺寸公差的 1/3 内，试分析该定位方案能否满足要求？若达不到要求，应如何改进？并绘草图表示。

25. 一批工件如题图 4－9 所示，以圆孔 $\phi20H7(^{+0.021}_{0})$ mm 用芯轴 $\phi20g6(^{-0.007}_{-0.020})$ mm 定位，在立式铣床上用顶尖顶住芯轴铣槽。其中外圆 $\phi40h6(^{0}_{-0.013})$ mm、$\phi20H7$ 内孔及两端面均已加工合格，外圆对内孔的径向跳动在 0.02 mm 之内。要保证铣槽的主要技术要求为：

(1) 槽宽 b 为 $12h9(^{0}_{-0.043})$；

(2) 槽距端面尺寸为 $20h12(^{0}_{-0.21})$；

(3) 槽底位置尺寸为 $34.8h11(^{0}_{-0.16})$；

(4) 槽两侧对外圆轴线的对称度公差为 0.1 mm。

试分析其定位误差对保证各项技术要求的影响。

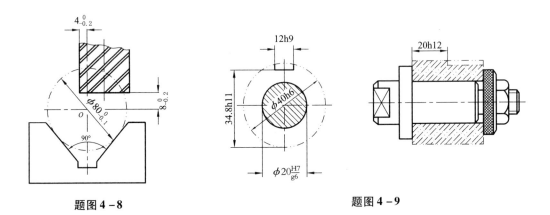

题图 4－8　　　　　　　　　　　　题图 4－9

26. 试分析、比较斜楔夹紧机构、螺旋夹紧机构、圆偏心夹紧机构等的优缺点，举例说明它们的应用范围。

27. 影响斜楔夹紧机构的增力比与行程比的因素有哪些？如何解决它们之间的矛盾？

28. 定心、对中夹紧机构的实质是什么？适用于什么场合？试分析定心、对中夹紧机构的特点。

29. 夹具上的定位键有几种结构形式？起什么作用？

第5章
工艺规程设计

【概述】

◎ **本章提要**：本章介绍了机械加工工艺规程的含义、作用及设计方法，重点论述了定位基准的选择、工艺路线的拟定、工序尺寸的计算、尺寸链、工艺方法的效率、经济性分析和装配工艺基础等内容。要求概念清晰、步骤正确、方法恰当。重点掌握工艺路线的拟定特别是工艺基准选用、定位误差的分析、加工方法选用、加工顺序安排、工序尺寸的确定、工艺尺寸链的解算方法等内容，了解装配工艺基础和装配精度的保证方法。

5.1 机械加工工艺规程的制定

5.1.1 零件制造的工艺过程

1. 生产过程

任何一部机器的制造，都要经过产品设计、生产准备、原材料的运输和保管、毛坯制造、机械加工、热处理、装配和调试、检验和试车、喷漆和包装等若干过程，这些相互关联的劳动过程的总和，称为生产过程。

这个过程往往是由许多工厂或工厂的许多车间联合完成的，这样有利于专业化生产，使工厂或车间的产品简单化。这种方法可以提高生产率、保证产品质量、降低成本。例如缝纫机、汽车制造等一般采用这种专业化的生产方法。

生产过程的实质是由原材料（或半成品）变成为产品的劳动过程。因此一个工厂的生产过程，又可按车间分成为若干个车间的生产过程。某个工厂或车间所用的原材料（或半成品）可能是另一个工厂或车间的产品。如铸造车间的产品是机械加工车间的原材料。

2. 工艺过程

工艺就是制造产品的方法。工艺过程是指改变生产对象的形状、尺寸、相对位置和性质等，使其成为半成品或成品的过程。其他过程则称为辅助过程，例如运输、保管、动力供应、设备维修等等。工艺过程可分为毛坯制造、机械加工、热处理和装配等工艺过程。

用机械加工的方法，直接改变毛坯的形状、尺寸和性能等，使之变为合格零件过程，称为零件的机械加工工艺过程，又称工艺流程。以下简称为工艺过程。

将零件装配成部件或产品的过程，称为装配工艺过程。

工艺过程是由一个或若干个依次排列的工序组成。毛坯顺次通过这些工序就变成了成品或半成品。

（1）工序：一个（或一组）工人，在一个固定的工作地点（一台机床或一个钳工台），对一个（或同时对几个）工件连续完成的那部分工艺过程，称之为工序。它是工艺过程的基本单元，又是生产计划和成本核算的基本单元。通常，把仅列出主要工序名称的简略工艺过程简称为工艺路线。这里的连续，并不是指连续不断地工作，而是指在停止工作期间，没有插入其他工作的情况。简单地说，就是人、设备、对象不变，中间没插入其他工作，叫三不变一连续。把生产过程分解为一个接一个的工序序列，是生产组织和管理的需要。

生产规模不同，加工条件不同，其工艺过程及工序的划分也不同。图 5-1 所示的阶梯轴，根据加工是否连续和变换机床的情况，小批量生产时，可划分为表 5-1 所示的三道工序；大批大量生产时，则可划分为表 5-2 所示的五道工序；单件生产时，甚至可以划分为表 5-3 所示的两道工序。

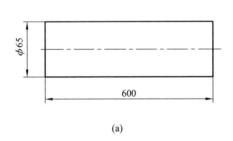
(a)

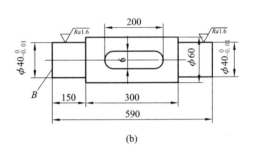
(b)

图 5-1 阶梯轴的零件图

（a）坯料；（b）产品

表 5-1 小批量生产的工艺过程

工序号	工序内容	设备
1	车一端面,钻中心孔;调头车另一端面,钻中心孔	车床
2	车右端外圆、大圆柱及倒角;车左端外圆及倒角	车床
3	铣键槽;去毛刺	铣床

表 5-2 大批大量生产的工艺过程

工序号	工序内容	设备
1	铣端面,钻中心孔	中心孔机床
2	车右端外圆、大圆柱及倒角	车床
3	车左端外圆及倒角	车床
4	铣键槽	立式铣床
5	去毛刺	钳工

表 5-3 单件生产的工艺过程

工序号	工序内容	设备
1	车一端面,钻中心孔;车另一端面,钻中心孔;车右端外圆、大圆柱及倒角;车左端外圆及倒角	车床
2	铣键槽;去毛刺	铣床

（2）工步：工序又可分成若干工步。在被加工表面、切削刀具和切削用量（指切削速度和进给量）均保持不变的情况下所连续完成的那部分工序内容，称为工步。当其中一个因素改变，则成为另一个工步。当同时对一个零件的几个表面进行加工时，称为复合工步。一道工序包括一个或几个工步。一个工步也就是一个步骤。

（3）工作行程：被加工的某一表面，由于余量较大或其他原因，在切削用量不变的情况下，用同一把刀具对它进行多次加工，每加工一次，称为一次工作行程，也称为一次走刀。一个工步可以包括一次或几次走刀。

（4）安装：采取一定的方法确定工件在机床上或夹具中占有正确的位置的过程称为定位；工件定位后，将其固定，使其在加工过程中保持定位位置不变的操作称为夹紧；

工件在机床或夹具中每定位、夹紧一次（或称一次装夹）所完成的那一部分工序内容称为安装。一道工序中，工件可能被一次或多次安装。

（5）工位：采用转位（或移位夹具）、回转工作台、或在多轴机床上加工时，工件在机床上安装后，要经过若干个不同的位置依次进行加工，工件在机床上所占据的每一个位置上所完成那部分工序内容称为工位。

图 5 - 2(a)所示，工件装夹在回转夹具 A 上，铣削箱体零件的四个侧面，每加工完一个侧面，转动手柄 B，带动工件回转 90°角，再加工下一个侧面，直到将四个侧面加工完毕。因此共有四个工位。图 5 - 2(b)为在三轴钻床上利用回转工作台，在一次安装中依次完成装卸工件、钻孔、扩孔、铰孔等工作的四个工位加工的例子。

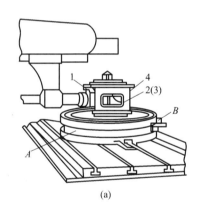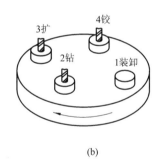

(a)　　　　(b)

图 5 - 2　多工位加工

采用多工位加工方法，既可以减少安装次数，提高加工精度，减轻工人的劳动强度；又可以使各工位的加工与工件的装卸同时进行，提高劳动生产率。

为简化工艺文件，对于那些连续进行的几个相同的工步，习惯上看作一个工步，如用同一钻头依次连续在零件上钻若干个相同直径的孔，仍视为一个工步。

为了提高生产率，常将几个待加工表面用几把刀具同时加工，这种由刀具合并起来的工步，称为复合工步（图 5 - 3），图 5 - 3(a)同时铣削两个台阶，图 5 - 3(b)同时钻孔、车大外圆和小外圆。复合工步在工艺规程中常写作一个工步。

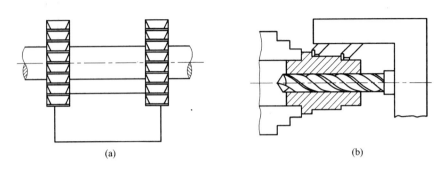

(a)　　　　　　　　　　　　　　(b)

图 5 - 3　复合工步

5.1.2　生产纲领和生产类型

1. 生产纲领

生产纲领是指企业在计划期内应当生产的产品数量。计划期通常为 1 年,所以生产纲领也称为年产量。

对于零件而言,产品的数量除了制造机器所需要的数量之外,还要包括一定的备品和废品。备品是在处理或装配过程中可能损失的合格工件,如破坏性检验、丢失、运输损坏和用户修配等。废品是加工过程中所产生的不合格品。零件的生产纲领按下式计算:

$$N = Qn(1 + a\%)(1 + b\%) \qquad (5-1)$$

式中：N——零件的年产量(件/年);

　　　Q——产品的年产量(台/年);

　　　n——每台产品中该零件的数量(件/台);

　　　$a\%$——该零件的备品率;

　　　$b\%$——该零件的废品率。

2. 生产类型

工艺路线基本内容的组成和特征与工件的结构形状、技术条件等有关,也与生产类型有关。当生产类型不同时,生产组织和管理、车间的机床布置、毛坯的制造方法、采用的工艺装备(刀、夹、量具)、加工方法以及工人的熟练程度等都有很大的不同,因此在制定工艺路线之前必须明确产品的生产类型。

生产类型是指企业(或车间、工段、班组、工作地)生产专业化程度的分类。一般分为:

(1)单件生产

单个地生产不同结构和不同尺寸的产品,很少重复或不重复。如新产品试制、维修车间的配件制造和重型机械制造等。单件生产由于每种产品生产的数量很少,一般不会专门为某种产品进行工艺装备和场地投资。

(2)成批生产

一年中分批轮流地制造几种不同的产品,制造过程有一定的重复性。例如,机床制造就是典型的成批生产。又如某车间计划 1 月生产 A 产品 200 台,2 月 B 产品 150 台,3 月 C 产品 180 台。到四月时又要生产 A 产品,如此类推,就是典型的成批生产。同一产品(或零件)每批投入生产的数量称为批量,一年中生产几次称为批次。批次与批量的乘积等于生产纲领。

批次的多少，由生产组织、流动资金、仓储容量等多种因素决定。根据批量的大小，成批生产又可分为大批量生产、中批量生产和小批量生产。大批量生产的工艺过程的特点和大量生产相似；小批量生产的工艺过程的特点接近单件生产；中批量生产的工艺过程的特点则介于大批大量生产和单件小批生产之间。通俗地讲，小批生产就是一次做几个，产品频繁换；中批生产就是一次做很多，一年换多次；大批生产就是连续不断做，一年更换不了几次。

（3）大量生产

产品生产数量很大，大多数工作地点和设备成年累月地重复进行某一零件的某一道工序的加工。如汽车、轴承等的制造通常是以大量生产的方式进行。大量生产的场地和装备投资，一般根据产品的专门要求进行。

根据公式(5-1)计算的零件生产纲领，参考表 5-4 即可确定生产类型。不同生产类型的工艺过程特点见表 5-5。

表 5-4　生产类型和生产纲领的关系

生产类型		生产 纲 领（件/年或台/年）		
		重型零件(30kg 以上)	中型零件(4~30kg)	轻型零件(4kg 以下)
单件生产		5 以下	10 以下	100 以下
成批生产	小批量	5~100	10~200	100~500
	中批量	100~300	200~500	500~5000
	大批量	300~1000	500~5000	5000~50000
大量生产		1000 以上	5000 以上	50000 以上

表 5-5　各种生产类型的工艺过程特点

生产类型＼工艺过程特点	单件生产	成批生产	大量生产
毛坯的制造方法及加工余量	铸件用木模手工造型，锻件用自由锻。毛坯精度低，加工余量大	铸件用金属模造型；部分锻件用模锻。毛坯精度中等，加工余量中等	铸件广泛用金属模机器造型，锻件广泛采用模锻，以及其他高生产率的毛坯制造方法。毛坯精度高，加工余量小
工件的互换性	一般是配对制造，没有互换性，广泛采用钳工修配	大部分有互换性，少数用钳工修配	全部有互换性，某些要求精度较高的配合件用分组选择装配法
机床设备	采用通用机床。按机床种类和大小采用"机群式"排列	部分通用机床和部分高生产率机床。按加工零件类别分工段排列	广泛采用高生产率的专用机床及自动机床。按流水线形式排列
夹具	多用机床标准附件，极少采用专用夹具，靠划线及试切法达到精度要求	广泛采用专用夹具，部分靠划线法达到精度要求	广泛用高生产率夹具，用机动夹紧及调整法达到精度要求

生产类型 工艺过程特点	单 件 生 产	成 批 生 产	大 量 生 产
刀具和量具	采用通用刀具和万能量具	较多采用专用刀具和专用量具	广泛采用高生产率的刀具和量具
对工人的要求	需要技术熟练的工人	各工种需要一定熟练程度的技术工人	对机床调整工人技术要求高,对机床操作工人技术要求低
工艺规程	有简单的工艺路线卡	有工艺规程,对关键零件有详细的工序规程	有详细的工艺规程

5.2 机械加工工艺规程的作用及设计步骤

5.2.1 机械加工工艺规程的概念与作用

机械加工工艺规程是把产品或零部件的制造工艺过程和操作方法等按一定格式固定下来的技术文件。机械加工工艺规程中包括各个工序的排列顺序、加工尺寸、公差及技术要求、工艺装备及工艺措施、切削用量、工时定额以及工人等级等。

机械加工工艺规程是机械制造工厂最主要的技术文件,是工厂规章制度的重要组成部分,其作用主要有:

(1)工艺规程是指导生产的主要技术文件

合理的工艺规程,是在长期生产实践和科学试验的基础上,运用工艺理论,结合具体生产条件制定的,是工厂的法规性文件,是能够优质、高效、低耗、高收益地进行生产的基本保证,必须严格遵守与执行。当然它可以在实践过程中进行改进和完善,但必须经过一定的论证和审批。

(2)工艺规程是生产组织和管理工作的依据

工厂进行新产品试制或产品投产时,可以按照工艺规程提供的数据进行必要的技术准备和生产准备,以便合理编制生产计划,合理调度原材料、毛坯和设备,及时设计制造或采购工艺装备,科学地进行经济核算和技术考核。

(3)工艺规程是新建和扩建工厂的原始资料

根据工艺规程,可以确定生产所需的机械设备种类、型号和数量,车间的生产面积和设备的布置,生产工人的数量、工种和等级等,从而可以拟定筹建、扩建或改建工厂的相关计划。

(4)工艺规程是进行技术交流,开展技术革新的基本资料

典型和标准的工艺规程能缩短生产的准备时间,提高经济效益。先进的工艺规程必须广泛吸取合理化建议,不断交流工作经验,才能适应科学技术的不断发展。工艺规程则是开展技术革新和技术交流必不可少的技术语言和基本资料。

5.2.2　机械加工工艺规程的格式

1. 工艺规程的类型

原机械电子工业部指导性技术文件 JB/Z338.5—88《工艺管理导则 工艺规程设计》中规定了工艺规程的类型有：

（1）专用工艺规程——针对每一个产品或零件所设计的工艺规程。

（2）通用工艺规程

1）典型工艺规程——为一组结构相似的零部件所设计的通用工艺规程。

2）成组工艺规程——按成组技术原理将零件分类成组，针对每一组零件所设计的通用工艺规程。

（3）标准工艺规程——已纳入标准的工艺规程。

本章主要阐述零件机械加工专用工艺规程的制订，它是其他工艺规程制订的基础。

2. 机械加工工艺规程的格式

原机械电子工业部制订了指导性技术文件 JB/Z187.3—88《工艺规程格式》，要求各机械制造厂按统一规定的格式填写。按照规定，属于机械加工工艺规程的格式有 8 种，最主要的有以下 3 种。

（1）机械加工工艺过程卡片

工艺过程卡片是以工件为单位，主要列出了零件加工所经过的整个工艺路线，以及工艺装备和工时定额等内容。由于各工序的说明不够具体，故一般不能直接指导工人操作，通常用于生产管理。在单件小批生产中，常以这种卡片直接指导生产，不再编制其他较详细的工艺文件，此时应编制得详细一些为好。工艺过程卡的格式见表 5-6。

表5-6　机械加工工艺过程卡片

机械加工工艺过程卡片		产品型号		零(部)件图号		
		产品名称		零(部)件名称		共( )页　第( )页
材料牌号	毛坯种类	毛坯外形尺寸	每个毛坯可制件数	每台件数	备注
工序号	工序名称	工序内容	车间	工段	设备	工艺设备	工时 准终	单件

| 装订号 | | | 设计(日期) | 审核(日期) | 标准化(日期) | 会签(日期) |
| | 标记 | 处数 | 更改文件号 | 签字 | 日期 | 标记 | 处数 | 更改文件号 | 签字 | 日期 |

（2）机械加工工艺卡片

工艺卡是以工序为单位，详细说明零件工艺过程的工艺文件。它用来指导工人操作，帮助管理人员和技术人员掌握零件加工过程，广泛用于批量生产的零件和单件小批生产的重要零件。工艺卡的格式见表 5 - 7。

表5-7　机械加工工艺卡片

工厂	机械加工工艺卡片		产品型号		零(部)件型号			共　页
			产品名称		零(部)件名称			第　页
材料牌号		毛坯种类		毛坯外型尺寸		每毛坯件数		每台件数	备注
工序	装夹	工步	工序内容	同时加工零件数	切削用量				工艺装备名称及编号			技术等级	工时定额	
					切削深度/mm	切削速度(m·min⁻¹)	每分钟转速或往复次数	进给量/(mm·x⁻¹)或mm/行程	夹具	刀具	量具		单件	准终
										编制(日期)	审核(日期)	会签(日期)		
标记	处数	更改文件号	签字	日期	标记	处数	更改文件号	签字	日期					

（3）机械加工工序卡片

工序卡是用来具体指导工人操作的一种最详细的工艺文件。在工序卡片上，要画出工序简图，注明该工序的加工表面及应达到的尺寸精度和表面粗糙度要求、工件的安装方式、切削用量、工艺装备等内容。在大批大量生产时都要采用这种卡片。批量生产中，关键工序也用这种工序卡片。工序卡的格式见表 5 - 8。

简单地说，工艺规程的格式从粗到细、从简到繁分为过程卡，工艺卡，工序卡。

对于在各种自动或半自动机床上完成的工序，还要编制调整卡片。对于检验工序，需编制检验卡片等。

210

表5-8 机械加工工序卡片

工厂	机械加工工序卡片		产品型号		零(部)件型号		共 页
			产品名称		零(部)件名称		第 页

材料牌号		毛坯种类		毛坯外型尺寸		每毛坯件数		每台件数		备注	

（工序图）

车 间	工序号	工序名称	材料牌号
毛坯种类	毛坯外形尺寸	每坯件数	每台件数
设备名称	设备型号	设备编号	同时加工件数
夹具编号		夹具名称	冷却液
			工序工时
			准终 / 单件

工步号	工步内容	工艺装备	主轴转速 /(r·min⁻¹)	切削速度 /(r·min⁻¹)	进给量 /(r·min⁻¹)	切削深度 /mm	进给	工序工时 准终	单件

编制（日期）	审核（日期）	会签（日期）

标记	处数	更改文件号	签字	日期	标记	处数	更改文件号	签字	日期

5.2.3 制订机械加工工艺规程的步骤

制订机械加工工艺规程的步骤大致如下：

1.收集原始资料

（1）零件工作图及其产品装配图；

（2）产品验收的质量标准；

（3）零件的生产纲领；

（4）现场的生产条件（毛坯制造能力、机床设备、工艺装备、工人技术水平，专用设备和工装的制造能力）；

（5）国内外有关的先进制造工艺及今后生产技术的发展方向等；

（6）有关的工艺、图纸、手册及技术书刊等资料。

2. 对被加工零件进行工艺性分析

（1）查明情况。熟悉产品的性能、用途和工作条件，明确各零件的装配位置及其作用，了解及研究各项技术条件制定的依据，找出其主要技术要求和关键技术问题。

（2）图纸审查。对装配图和零件图进行工艺审查，进行图纸表达的正确性及完整性检查，二意性的消除等工作。特别应检查图纸上规定的各项技术条件是否合理，零件的结构工艺性是否好，图纸上是否缺少必要的尺寸、视图或技术条件等。

（3）合理性审查。过高的精度、过小的表面粗糙度要求和其他过高的技术条件要求会使工艺过程复杂，加工困难，成本增加。应尽可能减少加工和装配的劳动量，达到好造、好用、好修的目的。如果发现有问题，则应及时提出，并会同有关设计人员共同讨论研究，按照规定手续对图纸进行修改和补充。

（4）结构工艺性改进。如表 5-9 所列两种结构，零件的功能和使用性能完全相同，都能满足产品要求。但结构稍有不同，制造成本就差别很大。应主动与设计或其他有关部门协调，使零件具有良好的结构工艺性。良好的结构工艺性是指：在目前的生产类型和生产条件下，零件的结构在毛坯的制造、机械加工、产品的装配和维修等生产工艺中能够取得最高的经济效益。如图 5-4 所示的车床进给箱箱体零件，其同轴孔的直径被设计成单向递减[图 5-4(a)]，适用于单件小批生产，同轴孔的镗削可在工件的一次装夹中完成，易于保证精度和生产效率。如果在大批大量生产中，可以采用双面联动组合机床加工，就应采用双向递减[图 5-4(b)]的孔径设计，用左右两镗杆同时各镗两个孔，机动时间减为二分之一，提高了生产效率。

表 5-9　零件机械加工结构工艺性的对比

序号	A 结构结构工艺性差	B 结构结构工艺性好	说　明
1	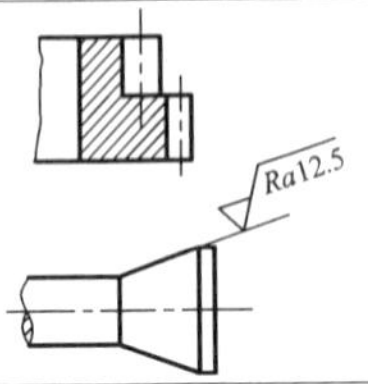	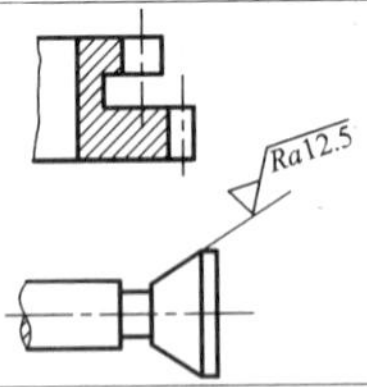	B 结构留有退刀槽，便于进行加工，并能减少刀具和砂轮的磨损
2	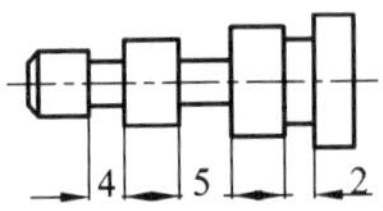	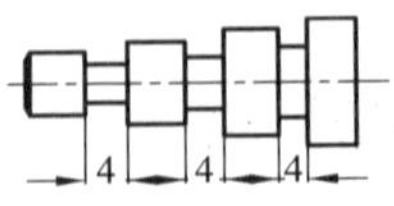	结构采用相同的槽宽，可减少刀具种类和换刀时间
3	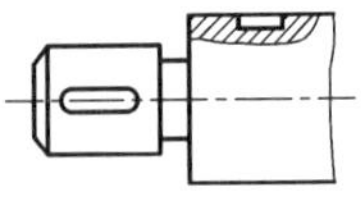	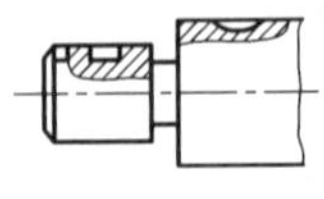	由于 B 结构的键槽的方位相同，就可在一次安装中进行加工，提高了生产率

序号	A 结构结构工艺性差	B 结构结构工艺性好	说　明
4			A 结构不便引进刀具,难以实现孔的加工
5			B 结构可避免钻头钻入和钻出时因工件表面倾斜而造成引偏或断损
6			B 结构节省材料,减少了质量,还避免了深孔加工
7			B 结构可减少深孔的螺纹加工
8			B 结构可减少底面的加工劳动量,且有利于减少平面度误差,提高接触刚度。
9			B 结构按孔的实际配合需要,减短了加工长度,并在两端改用凸台定位,从而降低了孔及端面的加工成本。
10			箱体内壁凸台过大,不便加工,改成 B 结构较好

序号	A 结构结构工艺性差	B 结构结构工艺性好	说　明
11			箱体类零件的外表面比内表面容易加工，故应以外表面代替内表面作装配连接表面，如 B 结构
12			B 结构把环槽 a 改在件 1 的外圆上，就比在件 2 的内孔中便于加工和测量
13			B 结构改用镶装结构，避免了 A 结构对内孔底部圆弧面进行精加工的困难

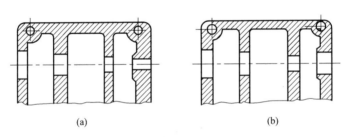

(a)　　　　　　　　　　　　　(b)

图 5－4　零件结构工艺性与生产类型

3. 确定毛坯制造方法

根据产品图纸审查毛坯的材料选择及制造方法是否合适，从工艺的角度（如定位夹紧、加工余量及结构工艺性等）对毛坯制造提出要求。必要时，应和毛坯车间共同确定毛坯图。

毛坯类型及其质量对机械加工的质量、材料的节约、劳动生产率的提高和成本的降低都有很大影响，毛坯类型的确定与零件的结构形状、尺寸大小、材料的机械性能和零件的生产类型直接有关，另外还与毛坯车间的具体生产条件有关。常见的毛坯类型如下：

（1）铸件：包括铸钢、铸铁、有色金属及其合金的铸件等。铸件毛坯的形状可以相当复杂，尺寸可以相当大，且吸振性能好，但铸件的机械性能较低，一般箱体零件的毛坯多用铸件。

（2）锻件：机械性能较好，有较高的强度和冲击韧性，但毛坯的形状不宜复杂，如轴类和齿轮类零件的毛坯常用锻件。

（3）型材：包括圆形、方形、六角形及其他断面形状的棒料、管料及板料。棒料常用在普通车床、六角车床及自动和半自动车床上加工轴类、盘类及套类等中小型零件。冷拉棒料比热轧棒料精度高且机械性能好，但直径较小。板料常用冷冲压的方法制成零件，但毛坯的厚度不宜过大。

（4）焊接件：对尺寸较大、形状较复杂的毛坯，可采用型钢或锻件焊接成毛坯，但焊接件吸振性能差，容易变形，尺寸误差大。

（5）工程塑料：它是近年来在机械制造业中普遍推广的一种毛坯，其形状可以很复杂，尺寸精度高，但机械性能差。

毛坯的制造方法对零件生产的经济效益影响极大，在大批大量生产中，常采用精度和生产率较高的毛坯制造方法，如压力铸造、精密铸造、模锻、冷冲压、粉末冶金等，使毛坯的形状更接近于零件的形状。这样可大量减少切削加工的工作量，甚至不需切削加工，提高材料利用率，降低机械加工成本。

在单件小批生产中，一般采用木模手工砂型铸造和自由锻造，这时毛坯的精度低，废品率高，切削加工劳动量大，对工人的技术要求高，但所需的设备投资小，整体上能取得好的经济效益。

4. 拟定零件加工的工艺路线，选择工艺基准

这是制定工艺过程中关键性的一步，需提出几个方案，进行分析对比，寻求最经济合理的方案。内容包括：各种工艺基准（稍后将详细论述）的确定；各表面的加工方法的确定；加工阶段的划分；各表面的加工顺序；工序集中或分散程度；定位夹紧方法以及热处理、检验工序及其他辅助工序（如清洗、去毛刺、去磁、倒角等）的安排等。

5. 进行工序内容设计

对每道工序进行详细设计，详细程度根据需要确定，通常包括确定：

（1）所采用的设备、工艺装备（刀、夹、量具）和辅助工具；

（2）技术要求及检验方法；

（3）加工余量、工序尺寸及精度要求和表面质量要求；

（4）切削用量和时间定额；

（5）必要时进行经济性分析，选择最佳工艺方案；

6. 填写工艺文件

5.3 定位基准的选择

5.3.1 基准的概念及分类

1. 基准的概念

在图纸或实物上，用来确定所研究或关心的点、线、面位置时作为参考的那些点、线、面，称为基准。通俗地讲，基准就是参考的对象。

2. 基准的分类

按照基准的用途，基准可分为设计基准和工艺基准两大类。

(1)设计基准

在图纸上用来确定所研究或关心的点、线、面的位置的参考对象，称为设计基准。如图5-5(a)，端面 C 是端面 A、B 的设计基准；中心线 $O—O$ 是外圆柱面 ϕD 和 ϕd 的设计基准；中心 O 是 E 面的设计基准。

(2)工艺基准

是加工、测量和装配过程中使用的基准，也称制造基准。工艺基准按用途又可分为：

1)工序基准

在工序图上标注被加工表面尺寸(称工序尺寸)和相互位置关系时，所依据的点、线、面称为的工序基准。如图5-5(a)的零件，若加工端面 B 时的工序图为如图5-5(b)，则 B 面的工序尺寸为 l_4，工序基准为端面 A，而其设计基准是端面 C。

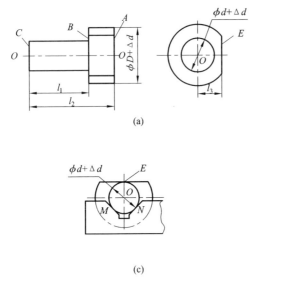

图 5-5　各种基准示例

2)定位基准

为确定加工时工件相对于机床、夹具、刀具的位置，工件上所依据的点、线、面称为的定位基准。确定位置的过程称为定位。如图5-5(c)，加工 E 面的工件是以外圆 ϕd 在V形块上定位时，其定位基准是 ϕd 的轴心线。这时的定位基准与设计基准(轴线)是不同的。加工轴类零件时，常以轴两端的顶尖孔为定位基准。加工齿轮外圆或切齿时，常以内孔和端面为定位基准。定位基准常用的是面，所以也称为定位面，常以符号"$\bigtriangledown$"表示，其尖端指向定位面。如图5-6为加工齿轮的轮齿时的定位基准表示法。

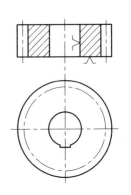

图 5-6　定位基准表示法

3)测量基准(又称度量基准)

工件上用以测量加工表面的位置时所依据的点、线、面

216

称为测量基准。如图 5-5(a)，当加工端面 A、B，并保证尺寸 l_1、l_2 时，度量基准就是它的设计基准端面 C。但当以设计基准为度量基准不方便或不可能时，也可采用其他表面为度量基准，如图 5-5(d)，表面 E 的设计基准为中心 O，而度量基准为外圆 ϕD 的母线 F，则此时的度量尺寸为 l。

4）装配基准

装配过程中，用以确定零部件在产品中位置时所依据的点、线、面称为装配基准。如齿轮装在轴上，内孔是它的装配基准；轴装在箱体孔上，轴颈是装配基准；主轴箱体装在床身上，箱体底面是装配基准。

5.3.2 工件的装夹与获得加工尺寸精度的方法

1. 工件的装夹

把工件通过定位和夹紧固定到机床或者夹具上的过程叫装夹。装夹的方法有：

（1）直接找正定位的装夹

对于形状简单的工件可以采用直接找正的装夹方法，此法是用百分表、划线盘或目测直接在机床上确定工件的正确位置的装夹方法。例如，在四爪卡盘上加工一个套筒零件的内孔表面(图 5-7)，若要求加工后的表面 A 与表面 B 同轴且同轴度要求不高，可按外表面 B 用划针找正（同轴度精度可达 0.5 mm 左右）；若同轴度要求较高，可用百分表找正（同轴度精度可达 0.02 mm 左右）。所谓找正，就是一边拨动车床主轴回转，一边观察划针与外圆表面的距离，或观察百分表的指针摆动，一边调整卡爪，使

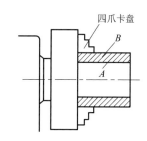

图 5-7 直接找正定位的装夹

工件处于一个合适的位置，这个位置上划针与外圆的距离变化最小，或者百分表指针摆动最小。若外表面为毛坯面且不需要加工，不是要求内外表面同轴，而是要求镗 A 孔时切除的余量要均匀，则应以加工前的 A 孔表面找正装夹，使 A 孔加工前的轴线与机床的回转中心线重合。

直接找正定位的装夹费时费事，因此一般只适用于：

1）工件批量小，采用专用夹具不经济。这种方法，常在单件小批生产的加工车间，修理、试制、工具车间中得到应用。

2）工件的位置精度要求特别高（例如，小于 0.01~0.005 mm），采用专用夹具不能保证精度时，只能用精密量具直接找正装夹。

（2）按划线找正定位的装夹

对于形状复杂的零件（如车床主轴箱），采用直接找正定位的装夹会顾此失彼，这时就有必要按照零件图在毛坯上先划出中心线、对称线和各待加工表面的加工线，并检查它们与各不加工表面的尺寸和位置，然后按照划好的线找正工件在机床上的装夹位置。对于形状复杂的工件，常常需要经过几次划线。划线找正的定位精度一般只能达到 0.2~0.5 mm。

划线找正需要技术高的划线工，而且非常费时，因此它只适用于：

1）批量不大、形状复杂、毛坯粗糙的工件；

2）尺寸和重量都很大的铸件和锻件；

3）毛坯的尺寸公差很大，表面很粗糙，一般无法直接使用夹具时。

（3）用专用夹具装夹

对中小尺寸的工件，在批量较大时，通常用夹具装夹。夹具安装在机床上，工件在夹具中定位并夹紧，不需要进行找正。这样既能保证工件在机床上的定位精度（一般可达 0.01 mm），又能快速装卸，可节省大量辅助时间。但是制造专用夹具的费用高，周期长，在单件小批生产中的应用受到限制。为解决这一问题，可采用组合夹具或成组夹具。

对于某些零件（如连杆、曲轴），即使批量不大，但为了达到某些特殊的工艺要求，仍需要设计制造专用夹具。

2. 机械加工中获得加工尺寸精度的方法

（1）机械加工中获得尺寸精度的方法

1）试切法。先试切出很小一部分加工表面，测量试切所得尺寸，按照加工要求适当调整刀具切削刃相对工件的位置，再试切，再测量，如此经过多次试切和测量，当被加工尺寸达到要求后，再完成整个待加工表面的切削。

试切法生产效率低，加工精度取决于工人的技术水平，但有可能获得较高精度，且不需复杂的工艺装备，主要用于单件小批生产。

2）调整法。工件的已加工表面相对于刀具的位置由机床、夹具或其他工艺装备（如定程挡块等）所决定，调整好后加工一批工件。

调整法比试切法加工精度的一致性好，且具有较高的生产率，对生产工人要求不高。但对调整工要求较高，在成批及大量生产中广泛应用。

3）定尺寸刀具法。用具有一定尺寸精度的刀具（如钻头、扩孔钻、铰刀、拉刀、槽铣刀等）来保证工件被加工部位（如孔、槽）的尺寸精度。

这种方法具有较高的生产率，加工精度主要取决于刀具的精度及刀具与工件的位置精度。为了消除刀具与工件位置精度对加工精度的影响，可采用将刀具与机床主轴浮动连接的方法来解决。

4）自动控制法。使用一定的装置，在工件达到要求的同时，自动停止加工。具体方法有两种：

自动测量法：机床上有自动测量装置，在工件达到要求的尺寸时，自动测量装置发出指令使机床自动退刀并停止工作。

数字控制法：机床中有控制刀具或工作台精确移动的伺服机构及数字控制装置，工尺寸的获得（通过刀架或工作台的移动），由预先编好的程序决定。

（2）机械加工中获得形状精度的方法

1）轨迹法。利用切削运动中刀尖的运动轨迹来形成被加工表面的形状。用这种方法得到的形状精度主要取决于成形运动的精度。

2）成形法。利用成形刀具切削刃的几何形状来保证被加工表面的形状。成形法所获得的精度，主要取决于刀刃的形状精度和刀具的安装精度。

3）展成法。利用刀具和工件作展成切削运动时，刀刃在被加工表面所形成的包络面形成被加工表面的形状。这种方法所能达到的精度，主要取决于机床展成运动的传动链精度和刀具的制造精度等因素。

（3）机械加工中获得位置精度方法

机械加工中，被加工表面对其他表面位置精度的获得，主要取决工件的装夹。前述的三种工件装夹方式（直接找正、划线找正、用夹具装夹），也是三种获得位置精度的方法，这里不再赘述。

5.3.3　定位基准的选择

定位基准的选择是制定工艺规程的主要内容之一，选择得合理与否关系到工件的加工精度、生产效率和加工成本，必须十分重视。

定位基准可分为粗定位基准、精定位基准和辅助定位基准，分别简称粗基准、精基准和辅助基准。基准的选择实际上就是定位面的选择问题，分别对应于粗基面、精基面和辅助基面。再强调一遍，定位基准是工件上的点、线、面，最终都以工件上实际存在的表面来体现。

粗基准：以未加工过的表面作为定位基准时称为粗基准（又称毛基准），因此第一道工序所采用的定位基准是粗基准。

精基准：以加工过的表面进行定位的基准称为精基准（又称光基准）。

辅助基准：该基准在零件的装配和使用中并无用处，只是为了便于零件的加工而设置的基准称为辅助基准，如轴加工用的中心孔、活塞加工用的止口等。

1. 精基准的选择

精基准的选择需要重点考虑如何保证精度，因此精基准的选择原则是：

（1）基准重合原则

尽量利用设计基准（或工序基准）作为定位基准，可以避免基准转换所带来的加工误差，称为基准重合原则。

图 5 - 8（a）是在钻床上成批加工工件孔的工序简图，N 面为尺寸 B 的工序基准。若选 N 面为尺寸 B 的定位基准并与夹具 1 接触，则钻头相对 1 面的位置（也就是 N 面）在一批工件的加工中将保持不变（图 5 - 8（b）示），则加工这一批工件时尺寸 B 不受尺寸 A 变化的影响，尺寸 B 的加工精度易于保证。若选择 M 面为定位基准并与夹具 2 面接触，钻头相对 2 面（也就是 M 面）的位置在一批工件的加工中将保持不变（图 5 - 8（c）示），则加工这一批工件时尺寸 A 的变化会引起 N 面的变动（称为基准位移误差，见机床夹具一章），影响尺寸 B 的加工精度。

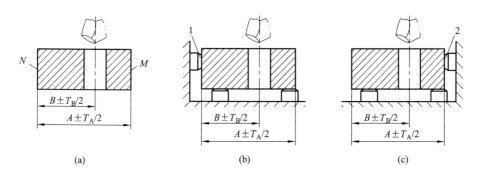

図 5 - 8　工序基准与定位基准的关系

（2）基准统一原则

应尽可能选用统一的基准加工工件的多个表面，以保证各加工表面的相互位置精度，避免基准变换所产生的误差。这一思想称为基准统一原则，或称基准不变原则。

例如，加工轴类零件时，一般都采用两个顶尖孔作为统一精基准来加工轴类零件上的所有外圆表面和端面，这样在一次安装中，可以保证各外圆表面间的同轴度和端面对轴心线的垂直度要求。同时还可以简化夹具的设计和制造工作，缩短生产辅助时间。

（3）互为基准，反复加工的原则

当个表面间相互位置精度要求较高时，常常可以采用互为基准，反复加工的方法达到。例如，车床主轴前后支承轴颈与主轴锥孔间有严格的同轴度要求，常先以主轴锥孔为基准磨主轴前、后支承轴颈表面，然后再以前、后支承轴颈表面为基准磨主轴锥孔，最后达到图纸规定的同轴度要求。又如加工精密齿轮，当齿面经高频淬火后磨削时，因其淬硬层较薄，应使磨削余量小而均匀，所以要先以齿面为基准磨内孔，再以内孔为基准磨齿面，以保证齿面余量均匀。

（4）自为基准原则

当精加工或光整加工工序要求余量小而均匀时，可选加工表面本身为精基准，以保证加工质量，提高生产率。如精铰孔时，铰刀与主轴采用浮动连接，加工时以孔自身为定位基准。又如磨削车床床身导轨面时，常在磨头上装百分表以导轨面自身为基准来找正导轨面（导轨面与其他表面间的位置精度则由磨削前的精刨工序保证）。

2. 粗基准的选择

在选择粗基准时，考虑的重点是如何保证各加工表面有足够的余量，使不加工表面与加工表面间的尺寸、位置符合零件图要求。因此选择粗基准的原则有：

（1）合理分配加工余量的原则

选择加工余量要求小而均匀的重要表面为粗基准，以保证该表面有足够而均匀的加工余量。

床身导轨面的加工就是一个例子。由于导轨面是车床床身的重要表面，精度要求高，而且要求耐磨。在铸造床身时，导轨面是倒扣在砂箱的最底部浇铸成型的，其表面层金属组织质地致密，砂眼、气孔相对较少。因此要求加工床身时，导轨面的实际切除量要尽可能地小而均匀，以便达到高的加工精度，同时切去的金属层应尽可能薄一些，以便留下一层组织紧密、耐磨的金属层。故在加工时应选导轨面作粗基准加工床腿底面［图 5 – 9（a）］，然后再以加工过的床腿底面作精基准加工导轨面［图 5 – 9（b）］，此时从导轨面上去除的加工余量可较小而均匀。即使毛坯床身导轨面与床腿底面的平行度误差很大，也是通过床腿底面加工余量的不均匀来调整。若先以床腿底面作粗基准加工导轨面［图 5 – 9（c）］，然后再以加工过的导轨面作精基准加工床身底面［图 5 – 9（d）］，则毛坯床身导轨面和床腿底面的平行度误差要通过导轨面的加工余量的不均匀来调整，使其加工余量严重不均匀。此时，在余量较大处，会把要保留的机械性能较好的一层金属去掉，从而严重影响加工质量。而床腿底面的加工余量虽然是均匀的，但却对工件的使用要求没有影响。故后一种方案是一种不合理的方案。

（2）保证零件加工表面相对于不加工表面具有一定位置精度的原则

如果工件的某些表面不需加工，则应选择其中与加工表面有位置精度要求的表面为粗基准，当零件上有几个不加工表面时，应选择与加工表面位置精度要求较高的不加工表面作粗基准。以求壁厚均匀、外形对称等。

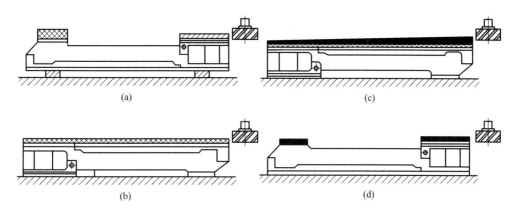

图 5 - 9 床身加工粗基准的选择

如图 5 - 10 所示,若选不需加工的外圆表面作粗基准定位[图 5 - 10(a)],此时虽然加工内孔,镗孔时切去的余量不均匀,但可获得与外圆具有较高同轴度的内孔,壁厚均匀,与外形对称;若选用需要加工的内孔毛面自为基准定位[图 5 - 10(b)],则结果相反,切去的余量比较均匀,但零件壁厚不均匀。到底应该采用哪种方案,要根据工件的使用要求来决定。

(3)保证各加工表面都有足够的加工余量的原则

若零件上多个表面都要加工,则应该以加工余量最小的表面作为粗基准,使这个表面在以后的加工中不会留下毛坯表面而造成废品。例如(图 5 - 11)所示阶梯轴加工,设毛坯的大小外圆柱面有 3 mm 的同轴度误差,毛坯大小圆柱面的余量分别为 8 mm、5 mm。若以小圆柱面为粗基准

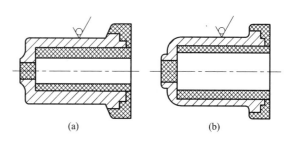

图 5 - 10 两种粗基准选择方案的对比

加工大圆柱面,再以大圆柱面为精基准加工小圆柱面,可加工出合格零件;若以大圆柱面为粗基准加工小圆柱面,再以小圆柱面为精基准加工大圆柱面,此时当毛坯大小圆柱面同轴度误差大于 2.5 mm 时,则会出现小头的加工余量不足而导致废品。

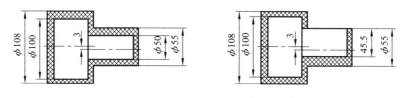

图 5 - 11 阶梯轴加工的粗基准选择

(4)便于装夹的原则

选择平整、光滑、有足够大面积的表面做粗基准,不允许有浇、冒口的残迹和飞边等突

出缺陷，以保证定位准确、夹紧可靠，误差小。

（5）粗基准一般不得重复使用的原则

在同一尺寸方向上的粗基准通常只允许使用一次，这是因为粗基准一般都很粗糙，定位精度低，重复使用同一粗基准所加工的两组表面之间位置误差会相当大，因此，粗基一般不得重复使用。

上述有关粗、精基准选择原则中的每一项，只说明某一方面问题。在实际应用中，有时不能同时兼顾。因此要根据零件的生产类型及具体的生产条件，并结合整个工艺路线进行全面考虑，抓住主要矛盾，统筹兼顾，灵活掌握，正确选择粗、精基准。

5.4 工艺路线的拟定

拟定工艺路线是制订工艺规程的关键一步，它不仅影响零件的加工质量和效率，而且影响设备投资、生产成本、以及工人的劳动强度。拟定工艺路线时，当确定好定位基准后，就应考虑如下几方面的问题。

5.4.1 加工方案制定

1. 各种加工方法的经济加工精度和表面粗糙度

不同的加工方法如车、磨、刨、铣、钻、镗等，不同的使用场合，所能达到的加工精度和表面粗糙度也不同。即使是同一种加工方法，在不同的加工条件下所获得的加工精度和表面粗糙度也大不一样。这是因为在加工过程中，工人的技术水平、切削用量、刀具的刃磨质量、机床的调整等等因素对其有重要的影响。

所谓某种加工方法的经济精度，是指在正常的工作条件下（包括完好的机床设备、必要的工艺装备、标准的工人技术等级及标准的耗用时间和生产费用）达到这种加工精度的生产成本最低。与经济加工精度相似，各种加工方法所能达到的表面粗糙度也有一个较经济的范围（可参阅有关的机械加工手册）。表 5 – 10、表 5 – 11、表 5 – 12 分别列出了机器零件的三种最基本的表面（外圆、内孔和平面）的常用的加工方案及其所对应的经济精度和表面粗糙度。表中箭头是指一步一步的加工过程，箭头前方的加工方法是箭头所指加工方法的准备工作，每行最右边的加工方法是最终加工方法（即图纸要求），所对应的经济精度和经济表面粗糙度是表中所列的数值。一步一步的加工过程叫加工方案。例如 IT8 级正火钢加工，精车的成本 10 元，磨削的成本 30 元，多种加工方法比较以后，10 元最少，故 IT8 级是精车的经济精度。若 IT7 级，精车 60 元，磨削 40 元，同理，此时磨削的经济精度是 IT7 级。如果用磨削加工 IT14 级的钢件，虽然也能生产出合格品，但经济上不合算，故 IT14 不是磨削的经济精度。如果车削加工 IT7 级的钢件，需要很高技术水平的工人操作，需要特殊的工艺装备，甚至需要专门的特种机床，经济上也不合算，故 IT7 级不是精车的经济精度。不能达到的加工精度可以看成是成本为无穷大的加工方法，肯定不是这种加工方法的经济精度。经济表面粗糙度也是同样的道理。图 5 – 12 形象地说明了精车的经济加工精度范围。

工艺手册所给出的经济精度和经济表面粗糙度是企业生产情况大量数据的统计结果，不同时期和不同国家是有所不同的。

表 5 – 10　外圆表面加工方案及其经济精度

加工方案	经济精度公差等级	表面粗糙度 Ra /μm	适用范围
粗车 └→ 半精车 　└→ 精车 　　└→ 滚压（或抛光）	IT11～13 IT8～9 IT7～8 IT6～7	50～100 2.3～6.3 0.8～1.6 0.08～2.0	适用于除淬火钢以外的金属材料
粗车 → 半精车 → 磨削 　└→ 粗磨 → 精磨 　　　└→ 超精磨	IT6～7 IT5～7 IT5	0.40～0.80 0.10～0.40 0.012～0.10	除不宜用于有色金属外，主要适用于淬火钢件的加工
粗车 → 半粗车 → 精车 → 金刚石车	TI5～6	0.025～0.40	主要用于有色金属
粗车 → 半粗车 → 粗磨 → 精磨 → 镜面磨 　└→ 精车 → 精磨 → 研磨 　　　└→ 粗研 → 抛光	IT5 以上 IT5 以上 IT5 以上	0.025～0.20 0.05～0.10 0.025～0.40	主要用于高精度要求的钢件加工

表 5 – 11　内孔表面加工方案及其经济精度

加工方案	精度等级公差等级	表面粗糙度 Ra /μm	适用范围
钻 └→ 扩 　└→ 铰 　└→ 粗铰 → 精铰 　└→ 铰 　└→ 粗铰 → 精铰	IT11～13 IT10～11 IT8～9 IT7～8 IT8～9 IT7～8	≥50 25～50 1.60～3.20 0.80～1.60 1.60～3.20 0.80～1.60	加工未淬火钢及其铸铁的实心毛坯，也可用于加工有色金属（所得表面粗糙度 Ra 值稍大）
钻 →（扩）→ 拉	IT7～8	0.80～1.60	大批、大量生产（精度可由拉刀精度而定），如较正拉削后，则 Ra 可降低到 0.40～0.20
粗镗（或扩） └→ 半精镗（或精扩） 　└→ 精镗（或铰） 　　└→ 浮动镗	IT11～13 IT8～9 IT7～8 IT6～7	25～50 1.60～3.20 0.80～1.60 0.20～0.40	除淬火钢外的各种钢材，毛坯上已有铸出或锻出的孔
粗镗（扩）→ 半精镗 → 磨 　　└→ 粗磨 → 精磨	IT7～8 IT6～7	0.20～0.80 0.10～0.20	主要用于淬火钢，不宜用于有色金属
粗磨 → 半精磨 → 精磨 → 金刚镗	IT6～7	0.05～0.20	主要用于精度要求高的有色金属
钻 →（扩）→ 粗铰 → 精铰 → 珩磨 　└→ 拉 → 珩磨 粗镗 → 半精镗 → 精镗 → 珩磨	IT6～7 IT6～7 IT6～7	0.025～0.20 0.025～0.20 0.025～0.20	精度要求很高的孔，若以研磨代替珩磨，精度可达 IT6 以上，Ra 可降低到 0.1～0.01

表5-12 平面加工方案及其经济精度

加工方案	经济精度公差等级	表面粗糙度值 $Ra/\mu m$	适用范围
粗车 → 半粗车 → 精车 → 磨	IT11~13 IT8~9 IT7~8 IT5~7	≥50 3.20~6.30 0.80~1.60 0.20~0.80	适用于工件的端面加工
粗刨(或粗铣) → 精刨(或精铣) → 刮研	IT11~13 IT7~9 IT5~6	≥50 1.60~6.30 0.10~0.80	适用于不淬硬的平面(用端铣加工,可得较低的粗糙度值)
粗刨(或粗铣) → 精刨(或精铣) → 宽刃精刨	IT6~7	0.20~0.80	批量较大,宽刀精刨效率高
粗刨(或粗铣) → 精刨(或精铣) → 磨 → 精磨 → 精磨	IT6~7 IT5~6	0.20~0.80 0.025~0.40	适用于精度要求较高的平面加工
粗铣 → 拉	IT6~9	0.20~0.80	适用于大量生产中加工较小的不淬火平面
粗铣 → 精铣 → 磨 → 研磨 → 抛光	IT5~6 IT5以上	0.025~0.20 0.025~0.10	适用于高精度平面的加工

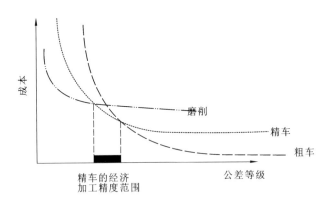

图5-12 精车的经济加工范围

2. 加工方法和加工方案的选择

(1)选择加工方法和加工方案的步骤

对于每一个主要的工件表面,都要确定其加工方法和加工方案。确定的方法是,根据零件图纸的尺寸精度和表面粗糙度,从有关表格中查找出对应的经济加工方法,作为该表面的最终加工方法。应当注意,最终加工方法的确定,要根据尺寸精度和表面粗糙度要求中要求较高的一种来确定，即所选的方法两种要求都能够满足。确定最终加工方法以后，还要确定前面的准备加工方法，一直反推到毛坯。这一过程叫确定加工方案。每个工件表面可能有多种加工方案，但其中必有一种是经济效益和社会效益最好的方案，这个方案就是我们寻求的方案。最主要的思考方法是利润最高，或成本最低，或需要添加的设备最少，或生产率最高等。

（2）加工方案应当考虑的因素

1）各加工表面所要达到的加工技术要求；

2）工件所用材料的性质、硬度和毛坯的质量；

3）零件的结构形状和加工表面的尺寸；

4）生产类型；

5）车间现有设备情况；

6）各种加工方法所能达到的经济精度和表面粗糙度等。

（3）加工方案的制定原则

1）所选的最终加工方法的经济精度及表面粗糙度要与加工表面的精度和表面粗糙度要求相适应。必须在保证零件达到图纸要求的方面是稳定可靠的，并在生产率和加工成本方面是最经济合理的。

2）所选的最终加工方法要能保证加工表面的几何形状精度和表面相互位置精度要求。

3）所选的最终加工方法要与零件的结构、加工表面的特点和材料等因素相适应。例如，淬火钢要用磨削的方法加工，而有色金属磨削困难，一般采用金刚镗或高速车削等方法进行精加工。

4）选择加工方法时要考虑生产类型，即要考虑生产率和经济性的问题

在大批大量生产中，可采用生产率高、质量稳定的专用设备和专用工艺装备加工。例如，平面和孔可用拉削加工，轴类零件可采用半自动液压仿型车床加工，盘类或套类零件可用多功能车床加工等。甚至在大批大量生产中可改变毛坯的形态，大大减少切削加工的工作量。例如，用粉末冶金制造的油泵齿轮，用蜡铸造制造柴油机上的小尺寸零件等。在单件小批生产中，则采用通用设备和工艺装备以及一般的加工方法。

5）选择加工方法还应考虑本企业（或本车间）的现有设备情况和技术条件

应充分利用企业的现有设备和工艺手段，节约资源，发挥群众的创造性，挖掘企业潜力；同时应重视新技术、新工艺，设法提高企业的工艺水平。

6）此外，选择加工方法还应考虑一些其他因素，例如工件的形状和重量以及加工方法所能达到的物理机械性能。

【例 5 - 1】　要求某孔的加工精度为 IT7 级，粗糙度 $Ra = 1.6 \sim 3.2~\mu m$，确定孔的加工方案。

解：查表 5 - 11 可知有以下四种加工方案：

①钻 - 扩 - 粗铰 - 精铰；

②粗镗 - 半精镗 - 精镗；

③粗镗 - 半精镗 - 粗磨 - 精磨；

④钻（扩）- 拉。

方案①采用最多，在大批、大量生产中常用在自动机床或组合机床上，在成批生产中常

用在立钻、摇臂钻、六角车床等连续进行各个工步加工的机床上。该方案一般用于加工直径小于 80 mm 的孔径，工件材料为未淬火钢或铸铁，不适合于加工大孔径，否则，刀具过于笨重。

方案②用于加工毛坯本身有铸出或锻出的孔，但其直径不宜太小，否则因镗杆太细易发生变形而影响加工精度，箱体零件孔的加工常采用此方案。

方案③适用于需淬火的工件大孔加工。

方案④适用于成批或大量生产的中小型零件，其材料为未淬火钢、铸铁及有色金属。

5.4.2　机床设备及工艺装备的选择

1. 机床设备的选择

各表面的加工方法确定以后，就应选择机床设备，其选择除考虑现有生产条件外，还要考虑以下四方面问题：

（1）机床工作区域的尺寸应与零件外形轮廓尺寸想相适应，也就是根据零件的外廓尺寸来选择机床的形式和规格，以便充分发挥机床的使用性能。如直径不太大的轴、套、盘类零件一般在普通卧式机床上加工。直径大而短的盘、套类零件一般在端面或立式机床上加工。

（2）机床的精度应与工件要求的精度相适应。机床精度过低，不能满足工件加工精度要求；过高，则是一种浪费。

（3）机床的功率、刚度和工作参数应与最合理的切削用量相适应。粗加工时选择有足够功率和刚度的机床，以满足大背吃刀量和大进给量要求；精加工时选择有足够刚度和足够转速范围机床，以保证零件加工精度和表面粗糙度。

（4）机床生产率应与工件生产类型相适应。对于大批大量生产，宜采用高效率机床、专用机床、组合机床或自动机床；单件小批生产，一般选择通用机床。

2. 工艺装备的选择

工艺装备选择的合理与否，将直接影响工件的加工精度、生产效率和经济效益。应根据生产类型、具体加工条件、工件结构特点和技术要求等选择工艺装备。

（1）夹具的选择。单件、小批生产应首先采用各种通用夹具和机床附件，如卡盘、机床用平口虎钳、分度头等；对于大批和大量生产，为提高生产率应采用专用高效夹具；多品种中、小批量生产可采用可调夹具、组合夹具或成组夹具。

（2）刀具的选择。一般优先采用标准刀具。在批量生产中为提高效率，可采用各种高效的专用刀具、复合刀具和多刃刀具等。刀具的类型、规格和精度等级应符合加工要求。

（3）量具的选择。单件、小批生产应广泛采用通用量具，如游标卡尺、百分尺和千分表等；大批、大量生产应采用极限量规和高效的专用检验夹具和量仪等。量具的精度必须与加工精度相适应。

5.4.3　加工阶段的划分

为了保证零件的加工质量和合理地使用设备、人力，零件往往不可能在一个工序内完成全部加工工作，而必须将整个加工过程划分几个阶段。所谓阶段，是指工件上的全部表面或绝大多数表面都进行同一性质的加工。

1. 加工阶段的划分

(1)粗加工阶段。在这一阶段中要切除大量的加工余量,因此主要问题是如何获得高的生产率。也就是说,在所有表面开始进行半精加工或精加工阶段之前,对工件的所有表面或绝大部分表面都进行粗加工。即粗加工的时候,所有表面都是进行粗加工。下面所谓的阶段也是这个含义。

(2)半精加工阶段。在这一阶段中的任务是消除粗加工留下的误差(尺寸、形状、位置),为主要表面的精加工做好准备(达到一定的加工精度,保证一定的精加工余量),并完成一些次要表面的最终加工(如钻孔、攻丝、铣键槽等)。半精加工一般在热处理之前进行。

(3)精加工阶段。在这一阶段将切去上阶段留下的很少的余量,保证各主要表面达到较高的精度和较低的表面粗糙度(IT7 ~ IT10,Ra 达 $0.8 \sim 3.2\ \mu m$),从而达到图纸规定的质量要求。

(4)光整加工阶段。对应于精度要求很高、或者表面粗糙度值很小(IT6 及 IT6 以上,$Ra \leqslant 0.20\ \mu m$)的零件,还有有专门的光整加工阶段。这一阶段以提高加工尺寸精度和减小表面粗糙度为主,一般不再纠正形状精度和位置精度。

有时,由于毛坯余量特别大,表面特别粗糙,在粗加工前还要有去皮加工阶段或浇冒口去除阶段,有时又称荒加工阶段。为了及时发现毛坯废品以及减少运输工作量,常把荒加工放在毛坯准备车间进行。

2. 划分加工阶段的主要原因

(1)为了保证加工精度。粗加工时切除的金属层较多,会产生较大的切削力和切削热,所需的夹紧力也较大,因而使工件产生较大的内应力和由此引起较大的变形,难以达到高的精度和较低的表面粗糙度,因此需要先完成各表面的粗加工,再通过半精加工和精加工逐步减小切削用量、切削力和切削热,逐步修正工件的变形,提高加工精度和减小表面粗糙度,最后达到零件图纸要求;粗加工时多采用粗基准并可能进行基准转换,无法保证各表面的形状位置要求,必须通过后续阶段的加工才能满足图纸要求;同时各阶段间的时间间隔相当于自然时效,有利于消除工件内应力。

(2)有利于合理使用设备。粗加工时可使用功率大、刚度好而精度较低的高效率机床,以提高生产率。而精加工则可使用高精度机床,以保证加工精度要求。这样既充分发挥了机床各自的性能特点,延长了高精度机床的使用寿命,取得较高的经济效益。

(3)便于及时发现毛坯缺陷。由于粗加工切除了各表面的大部分余量,毛坯的缺陷如气孔、砂眼、余量不足等基本都是在粗加工时发现的。划分加工阶段缺陷可及早被发现,及时修补或报废,从而避免继续加工而造成工时和费用的浪费。不这样做,如果在很多表面的精加工进行后还进行另外一些表面的粗加工,到这时再发现毛坯缺陷,精加工的费用就是浪费。

(4)避免损伤已加工表面。粗加工切削力大,切屑多而且粗壮,可能划伤已加工好的表面。将各表面的精加工都安排在最后,各个表面的切屑少而且小,可以保护精加工表面在加工过程中少受损伤或不受损伤。

(5)便于安排必要的热处理工序。划分阶段后,在机械加工过程的适当时机插入热处理,可使冷、热工序配合得更好,避免因热处理带来的影响。例如,淬火后就不能再进行粗加工和半精加工。又如,在精密主轴加工中,在粗加工后进行去应力时效处理,在半精加工后进行淬火,在精加工后进行冰冷处理及低温回火,最后再进行光整加工。

应当指出的是,加工阶段的划分不是绝对的。例如,对那些加工质量要求不高、刚性较好、毛坯精度较高、加工余量小的工件,也可不划分或少划分加工阶段;对于一些刚性好的重型零件,由于装夹、运输费时,也常在一次装夹中完成某些表面的粗、精加工,为了弥补不划分加工阶段带来的不利因素,可在粗加工之后松开工件,让工件的变形得到恢复,稍加停留后用较小的夹紧力重新夹紧工件再进行精加工。

5.4.4 工序的集中与分散

1. 工序集中

如果在每道工序中所安排的加工内容多,则一个零件的加工就集中在少数几道工序里完成,这样,工艺路线短,工序少,称为工序集中。工序集中的极端情况是所有的工作都在一道工序内完成。

工件的加工往往由许多工步组成。如何把这些工步组成工序,是拟定工艺过程时要考虑的一个问题。在一般情况下,根据工步本身的性质(例如车外圆、铣平面等)、粗精加工的划分、定位基面的选择和和转换等,把这些工步组成若干个工序,安排在若干台机床上进行。但是这些条件不是固定不变的,例如,主轴箱箱体底面可以用刨加工、或铣加工、或磨加工;只要工作台的行程足够长,主轴箱箱体底面可以在粗铣结束后,再用另外一些动力头进行半精铣等。因此,有可能把许多工步集中在一台机床上来完成,这就是工序集中。立式多工位回转工作台组合机床、加工中心等是工序集中所使用的典型设备。

由于工序集中一般使用结构复杂,机械化、自动化程度高的高效率机床,因此工序集中的特点是:

(1)减少了设备数量,减少了操作工人和生产面积。

(2)减少了工序数目,减少了运输工作量,简化了生产计划,缩短了生产周期。

(3)减少了工件的装夹次数,不仅有利于提高生产效率,而且由于在一次装夹中加工工件的多个表面,有利于保证这些表面间的相互位置精度。

(4)因为采用的专用设备和专用工艺装备数量多而复杂,因此机床和工艺装备的调整、维修也很费时费事,生产准备工作量大。

(5)对操作工人的技术要求高。

2. 工序分散

与工序集中相反,如果在每道工序中所安排的加工内容少,把零件的加工内容分散在很多工序里完成,则工艺路线长,工序多,称为工序分散。工序分散的极端情况是每道工序只有一个工步。工序分散的特点是:

(1)采用比较简单的机床和工艺装备,调整容易。

(2)对操作工人的技术水平要求较低,只需经过较短时间的训练。

(3)设备数量多,工人数量多,生产面积大。

(4)生产效率高,质量稳定。

工序集中与分散各有特点,应根据生产类型、零件的结构和技术要求、现有生产条件等综合分析后选用。如批量小时,为简化生产计划,多将工序适当集中,使每个通用机床完成更多表面的加工,以减少工序数目;而批量较大时就可采用多刀、多轴等高效机床将工序集

228

中。自动化生产线为了简化设备,保证质量,提高效率,降低对工人的技术水平要求,常偏向于工序分散。由于工序集中的优点较多,特别是数控机床的广泛应用,现代生产多偏向于向工序集中发展。

5.4.5 确定工艺路线

复杂零件的制造过程要经过机械加工、热处理和辅助工序,在拟定工艺路线时必须将三者统筹考虑,合理安排。

1. 加工工序的安排

切削工序安排的总原则是:前期工序必须为后续工序创造条件,作好基准准备。加工工序的安排原则如下:

(1)先粗后精。先安排粗加工,中间安排半精加工,最后安排精加工和光整加工(参见表 5-10~5-12)。

(2)先主后次。先安排主要表面的加工,然后在适当的位置上安排次要表面的加工。这里所谓主要表面是指装配基面、配合表面、工作表面、精度和粗糙度要求较高的表面等;次要表面是指非工作表面,如外露表面、紧固用的光孔和位置精度要求低的键槽和螺孔等。由于次要表面的加工工作量比较小,而且它们往往又和主要表面有位置精度的要求,因此一般都放在主要表面的主要加工结束之后,而在最后精加工或光整加工之前进行。如果与其他表面没有位置要求,也可安排在粗加工阶段。故"先主后次"是指进行安排的时间,不一定是进行加工的时间。

(3)先基面后其他。加工一开始,总是先加工精基准,然后再用精基准定位加工其他表面。例如,对于箱体零件,一般是以主要孔为粗基准加工平面,再以平面为精基准加工孔系;对于轴类零件,一般是以外圆为粗基准加工中心孔,再以中心孔为精基准加工外圆、端面等其他表面。如果有几个精基准,则应该按照基准转换的顺序逐步提高加工精度的原则来安排基面和主要表面的加工。

(4)先平面后孔。对于箱体、支架和连杆等工件,应先加工平面后加工孔。因为平面的轮廓平整、面积大,先加工平面再以平面定位加工孔,既能保证加工时孔有稳定可靠的定位基准,又有利于保证孔与平面间的位置精度要求。

2. 热处理工序的安排

热处理主要用来改善材料的性能及消除内应力。热处理工序在工艺路线中的安排,主要取决于零件的材料和热处理的目的。根据热处理的目的,一般可分为:

(1)预备热处理。预备热处理的目的是消除毛坯制造过程中产生的内应力、改善切削性能、为最终热处理做准备。属于预备热处理的有调质、退火、正火等,一般安排在粗加工前、后。安排在粗加工前,可改善材料的切削加工性能;安排在粗加工后,有利于消除残余内应力。

(2)最终热处理。最终热处理的目的是提高金属材料的力学性能,如提高零件的硬度和耐磨性等。属于最终热处理的有淬火-回火(调质)、渗碳淬火-回火、渗氮等,对于仅仅要求改善力学性能的工件,有时正火、调质等也作为最终热处理。最终热处理一般应安排在粗加工、半精加工之后,精加工的前后。变形较大的热处理,如渗碳淬火、调质等,应安排在精加工前进行,以便在精加工时纠正热处理的变形;变形较小的热处理,如渗氮等,则可安排在精加工之后进行。

（3）去除内应力处理。去除内应力处理的目的是消除内应力、减少工件变形。如时效处理、退火。时效处理分自然时效、人工时效和冰冷处理三大类。自然时效是指将铸件在露天放置几个月或几年；人工时效是指将铸件以 50℃ ~100℃/h 的速度加热到较高温度，保温数小时或更久，然后以 20℃ ~50℃/h 的速度随炉冷却，或者让工件在振动台上经受振动数小时；冰冷处理是指将零件置于 -80℃ ~0℃ 之间的环境中停留 1~2 h。时效处理一般安排在粗加工之后、精加工之前；对于精度要求较高的零件可在半精加工之后再安排一次时效处理；冰冷处理一般安排在回火处理之后，或者精加工之后或者工艺过程的最后。

（4）表面处理。为了表面防腐或表面装饰，有时需要对表面进行涂镀或发蓝等处理。涂镀是指在金属、非金属基体上沉积一层所需的金属或合金的过程。发蓝处理是一种钢铁的氧化处理，是指将钢件放入一定温度的碱性溶液中，使零件表面生成 0.6~0.8 μm 致密而牢固的 Fe_3O_4 氧化膜的过程。依处理条件的不同，该氧化膜呈现亮蓝色直至亮黑色，所以又称为煮黑处理。这种表面处理通常安排在工艺过程的最后。

3. 辅助工序的安排

辅助工序包括工件的检验、去毛刺、锐角倒钝、动平衡、清洗、去磁和防锈等。辅助工序也是机械加工的必要工序，安排不当或遗漏，会给后续工序和装配带来困难，影响产品质量甚至机器的使用性能。例如，未去毛刺的零件装配到产品中会影响装配精度或危及工人安全，机器运行一段时间后，毛刺变成碎屑后混入润滑油中，将影响机器的使用寿命；用磁力夹紧过的零件如果不安排去磁，则可能将微细切屑带入产品中，也必然会严重影响机器的使用寿命，甚至还可能造成不必要的事故。因此，必须十分重视辅助工序的安排。

检验是最主要的辅助工序，它对保证产品质量有重要的作用。除了在每道工序的进行中，操作者都必须自行检验外，还必须在下列情况下安排单独的检验工序：

（1）粗加工阶段结束后；

（2）重要工序之后；

（3）零件从一个车间转到另一个车间时；

（4）特种性能（如磁力探伤、密封性等）检验之前；

（5）零件全部加工结束之后。

5.5 加工余量与工序尺寸

5.5.1 加工余量的概念

在由毛坯加工成产品的过程中，某表面上毛坯尺寸与产品零件图的设计尺寸之差称为加工总余量（毛坯余量），即为某表面上要被切除的总的材料层厚度。相邻两工序的工序尺寸之差，即后一道工序所切除的材料层厚度称为工序余量。通常对于外圆和内孔等旋转表面，加工余量是从直径上考虑的，即直径尺寸之差。为明确起见，称为对称余量或双边余量，但实际所切除的材料层厚度是直径上的加工余量之半。平面的加工余量则是单边余量，它等于实际所切除的材料层厚度。所谓的尺寸之差，通常指基本尺寸（旧称名义尺寸或公称尺寸）之差。

某表面的加工总余量与其工序余量之间的关系为:

$$Z_总 = Z_1 + Z_2 + \cdots + Z_n \qquad (5-2)$$

式中: $Z_总$——加工总余量;

　　Z_1、Z_2、$\cdots$、Z_n——各工序余量;

　　n——加工工序数。

工件加工余量的大小,直接影响工件的加工质量、生产率和经济性。加工余量太小时,不易去掉上道工序遗留下来的表面缺陷及相互位置误差而造成废品;加工余量太大,会造成加工工时和电力、工具、材料的浪费,甚至因余量太大,切削力过大,切削温度过高,工件产生变形严重而影响加工质量。

5.5.2　影响加工余量的因素

工序余量的大小,与以下因素有关:

1. 上工序表面粗糙度 Ra、缺陷层 H_a

在上工序加工后的表面上,存在着表面微观粗糙度 Ra 和表面缺陷层 H_a(包括冷硬层、氧化层、裂纹等),要在本工序中切除。Ra、H_a 的大小可参考表 5-13。

表 5-13　各种加工方法获得的 Ra、H_a 值(μm)

加工方法	Ra	H_a	加工方法	Ra	H_a
粗车内外圆	15 ~ 100	40 ~ 60	磨端面	1.7 ~ 15	15 ~ 35
精车内外圆	5 ~ 40	30 ~ 40	磨平面	1.5 ~ 15	20 ~ 30
粗车端面	15 ~ 225	40 ~ 60	粗刨	15 ~ 100	40 ~ 50
精车端面	5 ~ 54	30 ~ 40	精刨	5 ~ 45	25 ~ 40
钻	45 ~ 225	40 ~ 60	粗插	25 ~ 100	50 ~ 60
粗扩孔	25 ~ 225	40 ~ 60	精插	5 ~ 45	35 ~ 50
精扩孔	25 ~ 100	30 ~ 40	粗铣	15 ~ 225	40 ~ 60
粗铰	25 ~ 100	25 ~ 30	精铣	5 ~ 45	25 ~ 40
精铰	8.5 ~ 25	10 ~ 20	拉	1.7 ~ 35	10 ~ 20
粗镗	25 ~ 225	30 ~ 50	切断	45 ~ 225	60
精镗	5 ~ 25	25 ~ 40	研磨	0 ~ 1.6	3 ~ 5
磨外圆	1.7 ~ 15	15 ~ 25	超级加工	0 ~ 0.8	0.2 ~ 0.3
磨内圆	1.7 ~ 15	20 ~ 30	抛光	0.06 ~ 1.6	2 ~ 5

2. 上工序尺寸公差(T_a)

上道工序的工序尺寸的公差,通常情况包含各种几何形状误差如锥度、椭圆度、平面度等。T_a 的大小可根据选用的加工方法的经济精度确定,或查阅《机械加工工艺人员手册》确定。加工余量与工序尺寸公差之间的关系如图 5-13 所示。在工艺规程设计中,工序尺寸一般采用入体原则标注,即外表面(被包容面,尺寸经过加工变小的表面)工序尺寸的基本尺寸为最大极限尺寸(上偏差为0),内表面(包容面,尺寸经过加工变大的表面)工序尺寸的基本尺寸为最小极限尺寸(下偏差为0)。毛坯的公差带一般对称布置,即基本尺寸为最大和最小极限尺寸的平均值,也就是通常所说的加减多少。最终工序的工序尺寸通常就是设计图纸要求的尺寸。

图5-13(a)为外表面(被包容面)加工,下标a表示为前道工序,下标b表示本道工序,有:

$$Z_b = L_a - L_b \tag{5-3}$$

本工序的最大余量为:

$$Z_{bmax} = L_{amax} - L_{bmin} \tag{5-4}$$

本工序的最小余量为:

$$Z_{bmin} = L_{amin} - L_{bmax} \tag{5-5}$$

图5-13(b)为内表面(包容面)加工,则有:

$$Z_b = L_b - L_a \tag{5-6}$$

$$Z_{bmax} = L_{bmax} - L_{amin} \tag{5-7}$$

$$Z_{bmin} = L_{bmin} - L_{amax} \tag{5-8}$$

上述各式中:

Z_b(Z_{bmax}、Z_{bmin})——本工序(工步)的公称(最大、最小)余量;

L_a(L_{amax}、L_{amin})——前工序(工步)的基本(最大极限、最小极限)尺寸;

L_b(L_{bmax}、L_{bmin})——本工序(工步)的基本(最大极限、最小极限)尺寸;

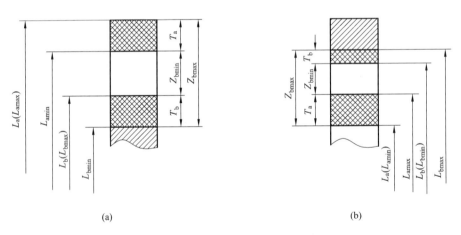

(a)   (b)

图5-13 加工余量与工序尺寸公差之间的关系

由于工序尺寸有公差,故实际切除的材料层厚度有一个变化范围。当工序尺寸用基本用尺寸计算时,所得的加工余量称为基本余量或者公称余量,余量的变化范围称为余量公差。

3.上工序的形状和位置误差(ρ_a)

如果上工序工件上的一些形状和位置误差不包括在尺寸公差内,而这些误差又必须在本工序中予以纠正,这时就必须单独考虑这类误差对工序余量的影响。属于这一类的误差有轴线的直线度、位置度、同轴度及平行度、轴线与端面的垂直度、阶梯轴或(和)孔的同轴度、外圆对于孔的同轴度等。

4. 本工序的装夹误差(ε_b)

这一项误差包括定位误差(包括夹具本身的误差)和夹紧误差。例如,图 5-14 所示,若用三爪卡盘夹紧工件外圆磨内孔时,由于三爪卡盘本身定心的不准确,因而使工件内孔毛坯的轴心线和机床回转轴心线偏移了一个 e 值,使内孔的磨削余量不均匀。为了加工出内孔,就需要在磨削余量上加大 $2e$ 值。

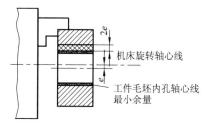

图 5-14　三爪卡盘装夹误差

应当注意,上工序的形位误差和本工序的安装误差有时为矢量,这时应取它们矢量和的模进行计算。即:

对于外圆和内孔等对称表面加工,用于双边余量:

$$Z \geq 2(Ra + H_a) + T_a + 2|\rho_a + \varepsilon_b| \tag{5-9}$$

对于平面加工,用于单边余量:

$$Z \geq (Ra + H_a) + T_a + |\rho_a + \varepsilon_b| \tag{5-10}$$

除了以上因素外,还有热处理后出现的变形或变质层也要考虑。

5.5.3　加工余量的确定

1. 分析计算法

根据理论公式和一定的试验资料,对影响加工余量的各因素进行分析,通过计算来确定加工余量。

当具体计算时,还应考虑具体情况。如在车削装夹在两顶尖上的工件外圆时,或在无心磨床上加工轴时,装夹误差可忽略;用浮动镗、铰刀或拉刀拉孔时空间,由于加工中孔是本身导向自为基准,此时形状和位置误差与装夹误差均可忽略;对于研磨、珩磨、超精加工、抛光等光整加工工序,此时的主要加工要求是进一步减小上工序留下的表面粗糙度,因此加工余量只需去掉上工序的表面粗糙度。

计算法方法复杂,需要的资料多,有时要经过全面可靠的试验,一般只在材料十分贵重或大批、大量生产的少数工件中采用。

2. 查表法

根据有关手册提供的加工余量数据,再结合本厂生产实际情况加以修正。工厂中广泛采用这种方法。加工余量表格是以工厂的生产实践和试验研究所积累的数据为基础,并结合具体加工情况加以修正后制定的,如《机械加工工艺人员手册》。在使用有关手册时,应特别注意是单边余量还是双边余量,物理量的单位和标准的版本,手册的出版时间和各种符号的意义等问题。

3. 经验估计法

根据工艺人员本身积累的经验确定加工余量。一般为了防止余量过小而产生废品,所估计的余量总是偏大。常用于单件、小批量生产。

5.5.4 工序尺寸的确定

零件图上的尺寸及其公差是最终要求达到的尺寸和公差。在加工过程中,各工序所应达到的尺寸及其公差称为工序尺寸,即在工序图上所标注的尺寸。这个尺寸是本工序所要达到的尺寸。

1. 基准重合时工序尺寸的确定

当工序基准与设计基准重合时,工序尺寸及其公差的计算是比较容易的,例如轴、孔和某些平面的加工,计算时只需考虑各工序的加工余量和所能达到的精度。其计算顺序是根据工艺路线,由最后一道工序开始向前推算,计算步骤为:

(1)确定工序余量和毛坯总余量。先确定各工序的余量,其和为毛坯余量。

(2)确定工序公差。最终工序尺寸公差等于设计尺寸公差,其余尺寸公差按经济精度确定。

(3)求工序基本尺寸。从零件图上的设计尺寸开始,从最后一道工序一直往前推算到毛坯尺寸,某工序的基本尺寸等于后道工序的基本尺寸加上(或减去)后道工序余量。毛坯如果是型材,还要对毛坯尺寸进行延伸,取为能够供应的型材尺寸。这时第一道工序的加工余量一般要重新计算。

(4)标注工序尺寸公差。最后一道工序的公差按设计尺寸标注,其余工序尺寸的公差按入体原则标注,毛坯尺寸按对称偏差标注,型材尺寸按供应标准标注。

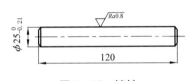

图 5 – 15　销轴

例如,如图 5 – 15 所示销轴零件,毛坯为普通精度的热轧圆钢,装夹在车床前、后顶尖间加工。主要工序:下料 – 车端面 – 钻中心孔 – 粗车外圆 – 精车外圆 – 磨削外圆。试确定工序尺寸。

根据以上步骤,列表计算如表 5 – 14。

表 5 – 14　工序尺寸的确定

工序名称	工序余量	工序经济精度	公差	基本尺寸	工序尺寸标注形式	
磨削	0.3	IT7	0.021	25.00	$\phi 25.0$	$^{0}_{-0.021}$
精车	0.8	IT10	0.084	25 + 0.3 = 25.3	$\phi 25.3$	$^{0}_{-0.084}$
粗车	1.9	IT12	0.210	25.3 + 0.8 = 26.1	$\phi 26.1$	$^{0}_{-0.210}$
毛坯	3.0	IT14	1.0	26.1 + 1.9 = 28.0	$\phi 28$	± 0.5
数据确定方法	查表确定	第一项为图纸规定,其余查表	第一项为图纸规定,其余查表	第一项为图纸规定尺寸,其余计算得到	第一项为图纸规定	毛坯公差查表,其余按入体原则定

【例 5 – 2】 某零件孔的设计尺寸为 $\phi 100^{+0.035}_{0}$ mm, *Ra* 值为 0.8 μm,毛坯为铸铁件,其工艺路线为:毛坯—粗镗—半精镗—精镗—浮动镗,求各工序尺寸。

解：　首先通过查表或凭经验确定毛坯总余量及其公差、工序余量以及工序的经济精度和公差值(见表 5 – 15)，然后计算工序基本尺寸，结果列于表 5 – 15 中。

表 5 – 15　工序尺寸及其公差的计算(mm)

工序名称	工序余量	基本工序尺寸	工序的经济精度	工序尺寸及公差
浮动镗	0.1	100	H7($_0^{0.035}$)	$\phi100_0^{0.035}$
精镗	0.5	100 – 0.1 = 99.9	H8($_0^{0.054}$)	$\phi99.9_0^{0.054}$
半精镗	2.4	99.9 – 0.5 = 99.4	H10($_0^{0.14}$)	$\phi99.4_0^{0.14}$
粗镗	5	99.4 – 2.4 = 97	H13($_0^{0.54}$)	$\phi97_0^{0.54}$
毛坯	8	97 – 5 = 92	± 1.2	$\phi92 \pm 1.2$
数据确定方法	查表确定	第一项为图纸规定尺寸,其余计算得到	第一项为图纸规定,毛坯公差查表,其余按经济加工精度及入体原则定	

2. 基准不重合时工序尺寸的确定

在工艺路线中，如果该表面的某些工序的测量基准、定位基准或工序基准与设计基准不重合，其工序尺寸要通过工艺尺寸链进行计算。详细方法见下一节。

5.6　尺寸链

5.6.1　尺寸链的概念与分类

1. 尺寸链的概念

机器装配或零件加工过程中，由相互连接的(相互间有影响的)尺寸形成的封闭尺寸组叫尺寸链。尺寸链的特点有如下两点

(1)封闭性：由一系列相互有关系的尺寸首尾依次相接形成一个封闭尺寸组。

(2)相关性：其中有且仅有一个尺寸是自然形成(间接形成，间接保证)的，这个尺寸随其余所有每个尺寸的变动而变动。尺寸链中任何一个尺寸去掉以后就不能形成封闭图形，即"一个都不能少"，任何一个都会对间接形成的尺寸有影响，即"一个也不多"。

尺寸链中每一个尺寸称为一个环，其中自然形成(间接形成，间接保证)的尺寸叫封闭环，其他环叫组成环。

图 5 – 16(a)为铣削阶梯表面的情况，尺寸 A_1、A_0 为零件图上标注的尺寸。图纸上尺寸 A_2 未标注，即"自然形成的"，A_0、A_1 的变化都会引起 A_2 的变化，三个尺寸首尾相接形成一个封闭圈，即构成尺寸链。这样的尺寸链叫设计尺寸链，其中"自然形成"的尺寸，也就是未标注的尺寸是封闭环。

在加工过程中，以表面 3 为定位基准，用调整法铣削表面 2，直接控制的尺寸是 A_2(调整法加工时，刀具相对工作台的位置是固定的，即 A_2 是工序尺寸。再以表面 3 为定位基准，用调整法铣削表面 1，直接控制的尺寸是 A_1。这时工人未直接控制尺寸 A_0，它是"间接保证

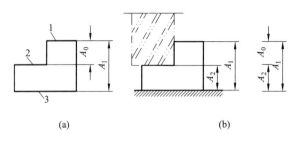

图 5 – 16　加工尺寸链

的"。A_1、A_2、A_0尺寸就构成一个相互关联的尺寸圈，如图 5 – 16(b)。这时尺寸链由工序尺寸组成，A_0是封闭环，叫工艺尺寸链。在一个在尺寸链中，每条尺寸界线(尺寸线)只能且必须与两个尺寸相关。

可见尺寸链的封闭环要根据实际情况决定。设计时 A_2是"自然就有了"，不用设计人员直接计算，A_2是设计尺寸链的封闭环。加工中，A_0是没直接控制的尺寸，它是间接保证的，A_0是工艺尺寸链的封闭环。

图 5 – 17(a)为齿轮轴部件，为了保证弹性挡圈能顺利装入，要求保证轴向间隙 A_0。由图看出，A_0与尺寸 A_1、A_2、A_3有关，这四个尺寸依照一定顺序组成装配尺寸链，如图 5 – 17(b)。这时 A_1、A_2、A_3是已经加工好的零件的尺寸，是直接保证的。A_0是装配时自然形成的，或者说是间接保证的，是封闭环。这种由不同零件上的尺寸组成的尺寸链叫装配尺寸链。

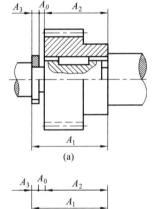

图 5 – 17　装配尺寸链

尺寸链的组成环可以按它对封闭环的影响的性质分成两类：

1)增环：当其余组成环不变，这个环增大(减小)使封闭环也增大(减小)的尺寸，即"同向变化"的尺寸，叫增环。如上两例中的 A_1环。为明确起见，在表示增环的尺寸代号上加标一个从左到右的箭头(正箭头)，如 $\overrightarrow{A_1}$。

2)减环：当其余组成环不变，而这个环增大(减小)使封闭环减小(增加)的尺寸，即"反向变化"的尺寸，叫减环。例如上两例中的 A_2、A_3环。为明确起见，在表示减环的尺寸代号上加标一个从右到左的箭头(反箭头)，如 $\overleftarrow{A_1}$、$\overleftarrow{A_2}$。

封闭环的下标一般为0。

2.尺寸链的分类

(1)按尺寸链的应用范围分

1)零件尺寸链：全部组成环为同一零件上的尺寸，零件在设计过程中形成的尺寸链，称为设计尺寸链；零件在加工过程中形成的尺寸链，称为工艺尺寸链。

2)装配尺寸链：全部组成环为不同零件上的设计尺寸，它也是一种设计尺寸链。

(2)按尺寸链中各组成环所在空间位置分

236

1)线性尺寸链:所有组成环都在同一平面内且相互平行,范围最窄,最简单,如图5－18所示。本章只讨论平面线性尺寸链。

2)平面尺寸链:所有组成环都在同一平面内,或者在几个相互平行的平面内,范围较广,如图5－19所示。

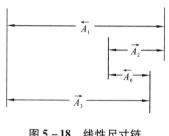

图5－18 线性尺寸链

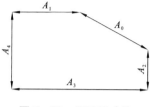

图5－19 平面尺寸链

3)空间尺寸链:尺寸链中各环不在同一平面或彼此平行的平面内。组成尺寸无任何限制,范围最广。

(3)按尺寸链中各环的几何特征分

1)长度尺寸链:所有组成环都为长度尺寸。

2)角度尺寸链:尺寸链的组成环包含角度尺寸。由于平行度和垂直度分别相当于0°和90°,因此 角度尺寸链包括了平行度和垂直度的尺寸链。如图5－20所示,以 A 面为基准分别加工 C 面和 B 面,加工过程由机床直接保证 $C \perp A$(即 $\beta_1 = 90°$),

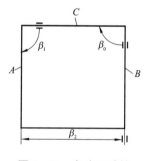

图5－20 角度尺寸链

$B /\!/ A$(即 $\beta_2 = 0°$),而图纸要求加工后应使 $B \perp C$(即 $\beta_0 = 90°$),即这种关系是通过 β_1、β_2 间接保证的,所以 β_1、β_2 和 β_0 组成了角度尺寸链,其中 β_0 是封闭环。

5.6.2 尺寸链的基本计算式

尺寸链计算是根据结构或工艺要求,确定尺寸链中某些未知的基本尺寸及其公差。根据未知量的不同,可分为三种:

1)如果已知所有组成环基本尺寸及极限偏差,求解封闭环基本尺寸及极限偏差,叫校核计算,又称正计算。

2)如果已知封闭环基本尺寸及极限偏差,求解所有组成环基本尺寸及极限偏差,叫设计计算,又称反计算。

3)如果只有某一组成环的基本尺寸和极限偏差未知,根据封闭环和其余组成环的基本尺寸以及极限偏差求解这一组成环,叫中间计算。

在求解尺寸链前,应首先画出尺寸链。绘制尺寸链的步骤为

1)画出尺寸图;

2)寻找封闭环;

3)画尺寸链图;

4）判断组成环增减性。

计算方法有两种，一种是极值法（也称极大极小法），另一种是概率法，下面分别介绍。

1. 极值法

（1）封闭环基本尺寸

根据尺寸链的封闭性，封闭环的基本尺寸等于组成环环尺寸的代数和，即封闭环的基本尺寸等于所有增环的尺寸之和，减去所有减环的尺寸之和：

$$A_0 = \sum_{i=1}^{m} \vec{A}_i - \sum_{j=m+1}^{n-1} \overleftarrow{A}_j \tag{5-11}$$

式中：A_0——封闭环的基本尺寸；

$\vec{A}_i$——增环的基本尺寸；

$\overleftarrow{A}_j$——减环的基本尺寸；

m——增环的环数；

n——包括封闭环在内的尺寸链的总环数。

（2）封闭环的极限尺寸

当所有的增环都做得最大，所有的减环都做得最小，这时封闭环的尺寸为最大，所以封闭环的最大极限尺寸等于所有增环的最大极限尺寸之和减去所有减环的最小极限尺寸之和；封闭环的最小极限尺寸等于所有增环的最小极限尺寸之和减去所有减环的最大极限尺寸之和（故极值法也称为极大极小法）。即

$$A_{0\max} = \sum_{i=1}^{m} \vec{A}_{i\max} - \sum_{j=m+1}^{n-1} \overleftarrow{A}_{j\min} \tag{5-12}$$

$$A_{0\min} = \sum_{i=1}^{m} \vec{A}_{i\min} - \sum_{j=m+1}^{n-1} \overleftarrow{A}_{j\max} \tag{5-13}$$

式中：$A_{0\max}$、$A_{0\min}$——封闭环的最大、最小极限尺寸；

$\vec{A}_{i\max}$、$\vec{A}_{i\min}$——增环的最大、最小极限尺寸；

$\overleftarrow{A}_{j\max}$、$\overleftarrow{A}_{j\min}$——减环的最大、最小极限尺寸；

（3）封闭环的上偏差与下偏差

封闭环的上偏差等于封闭环的最大极限尺寸减去基本尺寸，即式（5-12）减式（5-11），可得到：封闭环的上偏差等于所有增环的上偏差之和减去所有减环的下偏差之和，即：

$$\text{ES}(A_0) = \sum_{i=1}^{m} \text{ES}(\vec{A}_i) - \sum_{j=m+1}^{n-1} \text{EI}(\overleftarrow{A}_j) \tag{5-14}$$

同理，封闭环的下偏差等于所有增环的下偏差之和减去所有减环的上偏差之和，即：

$$\text{EI}(A_0) = \sum_{i=1}^{m} \text{EI}(\vec{A}_i) - \sum_{j=m+1}^{n-1} \text{ES}(\overleftarrow{A}_j) \tag{5-15}$$

式中：$\text{ES}(A_0)$、$\text{EI}(A_0)$——封闭环的上、下偏差；

$\text{ES}(\vec{A}_i)$、$\text{EI}(\vec{A}_i)$——增环的上、下偏差；

$\text{ES}(\overleftarrow{A}_j)$、$\text{EI}(\overleftarrow{A}_j)$——减环的上、下偏差。

（4）封闭环的公差

从公式(5 – 12)减去公式(5 – 13)[或从公式(5 – 14)减去公式(5 – 15)],易得：

$$T_0 = \sum_{i=1}^{n-1} T_i \qquad (5-16)$$

式中：T_0、T_i——封闭环、组成环的公差。

即封闭环的公差等于所有组成环公差之和。

由此可见，若各组成环的公差一定，减少环数可提高封闭环精度；若封闭环公差一定，减少环数可放大各组成环的公差，使其容易加工。

(5)平均尺寸和中间偏差的计算

为使复杂的尺寸链计算简化，可用平均尺寸和中间偏差进行计算。

平均尺寸 A_M——最大极限尺寸和最小极限尺寸的平均值；即最大极限尺寸与最小极限尺寸之和的二分之一

中间偏差 B_M——公差带中点偏离基本尺寸的大小。即上下偏差之和的二分之一，或者平均尺寸减去基本尺寸，又称平均尺寸偏差。

由[式(5 – 12) + 式(5 – 13)]/2，可以得到：

$$A_{0M} = \sum_{i=1}^{m} \overrightarrow{A}_{iM} - \sum_{j=m+1}^{n-1} \overleftarrow{A}_{jM} \qquad (5-17)$$

由式(5 – 17)减去式(5 – 11)，得：

$$B_M A_0 = \left(\sum_{i=1}^{m} \overrightarrow{A}_{iM} - \sum_{j=m+1}^{n-1} \overleftarrow{A}_{jM} \right) - \left(\sum_{i=1}^{m} \overrightarrow{A}_i - \sum_{j=m+1}^{n-1} \overleftarrow{A}_j \right) = \sum_{i=1}^{m} B_M \overrightarrow{A}_i - \sum_{j=m+1}^{n-1} B_M \overleftarrow{A}_j \quad (5-18)$$

式中：A_{0M}、$\overrightarrow{A}_{iM}$、$\overleftarrow{A}_{jM}$——封闭环、增环、减环的平均尺寸；

$B_M A_0$、$B_M \overrightarrow{A}_i$、$B_M \overleftarrow{A}_j$——封闭环、增环、减环的中间偏差。

结论：封闭环平均尺寸等于所有增环平均尺寸之和减去所有减环平均尺寸之和；封闭环的中间偏差等于所有增环的中间偏差之和减去所有减环的中间偏差之和。

2. 极值法解尺寸链实例

(1)反计算实例及公差分配

【例 5 – 3】　如图 5 – 21(a)所示工件，请制定高度方向的工艺路线并决该方向的工序尺寸。设毛坯为高 34 mm 的六面体。

解：1)设单件生产，首先用试切法加工 C 面，对应于 A_1 的工序尺寸为 B_1，公差取为 0.6 mm，为 A 面加工留余量 1 mm。故 B_1 为 $31_{0.6}^{0}$；

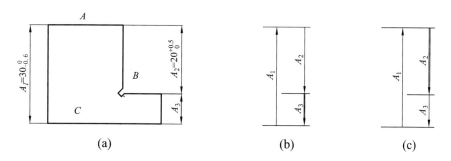

(a)　　　　　　　(b)　　　　　　　(c)

图 5 – 21　单件生产和大量生产尺寸链

再用试切法加工 A 面，保证尺寸 A_1；工序尺寸为 $30_{-0.6}^{\ 0}$；

最后用试切法加工 B 面，保证尺寸 A_2，工序尺寸为 $20_{\ 0}^{+0.5}$。

尺寸链如图 5-21（b）所示，封闭环为 A_3（间接保证）。封闭环的尺寸不必关心。由于工序基准与设计基准重合，无尺寸转换。请读者思考，能否先加工 B 面，后加工 A 面？

2）大量生产，调整法加工。先以 A 定位加工 C，工序尺寸 B_1，再以 C 定位加工 B，工序尺寸 B_3，最后以 C 定位加工 A，工序尺寸 C_1。应注意调整法加工时，直接保证的尺寸是定位基准到已加工表面的尺寸。

加工 C 面时对应于 A_1 的工序尺寸为 B_1，与其他尺寸无关，公差取为 0.6 mm，为 A 面加工留余量 1 mm。故 B_1 为 $31_{-0.6}^{\ 0}$；

由于加工 A 面时直接保证的尺寸是对应于 A_1 的 C_1，加工 B 面时直接保证的尺寸是对应于 A_3 的 B_3，对应于 A_2 尺寸是自然形成的，故 A_2 是封闭环。组成环为 A_1、A_3，绘制尺寸链图如图 5-21（c）。

在绘制平面线性尺寸链时，可以从封闭环开始，封闭环用双线单向箭头绘制，首尾相连地用单向单线箭头绘制出所有组成环。由于在一个在尺寸链中，每条尺寸界线（尺寸线）只能且必须与两个尺寸相关，可以看成从一个尺寸进来，又从另一个尺寸离开，这样尺寸链必定形成一个单向封闭圈。与封闭环箭头指向相同的组成环为减环，与封闭环箭头指向相反的组成环为增环。所谓相同，指同为从上到下，或从左到右等。封闭环箭头的指向可以随意确定，但组成环的指向要由首尾相连确定。这样 A_1 为增环，A_3 为减环，可以根据定义验证。

根据尺寸链理论，封闭环的公差是组成环的公差之和，而 A_2 的精度是必须保证的，故 A_1 的公差要进行调整。在进行工序尺寸计算时，设计给定的公差不能增加，但根据需要可以减小。为保证 A_2 的精度，A_1 的公差取 0.3、A_3 的公差取 0.2，这样 A_2 的公差才能保证不超过 0.5。可见如果工序基准与设计基准不一致时，有可能提高了有关尺寸的精度要求。

故对应于 A_1 的加工 A 面的工序尺寸 C_1 为 $30_{-0.3}^{\ 0}$；

根据式（5-11），$A_2 = C_1 - B_3$，$20 = 30 - B_3$，得 $B_3 = 10$；

根据式（5-14），$+0.5 = 0 - \text{EI}(B_3)$，$\text{EI}(B_3) = 0 - 0.5$，得 $\text{EI}(B_3) = -0.5$；

根据式（5-15），$0 = -0.3 - \text{ES}(B_3)$，$\text{ES}(B_3) = -0.3 - 0$，得 $\text{ES}(B_3) = -0.3$；

故工序尺寸 B_3 为 $10_{-0.5}^{-0.3}$；

请读者思考，这种调整法加工能否先加工 A 面，后加工 B 面。

如上例所示，已知封闭环的公差，求各组成环的公差时，如何进行公差分配，是反计算要解决的问题。通常公差分配的办法有 3 种

1）按等公差原则分配封闭环的公差，使各组成环公差值相等，其大小为：

$$T_i = \frac{T_0}{n-1} \tag{5-19}$$

此法简单，但从工艺上讲不够合理，需有选择地运用。

2）按等公差级相同的原则分配封闭环的公差，即各组成环的公差等级相同，基本尺寸大的公差也大，使组成环的公差满足下列条件：

$$T_0 \leqslant \sum_{i=1}^{n-1} T_i \tag{5-20}$$

然后再予以适当调整。这种方法在工艺上较合理。

240

3）先将一些难以加工和不宜改变其公差等级的组成环的公差确定下来，然后再给其他组成环分配公差，其中有一个比较容易加工或在生产上受限制较小的组成环作为协调环，通过尺寸链公式确定其公差 T_y：

$$T_0 = T_y + \sum_{i=1}^{n-2} T_i \qquad (5-21)$$

（2）中间计算，工序尺寸是从还要继续加工的表面标注的，即设计基准还未加工好，工序基准与设计基准不重合的情况

【例 5-4】 图 5-22(a) 为加工齿轮内孔和键槽的简图，设计尺寸为键槽深 $43.6_{0}^{+0.34}$ mm 及孔径 $\phi 40_{0}^{+0.05}$ mm，加工过程如下：

①镗内孔至尺寸 $2r = 39.6_{0}^{+0.1}$ mm；

②插键槽至尺寸 A；

③热处理（淬火）；

④磨内孔至尺寸 $2R = 40_{0}^{+0.05}$ mm。求工序尺寸 A。

从加工工艺路线可以看出，工序尺寸 A 是从还需要继续加工的孔表面标注的，键槽深度尺寸是通过工序 1、2、4 间接得到的，即直接控制的尺寸是 $2r$、A、$2R$ 三个尺寸，键槽尺寸 A_0 是间接保证的（自然形成的）。

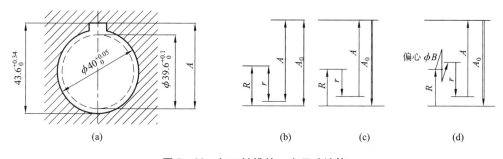

图 5-22 加工键槽的工序尺寸计算

解： ①根据工艺分析，列出尺寸链，图 5-22(b) 示；

②尺寸 $A_0 = 43.6_{0}^{+0.34}$ 为封闭环；判断增减环的过程如 5-22(c) 所示，尺寸 A 和 R $\left(\dfrac{40_{0}^{+0.05}}{2} = 20_{0}^{+0.025}\right)$ 与 A_0 指向相反，为增环；尺寸 $r\left(\dfrac{39.6_{0}^{+0.1}}{2} = 19.8_{0}^{+0.05}\right)$ 与 A_0 指向相同为减环。

③计算基本尺寸及公差 利用尺寸链极值法，计算得到工序尺寸 A 为 $43.4_{+0.05}^{+0.315}$ mm，或按入体原则标注为 $43.45_{0}^{+0.265}$ mm。

应当注意，这里假定磨孔时的定位基准是镗孔所形成的孔的轴心线，且定位误差可以忽略。也就是说，认为磨削后的孔和磨削前的孔轴线相同。如果不同轴定位误差 ϕB 不能忽略，则尺寸链变为(d)的形式，图中折线为尺寸太短空间不够时的画法，代表不同轴度，求解结果将不相同。

（3）中间计算，对某表面进行一次加工，要同时保证几个设计尺寸的工序尺寸计算。

【例 5-5】 图 5-23 为某阶梯轴的加工轴向尺寸简图。因为端面 M 的粗糙度要求很

小，需进行磨削加工，并要求同时保证两个设计尺寸 $30^{+0.05}_{0}$ mm 和 100 ± 0.15。加工过程如下：

①车 M 端面至平，以 M 面为基准，精车 N 面、Q 面至尺寸 $A_1 = 30.25^{0}_{-0.1}$ 及 A_2，图 5 - 23 (b)示；

②以 N 面为基准，磨 M 面至尺寸 $A_3 = 30^{+0.05}_{0}$，同时可间接获得尺寸 $A_0 = 100 \pm 0.15$，图 5 - 22(c)示。求工序尺寸 A_2。

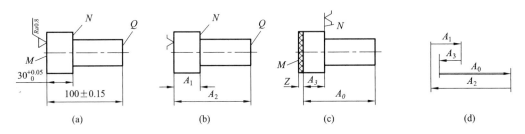

图 5 - 23 保证多个尺寸的工序尺寸计算

解： ①根据工艺分析，列出尺寸链，图 5 - 23(d)示；

②尺寸 A_0 为封闭环，A_2、A_3 为增环，A_1 为减环。

③计算基本尺寸及公差 利用尺寸链极值法，计算得到工序尺寸 $A_2 = 100.25^{0}_{-0.15}$ mm。

（4）定位基准与设计基准不重合的工序尺寸计算，竖式计算

工件采用调整法加工时，如果加工面的定位基准与设计基准不重合，就要进行尺寸的换算，重新标注工序尺寸。

【例 5 - 6】 如图 5 - 24，镗孔工序的定位基准为 A 面，但孔的设计基准是 C 面，属于基准不重合。加工时镗刀按定位基准 A 面调整，直接保证尺寸 A_3，镗孔前 A、B、C 面已加工完毕。试确定工序尺寸。

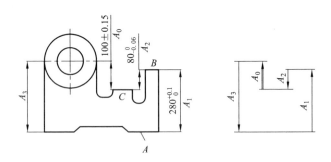

图 5 - 24 定位基准与设计基准不重合的工序尺寸计算

解： 首先应查明与尺寸，A_1，A_2，A_3 是与 A_0 有联系的尺寸，A_1，A_2，A_3 都是直接控制的尺寸，为组成环；A_0 为间接形成的尺寸（自然形成），为封闭环。作出如图 5 - 24(b)所示的工艺尺寸链简图。

A_2、A_3 与 A_0 箭头方向相反，为增环；A_1 与 A_0 箭头方向相同，为减环。

把极值法计算尺寸链的公式进行总结，封闭环可采用竖式计算。具体方法只要记住两句话"增环，尺寸和上下偏差照抄；减环，上下偏差对调，尺寸和偏差变号。"各列累加的结果就是封闭环的尺寸和偏差。竖式计算格式如表 5 – 16，增环和减环的个数可以有任意个。采用竖式计算使尺寸链计算较简明，尤其在验算封闭环时非常方便。

表 5 – 16　尺寸链竖式计算格式

增环	$+\vec{A_i}$	$+ \mathrm{ES}(A_i)$	$+ \mathrm{EI}(A_i)$
减环	$-\overleftarrow{A_j}$	$- \mathrm{EI}(A_j)$	$- \mathrm{ES}(Aj)$
封闭环	$+ A_0$	$+ \mathrm{ES}(A_0)$	$+ \mathrm{EI}(A_0)$

按竖式进行计算，列表如表 5 – 17。

表 5 – 17

增环	A_2	$+ 80$	$+ 0$	$+ (-0.06)$
	A_3	$+ A_3$	$+ \mathrm{ES}(A_3)$	$+ \mathrm{EI}(A_3)$
减环	A_0	$- (280)$	$- (0)$	$- (+0.1)$
封闭环	A_0	$+ 100$	$+ 0.15$	$- 0.15$

可得 $A_3 = 300$，$\mathrm{ES}(A_3) = +0.15$，$\mathrm{EI}(A_3) = +0.01$

故当 $A_3 = 300^{+0.15}_{+0.01}$ mm 时，可保证设计尺寸 A_0 的要求。

由计算结果可知，当定位基准与设计基准不重合时，需要提高本工序的加工精度。

(5)测量基准与设计基准不重合的工序尺寸计算，假废品现象。

在加工或检查零件的某个表面时，有时不便按设计基准直接进行测量，就要选择另外一个合适的表面作为测量基准，以间接保证设计尺寸，为此，需要进行有关工序尺寸的计算。

【例 5 – 7】　如图 5 – 25 所示的零件，图示的尺寸 $10^{0}_{-0.4}$ 不便测量，加工时改为测量尺寸为 A_2（试切法）。这道工序前，尺寸 50 已加工好。求工序尺寸 A_2。

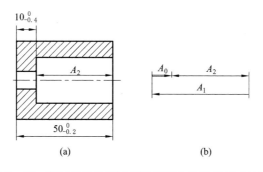

图 5 – 25　测量基准与设计基准不重合的工序尺寸计算

解: 作出工艺尺寸链简图[图5-25(b)]，其中 A_2 为直接控制的尺寸，A_1 为已有尺寸，A_0 则为由此两尺寸最后形成的尺寸。所以 A_1 和 A_2 为组成环(其中 A_1 为增环，A_2 为减环)，A_0 为封闭环。

应用竖式进行计算

增环	A_1	$+50$	$+0$	$+(-0.2)$
减环	A_2	$-A_2$	$-\mathrm{EI}(A_2)$	$-\mathrm{ES}(A_2)$
封闭环	A_0	$+10$	0	-0.4

计算可得 $A_2 = 40$，$\mathrm{EI}(A_2) = 0$，$\mathrm{ES}(A_2) = +0.2$，所以 $A_2 = 40^{+0.2}_{0}$ mm。采用竖式计算时，如果未知量是减环，应特别注意计算结果的负号，即计算结果要"对调，反号"。

这里应指出，当 A_2 尺寸超差时，尺寸 A_0 不一定超差。例如，当 A_2 的实际尺寸为 40.4 mm，已超过规定值，可能认为 A_0 不合格而报废，但如果 A_1 的实际尺寸为 50 mm，则 $A_0 = 50 - 40.4 = 9.6$ mm，仍符合零件图的要求，是合格品，也就是这个零件是假废品。

一般来说，如果工艺基准或测量基准与设计基准不重合，工序尺寸不超差可以保证设计尺寸肯定不超差，即工序尺寸合格，设计尺寸肯定合格，是合格品；但工序尺寸超差后，设计尺寸却不一定超差，而只要设计尺寸不超差，就是合格品，这就是假废品。有些工厂当工序尺寸超差后，安排专门人员按设计基准进行测量，以区别真废品和假废品。

3. 概率法

应用极值法解尺寸链，具有简便、可靠等优点。但是当封闭环公差较小，环数较多时，则各组成环公差就相应地会很小，加工困难，成本增加。在实际生产中，加工一批工件所获得的尺寸，所有的增环都最大，所有的减环都最小，这种极端情况和相反的极端情况，是很少出现的，特别在组成环较多时更是如此。为了合理利用封闭环的公差带，可采用概率法(统计法)解尺寸链以确定组成环公差。

(1)各环公差值的概率法计算

如果尺寸链中每一组成环都是彼此独立的正态分布的随机变量，则封闭环也是正态分布的随机变量。根据概率论，用两个特征参数表征正态分布的随机变量，即算术平均值和均方根偏差。

算术平均值 $\overline{A}$ 表示一批零件实际尺寸的平均值，也是尺寸分布中心。

均方根偏差 σ 表示一批零件实际尺寸值相对于算术平均值的分布的离散程度。

根据概率论，各独立随机变量的均方根偏差 σ_i 与这些随机变量之和的均方根偏差 σ_0 的关系为：

$$\sigma_0 = \sqrt{\sum_{i=1}^{n-1} \sigma_i^2} \qquad (5-22)$$

此式即为尺寸链的封闭环与组成环均方根偏差的关系式。

如果当各组成环的分布中心与公差带中心重合，分布范围为 $6\sigma_i$，分布范围正好等于其公差带的宽度 T_i，则封闭环的分布范围为 $6\sigma_0$，这个分布范围就是封闭环的公差：

$$T_i = 6\sigma_i, \quad T_0 = 6\sigma_0 \qquad (5-23)$$

结合式(5-22)得：

$$T_0 = \sqrt{\sum_{i=1}^{n-1} T_i^2} \tag{5-24}$$

此即概率法计算尺寸链时,封闭环公差与组成环公差间关系式。

当组成环公差相等时,则各组成环的平均公差 T_M 为:

$$T_M = T_i = \frac{T_0}{\sqrt{n-1}} = \frac{\sqrt{n-1}}{n-1}T_0 \tag{5-25}$$

当采用极值法计算时则为:

$$T_M = \frac{1}{n-1}T_0 \tag{5-26}$$

二者相比,可以看出:若封闭环公差 T_0 一定,概率法分配公差时,则各组成环分配到的公差是极值法分配公差的 $\sqrt{n-1}$ 倍,可降低组成环的加工难度,且环数越多越有利。

(2)算术平均值的计算

为了确定各环公差带的分布中心,可把减环看成是尺寸值为负值的正态随机变量,根据概率法原理,有:

$$\overline{A_0} = \sum_{i=1}^{n-1} \overline{A_i} = \sum_{i=1}^{m} \overrightarrow{A_i} - \sum_{j=m+1}^{n-1} \overleftarrow{A_j} \tag{5-27}$$

式中: $\overline{A_0}$、$\overline{A_i}$、$\overrightarrow{A_i}$、$\overleftarrow{A_j}$——封闭环、组成环、增环、减环的算术平均值。

即封闭环的算术平均值等于各组成环的算术平均值的代数和。

若各组成环的分布中心与公差带中点(平均尺寸 A_M)重合,即:

$$\overline{A} = A_M \tag{5-28}$$

则有:

$$A_{0M} = \overline{A_0} = \sum_{i=1}^{m} \overrightarrow{A_{iM}} - \sum_{j=m+1}^{n-1} \overleftarrow{A_{jM}} \tag{5-29}$$

利用上式减去基本尺寸,则得到:

$$B_M A_0 = \sum_{i=1}^{m} B_M \overrightarrow{A_i} - \sum_{j=m+1}^{n-1} B_M \overleftarrow{A_j} \tag{5-30}$$

与极值法相应计算式(5-16)、(5-17)完全相同。

(3)概率法应用的条件

既然封闭环的公差一定时,用概率法各组成环分配到的公差比极值法大,为什么不都采用概率法呢?这是因为用概率法解算尺寸链要有一定的先决条件,否则是不能保证产品质量的。这些条件为:

1)如果组成环少于 5 个,各环的实际尺寸必须是正态分布。如果组成环中存在非正态分布的尺寸,则组成环数应多于 5 个;

这一条非常重要,当组成环少于 5 个时,组成环都应采用调整法加工,不能采用试切法,也不能有组成环是从存在废品的尺寸中挑选出来的合格品。这也是"挑选出来的合格零件可能装配出不合格的产品"的原因。

2)各组成环相互独立;

3)各组成环 $T_i \geq 6\sigma_i$

4)实际尺寸分布中心与公差带中心重合。

（4）概率法计算实例

【例 5 - 8】 已知一个尺寸链，如图 5 - 26，各环尺寸为正态分布，A_0 为封闭环。求封闭环公差值及公差带分布。

解： 在尺寸链中，A_0 为封闭环，A_1、A_2 为增环，A_3、A_4、A_5 为减环。各组成环公差分别为：$T_1 = 0.4$，$T_2 = 0.5$，$T_3 = T_4 = T_5 = 0.2$。

各组成环的中间偏差分别为：

$$B_M A_1 = \frac{0.4}{2} = 0.2, \quad B_M A_2 = \frac{0.3 + (-0.2)}{2} = 0.05$$

$$B_M A_3 = \frac{0.2}{2} = 0.1, \quad B_M A_4 = \frac{0.1 + (-0.1)}{2} = 0$$

$$B_M A_5 = \frac{-0.2}{2} = -0.1$$

封闭环公差为：

$$T_0 = \sqrt{\sum_{i=1}^{n-1} T_i^2} = \sqrt{0.4^2 + 0.5^2 + 0.2^2 + 0.2^2 + 0.2^2} = 0.73$$

封闭环的中间偏差为：

$$B_M A_0 = \sum_{i=1}^{m} B_M \overrightarrow{A_i} - \sum_{j=m+1}^{n-1} B_M \overleftarrow{A_j} = 0.2 + 0.05 - (0.1 + 0 - 0.1) = 0.25$$

$$ES(A_0) = B_M A_0 + \frac{T_0}{2} = 0.25 + \frac{0.73}{2} = 0.615$$

$$EI(A_0) = B_M A_0 - \frac{T_0}{2} = 0.25 - \frac{0.73}{2} = -0.115$$

因此，封闭环尺寸为 $A_0 {}_{-0.115}^{+0.615}$。

5.7 时间定额及技术经济分析

制订工艺规程的根本任务在于保证产品质量的前提下，提高劳动生产率和降低成本，取得较高的经济和社会效益。

5.7.1 时间定额

机械加工生产率是指工人在单位时间内生产的合格产品的数量，或者指制造单件产品所消耗的劳动时间。机械加工生产率通常通过时间定额来衡量。

时间定额是指在一定的生产条件下，规定完成一道工序所消耗的时间。时间定额是安排生产计划、核算生产成本的重要依据，也是设计、扩建工厂或车间时计算设备和人员数量的重要依据之一。

完成一个零件一道工序的时间定额称为单件时间定额（$t_\text{单}$）。它由下列部分组成：

（1）基本时间（$t_\text{基}$）——也称机动时间，指直接改变生产对象的尺寸、形状、相对位置与表面质量或材料性质等工艺过程所消耗的时间。对切削加工来说，就是切除金属所耗费的机动时间（包括刀具的切入和切出时间），可以根据切削用量、单边余量和行程长度计算确定。

246

（2）辅助时间（$t_辅$）——指为实现工艺过程所必须进行的各种辅助动作消耗的时间。对切削加工，包括装、卸工件，开、停机床，改变切削用量、测量工件，手动进刀和退具等所需的时间。

基本时间与辅助时间之和称为作业时间 $t_作$。

（3）布置工作场地时间（$t_服$）——指为使加工正常进行，工人照管工作地（如更换刀具、润滑机床、清理切屑、修正砂轮、收拾工具等）所消耗的时间。一般按作业时间的 2% ~ 7% 计算。

（4）生理需要时间（$t_休$）——指工人在工作班内为恢复体力和满足生理上的需要等消耗的时间。一般按操作时间的 2% ~ 4% 计算。

因此单件时间定额是：

$$t_单 = t_基 + t_辅 + t_服 + t_休 \tag{5-31}$$

（5）准备与终结时间（$t_{准结}$）——指成批生产中，工人为了生产一批零件，进行准备和结束工作所消耗的时间。即加工开始前，通常需要熟悉有关的工艺文件、领取工艺装备、安装刀具和夹具、调整机床和刀具等；加工结束后，需拆下、归还工艺装备、发送产品等。注意它与辅助时间不同，辅助时间是每一个工件都要消耗的时间，每个零件都一样；准备与终结时间是每一批工件只消耗一次的时间，与一批中零件的个数无关。

因此在成批生产时，如果一批零件的批量为 $N_批$，准备与终结时间为 $t_{准结}$，则每个零件所分摊到的准备与终结时间为 $t_{准结}/N_批$。将这一时间加到单件工时中去，即得到成批生产的单件核算时间（$t_{定额}$）：

$$t_{定额} = t_单 + \frac{t_{准结}}{N_批} \tag{5-32}$$

大批、大量生产中，由于 $N_批$ 的数值很大，$t_{准结}/N_批 \approx 0$，即可忽略不计，所以此时有：

$$t_{定额} \approx t_单 \tag{5-33}$$

5.7.2 提高机械加工生产率的工艺措施

这里讨论提高机械加工生产率的问题，主要从工艺技术的角度，研究如何通过减少时间定额，寻求提高生产率的工艺途径。提高生产率可通过采用先进的工艺方法或改进现有的工艺方法等多种途径，改进现有工艺方法的措施有：

1. 缩短基本时间

（1）提高切削用量。增大切削速度、进给量和背吃刀量都可以缩短基本时间，这是机械加工中广泛采用的提高生产率的有效方法。

（2）减少或重合切削行程长度。利用几把刀具或复合刀具对工件的同一表面或几个表面同时进行加工，或者利用宽刃刀具、成形刀具作横向进给同时加工多个表面，实现复合工步，都能减少每把刀的切削行程长度或使切削行程长度部分或全部重合，减少基本时间。

（3）采用多件加工。多件加工可分顺序多件加工、平行多件加工和平行顺序多件加工三种形式。

顺序多件加工是指工件按进给方向装夹多个工件，减少了刀具的切入、切出时间。这种形式的加工常见于滚齿、插齿、龙门刨、平面磨和铣削加工中。

平行多件加工是指工件平行排列，一次进给可同时加工 n 个工件，所分摊到每个工件的基本时间就减少到原来的 $1/n$。这种方式常见于铣削和平面磨削中。

平行顺序多件加工是上述两种形式的综合，常用于工件较小、批量较大的情况，如立轴平面磨削和立轴铣削加工中。

2. 缩短辅助时间

缩短辅助时间的方法通常是使辅助操作实现机械化和自动化，或使辅助时间与基本时间重合。具体措施有：

(1)采用先进高效的机床夹具。

(2)采用多工位连续加工。

(3)采用主动测量或数字显示自动测量装置。

(4)采用两个相同夹具交替工作的方法。当一个夹具安装好工件进行加工时，另一个夹具同时进行工件装卸。交换工作台就是这种方法。

3. 缩短布置工作场地时间

布置工作场地时间，主要消耗在更换刀具和调整刀具的工作上。因此，缩短布置工作场地时间主要是减少换刀次数、换刀时间和调整刀具的时间。

4. 缩短准备与终结时间

5.7.3 工艺过程的技术经济分析

制订机械加工工艺规程时，通常应提出几种方案。这些方案应都能满足零件的设计要求，但成本则会有所不同。为了选取最佳方案，需要进行技术经济分析。

制造一个零件或一件产品所必需的一切费用的总和，称为该零件或产品的生产成本。生产成本实际上包括与工艺过程有关的费用和与工艺过程无关的费用两类，其中，与工艺过程有关的费用约占 70% ~ 75%。因此，对不同的工艺方案进行经济分析和评价时，只需分析、评价与工艺过程直接相关的生产费用，即所谓工艺成本。

在进行经济分析时，有最高利润、最低投资、最快投产、最低成本等多种评价指标，最常见的是最低成本指标。这种方法首先统计出每一方案的工艺成本，再对各方案的工艺成本进行比较，以其中成本最低的为最佳方案。

工艺成本由两部分构成，即可变费用和不变费用。

可变费用是指与生产纲领 N 直接有关，并随生产纲领成正比变化的费用。它包括工件材料(或毛坯)费用、操作工人工资、机床电费、通用机床的折旧费和维修费、通用夹具和刀具费用等。

不变费用是指与生产纲领无直接关系，不随生产纲领的变化而变化的费用。它包括调整工人的工资、专用机床折旧费和维修费、专用刀具和夹具费等。

因此，一种零件(或一道工序)的全年工艺成本(S)可用下式表示：

$$S = N \cdot V + C \quad (元) \tag{5-34}$$

式中：V——每个零件的可变费用，元/件；

N——零件的生产纲领，件/年；

C——全年的不变费用，元。

因此，单件工艺(或工序)成本 S_i 就是：

$$S_i = V + \frac{C}{N} \quad (\text{元/件}) \tag{5-35}$$

可见，全年工艺成本与零件年生产纲领成线性关系(图 5-27)，而单件工艺成本则与年生产纲领成双曲线关系(图 5-28)，即：当 N 很小时，由于设备负荷很低，S_i 就会很高，如在 $N < N_1$ 的情况下，当 N 略有变化 ΔN_1 时，S_i 就有很大的变化 ΔS_{i1}；而当 N 很大时，如在 $N > N_2$ 的情况下，则结果相反，因 S_i 已相应很低，所以此时即使有较大变化 ΔN_2，对 S_i 的影响已很不敏感(ΔS_{i2} 就很小)。这种双曲线变化关系表明：当 C 值(主要是专用设备费用)一定时，若年生产纲领较小，则 C/N 与 V 相比在成本中所占比重就较大，因此 N 的增大就会使成本显著下降，这种情况就相当于单件生产与小批生产；反之，当年生产纲领超过一定范围，使 C/N 所占比重已很小，此时就需采用生产效率更高的方案，使 V 减小，才能获得好的经济效果，这就相当于大量、大批生产的情况。现就两种不同的工艺方案为例：

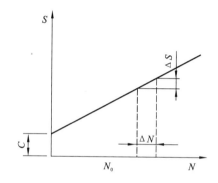

图 5-27　全年工艺成本与零件
年生产纲领的关系

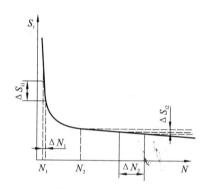

图 5-28　单件工艺成本与零件年生产纲领的关系

(1)当分析、评比两种基本投资相近，或都是在采用现有设备条件下，只有少数工序不同的方案时，可按式(5-35)对比这两种工艺方案的单件工艺成本：

$$\left.\begin{array}{l} S_{i\text{I}} = V_{\text{I}} + \dfrac{C_{\text{I}}}{N} \quad (\text{元/件}) \\[2mm] S_{i\text{II}} = V_{\text{II}} + \dfrac{C_{\text{II}}}{N} \quad (\text{元/件}) \end{array}\right\} \tag{5-36}$$

则由图 5-29 知，可按临界生产纲领 N_o 选取方案，S 值小者为佳，生产纲领小于 N_0 选方案 I，否则选方案 II。

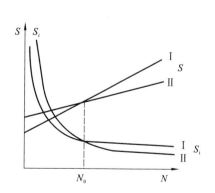

图 5-29　两种工艺方案全年工艺成本的比较

当两个工艺方案有较多的工序不同时，就应该按式(5-34)分析，对比这两个工艺方案的全年工艺成本：

$$\left.\begin{array}{l} S_{\text{I}} = N \cdot V_{\text{I}} + C_{\text{I}} \quad (\text{元}) \\[2mm] S_{\text{II}} = N \cdot V_{\text{II}} + C_{\text{II}} \quad (\text{元}) \end{array}\right\} \tag{5-37}$$

则由图 5 – 29 知,可按两直线交点的临界产量 N_0 选取方案,生产纲领小于 N_0 选方案Ⅰ,否则选方案Ⅱ。

(2)当两个工艺方案的基本投资差额较大时,通常就是由于工艺方案中采用了高生产率的价格昂贵的设备或工艺装备,即用较大的基本投资提高劳动生产率而使单件工艺成本降低,因此,在作评比时就必须同时考虑到这种投资的回收期限,回收期越短则经济效果就越好。

进行技术经济分析时,必须注意:要在确保零件制造质量的前提下,全面考虑提高劳动生产率、改善劳动条件和促进生产技术的发展等问题。通常对年生产纲领较大的主要零件的工艺方案,应通过对工艺成本的估算和对比评定其经济性;而对于一般零件,则可利用各种技术经济指标,常用的有:每台机床的年产量(件/台);每一生产工人的产量(件/人);每平方米生产面积的年产量(件/m²);材料利用率、设备负荷率等,结合生产经验,对不同方案进行经济论证,选取在该生产条件下最经济合理的方案。

5.8 制订机械加工工艺规程实例
——气门加工工艺规程的制订

5.8.1 气门结构特点和技术条件分析

气门是汽车配气结构中的一个组成零件。如图 5 – 30 所示为 6102 发动机进气门,该零件是由具有锥面的头部和细而长的圆柱形杆部组成。其头部的锥面用于与气门座的内锥面配合,以保证密封。其杆部与气门导管间隙配合,以气门导管的内圆柱面作为其运动导向面,杆部尾端的凹槽用来安装两个半锥形的锁片。气门小端端面与摇臂接触,表面应耐磨。

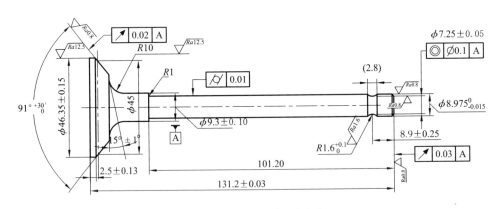

图 5 – 30 6102 发动机进气门

1. 锥面精度

从零件图上可以看出,头部锥面的角度精度,形状、位置精度和表面质量要求都较高。

锥面的角度不仅关系到气门与气门座配合的密封性是否良好,而且关系到气门关闭时的位置是否正确。因此,其锥面精度对于气门的工作性能有直接影响。

由于气门在装配和工作过程中是以其杆部圆柱面与气门导管的内圆柱面的配合为导向的，即以杆部圆柱面作为其装配和工作基面，因此，锥面相对于杆部圆柱面的位置精度也将直接影响到气门的使用性能。

零件图上规定：

锥面的锥角为 $91°{}^{+30'}_{0}$；锥面相对于杆部轴线的斜向圆跳动允差 0.02 mm；锥面的表面粗糙度 Ra 最大允许值为 0.8 μm。

2. 杆部精度

杆部圆柱面既是气门的装配基准，又是气门锥面位置精度的测量基准。因此，杆部的精度同样直接影响到气门的使用性能。

零件图上规定：

杆部尾端圆柱面的尺寸及精度为 $\phi 8.97h7\left({}^{0}_{-0.015}\right)$ mm，圆柱度允差 0.01 mm，表面粗糙度 Ra 最大允许值为 0.8 μm。

此外，气门头部与杆部间采用圆弧过渡，目的在于增加其强度，改善头部散热性和减小气流阻力。对于杆部尾端的凹槽及小端面的精度，图上也作了相应的规定。

5.8.2 确定毛坯

气门头部与燃烧气体直接接触，受热严重，进气门温度可达 300 ~ 400℃。气门杆部是在润滑困难的条件下作高速往复运动。因此，要求气门的材料应耐高温、耐腐蚀、抗氧化，具有较高的疲劳强度和高温强度等。

6102 发动机进气门采用耐热合金钢 4Cr10Si2Mo，其抗拉强度 $\sigma_b \geqslant 883$ N/mm^2，延伸率 $\delta \geqslant 10\%$，断面收缩率 $\psi \geqslant 25\%$。考虑零件批量较大，决定采用模锻件毛坯，其尺寸精度为 ± 0.25 mm，锻后硬度为 HB241 ~ 302，毛坯送机械加工前，需经认真修整并校直。

5.8.3 定位基准的选择

由零件图及技术条件分析可知，6102 发动机进气门各表面均需进行机械加工，其主要表面大端的锥面与杆部圆柱面之间的位置精度要求，只有通过正确的定位加工才能保证。因此，基准的选择十分重要。

1. 粗基准的选择

由于进气门的各表面均需加工，因此，选择粗基准时应保证各加工表面都能得到一定的加工余量，且主要加工表面上的加工余量应均匀。在最初加工杆部外圆时，以毛坯杆部的外圆柱面为定位基准，以大端锥面与杆部圆柱面的过渡部分作轴向定位基准，这样就可以保证杆部外圆柱面的加工余量比较均匀。

2. 精基准的选择

选择精基准时，为了减小定位误差，应力求遵循基准重合原则；为了保证各表面间的相互位置精度，应遵循基准统一原则。

6102 发动机进气门杆部外圆柱面经第一次加工后，就可利用这个已加工的表面作为后续加工杆部外圆柱面的定位基准面，这符合基准重合原则。在小端面加工以后，就以小端面作为后续加工外圆柱面的轴向定位精基准。

大端锥面、锁环槽、大端端面、外圆面以及小端端面的加工，均可采用杆部外圆柱面作为定位基准,这符合基准统一原则,也有利于保证这些表面相对于杆部外圆柱面的位置精度。

关于轴向尺寸的控制:粗加工大端锥面时,以杆部圆柱面的过渡部分作为轴向定位粗基准。加工大端端面及外圆时,可以大端锥面作为轴向定位精基准。小端端面的加工可以大端端面作为轴向定位精基准,以满足工件长度尺寸设计要求。大端锥面的加工,为保证锥面校准线至小端端面的距离尺寸,可选小端端面作为定位基准,这符合基准重合原则。为保证锁环槽至小端端面的设计尺寸要求,本着基准重合的原则,在加工锁环槽工序中,同样也可用小端端面作为定位基准。

5.8.4 加工方法的选择

进气门零件的主要加工表面为旋转体,因此,加工方法以车削和磨削为主。

对于杆部外圆柱面的加工,可采用粗车-半精车-精车-粗磨-半精磨-精磨的加工方法,也可以采用粗磨-半精磨-精磨的加工方法。

由于工件细长、刚度低,如采用先车后磨的方案,一方面工件的受力变形大,采用辅助支承等又十分困难。另一方面需要增加铣端面打中心孔工序,最后还要去除中心孔的工序。这样既增加了设备又浪费材料。

如采用磨削加工的方案,即采用粗磨-半精磨-精磨的加工方法,可以采用无心磨床来完成,在毛坯精度较高、余量较小的情况下,对于保证加工质量是有利的。磨削加工方案不仅可以极大地简化夹具的设计、制造,同时也减少了设备的种类,对于提高生产率和降低成本均有利。

对于大端锥面的加工,可以采用粗车-半精车-精车-粗磨-半精磨-精磨,或粗车-精车-粗磨-精磨等加工方案。注意到零件的加工余量较小,后一种方案能够保证加工精度,同时又可减少设备、降低成本,因此,选择后一种加工方案。此时,粗加工采用车削主要在于提高机械加工生产率,精加工采用磨削重点在于保证加工质量。

5.8.5 热处理工序的安排

安排零件的热处理工序主要考虑两点:一是要方法适当,即根据不同的零件材料、不同的热处理目的,选择相应的热处理方法。二是要时间及时,即在机械加工工艺过程的合适位置上,及时安排热处理工序。

进气门是使用性能和加工要求都比较高的零件,毛坯锻件细长。为了防止在加工和使用时发生变形、利于切削加工,应在机械加工前安排以消除内应力为主要目的的回火处理工序。

由于气门小端端面在工作时频繁地与摇臂接触,并存在相对运动而产生摩擦,所以,为了提高该端面的硬度和耐磨性,在半精加工后应安排最终热处理工序,进行局部淬火。

5.8.6 检验工序的安排

安排检验工序的目的是为了对工艺过程进行有效的监督和控制,对零件的加工质量进行及时的分析,保证其加工精度。

由于进气门加工工艺路线较长、工序较多,同时在零件半精加工后还要进行局部淬火处理,所以应在局部淬火工序后安排中间检验工序,以便检验半精加工中必须达到设计要求的各表面的尺寸、位置精度、表面粗糙度和小端硬度。中间检验既为了控制零件的半精加工质量，也便于保证零件的精加工精度。

　　当零件加工结束后，还必须安排一次按零件图要求的最终检验工序。可全检，也可抽检。根据零件上各表面技术要求的重要程度不同，抽取 1/100 ~ 1/200 进行检验。

5.8.7　工序尺寸的计算

　　进气门在全部机械加工工艺过程中，绝大部分尺寸没有基准不重合的尺寸换算问题。只是在加工 91° 锥面时，设计要求保证锥面上的校准线至大端端面的尺寸为 2.5 ± 0.013 mm。加工中是以小端端面作为定位和测量基准，直接保证校准线至小端端面的尺寸 A，尺寸链如图 5 - 31 所示，利用极值法，很容易计算得到工序尺寸 A 为 128.7 ± 0.1 mm。

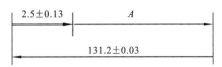

图 5 - 31　计算工序尺寸 A 的尺寸链

5.8.8　工艺过程的拟定

　　经过对上述问题的分析、研究和评比、估算以后，可考虑利用工序集中原则，减少装夹和调整次数，以利于保证加工表面间的位置精度。经过综合分析和调整，就得到批量生产条件下的 6102 发动机进气门零件的机械加工工艺过程如表 5 - 18 所示。

表 5 - 18　6102 发动机进气门机械加工工艺过程

工序号	工 序 内 容	所用设备	工序号	工 序 内 容	所用设备
1	粗磨杆部外圆	无心磨床	15	小端淬火	淬火机
2	第二次磨杆部外圆	无心磨床	16	中间检查	
3	粗车大端锥面	普通车床	17	第五次磨杆部外圆	无心磨床
4	车大端端面及外圆	车床	18	粗磨小端端面	平面磨床
5	车小端面	专用自动车床	19	粗磨大端锥面	角度磨床
6	粗磨小端面	平面磨床	20	第六次磨杆部外圆	无心磨床
7	小端倒角	砂轮机	21	探伤	
8	车大端锥面及车大端外圆	专用自动车床	22	精磨大端锥面	角度磨床
9	车大端锥面与杆部过渡处	专用自动车床	23	半精磨杆部外圆	无心磨床
10	第三次磨杆部外圆	无心磨床	24	去锁环槽毛刺	
11	第四次磨杆部外圆	无心磨床	25	精磨杆部外圆	无心磨床
12	车锁环槽 并小端倒角	专用自动车床	26	去毛刺	
13	滚挤压锁环槽	专用滚压机	27	清洗	清洗机
14	清洗	清洗机	28	终检	

5.8.9 确定切削用量、时间定额并填写"机械加工工艺卡片"

加工余量和切削用量可以从有关手册中查得或结合生产经验进行选取，再根据确定的切削用量计算各工序的时间定额，选择合适的冷却润滑液，最后填写"机械加工工艺卡片"(见表 5 – 19)等工艺文件。

表 5 – 19 机械加工工艺卡示例

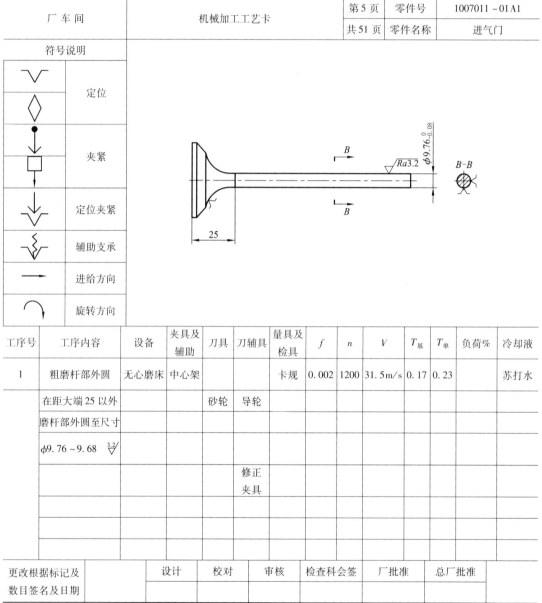

工序号	工序内容	设备	夹具及辅助	刀具	刀辅具	量具及检具	f	n	V	$T_基$	$T_单$	负荷%	冷却液
1	粗磨杆部外圆	无心磨床	中心架			卡规	0.002	1200	31.5m/s	0.17	0.23		苏打水
	在距大端 25 以外			砂轮	导轮								
	磨杆部外圆至尺寸												
	φ9.76～9.68												
					修正夹具								

更改根据标记及数目签名及日期	设计	校对	审核	检查科会签	厂批准	总厂批准

5.9　机器装配工艺基础

任何机器都是由许多零件和部件装配而成的。装配是机器制造中的最后阶段，它包括装配、调整、检验、试验等。机器的质量最终是通过装配保证的，装配质量在很大程度上决定了机器的最终质量。

近年来，毛坯制造和机械加工等方面的自动化程度大幅度提高，而装配的自动化程度较低，它在整个机器制造中所占的工作比重日益增大，重要性也愈显突出。

5.9.1　机器装配的基本概念

任何机器都是由零件、套件(也称合件)、组件、部件等组成的。为保证有效地进行装配工作，通常将机器划分为若干能进行独立装配的部分，称为装配单元。

在一个基准零件上，装上一个或若干个零件构成的部分称为套件，为此进行的装配工作称为套装。套件有时在装配后还整体进行加工，通常作为一个整体对待。

组件是在一个基准零件上，装上若干套件及零件而构成的。如机床主轴箱中的主轴，在基准轴件上装上齿轮、套、垫片、键及轴承的组合件称为组件。为此而进行的装配工作称为组装。

部件是在一个基准零件上，装上若干组件、套件和零件构成的。部件在机器中能完成一定的、完整的功用。把零件装配成为部件的过称，称之为部装。例如车床的主轴箱装配就是部装。主轴箱箱体为部装的基准零件。

在一个基准零件上，装上若干部件、组件、套件和零件成为整个机器，把零件和部件装配成最终产品的过程，称之为总装。例如卧式车床的总装就是以床身为基准零件，装上主轴箱、进给箱、床鞍等部件及其他组件、套件、零件等部分的工艺过程。

5.9.2　装配的基本作业

装配是产品制造的最后阶段，产品的质量最终由装配来保证。一般的装配工作内容有以下几方面。

(1)清洗。装配工作中清洗零部件对保证产品的质量和延长产品的使用寿命有重要意义。常用的清洗剂有煤油、汽油、碱液和多种化学清洗剂等，常用的清洗方法有擦洗、浸洗、喷洗和超声波清洗等。经清洗后的零件或部件必须有一定的防锈能力。

(2)连接。装配过程中有大量的连接。常见的连接方式有两种，一种是可拆卸的连接。如螺纹连接、键连接和销连接等；另一种连接是不可拆卸的连接，如焊接、铆接和过盈配合连接等。

(3)校正。在装配过程中对相关零件、部件的相互位置要进行找正、找平及其相应的调整工作。

(4)调整。在装配过程中对相关零件、部件的相互位置要进行具体调整，其中除了配合校正工作去调整零件、部件的位置精度外，还要调整运动副之间的间隙，以保证运动零件、部件的运动精度。

(5)配作。用已加工的零件为基准，加工与其相配的另一零件，或将两个(或两个以上)零件组合在一起进行加工的方法叫配作。配作的工作有配钻、配铰、配刮、配磨和机械加工等，配作常与校正和调整工作结合进行。

（6）平衡。对转速较高、运动平稳性要求高的机械，为了防止在使用中出现振动，需要对有关的旋转零件、部件进行平衡工作，常用的有静平衡和动平衡两种。

（7）验收试验。机械产品装配完毕后，要按有关技术标准和规定，对产品进行全面检查和试验工作，合格后才能准许出厂。

5.9.3 达到装配精度的工艺方法

1. 装配精度

机械产品的装配精度是指装配后实际达到的精度，装配精度不仅影响产品的质量，而且还影响制造的经济性。它是确定零部件精度要求和制订装配工艺规程的一项重要依据。对于各类机械产品的精度，应遵循相应的国家标准和部颁标准；对于无标准可循的产品，可根据用户的要求，参照经过实践考验的类似产品的已有数据，采用类比法确定。

机器产品装配精度的主要内容包括：零部件间的尺寸精度、相对运动精度、相互位置精度和接触精度。零部件间的尺寸精度包括配合精度和距离精度。配合精度是指配合面间达到规定的间隙或过盈的要求。相对运动精度是指有相对运动的零部件在运动方向和运动位置上的精度。运动方向上的精度包括零部件相对运动时的直线度、平行度和垂直度等。接触精度是指两配合表面、接触表面间达到规定的接触面积大小与接触点分布情况。它影响接触刚度和配合质量的稳定性。各装配精度之间有密切的联系，相互位置精度是相对运动精度的基础，相互配合精度对距离精度、相互位置精度和相对运动精度的实现有一定的影响。

影响装配精度的因素有：零件的加工精度及其材料；装配方法与装配技术；零件间的接触质量；力、热、内应力引起的零件变形；旋转零件的不平衡等

零件的精度是保证装配精度的基础。特别是关键件的精度，直接影响相应的装配精度。合理地规定和控制相关零件的制造精度，使它们在装配时产生的累积误差不超过规定的装配误差，最好的方法是通过解装配尺寸链来解决。

2. 保证装配精度的方法

（1）互换法（完全互换与不完全互换）

1）完全互换（极值法）：在全部产品中，装配时各组成环（零件、组件、部件等，下同）不需挑选或改变其大小或位置，装入后即能达到封闭环的公差要求，这种装配方法称为完全互换装配法。完全互换装配法的特点是：装配过程简单，质量稳定可靠，便于组织流水作业，易于实现自动化装配，但要求零件的加工精度高。完全互换装配法常用于高精度的少环尺寸链或低精度的多环尺寸链的大批大量生产场合。

完全互换装配法的尺寸链采用极值公差公式计算。为保证装配精度要求，尺寸链各组成环公差之和应小于或等于封闭环的公差要求值。即：

$$T_0 \leqslant \sum_{i=1}^{n-1} T_i = T_1 + T_2 + \cdots + T_{n-1} \qquad (5-38)$$

式中：T_0——装配公差；

T_i——各有关零件的制造公差

显然，在这种装配方法中，零件是完全可以互换的，因此它又称为"完全互换法"。这种方法用极值法解算尺寸链。按这种方法制定组成环公差，适用于任何生产方式，适用于任何

方法保证合格尺寸的组成环。但这种方在装配精度要求较高,尤其是在组成环数较多时,组成环的制造公差规定得过严,零件制造困难,加工成本高。所以,完全互换法适于在成批大量生产中装配那些组成环数较少或组成环数虽多但装配精度要求不高的机器。

【例 5 - 9】 图 5 - 32 为某双联转子(摆线齿轮)泵的轴向装配关系图。根据装配技术要求,其轴向间隙为 0.05 ~ 0.15 mm,已知有关零件的轴向基本尺寸为:$A_1 = 41$ mm, $A_2 = A_4 = 17$ mm, $A_3 = 7$ mm,试确定各组成环尺寸的公差大小和分布位置。

解: 本例按极值法求解

①根据装配关系图,画尺寸链,校验基本尺寸

尺寸链如图 5 - 32 下方所示。这是一个五环尺寸链,显然,A_1 是增环,A_2、A_3、A_4 是减环。封闭环 A_0 的基本尺寸为:

$$A_0 = A_1 - (A_2 + A_3 + A_4) = 0$$
$$则\ A_0 = 0^{+0.15}_{+0.05}\ mm$$

②确定各组成环的公差

为了满足装配间隙要求,根据公式(5 - 38),有:

$$T_1 + T_2 + T_3 + T_4 \leqslant 0.1$$

首先按等公差法分配组成环公差,即:

$$T_M = \frac{T_0}{n - 1} = \frac{0.1}{5 - 1} = 0.025$$

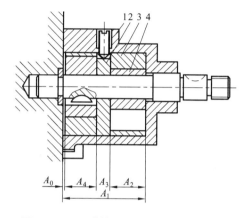

图 5 - 32　双联转子泵轴向装配关系图
1—壳体;2—隔板;3—外转子轮;4—内转子轮

由所得数据可以看出,零件制造加工精度要求不是很高,能加工出来,因此,用极值法的完全互换法装配是可行的。

本例利用相依尺寸法,根据加工难易程度和设计要求,对各组成环公差进行调整。所谓相依尺寸,就是在所有组成环中,选择一个尺寸,该尺寸的上下偏差由尺寸链的计算公式确定。而其他组成环的上下偏差根据需要和习惯直接选取。

考虑到尺寸 A_2、A_3、A_4 可用平面磨床等方法加工,其公差可规定得小些,且其尺寸能用卡规测量,加工精度需符合标准公差;尺寸 A_1 应由镗削加工来保证,公差可大一些,在成批生产中常用通用量具测量,故选择 A_1 为相依尺寸。为此确定 $A_2 = A_4 = 19^{\ 0}_{-0.018}$, $A_3 = 9^{\ 0}_{-0.015}$ ($T_2 = T_4 = 0.018$, $T_3 = 0.015$,属于 7 级精度基准轴的标准公差)。

③确定相依尺寸的公差及偏差

根据公式(5 - 16),有:

$$T_1 = T_0 - (T_2 + T_3 + T_4) = 0.1 - (0.018 + 0.015 + 0.018) = 0.049(属于 8 级精度公差)$$

又根据公式(5 - 14),有:

$$ES(\overrightarrow{A_1}) = ES(A_0) - \sum_{i=1}^{m-1} ES(\overrightarrow{A_i}) + \sum_{j=m+1}^{n-1} EI(\overleftarrow{A_j})$$

$$= 0.15 - 0 + (-0.018 - 0.015 - 0.018) = 0.099$$

$EI(\overrightarrow{A_1}) = 0.099 - 0.049 = 0.05$,所以相依尺寸 $A_1 = 41^{+0.099}_{+0.05}$ mm。

2)部分互换装配法(概率法):部分互换装配法是指在绝大多数产品中,装配时的各组

成环零件不需挑选或改变其大小或位置，装入后即能达到封闭环的公差要求。但有极个别产品装配后达不到规定的装配精度要求，须采取另外的返修措施。部分互换装配法适于在大批大量生产中装配那些装配精度要求较高且组成环又多的机器。

在正常的生产条件下，零件加工尺寸成为极限尺寸的可能性是较小的，在装配时，各零件、部件的误差同时为极大或极小的组合其可能性更小。所以，在尺寸链环数较多，封闭环精度要求较高时，特别是大批大量生产中，使用不完全互换法，有利于零件的经济加工，使绝大多数产品能保证装配精度要求。

部分互换装配法是采用概率法分配公差，即

$$T_0 \leqslant \sqrt{\sum_{i=1}^{n-1} T_i^2} = \sqrt{T_1^2 + T_2^2 + \cdots T_{n-1}^2} \tag{5-39}$$

显然，与公式(5-38)相比，按公式(5-39)计算时，组成环的公差增大。按公式(5-39)制定组成环公差的条件，见5.6.2尺寸链一节。如不满足概率法解算条件，可根据经验给装配公差 T_0 乘以一个小于1大于0的"非正态分布修正系数"后再进行分配，相关资料可参照有关书籍。

无论何种生产类型都首应先考虑采用完全互换法装配。但是在装配精度要求较高，尤其是组成环数目较多时，就可考虑采用不完全互换法。此时组成环公差可以放大些，但将有一部分制品的装配精度可能超差。这就需要考虑好补救的措施，或者事先进行经济核算来论证可能生产废品而造成的损失小于因零件制造公差放大而得到的收益。

(2)选配法

在成批或大量生产条件下，若组成零件不多而装配精度很高时，采用完全互换法或不完全互换法，都将使零件的公差过严，甚至超过了加工工艺的现实可能性，例如：内燃机的活塞与缸套的配合；滚动轴承内外环与滚珠的配合等。在这种情况下，可以用选配法。选配法是将配合副中的零件仍按经济精度制造(即制造公差放大了)，然后选择合适的零件进行装配，以保证规定的装配精度要求。

选配法有三种形式：直接选配法、分组装配法及复合选配法。

1)直接选配法：是由装配工人在许多待装配的零件中，凭经验挑选合适的互配件装配在一起。这种方法在事先不将零件进行测量和分组，而是在装配时直接由工人试凑装配，挑选合适的零件，故称为直接选配法。其优点是简单，但工人挑选零件可能要用去较长时间，而且装配质量在很大程度上决定于工人的技术水平。因此这种选配法不宜采用在节拍要求严格的大批大量流水线装配中。

2)分组装配法是上述方法的发展。这种方法是事先将互配零件测量分组，装配时按对应组进行装配，满足装配精度要求。这种选配法的优点是：

①零件加工精度要求要求不高，但能获得很高的装配精度；

②同组内的零件仍可以完全互换，具有互换法的优点，故又称为"分组互换法"。

它的缺点是：

①增加了零件存贮量；

②增加了零件的测量、分组工作，并使零件的贮存、运输及生产管理工作复杂化。

采用分组装配的注意事项如下：

①配合件的公差应相等，这样才能在分组后按对应分组装配而得到预定的配合性质(间

隙或过盈)及精度。

②配合件的表面粗糙度、形位公差必须保持原设计要求，不能随着公差的放大而降低粗糙度要求和放大形位公差。

③要采取措施，保证零件分组装配中都能配套，不会因某一组零件由于过多或过少，无法配套而造成积压和浪费。

按照一般正态分布规律，零件分组后，各组配合件的数量是基本相等的。如果在零件分组后，对应组的零件数量不等，造成某些零件过多或过少现象，采取措施予以解决。一种办法是采取分组公差不等的方法来平衡对应零件数量，另一办法是在聚集相当数量的不配套零件后，专门加工一批零件来配套。

④分组数不宜过多，否则将使前述两项缺点更加突出而增加费用。

⑤应严格组织对零件的测量、分组、识别、保管和运输等工作。

由上述可知，分组装配法的应用只适应于装配精度要求很高，组成件很少(一般只在两三个)的情况。作为分组装配法的典型，就是大量生产滚动轴承的工厂。为了不因前述缺点而造成过多的人力和费用的增加，一般都采用自动化测量和分组等措施。

3)复合选配法是上述两种方法的复合，即零件预先测量分组，装配时再在各对应组中凭工人经验直接选配。这一方法的特点是配合件的公差可以不等。由于在分组的范围中直接选配，因此既能达到理想的装配质量，又能较快地选择合适的零件，便于保证生产节奏。在汽车发动机装配中，气缸与活塞的装配大都采用这种方法。一般汽车与拖拉机的活塞均由活塞制造厂大量生产供应，同一规格的活塞其裙部尺寸要按椭圆的长轴分组。

【例 5 - 10】　某种发动机的活塞销与活塞孔的装配如图 5 - 33 所示，活塞销和活塞孔的的基本尺寸 d、D 均为 $\phi 28$ mm，装配技术要求中规定，在冷态装配时要求有 $0.0025 \sim 0.0075$ mm 的过盈，采用分组装配法装配，试确定其公差。

解　根据装配技术要求，有：

$$d_{min} - D_{max} = 0.0025, \quad d_{max} - D_{min} = 0.0075$$

则可求得装配公差为 $T_0 = 0.0075 - 0.0025 = 0.005$。若销与孔采用完全互换法装配，按等公差法分配其公差，则有 $T_d = T_D = 0.0025$，按基轴制原则标注，其尺寸分别为：

$$d = 28_{-0.0025}^{\ 0}\ \text{mm}, \quad D = 28_{-0.0075}^{-0.0050}\ \text{mm}$$

很明显，这样高精度的销和孔加工困难，且不经济。生产上常采用分组装配法将它们的公差值均按同向(尺寸减小方向)放大四倍，则销与孔的尺寸分别为 $d = 28_{-0.010}^{\ 0}$，$D = 28_{-0.015}^{-0.0050}$ mm。这样，活塞销外圆可采用无心磨床加工，销孔可采用金刚镗加工，然后用精密量具测量，按尺寸大小分成四组，用不同颜色标记(表 5 - 20)，以便进行分组装配。其公差带的布置如图 5 - 34 所示。

表 5 - 20　活塞销和活塞销孔的分组尺寸/mm

组号	标志颜色	活塞销直径分组尺寸范围	活塞销孔直径分组尺寸范围	过盈量	
				最大值	最小值
1	浅蓝	28.0000 ~ 27.9975	27.9950 ~ 27.9925	0.0075	0.0025
2	红	27.9975 ~ 27.9950	27.9925 ~ 27.9900	0.0075	0.0025
3	白	27.9950 ~ 27.9925	27.9900 ~ 27.9875	0.0075	0.0025
4	黑	27.9925 ~ 27.9900	27.9875 ~ 27.9850	0.0075	0.0025

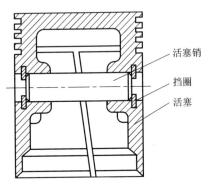

图 5-33 活塞与活塞销组件

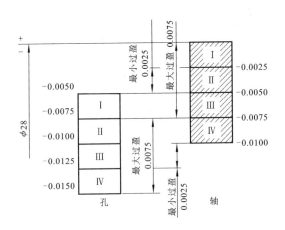

图 5-34 公差带布置图

由上例可知分组装配法的尺寸确定方法为：首先根据装配精度分配公差并求解尺寸链，得到零件应该具有的尺寸和上下偏差；然后根据经济制造精度确定分组数 n；最后将零件的公差带向同一方向扩大 n 倍，并计算出每组零件的极限尺寸。

（3）修配法

在单件小批生产中，装配精度要求高而且组成件多时，完全互换或不完全互换法均不能采用。例如，车床主轴顶尖与尾架顶尖的等高性（图 5-35）；六角车床转塔的刀具孔与车头主轴的同轴度都要求很高，而与此精度有关的组成件都较多。假使采用完全互换法，则有关零件的有关尺寸精度势必达到极高的要求；若采用不完全互换法，则由于公差值放大不多也无济于事，且单件小批生产条件下也不适合采用不完全互换法；选配法也不适用。这种情况广泛采用修配法。

修配法将尺寸链中各组成环的公差按照经济精度制造，装配时将尺寸链中某一预先选定的环去除部分材料以改变其尺寸，使封闭环达到应有的公差和极限偏差要求。预先选定的某一组成环称为补偿环（或称修配环）。它用来补偿其他各组成环由于公差放大所产生的累积误差。因修配装配法是逐个修配，所以零件不能互换。修配装配法通常采用极值公差公式计算。

采用修配法时应注意：

1）应正确选择修配对象。首先应选择那些只与本项装配精度有关而与其他装配精度项目无关的零件作为修配对象，然后再选择其中易于拆装且修配面不大的零件作为修配件。

2）应该通过计算，合理确定修配件的尺寸及其公差，既要保证它具有足够的修配量，又不要使修配量过大。

3）不能选择进行过表面处理的零件作为修配环。

为了弥补手工修配的缺点，应尽可能考虑采用机械工加工的方法来代替手工修配，例如采用电动或气动修配工具，或用"精刨代刮"、"精磨代刮"等机械加工方法。

这种思想的进一步发展，人们创造了所谓"综合消除法"，或称"就地加工法"。这种方法的典型例子是：转塔车床对转塔的刀具孔进行"自镗自"，这样就直接保证了同轴度的要求。因为装配累积误差完全在零件装配结合后，以"自镗自"的方法予以消除，因而得名。这种方法广泛应用于机床制造中,如龙门刨床的"自刨自",平面磨床的"自磨自",立式车床的"自车自"等。

此外还有合并加工修配法,它是将两个或多个零件装配在一起后进行合并加工修配的一种修配方法。这样,可以减少累积误差,从而也减少了修配工作量。这种修配法的应用例子也较多。例如将车床尾架与底板先进行部装,再在此部件最后精镗尾架上的顶尖套孔。这样就消除了底板的加工误差,从而使尾架部件从底面到尾架顶尖套孔中心的高度尺寸误差减小,因此在总装时,就可减少对底面的修配量,达到车床主轴顶尖与尾架顶尖等高性这一装配精度要求(图 5 - 35)。又如万能铣床工作台和回转盘先行组装,再合并在一起进行精加工,以保证工作台台面与回转盘底面有较高的平行度,然后作为一体进入总装,最后满足主轴回转中心线对工作台面的平等度要求。由于减少了加工累积误差,因此在总装时修配劳动量大为减轻。

由于修配法有其独特优点,又可采用各种减轻修配工作量的措施,因此除了在单件小批生产中被广泛采用外,在成批生产中也采用较多。至于合并法或综合消除法,其实质都是减少或消除累积误差,这种方法在各类生产中都有应用。

【例 5 - 11】　在车床尾架的装配中,尾架顶尖轴心线应高出床头箱主轴轴心线(图 5 - 35),已知床头箱装配基准面至前顶尖高度 $A_1 = 160$ mm,尾座垫板厚度 $A_2 = 30$ mm,尾架体装配基准面至后顶尖的高度 $A_3 = 130$ mm。要求尾架顶尖对主轴中心线高出量(冷态)$A_0 = 0^{+0.06}_{+0.03}$ mm。采用修配法装配,试确定修配量及各尺寸公差。

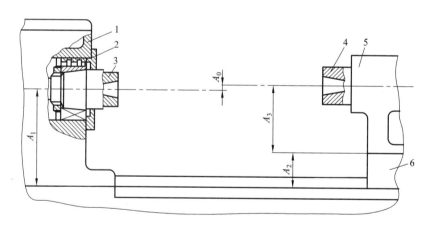

图 5 - 35　影响车床等高度要求的尺寸链联系简图

1—主轴箱体;2—滚子轴承;3—主轴;4—尾座顶尖套;5—尾座体;6—尾座垫板

解:　①根据车床精度指标列出相应的装配尺寸链(图 5 - 35);

②确定增、减环,验算基本尺寸;

从图中易看出:A_0 是封闭环,A_1 是减环,A_2、A_3 是增环,验算基本尺寸:

$$A_0 = -A_1 + A_2 + A_3 = -160 + 30 + 130 = 0$$

符合封闭环的基本尺寸等于各组成环基本尺寸的代数和的要求。

③决定解装配尺寸链问题的方法并作相应计算;

车床属于小批生产,在组成环精度如此之高($T_{平均} = 0.03/3 = 0.01$),且还有接触刚度要求的情况下，决定采用刮研修配法。为此，首先要合理选取修配对象。显然，在本例中，以修配垫板(环 A_2，称作修配环或补偿环)的上平面最为合适。于是可按经济精度确定各组成环公差如下：

$$A_1 = 160 \pm 0.1 \text{ mm}, \quad A_2 = 30^{+0.2}_{0} \text{ mm}, \quad A_3 = 130 \pm 0.1 \text{ mm}$$

应用竖式验算封闭环 A_0 的上下偏差，由表 5-21 得到：

$$A'_0 = 0^{+0.4}_{-0.2} \text{ mm}$$

把这一数值与装配要求 $A_0 = 0^{+0.06}_{+0.03}$ mm 比较一下就知道：当 A_0 出现 -0.2 时，垫板上已无修配量，因此应该在 A_2 尺寸上加上修配补偿量 0.23 mm。把尺寸 A_2 修改为：

$$A_2 = 30.23^{+0.2}_{0} = 30^{+0.43}_{+0.23} \text{ mm}$$

再利用竖式验算(表 5-22)，得到：

$$A''_0 = 0^{+0.63}_{+0.03} \text{ mm}$$

分析可知，当 A_0 出现最小值 $+0.03$ 时，正好满足装配精度要求，这时最小修刮量为零；A_0 出现最大值 $+0.63$ 时，超差量为 0.57 mm(0.63 - 0.06 = 0.57)，所以最大修刮量为 0.57 mm。

此外为了提高接触刚度，垫板上必须经过刮研，因此它必须具有最小修刮量。比如，按生产经验，最小修刮量为 0.1 mm，那么就应将此值加到 A_2 上去，于是容易得到：

$$A_2 = 30.1^{+0.43}_{+0.23} = 30^{+0.53}_{+0.33} \text{ mm}$$

然后运用竖式计算，可得 $A'''_0 = 0^{+0.73}_{+0.13}$ mm，因此最小修刮量为 0.1 mm，最大修刮量为 0.67 mm。这样的修刮量是比较大的，故在机床制造中常采用"合件加工"法来降低修配劳动量。

<table>
<tr><td colspan="4" align="center">表 5-21</td></tr>
<tr><td>基本尺寸</td><td>上偏差</td><td>下偏差</td></tr>
<tr><td>$A_1 = -160$</td><td>+ 0.1</td><td>- 0.1</td></tr>
<tr><td>$A_2 = 30$</td><td>+ 0.2</td><td>0</td></tr>
<tr><td>$A_3 = 130$</td><td>+ 0.1</td><td>- 0.1</td></tr>
<tr><td>$A_0 = 0$</td><td>+ 0.4</td><td>- 0.2</td></tr>
</table>

<table>
<tr><td colspan="4" align="center">表 5-22</td></tr>
<tr><td>基本尺寸</td><td>上偏差</td><td>下偏差</td></tr>
<tr><td>$A_1 = -160$</td><td>+ 0.1</td><td>- 0.1</td></tr>
<tr><td>$A_2 = 30$</td><td>+ 0.43</td><td>+ 0.23</td></tr>
<tr><td>$A_3 = 130$</td><td>+ 0.1</td><td>- 0.1</td></tr>
<tr><td>$A''_0 = 0$</td><td>+ 0.63</td><td>+ 0.03</td></tr>
</table>

上例中的尺寸链解法为试凑法。决定修配件尺寸及公差的一般方法为：根据修配件是越修越大(包容面)还是越修越小(被包容面，绝大多数情况)，以及修配件是增环还是减环等具体情况，由封闭环的某个极限尺寸(根据装配精度确定)求解出修配件的最小实体尺寸，再把最小实体尺寸偏移一个最小修配量(由装配技术要求确定)，将此尺寸作为修配件的一个极限尺寸，再将此极限尺寸向增大实体尺寸的方向偏移一个公差值，此公差值是修配件的精济制造公差值。上例中修配件为增环，被包容面，应由最小间隙求出垫板的最小极限尺寸(可先求出基本尺寸，再用偏差计算)，最小间隙 0.03 = A + (-0.1) - 0.1，得 A = 0.23，加上最小修配 0.1 得 0.33 为下偏差，加公差值 0.2，得 0.53 为上偏差。

修配法中的最小修配量由技术要求决定，最大修配量为所有组成环的公差加最小修配量减去装配公差，上例最大修配量为 0.2 + 0.2 + 0.2 + 0.1 - 0.03 = 0.67。

④"合件加工"修配法

为减少装配修刮量，一般先把尾座和垫板的配合平面加工好，并且配刮横向小导轨，然后把两者装配在一起镗尾座底孔，这样既可保证精度，又可大大减少修刮量。

合件加工，就是原来的 A_2、A_3 环合并成一个环 $A_{2,3}$，尺寸链相应由 4 环变成 3 环(如图 5-36)。

根据经济加工精度确定：

$A_1 = 160 \pm 0.1$ mm，$A_{2,3} = 130 + 30 = 160$ mm，$T_{2,3} = 0.04$ mm

计算修配环尺寸。根据公式(5-11)得：

$$A_{2,3min} = A_{0min} + A_{1max} = 0.03 + 160.1 = 160.13 \text{ mm}$$

所以：$A'_{2,3} = 16 0^{+0.17}_{+0.13}$ mm

若 $A_{2,3}$ 要保留必要的最小修配量(假设为 0.1 mm)，则修正后的实际尺寸 $A_{2,3}$ 应为：

$$A_{2,3} = 160^{+0.27}_{+0.23} \text{ mm}$$

计算最大修刮量 Z_{max} 为：

$$Z_{max} = A_{2,3max} - A_{1min} - 0.06 = 160.27 - 159.9 - 0.06 = 0.31 \text{ mm}$$

可见，合件加工可使修刮余量减少。

(4)调整法

调整法与修配法在原则上是相似的，但具体方法不同。这种方法是用一个可调整的零件，在装配时调整它在机器中的位置或增加一个零件(如垫片、垫圈、套筒等)以达到装配精度的。上述两种零件，都起到补偿装配累积误差的作用，故称为补偿件。上述两种调整法分别叫做可动补偿件调整法和固定补偿件调整法。固定补偿件是按一定尺寸间隔级别制成的尺寸成系列的专门零件，装配时从中选择一个能满足装配精度要求的零件进行装配。

补偿件的分组尺寸和分组数的计算思路：所有组成环都安经济精度制造，分组数等于除补偿件外的所有其他组成环的公差之和，除以装配公差与补偿件的公差之差。补偿件的尺寸，可按解算尺寸链的方法求出其最小实体尺寸，再由分组宽度向最大实体方向平移得到分组尺寸。

有时补偿件为很薄的零件，装配时通过调整补偿件的个数来达到装配要求。

图 5-37 表示了保证装配间隙(以保证齿轮轴向游动的限度)的三种方法：①互换法：以

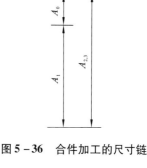

图 5-36　合件加工的尺寸链

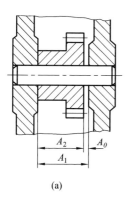

(a)

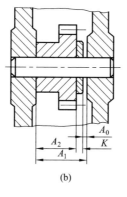

(b)

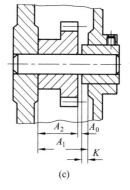

(c)

图 5-37　保证装配间隙的方法

A_1、A_2的制造精度保证装配间隙A_0；②加入一个固定的垫圈来保证装配间隙A_0，垫圈的厚度是一个系列；③加入一个可动的套筒来达到调整装配间隙A_0。

调整法的优点是：

1）能获得很高的装配精度，在采用可动调整法时，可达到理想的精度，而且可以随时调整由于磨损、热变形或弹性变形等原因所引起的误差。

2）零件可按经济加工精度确定公差。

它的缺点是：

1）往往需要增加调整件，这就增加了零件的数量，增加了制造费用；

2）在应用可动调整件时，往往要增大机构的体积；

3）装配精度在一定程度上依赖于工人的技术水平，对于复杂的调整工作，工时较长，时间较难预定，因此不便于组织节拍严格的流水作业。

调整法进一步发展，产生了"误差抵消法"。这种方法是在装配两个或两个以上的零件时，调整其相对位置，使各零件的加工误差相互抵消以提高装配精度。例如，在安装滚动轴承时，可用这个方法调整径向跳动。这是在机床制造业中常用来提高主轴回转精度的一个方法，其实质就是调整前后轴承偏心量（向量误差）的相互位置（相位角）。又如滚齿机的工作台与分度蜗轮的装配，也可用这个方法抵消偏心误差以提高其同轴度。

这种方法再进一步的发展，又产生了"合并法"，即是将配件先行组装，经调整，再进行加工，然后作为一个整体进入总装，以简化总装工件，减少误差的累积。如前述，分度蜗轮与工作台组装后再精加工齿形，就可消除两者的偏心误差，从而提高滚齿机的传动链精度。

在选择装配方法时，先要了解各种装配方法的特点及应用范围，一般地说，应优先选用完全互换法；在生产批量较大、组成环又较多时，应考虑采用部分互换法；在封闭环的精度较高，组成环数较少时，可以采用分组装配法；只有在上述方法使零件加工很困难或不经济时，特别是中小批生产时，尤其是单件生产时，才宜采用修配法或调整法。

3. 装配中的连接方式

在装配中，零件的连接方式可分为固定连接和活动连接两类。固定连接能保证装配好后的相配零件间相互位置不变；活动连接能保证装配后的相配零件间有一定的相对运动。在固定连接和活动连接中，又根据它们能否拆卸的情况不同，分为可拆卸连接和不可拆卸连接两种。所谓可拆卸连接是指这类连接不损坏任何零件，拆卸后还能重新按原装配精度装在一起。

固定不可拆卸的连接可用下述方法实现：焊接、铆接、过盈配合、金属镶嵌件铸造、粘接剂粘合、塑性材料的压制等。固定可拆卸的连接方法有：各种过渡配合、螺纹连接、圆锥连接等；活动可拆卸的连接可由圆柱面、圆锥面、球面和螺纹面等的间隙配合以及其他各种方法来达到。活动不可拆卸的连接有：滚珠或滚柱轴承、油封等。

5.9.4 机器装配生产类型及其特点

机器装配的生产类型按装配工作大致可分为大批大量生产、成批生产及单件小批生产三种。生产类型支配着装配工作而各具特点，诸如在组织形式、装配方法、工艺装备等方面都有不同。各种生产类型的装配工作的特点如表 5 - 23。

表 5 – 23 各种生产类型装配工作的特点

生产类型 基本特征 装配工作特点	大批大量生产	成批生产	单件小批生产
基本特征	产品固定,生产活动经常重复,生产周期一般较短	产品在系列化范围内变动,分批交替投产或多品种同时投产,生产活动在一定时期内重复	产品经常变换,不定期重复生产,生产周期一般较长
组织形式	多采用流水装配线:有连续移动、间隔移动及可变节奏等移动方式,还可采用自动装配机或自动装配线	产品笨重批量不大的产品多采用固定流水装配,批量较大时采用流水装配,多品种平行投产时用多品种可变节奏流水装配	多采用固定装配或固定式流水装配进行总装,同时对批量较大的部件亦可采用流水装配
装配工艺方法	按互换法装配,允许有少量简单的调整,精密偶件成对供应或分组供应装配,无任何修配工作	主要采用互换法但,但灵活运用其他保证装配精度的装配工艺方法,如调整法、修配法及合并法,以节约加工费用	以修配法及调整法为主,互换件比例少
工艺过程	工艺过程划分很细,力求达到高度的均衡性	工艺过程的划分须适合于批量的大小,尽量使生产均衡	一般不订详细工艺文件,工序可适当调度,工艺也可灵活掌握
工艺装备	专业化程度高,宜采用专用高效工艺装备,易于实现机械化、自动化	通用设备较多,但也采用一定数量的专用工、夹、量具,以保证装配质量和提高工效	一般为通用设备及通用工、夹、量具
手工操作要求	手工操作比重小,熟练程度容易提高,便于培养新工人	手工操作比重不小,技术水平要求较高	手工操作比重大,要求工人有高的技术水平和多方面的工艺知识
应用实例	汽车、拖拉机、内燃机、滚动轴承、手表、缝纫机、电气开关	机床、机车车辆、中小型锅炉、矿山采掘机械	重型机床、重型机器、汽轮机、大型内燃机、大型锅炉

5.9.5 装配工艺规程的制订

1. 制订装配工艺规程的基本原则

装配工艺规程是用文件形式规定下来的装配工艺过程,它是指导装配工作的技术文件,也是进行装配生产计划及技术准备的主要依据。它是设计或改建一个机器制造厂时,设计装配车间的基本文件之一。

机器及其部、组件装配图、尺寸链分析图、各种装配夹具的应用图、检验方法图及其说明、零件机械加工技术要求一览表、各个"装配单元"及整台机器的运转、试验规程及其所用设备图,以至于装配周期图表等,均属于装配工艺范围内的文件。这一系列文件和日常应用的装配过程卡片及工序卡片构成一整套控制产品装配过程、保证产品质量的技术资料。

由于机器的装配在保证产品质量、组织工厂生产和实现生产计划等方面均有其特点,故着重提出如下四条原则：

(1)保证产品装配质量，且要有一定的精度储备，以延长产品的使用寿命；

(2)钳工装配工作量尽可能小；

(3)装配周期尽可能缩短；

(4)所占车间生产面积尽可能小，也就是力争单位面积上具有最大生产率。

2.装配工艺规程的内容、制订方法与步骤

制订装配工艺规程，大致可划分为四个阶段。

(1)产品分析

1)研究产品图纸和装配时应满足的技术要求；

2)对产品结构进行"尺寸分析"与"工艺分析"。前者即装配尺寸链分析与计算，后者是指结构装配工艺性、零件的毛坯制造及机械加工工艺性分析。

(2)装配组织形式的确定

装配的组织形式按产品在装配过程中移动与否分为固定式和移动式两种。

固定式装配全部装配工作在一个固定的地点进行，产品在装配过程中不移动，多用于单件小批生产或重型产品的成批生产。固定式装配也可组织工人专业分工，按装配顺序轮流到各产品点进行装配，这种形式称为固定流水装配，多用于成批生产结构比较复杂、工序数多的产品，如机床的装配。

移动式装配将零件、部件用输送带或小车按装配顺序从一个装配地点移动到下一个装配地点，各装配地点分别完成一部分装配工作，移动式装配按移动的形式可分为连续移动和间歇移动两种。移动式装配常用于大批大量生产，装配过程组成流水作业线或自动线，如汽车、拖拉机等产品的装配。

(3)装配工艺过程的确定

1)划分装配单元。将产品划分为部件、组件和套件等装配单元是制定装配工艺规程最重要的一步。装配单元的划分要便于装配，并应合理的选择装配基准件。装配基准件应是产品的基体或主干零件、部件，应有较大的体积和重量，有足够的支撑面和较多的公共结合面。

2)装配工艺方法及其设备的确定：根据机械结构及其装配技术要求便可确定装配工作内容，为完成这些工作需要选择合适的装配工艺及相应的设备或工夹量具。例如对过盈连接，采用压入配合还是热胀配合法，采用哪种压入工具或哪种加热方法及设备等，诸如此类，需要根据结构特点、技术要求、工厂经验及具体条件来确定。对于一些装配工艺参数，如滚动轴承装配时的预紧力大小、螺纹连接预紧力的大小，若无现成经验数据可以参照时，则需要进行试验或计算。有必要使用专用工具或设备时，则提出设计任务书。

为了估计装配周期，安排作业计划，对各个装配工作需要确定工时定额和确定工人等级。工时定额一般都是根据工厂实际经验和统计资料估计的。

3)装配顺序的确定：不论哪一等级的装配单元的装配，都要选定某一零件或比它低一级的装配单元作为基准件，首先进入装配工作；然后根据结构具体情况和装配技术要求考虑其他零件或装配单元装入的先后次序，总之要有利于保证装配精度，以及使装配连接、校正等工作能顺利进行。

①预处理工序先行。

②"从里到外"，使先装部分不致成为后续装配作业的障碍。

266

③"由下而上",保证重心始终稳定。

④"先难后易",因先装有较开阔的安装、调整、监测空间。

⑤带强力、加温或补充加工的装配作业应尽量先行,以免影响前面工序的装配质量。

⑥处于基准件同方位的装配工序或使用同一工装,或具有特殊环境要求的工序,尽可能集中连续安排,有利于提高装配生产率。

⑦易燃、易碎或有毒物质、部件的安装,应尽量放在最后。

⑧电线、各种管道安装必须安排在合适的工序。

⑨及时安排检测工序,保证前行工序质量。

运用尺寸链分析方法,有助于确定合理的装配顺序。例如车床光杠与丝杠装配尺寸链,体现了上述一般规律,车床床身最重,它是总装配的基准件,溜板箱部件结构最复杂,有好几组装配尺寸链的封闭环集中在该部件中,所以在总装配中需要首先予以考虑和安排。

为了清晰表示装配顺序,常用装配单元系统图来表示,例如,图 5 - 38 表示产品和部件装配单元系统图。

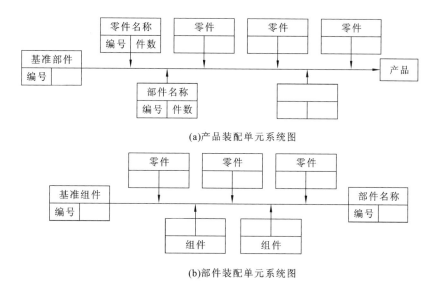

(a)产品装配单元系统图

(b)部件装配单元系统图

图 5 - 38 装配单位系统图

在装配单元系统图上加注所需的工艺说明,如焊接、配钻、配刮、冷压和检验等,就形成装配工艺系统图。如图 5 - 39 是普通车床车身部件装配简图及装配工艺系统图。

装配工艺系统图比较清楚而全面地反映了装配单元的划分、装配顺序和装配工艺方法,它是装配工艺规程制订中的主要文件之一,也是划分装配工序的依据。

以上是指零件和装配单元进入装配的次序安排。关于装配工作过程,应注意安排:

①零件或装配单元进入装配的准备工作——主要是注意检验,不让不合格品进入装配;注意倒角,清除毛刺,防止表面受伤;进行清洗及干燥等。

②基准零件的处理——除安排上述工作外,要注意安放水平及刚度,只能调平不能强压,防止因重力或紧固变形而影响总装精度。为此要注意安排支承的安放、基准件的调平等工作。

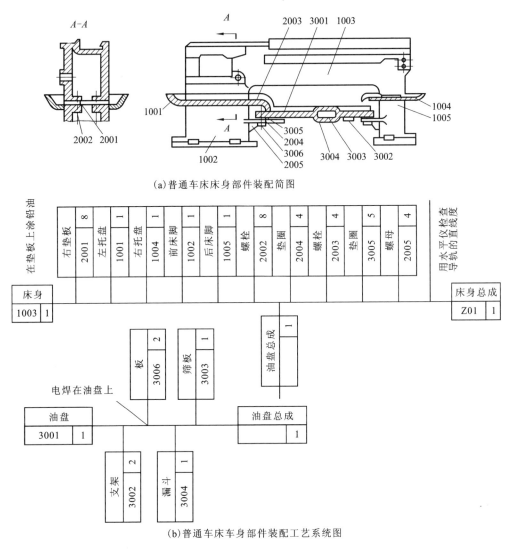

(a)普通车床床身部件装配简图

(b)普通车床车身部件装配工艺系统图

图5-39 部件装配简图及装配工艺系统图

③检验工作——在进行某项装配工作中和装配完成后,都要根据质量要求安排检验工作,这对保证装配质量极为重要。对于重大产品的部装、总装后的检验还涉及到运转和试验的安全问题。要注意安排检验工作的对象,主要有:运动副的啮合间隙和接触情况,如导轨面、齿轮、蜗轮等传动副、轴承等;过盈连接、螺纹连接的准确性和牢固情况;各种密封件和密封部位的装配质量,防止"三漏"(漏水、漏气、漏油);润滑系统、操纵系统等的检验,为产品试验作好准备。

3.填写装配工艺文件

单件小批生产要求填写装配工艺过程卡。中批生产时,通常也只需填写装配工艺过程卡,对复杂产品还需填写装配工序卡。大批量生产时,既要填写装配工艺过程卡,又要填写装配工序卡,以便指导工人进行装配。

268

思考与习题

1. 什么是生产过程、工艺过程、工艺规程？工艺规程在生产中有何作用？

2. 什么是工序、安装、工位、工步？

3. 如何理解零件的结构工艺性？

4. 加工中可通过哪些方法保证工件的尺寸精度、形状精度及位置精度？

5. 何谓设计基准、定位基准、工序基准、测量基准、装配基准？并举例说明。

6. 精基准、粗基准的选择原则有哪些？如何处理在选择时出现的矛盾？

7. 试述在零件加工过程中，划分加工阶段的目的和原则。

8. 试叙述零件在机械加工工艺过程中，安排热处理工序的目的、常用的热处理方法及其在工艺过程中安排的位置。

9. 何谓工序集中、工序分散？什么情况下采用工序集中？什么情况下采用工序分散？

10. 什么是加工余量？影响加工余量的因素有哪些？

11. 什么是时间定额？单件生产的时间定额包括哪些方面？

12. 什么是工艺成本？它由哪两类费用组成？如何对不同工艺方案进行技术经济分析？

13. 如题图 5-1 所示零件，单件小批生产时其机械加工工艺过程如下所述，试分析其工艺过程组成(包括工序、工步、走刀、装夹)。

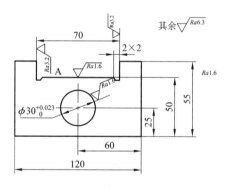

题图 5-1

在刨床上分别刨削六个表面，达到图纸要求：粗刨导轨面 A，分两次切削；精刨导轨面 A；钻孔；铰孔；去毛刺。

14. 如题图 5-2 所示零件，毛坯为 $\phi35$ mm 棒料，批量生产时其机械加工过程如下所述，试分析其工艺过程的组成。

在锯床上切断下料，车一端面钻中心孔，调头，车另一端面钻中心孔，在另一台车床上将整批工件螺纹一边都车至 $\phi30$ mm，调头再用车刀车削整批工件的 $\phi18$ mm 外圆，又换一台车床车 $\phi20$ mm 外圆，在铣床上铣两平面，转 $90°$ 后，铣另外两平面，最后，车螺纹，倒角。

15. 某机床厂年产 C6136N 型卧式车床 350 台，已知机床主轴的备品率为 10%，废品率为 4%。试计算该机床主轴的生产纲领，属于哪一种生产类型？工艺过程有何特点？

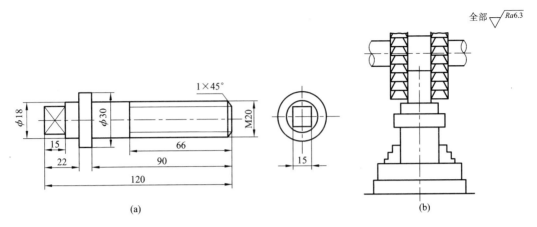

(a)   (b)

题图 5 - 2

16. 某零件上有一孔 $\phi 50^{+0.027}_{0}$ mm, 其表面粗糙度 $Ra0.8$ μm, 孔长 60 mm。材料 45 钢, 热处理淬火 42HRC, 毛坯为锻件, 其孔的加工工艺规程为: 粗镗—精镗—热处理—磨削, 试确定该孔加工中各工序的尺寸与公差。

17. 采用调整法, 加工如题图 5 - 3 所示零件, 图样要求保证 6 ± 0.1 mm, 因其不便于测量, 现通过度量尺寸 L 来间接保证, 试确定工序尺寸 L 及其公差。

18. 采用调整法加工题图 5 - 4 所示轴类零件, 要保证键槽深度 $t = 4^{+0.15}_{0}$ mm, 其工艺过程为:

(1) 车外圆至尺寸 $t = \phi 28.5^{0}_{-0.10}$ mm;

(2) 铣键槽至尺寸 H^{TH}_0;

(3) 热处理;

(4) 磨外圆至尺寸 $\phi 28.5^{+0.024}_{+0.008}$ mm。

设磨外圆与车外圆的同轴度误差为 $\phi 0.04$ mm, 试用极值法计算铣键槽工序的尺寸 H^{TH}_0。

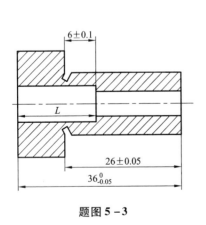

题图 5 - 3

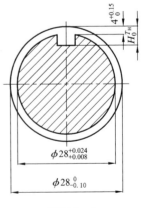

题图 5 - 4

19. 什么是装配? 装配中有哪些连接方式? 零件精度与装配精度有何关系? 装配基本内

270

容有哪些？各种生产类型装配具有哪些特点？

20. 保证装配精度的工艺方法有哪些？分别有何特点？

21. 如题图 5 - 5 所示，溜板与床身装配前有关组成零件的尺寸分别为：$A_1 = 46_{-0.04}^{0}$ mm，$A_2 = 30_{0}^{+0.03}$ mm，$A_3 = 16_{+0.03}^{+0.06}$ mm。试计算装配后，溜板与床身下平面之间的间隙 A_0，并分析如何解决工作中因磨损导致的间隙增大问题。

22. 题图 5 - 6 所示主轴部件，为保证弹性挡圈能顺利装入，要求保证轴向间隙为 0.2 ~ 0.3 mm。已知 $A_1 = 32.5$ mm，$A_2 = 35$ mm，$A_3 = 2.5$ mm。试确定各组成零件尺寸的上、下偏差。

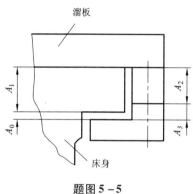

题图 5 - 5

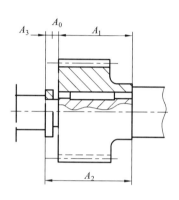

题图 5 - 6

23. 如题图 5 - 7 所示一批齿轮箱部件，采用概率法装配，根据使用要求，齿轮轴肩与轴承端面间的轴向间隙应在 1 ~ 1.75 mm 范围内。若已知各零件的基本尺寸为 $A_1 = 101$ mm，$A_2 = 50$ mm，$A_3 = A_5 = 5$ mm，$A_4 = 140$ mm。试确定这些尺寸的上、下偏差。

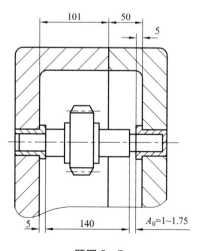

题图 5 - 7

第6章

机械加工质量分析及其控制

【概述】

◎本章提要：本章介绍了ISO9000标准与全面质量管理，机械加工质量的概念、影响加工精度的因素、加工误差的统计分析、加工表面质量的控制方法和机械加工过程中的振动等内容。重点为机械加工精度和表面质量的概念，工艺系统几何误差、受力受热变形、残余应力释放等因素对加工精度的影响，提高加工精度的途径与方法，加工误差的统计分析方法，表面质量的变化规律和控制措施，机械加工过程中的强迫振动和自激振动的控制途径等内容。要求能够正确分析、综合考虑、措施得力、全面掌握。

6.1　概述

机械产品质量的好坏是对其设计、制造、使用、维护等诸环节性能的综合评价。质量是对产品或服务本身固有的、满足用户需求的程度的评价指标。这些需求被转换为产品或服务的特性要求，把这些要求贯穿于产品的全寿命（设计、制造、使用、维护、报废）就是质量控制。为进行质量控制的全部计划和有组织的活动叫质量保证。为完成质量保证由企业高层管理人员进行的战略规划、资源分配等工作叫质量管理。产品质量的好坏是由用户给出的，它是用户对产品满足其需求或期望值的评价，这个评价是基于产品在整个使用寿命周期内的表现给出的，而不是只是根据其在购买时性能给出的。

机械产品是由零件组成的，机械产品质量在很大程度上取决于零件的制造质量。而零件的制造质量是依靠零件的毛坯制造方法、机械加工、热处理及表面处理等工艺来保证的。在实际生产中，零件的机械加工质量包括机械加工精度和机械加工表面质量等内容。

6.1.1　ISO9000标准与全面质量管理

产品质量需要通过一定的标准来衡量。有些标准是实质性标准，它规定了产品或者服务的某些指标的变化范围，如某轴的直径尺寸的允许变化范围，某种汽车活塞允许的重量变化范围等等。另外一些标准是过程性标准，它规定的是进行工作的程序与步骤，而不是规定某个参数的变化范围。例如，某工厂规定废品必须放在红色的容器中，红色的容器只能盛放废品，这样就保证了任何人都不会把废品作为正品使用或处理。

ISO9000 标准就是过程性标准，它不关心要控制什么指标，而是规定了一些程序与方法步骤，根据这些方法步骤，所控制的指标就不会出现差错。

ISO9000 是一族(9001－9004)标准，该族标准由 ISO 专门从事质量管理和质量保证的技术委员会 TC176(ISO/ TC176)制定并发布，是企业进行质量管理和质量保证的规范。ISO9000 标准是指由 ISO/TC176 制定的所有标准。实行并达到 ISO9000 标准所规定的质量管理和质量保证的管理水平的企业，通常认为能持续稳定地向顾客提供预期和满意的合格产品或者服务。

企业进行质量管理和质量保证的水平是否达到了 ISO9000 标准所规定的水平，由公认比较权威的组织(认证机构)对其进行评价，叫做"认证"。如果认证机构认为达到了应具有的水平，就叫"通过了 ISO9000 质量保证体系认证"。

ISO9000 标准各标准的关系为：ISO9000－1 为选择和使用指南，该标准阐明了基本质量概念之间的差别及相互关系，为企业选择和使用质量保证标准模式提供了指南；ISO9004－1 是一个用于企业内部质量管理的指南性标准，不拟用于合同、法规或认证。该标准阐述了一套质量体系基本要素，供企业根据各自所服务的市场、产品类别、生产过程、顾客及消费者的需要，选择使用；ISO9003：如果供方仅通过最终的检验和试验来保证符合规定的需要时，采用这一标准；ISO9002：该标准不仅包括了 ISO9003 的全部要素，而且还更深入地扩展了 ISO9003 条款的细节。ISO9002 的目标是防止制造不可接受的产品(服务)，防止不正确的安装。它还提供了反馈机制，一旦出现问题，能够采取纠正和预防措施；ISO9001：就质量保证模式而言，这是一个最全面的标准。该标准除了各项要素的要求同 ISO9002 一致外，还增加了设计要素。

ISO9001、9002 和 9003 包含着一些共同的要求，如：定期校准试验和测量设备，使用适当的统计技术，产品标识和可追溯的体系，保存记录的体系，产品搬运、储存、包装、防护和运输的体系，检验和试验的体系及处理不合格品的体系，充分的人员培训等。

根据 ISO9000 标准，组织应接受顾客对过程的监督，保持产品的可追溯性。例如当某个产品出现问题时，能够根据追溯系统找到安装、运输、生产这个产品的人员和时间，责任分明。组织应该有完整的质量记录，记录应能提供产品实现过程的完整质量证据，并能清楚地证明产品满足规定要求的程度。组织应对各级管理者以及对产品质量有直接影响的人员应按规定的时间间隔进行有关质量管理知识和岗位技能的培训、考核，并按规定要求持证上岗等。

ISO9000 标准还要求产品质量信息应满足顾客的需要，企业或组织应确定自己的实质性标准。制造企业的产品质量通常通过检测来控制，如检测什么，怎样检测，什么时间检测，什么地点检测等具体内容。

6.1.2 机械加工精度

1.加工精度的概念

机械加工精度是指零件加工后，其实际几何参数(尺寸、形状和位置)与理想几何参数的符合程度。而它们之间不相符合的程度称为加工误差。加工误差愈小，加工精度愈高。所谓保证加工精度，就是指控制加工误差。即通过分析各种因素对加工精度影响的规律，从而找出减少加工误差的工艺措施，把加工误差控制在公差范围之内。

2. 获得加工精度的方法

见本书 5.3.2 章节。

6.1.3 机械加工表面质量概念

机械加工表面质量是衡量零件质量的重要指标之一。产品的工作性能、可靠性、寿命，在很大程度上取决于主要零件的表面质量。

零件机械加工表面质量主要包括两方面内容：表面层的几何形状特征和表面层的物理力学性能。它主要有如下两方面内容。

1. 表面粗糙度和波度

随着加工方法和条件的不同，加工表面总有不同程度的表面粗糙度和波度。表面粗糙度是指已加工表面微观几何形状误差，它与加工过程中的残留面积、塑性变形、积屑瘤以及工艺系统的高频振动有关。波度是介于宏观几何形状误差与微观几何形状误差之间的周期性几何形状误差。如图 6 – 1 所示，如果对工件表面进行傅里叶分析，变化剧烈的部分是表面粗糙度，其波长/波高(L_3/H_3)小于 50；变化缓慢的是宏观几何形状误差，其波长/波高(L_1/H_1)大于 1000；介于两者之间的是波度(L_2/H_2)。

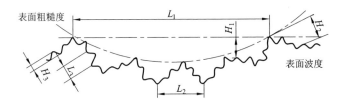

图 6 – 1 形状误差、表面粗糙度及波度的示意关系

2. 表面层的物理力学性能

表面层的物理力学性能主要包括表面层材料的塑性变形与加工硬化、残余应力以及金相组织的变化等。

6.2 影响加工精度的因素

6.2.1 原始误差与误差的敏感方向

机械加工过程中，机床、夹具、刀具和工件组成一个完整的工艺系统，工艺系统中的种种误差，是造成零件加工误差的根源，故称之为原始误差。把常见的原始误差按性质进行分类如图 6 – 2 所示。

原始误差是造成加工误差的根源，但加工误差的大小不仅取决于原始误差的大小，而且取决于原始误差的方向。以车削外圆为例，图 6 – 3(a)中的 A 点表示加工外圆时理想的刀尖位置，设某种因素使刀尖移动到了 B 点，造成了原始误差 δ。图 6 – 3(a)中引起的加工误差为 $a_1 = \delta$，而图 6 – 3(b)中引起的加工误差约为为 $a_2 = \delta^2/(2R)$，（相交弦定理：$\delta^2 = (2R - a_2)a_2$）由于 R 比 δ 大得多，而且 δ 很小，$a_1 \gg a_2$。通常 a_2 可以忽略。

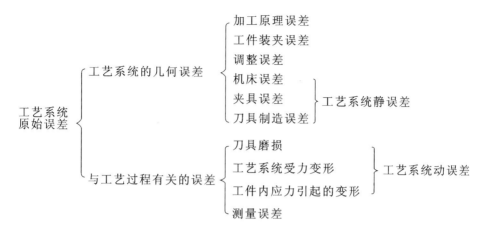

图 6 - 2　原始误差的分类

可以看出，工艺系统原始误差方向不同，对加工精度的影响程度也不同。对加工精度影响最大的方向，称为误差敏感方向。误差敏感方向一般为已加工表面过切削点的法线方向。在误差分析中，一般把各个方向的原始误差投影到误差的敏感方向上进行分析。

在本章中，误差的敏感方向一般用 y 表示，它与数控机床的 y 坐标的定义是不同的，读者应注意区分。

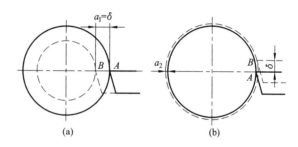

图 6 - 3　误差的敏感与非敏感方向

（a）误差的敏感方向；（b）误差的非敏感方向

6.2.2　工艺系统几何误差对加工精度的影响

1. 加工原理误差

加工原理误差是指采用近似的加工运动方式或近似的刀具轮廓进行加工而产生的误差。例在齿轮滚齿加工中，用阿基米德蜗杆代替渐开线蜗杆，加工出来的齿廓是接近渐开线的折线；又如在数控加工中用直线或圆弧逼近所要求的曲线；在公制丝杠车床上加工模数螺纹，因模数螺纹的导程含有因数 π 为无理数，只能配制近似导程等。以上这些都会产生加工原理误差，但只要控制在允许的范围之内，就能够满足实际生产的需要。

2. 机床误差

工件的加工精度在很大程度上取决于机床本身的误差，下面主要讨论对加工精度影响较大的主轴回转误差、导轨误差、传动链误差。

（1）主轴回转误差

主轴回转误差是指主轴实际回转轴线相对理想回转轴线的飘移。机床主轴是安装工件或刀具的基准，并将运动和动力传给工件或刀具，因此，主轴的回转误差直接影响工件的加工精度。为了便于分析，常把它分解为径向跳动、轴向窜动和角度摆动(图6-4)。

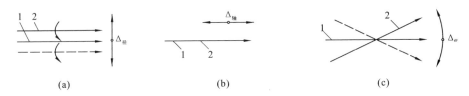

图6-4 主轴回转误差分析图

1—平均回转轴线；2—瞬时回转轴线

$\triangle_{径}$—径向跳动；$\triangle_{轴}$—轴向窜动；$\triangle_{\omega}$—角度摆动

不同形式、不同加工方法的主轴回转误差对加工精度的影响是不一样的。

车床主轴回转误差为纯径向跳动时，会造成工件的圆度误差和圆柱度误差。造成主轴径向跳动的主要原因有主轴支承轴颈的圆度误差和轴承的回转误差等(图6-4(a))。

车床主轴回转误差为纯轴向窜动时，对于内孔和外圆的加工没有影响，但在车削端面时会造成端面的平面度误差或端面对轴线的垂直度误差，车螺纹时会造成螺距误差，车削圆锥时会造成圆度和母线的直线度误差。产生轴向窜动动的原因是主轴轴肩端面和推力轴承承载端面对主轴回转轴线有垂直度误差，以及推力轴承的回转误差等(图6-4(b))。

车床主轴回转的角度摆动，会造成工件的圆度误差和圆柱度误差。角度摆动一般使加工表面远离主轴端的圆度误差加大(图6-4(c))。

事实上，主轴的回转误差是上述三种基本形式的合成，综合影响着工件的加工精度。

提高主轴回转精度的措施有：提高主轴和箱体制造精度；选用高精度轴承；提高主轴部件的装配精度(动静平衡、轴承预紧)等。

(2)导轨导向误差

床身导轨既是机床主要部件的装配基准，又是保证刀具与工件间相对运动精度的关键部件。因此，导轨导向误差直接影响工件的加工精度。导轨导向误差分为：导轨在水平面内的直线度误差；导轨在垂直面内的直线度误差；两导轨间的平行度误差等。

现以卧式车床为例，分析导轨误差对零件加工精度的影响。

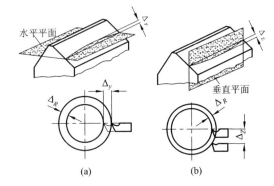

图6-5 导轨直线度误差对加工精度的影响

(a)在水平面内；(b)在垂直面内

1)导轨在水平面内的直线度误差[图6-5(a)]

此项误差使刀尖产生水平位移 Δy，造成工件在半径方向的误差 $\Delta R (\Delta R = \Delta y)$，这一误差使工件表面产生圆柱度误差和素线的直线度误差。

2)导轨在垂直面内的直线度误差[图6-5(b)]

此项误差使刀尖产生垂直位 ΔZ，造成工件在半径方向上产生误差 $\Delta R \approx \Delta Z^2 / (2R)$。这一误差造成工件的圆柱度误差，由于这个误差在误差的非敏感方向，影响很小，可忽略。注

意这里的 ΔZ 与数控机床的 Z 坐标是不同的，这里仅仅指垂直方向的直线度误差。

3）两导轨间的平行度误差（图 6 − 6）

由于导轨发生了扭曲，使刀尖相对于工件在水平和垂直两个方向上产生偏移。设车床中心高为 H，导轨宽度为 B，导轨扭曲量为 δ，它所引起的工件半径的变化量 $\Delta R \approx \delta(H/B)$。

通常，车床 $H/B \approx 2/3$；外圆磨床 $H/B \approx 1$，由此可见，此项误差对工件形状误差的影响是比较大的。

4）提高导轨精度的措施：

采用耐磨合金铸铁导轨；采用贴塑导轨；采用滚动导轨；导轨表面淬火等。

（3）传动链传动误差

在机械加工中，工件表面的形成是通过一系列传动机构来实现的。这些传动机构由于

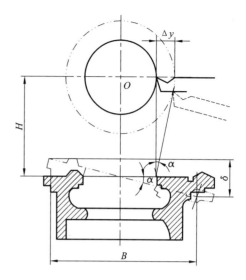

图 6 − 6　导轨扭曲对加工精度的影响

本身的制造、安装误差和工作中的磨损，造成瞬时传动比的变化，瞬时传动比和理论传动比的差值叫传动误差，该误差造成工件表面成形运动不准确，产生加工误差。在切削运动需要有严格的内联系传动链的情况下，如车螺纹、滚齿、插齿、精密刻度等加工，传动误差是影响加工精度的重要因素。

提高传动链传动精度的主要措施有：减少传动链中传动件数目，缩短传动链长度；采用降速传动链，以减小传动链中各元件对末端元件转角误差的影响；提高传动元件，特别是末端传动元件的制造精度和装配精度；进行误差补偿等方法。需要指出的是，外联系传动链的传动误差，一般只影响表面粗糙度而不影响加工精度。

3. 其他几何误差

（1）刀具的误差

刀具对加工精度的影响因刀具种类的不同而不同。

1）单刃刀具（如车刀、刨刀等）的制造误差对加工精度没有直接影响。

2）定尺寸刀具（如钻头、拉刀等）的尺寸精度一比一的直接影响工件的尺寸精度。

3）成形刀具（如成形车刀、成形铣刀等）的切削刃形状精度一比一的影响工件的形状精度。

4）展成法加工刀具（如滚刀等）的尺寸和形状精度对工件的形状精度有一定影响。

在切削加工过程中，刀具的磨损会直接影响刀具相对被加工表面的位置，造成一批零件的尺寸误差。对大型或长度较长的轴类零件，由于刀具的磨损还会造成形状误差。

（2）夹具的误差

夹具的制造误差一般是指定位元件、导向元件及夹具体等零件的加工和装配误差。这些误差对被加工零件的精度影响很大，详细分析见机床夹具一章。

（3）调整误差

如试切法中的测量误差、试切时与正式切削时背吃刀量不同造成的误差等。调整法中机

床进给机构的位移误差，定程机构误差，样件或样板误差，测量有限试件造成的误差以及和试切法有关的误差等。

6.2.3　工艺系统的受力变形对加工精度的影响

1. 基本概念

切削加工时，由机床、刀具、夹具和工件组成的工艺系统，在切削力、夹紧力、传动力、惯性力和重力等各种力的作用下，将产生变形和振动，破坏刀具和工件之间的正确位置和成形运动而形成加工误差。

例如在车削细长轴时，工件在切削力的作用下会发生弯曲，使加工出的轴出现中间粗两头细的情况。事实上，它不仅严重地影响工件加工精度，而且还影响加工表面质量，限制加工生产率的提高。

一般来说，工艺系统抵抗弹性变形的能力越强，则因受力变形引起的原始误差越小，加工精度也越高。工艺系统抵抗变形的能力，用工艺系统刚度 $K_{系统}$ 来表示。所谓工艺系统刚度，是指工艺系统所受的在加工误差敏感方向上（通常为已加工表面的法线方向）的分力 F_y，与合力所引起的变形量 y 之比

即
$$K_{系统} = F_y/y \tag{6-1}$$

必须指出，法向位移 y 不只是 F_y 作用的结果，而是切削合力作用下的综合结果。由于工艺系统刚度的定义中的力和变形量一般是在静态情况下测量的，故又叫工艺系统静刚度。由于变形是合力引起的变形，F_y 和 y 的方向可能相反，这时比值为负值，出现了负刚度。负刚度使刀具扎入工件表面，工艺系统内部出现正反馈（切削力越大，变形越大，切入越深，使切削力变得更大），极易引发振动，应尽量避免。刨刀和切断刀常常做成弯头刀，就是为了避免负刚度的出现。例如外圆车削时，主切削力将刀尖向下压，刀尖又伸出一段长度并有一定高度，这样刀尖就会向前变形。如果 F_y 引起的刀尖向后的变形小于这个变形，总位移 y 就会是负值，工艺系统就会出现负刚度。

由于工艺系统在某一处的法向总变形 y 是各个组成环节在同一处法向变形的迭加，即
$$y_{系统} = y_{机床} + y_{夹具} + y_{刀具} + y_{工件} \tag{6-2}$$

根据刚度定义，$K_{系统} = F_y/y_{系统}$；$K_{机床} = F_y/y_{机床}$；$K_{夹具} = F_y/y_{夹具}$；$K_{刀具} = F_y/y_{刀具}$；$K_{工件}$

$= F_y/y_{工件}$，可得
$$K_{系统} = \cfrac{1}{1/K_{机床} + 1/K_{夹具} + 1/K_{刀具} + 1/K_{工件}} \tag{6-3}$$

工件、刀具一般为简单构件，其刚度可用材料力学的有关公式进行近似的计算。由若干零件组成的机床部件（刀架、溜板等）及夹具等部分变形复杂，特别是接触刚度影响严重，它们的刚度一般只能用试验的方法测定。

2. 工艺系统受力变形对加工精度的影响

1）切削力作用点位置变化引起的工件形状误差

例图 6-7 所示为在两顶尖间车削短而粗的光轴。因工件刚度较大，其受力变形相对机床、夹具和刀具的变形相对很小，可忽略不计。又假定进给量和背吃刀量为常数，变形引起的背吃刀量的变化相对也很小，即假定在进给过程中切削力保持不变。

加工中，当车刀处于图示位置时，刀尖距尾顶尖的距离为 x，在切削分力的作用下，头架由 O_1 点位移至 O_1'，尾架由 O_2 点位移至 O_2'，刀架也向后位移，它们的位移量分别用 $y_头$，$y_尾$

及 $y_刀$ 表示。这时工件轴心线 O_1O_2 位移至 O_1'
O_2'，因此可得：

$$y_头 = F_1/K_头 = (x/L)F_y/K_头 \ (\text{mm})$$

$$y_尾 = F_2/K_尾 = (1-x/L)F_y/K_尾 \ (\text{mm})$$

$$y_刀 = F_y/K_刀 \ (\text{mm})$$

式中：L——工件长度（mm）

x——车刀至尾顶尖的距离（mm）

由图 6-7 可见，由头架和尾架变形所造成

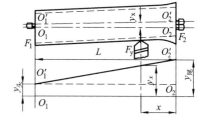

图 6-7　工艺系统变形随切削力位置而变化

的工件和刀具的法向相对位移为：

$$y_x = y_头 + (1-x/L)(y_尾 - y_头) = (x/L)y_头 + (1-x/L)y_尾$$
$$= (x/L)^2 F_y/K_头 + (1-x/L)^2 F_y/K_尾 \ (\text{mm})$$

考虑刀架的变形 $y_刀$，则系统的变形

$$y_系统 = y_x + y_刀 = F_y\left[(1/K_头)(x/L)^2 + (1/K_尾)(1-x/L)^2 + 1/K_刀\right] \ (\text{mm})$$

由式可见，工艺系统的总变形 $y_系统$ 是一个二次曲线
方程，变形大小随刀具在 x 方向位置变化而变化，使工
件沿轴向呈中间细两头粗的二次曲线线形状（图 6-8）。

另一方面，如果车削刚度很差的细长轴，并忽略机
床的变形，则工艺系统的变形主要是工件的变形。即可
由材料力学公式计算工件在切削点的变形量为：

$$y_工 = \left[F_y/(3EI)\right] \cdot \left[x^2(L-x)^2/L\right] \ (\text{mm})$$

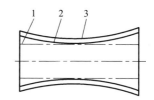

图 6-8　刚度变化造成工件误差

1—机床不变形的理想情况；
2—仅考虑头顶尖、尾顶尖变形的情况；
3—考虑包括刀架变形在内的情况

显然，当 $x=0$ 或 $x=L$ 时，$y_工=0$；当 $x=L/2$ 时，$y_工$
最大，$y_工 = F_y L^3/(48EI)$。此时工件呈腰鼓形。

当同时考虑机床和工件的变形时，工艺系统的总变
形为二者的叠加：

$$Y_系统 = F_y\left[(1/K_头)(x/L)^2 + (1/K_尾)(1-x/L)^2 + 1/K_刀 + x^2(L-x)^2/(3EIL)\right] \ (\text{mm})$$

系统的刚度为：

$$K_系统 = \cfrac{1}{\left[(1/K_头)(x/L^2) + (1/K_尾)(1-x/L^2) + 1/K_刀 + x^2(L-x)^2/(3EIL)\right]} \ (\text{N/mm})$$

因此，由上式可见，工艺系统的刚度随 x 变
化而变化，这样使加工出来的工件外圆表面不再
是圆柱体，而是中间粗的鼓形，或中间细的马鞍
形，具体形状由工件和机床的相对刚度大小决定。

2）切削力变化对加工精度的影响

由于加工余量不均匀或其他原因，引起切削
力发生变化。在工艺系统刚度为常值的情况下，
工艺系统变形的大小随切削力的大小而变化，从
而使工件产生加工误差。

图 6-9 为车削有圆度误差的毛坯的情况，长

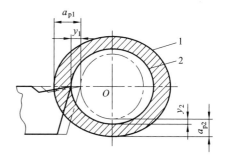

图 6-9　毛坯误差的复映

1—毛坯外形；2—工件外形

轴处的理想背吃刀量 a_{p1}，短轴处的理想背吃刀量 a_{p2}。相应的工艺系统变形量为 y_1 和 y_2。

由图可见，毛坯的直径误差 $\Delta_坯 = a_{p1} - a_{p2}$，车削后工件直径误差 $\Delta_工 = y_1 - y_2$，由切削原理公式 $F_y = C_{F_y} a_p f^{0.75}$，可知（实际背吃刀量为 $a_{p1} - y_1$，由于 $y_1 \leqslant a_{p1}$，可以近似用 a_{p1} 代替）：

$$y_1 = C_{F_y} a_{p1} f^{0.75} / K_{系统}$$

$$y_2 = C_{F_y} a_{p2} f^{0.75} / K_{系统}$$

C_{F_y}——与刀具几何参数及切削条件有关的系数；

f——进给量。

在第一次走刀后，工件的加工误差为

$$\Delta_工 = y_1 - y_2 = (C_{F_y} f^{0.75} / K_{系统})(a_{p1} - a_{p2})$$

$$= (C_{F_y} f^{0.75} / K_{系统}) \Delta_坯$$

令 $\varepsilon = \Delta_工 / \Delta_坯$，则

$$\varepsilon = \Delta_工 / \Delta_坯 = C_{F_y} f^{0.75} / K_{系统} \qquad (6-4)$$

式中：ε——误差复映系数。此式表示了毛坯的圆度误差在工件上残留的程度即复映的程度。推而广之，可得误差复映规律：

$$\Delta_工 = \varepsilon \Delta_坯$$

误差复映规律是指毛坯或上道工序的形状或位置误差，由于加工时切削余量不均匀，引起切削力的变化，导致工艺系统弹性变形不一致，都会以一定的程度复映成本工序的同类加工误差。

误差复映系数 ε 定量地反映了毛坯误差经加工后减少的程度，并表明工艺系统刚度越高，则 ε 越小，毛坯复映到工件上的误差也越小。当一次走刀不能满足精度时，可进行多次走刀以逐步提高精度，因为一般情况下，误差复映系数是小于 1 大于 0 的常数，经多次走刀，复映误差就可下降到允许的程度。

$$\Delta_{工n} = \varepsilon_1 \varepsilon_2 \cdots \varepsilon_n \Delta_坯 \qquad (6-5)$$

误差复映现象，也是许多表面要进行粗加工、半精加工、精加工等多道工序加工才能达到最终精度的原因之一。

车削细长轴时由于工件刚度很低，误差复映系数很大，其尺寸精度，圆度、母线直线度等形位精度都很难保证，故常有"车工怕细杆"的俗语。

3）工艺系统中其他作用力对加工精度的影响

机械加工时，工艺系统中高速旋转的零部件不平衡，产生离心力，且离心力在工件旋转一周内不断地改变方向，从而引起工艺系统的受力变形，其结果导致工件的加工误差。

工件在安装时，由于零件刚度不足，或夹紧力着力点不当，均会导致工件相应的变形。图 6-10(a) 为薄壁套筒夹紧变形引起加工误差的情况。1 为加工前工件为圆形，2 为夹紧以后变为非圆形，3 为加工后内孔变为圆形，4 为工件松开以后由于弹性恢复的作用，加工成圆形的内孔又变成了非圆形。为了解决这一问题，图 6-10(b) 在工件 I 的外面增加一个开口过渡套筒，避免了工件的夹紧变形，提高了加工精度。

另外，机床部件和工件本身重量及它们在移动中位置的变化也会引起加工误差。

3. 减少工艺系统受力变形的措施

减少工艺系统受力变形是保证加工精度的有效途径之一。在生产实际中，常从两个方面

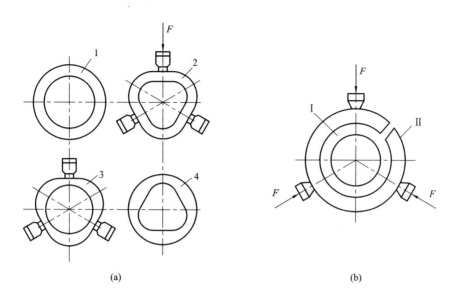

图 6 – 10　套筒夹紧变形误差

Ⅰ—工件；Ⅱ—开口过渡套筒

采取措施来予以解决：一是提高系统刚度；二是减小载荷及其变化。从加工质量、生产效率、经济性等问题全面考虑，提高工艺系统中薄弱环节的刚度是最重要的措施。

（1）提高工艺系统的刚度

1）合理的结构设计。在设计工艺装备时，应尽量减少连接面数目，并注意刚度的匹配，防止有局部低刚度环节出现。在设计基础件、支承件时，应合理选择零件的结构和截面形状。一般地说，截面积相等时，空心截形比实心截形的刚度高，封闭的截形又比开口的截形好。在适当部位增添加强肋也有较好效果。

2）提高连接表面的接触刚度。由于部件的接触刚度大大低于实体零件本身的刚度，所以提高接触刚度是提高工艺系统刚度的关键。特别是对在使用中的机床设备，提高其连接表面的接触刚度，往往是提高机床刚度的最简便、最有效的方法。具体来说是提高机床部件中零件间接合表面的质量；给机床部件以预加载荷，增加实际接触面积，减少变形量；提高工件定位基准面的精度和减小它的表面粗糙度值。

3）采用合理的装夹和加工方式。例如端铣比周铣的刚度高。

（2）减小载荷及其变化

采取适当的工艺措施，如合理选择刀具几何参数（例如增大前角、让主偏角接近 90°等）和切削用量（如适当减少进给量和背吃刀量）以减小切削力，就可以减少受力变形。将毛坯分组，使一次调整中加工的毛坯余量比较均匀，减小切削力的变化，减小复映误差。

6.2.4　工艺系统的热变形对加工精度的影响

在机械加工过程中，工艺系统受到各种热的影响，产生温度变化而引起的变形，通常称为热变形。这种变形破坏了工件与刀具间的相互位置关系和相对运动的准确性，引起加工误差。工艺系统热变形对加工精度的影响很大，尤其在精密加工中，热变形引起的加工误差占总加工误差的40%以上。

引起工艺系统变形的热源可分为内部热源和外部热源两大类。内部热源主要指切削热和摩擦热，它们产生于工艺系统内部，其热量主要是以热传导的形式传递。外部热源主要是指工艺系统外部的、以对流传热为主要形式的环境温度和各种辐射。切削热是切削加工过程中最主要的热源，在切削(磨削)过程中，消耗于切削层的变形能及刀具、工件和切屑之间摩擦的机械能，绝大部分都转变成了切削热，直接影响工件的加工精度。

1. 机床热变形对加工精度的影响

各种机床的结构和工作条件的差别很大，所引起热变形的主要热源也大不相同。普通车床、铣床、卧式镗床等来自机床的主传动系统；龙门刨床、立式车床等则来自液压系统。图6－11为几种机床热变形的大概趋势。这种热变形必然影响刀具和工件间的预定相对位置和运动，引起加工误差。如铣床的热变形主要是主轴在垂直面内的倾斜，它使得铣削后的平面与基面之间出现平行度误差。

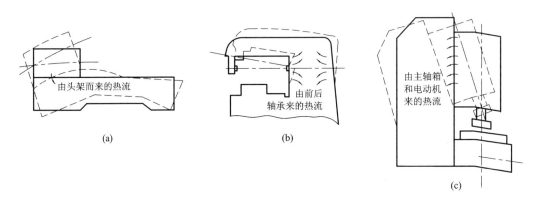

图6－11　几种机床的热变形趋势
(a)卧式车床；(b)卧式铣床；(c)立式平面磨床

2. 刀具热变形对加工精度的影响

刀具产生热变形的主要热源是切削热。尽管切削热仅有一小部分传递到刀具上，但因刀具体积小，热惯性小，温升大，刀具的热变形量还是比较大的。在个别情况下，车削时刀具受热的伸长量可达0.03～0.05 mm。刀具伸长影响加工精度，对加工中小零件来说一般只影响其尺寸精度，而在加工大型零件时还会影响其形状精度。

刀具热变形在切削初期增长很快，然后变慢，不久即达到热平衡状态，而刀具的磨损又能与刀具受热伸长进行部分的补偿，故刀具热变形对加工精度的影响并不显著。

3. 工件热变形对加工精度的影响

切削加工中，工件的热变形主要是切削热引起的。

轴类零件在车削或磨削加工时，一般是均匀受热，温度逐渐升高，其直径逐渐增大，增大的部分将被刀具切去，故当工件冷却后，则形成圆柱度和尺寸误差。

细长轴两顶尖装夹车削时，热变形导致工件伸长，如果前后顶尖都采用轴向固定的顶尖，工件就会被顶弯，造成加工误差。如果尾顶尖采用可轴向伸缩的结构，即可避免这种情况。

282

精密丝杆磨削时,工件的热伸长会引起螺距累积误差。

床身导轨面磨削时,导轨各部分热容量的差别,可造成导轨的直线度误差。

有关均匀受热与不均匀受热时工件的热变形量可从相关手册中查找。

4. 减少工艺系统热变形的途径

(1)减少发热和隔离热源

通过合理地选择切削用量、刀具的几何参数等来减少切削热;对机床各运动副,如主轴轴承、丝杠副、齿轮副、摩擦离合器等零部件,从改进结构和改善润滑等方面来减少摩擦热。

为了减少机床的热变形,凡是能从机床分离出去的热源,如电动机、变速箱、液压系统、冷却系统等均应移出,使之成为独立单元。若不能放在外部,应用隔热材料将发热部件和机床本体隔离开来。此外,还应及时清除切屑或在工作台上安装隔热板以阻止切屑热量的传入等。

(2)强制冷却和均衡温度

对机床发热部位采取风冷、油冷等强制冷却方法,控制温升;对切削区域内供给充分的冷却液以降低切削温度;对机床采用热补偿以均衡温度。如图 6 - 12 所示的平面磨床,采用热空气加热温度较低的立柱后壁,以均衡立柱前后壁的温度场,可明显降低立柱的倾斜。

(3)保持热平衡和控制环境温度

对于精密机床特别是大型机床,达到热平衡的时间较长。为了缩短这个时间,可以在加工前,使机床作高速空运转,或在机床的适当部位设置可控热源,人为地给机床加热,使机床较快地达到热平衡状态,然后进行加工。

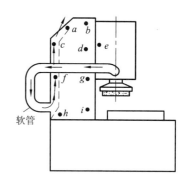

图 6 - 12　用热空气加热立柱后壁

精密机床应安装在恒温车间,其恒温精度一般控制在 ±1℃ 以内,精密级为 ±0.5℃。恒温室平均温度一般为 20℃,冬季可取 17℃,夏季取 23℃。

6.2.5　工件残余应力引起的变形

残余应力也称内应力,是指在没有外力作用下或去除外力后工件内存留的应力。

具有残余应力的零件处于一种不稳定的状态。它内部的组织有强烈的倾向要恢复到一个稳定的没有应力的状态。即使在常温下,零件也会不断地缓慢地进行这种变化,直到残余应力完全松弛为止。在这一过程中,零件将会翘曲变形,原有的加工精度会逐渐丧失。

1. 毛坯制造和热处理过程中产生的残余应力

在铸、锻、焊、热处理等加工过程中,由于各部分冷热收缩不均匀以及金相组织转变的体积变化,使毛坯内部产生了相当大的残余应力。毛坯的结构愈复杂,各部分的厚度愈不均匀,散热的条件相差愈大,则在毛坯内部产生的残余应力也愈大。具有残余应力的毛坯由于残余应力暂时处于相对平衡的状态,在短时间内还看不出有什么变化。当加工时某些表面被切去一层金属后,就打破了这种平衡,残余应力将重新分布,零件就明显地出现了变形。

如图 6 - 13 所示为一内外厚薄相差较大的铸件在铸造过程中产生残余应力的情形。铸件浇铸后,由于壁 A 和 C 比较薄,散热容易,所以冷却速度较 B 快。当 A、C 从塑性状态冷却到

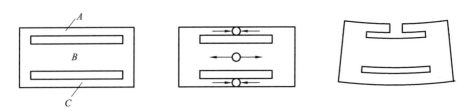

图 6 – 13　铸件残余应力的形成及变形

了弹性状态时(约620℃)，B尚处于塑性状态。此时，A、C继续收缩，B不起阻止变形的作用，故不会产生残余应力。当B亦冷却到了弹性状态时，A、C的温度已降低很多(例如400℃)，这时B要从620℃收缩到室温，A、C从400℃收缩到室温。如果材料的温度线膨胀系数为常数，则A、C收缩得少，B收缩得多。这样，B内就产生了拉应力，而A、C内就产生了压应力，形成相互平衡的状态。如果在A上开一缺口，A上的压应力消失，铸件在B、C的残余应力作用下，B收缩，C伸长，铸件就产生了弯曲变形，直至残余应力重新分布达到新的平衡状态为止。

推广到一般情况，各种铸件都难免发生冷却不均匀而产生残余应力。如铸造后的机床床身，其导轨面和冷却快的地方都会出现压应力。带有压应力的导轨表面在粗加工中被切去一层后，残余应力就重新分布，结果使导轨中部下凹。

2. 冷校直带来的残余应力

冷校直带来的残余应力可以用图6 – 14来说明。弯曲的工件(原来无残余应力)要校直，必须使工件产生反向弯曲(图6 – 14(a))，并使工件产生一定的塑性变形。当工件外层应力超过屈服强度时，其内层应力还未超过弹性极限，故其应力分布情况如图6 – 14(b)所示。去除外力后，由于下部外层已产生拉伸的塑性变形，上部外层已产生压缩的塑性变形，故里层的弹性恢复受到阻碍。结果上部外层产生残余拉应力，上部里层产生残余压应力；下部外层产生残余压应力，下部里层产生残余拉应力(见图6 – 14(c))。冷校直后虽然弯曲减小了，但内部组织处于不稳定状态，如再进行一次加工，就会产生新的弯曲。

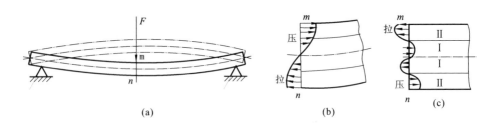

图 6 – 14　冷校直引起的残余应力

(a)冷校直方法；(b)加载时的应力分布；(c)卸载后的残余应力分布

3. 切削加工带来的残余应力

切削过程中产生的力和热，也会使被加工工件的表面层产生残余应力。详细叙述见表面质量部分。

4. 减少残余应力的措施

(1)增加消除内应力的热处理工序。例如对铸、锻、焊接件进行退火或回火;零件淬火后进行回火;对精度要求高的零件如床身、丝杠、箱体、精密主轴等在粗加工后进行时效处理。

(2)合理安排工艺过程。例如粗精加工分开在不同工序中进行,使粗加工后有一定时间让残余应力重新分布,以减少对精加工的影响。在加工大型工件时,粗精加工往往在一个工序中完成,这时应在粗加工后松开工件,让工件有自由变形的可能,然后再用较小的夹紧力夹紧工件后进行精加工。对于精密零件(如精密丝杠),在加工过程中不允许进行冷校直(可采用热校直)。

(3)改善零件结构,提高零件的刚性,使壁厚均匀等,可减少残余应力的产生。

6.2.6 提高机械加精度的途径与方法

1. 直接减小或消除原始误差

减小或消除原始误差指查明产生加工误差的主要因素之后,设法对其直接进行减小或消除。

如车削细长轴时,为了增加工件的刚度,采用跟刀架,但有时仍难车出高精度的细长轴。究其原因,采用跟刀架虽可减小背向力 F_p 的影响,解决工件被刀具"顶弯"的问题,但没有解决工件在进给力 F_f 作用下被刀具"压弯"的问题,见图6-15。压弯后的工件在高速回转中,由于离心力的作用,不但变形加剧,而且产生振动。此外,装夹工件的卡盘和尾架顶尖之间的距离是固定的,切削热引起的工件热伸长受到阻碍,这又增加了工件的弯曲变形,实践证明,采用以下措施可以使鼓形误差大为改善。

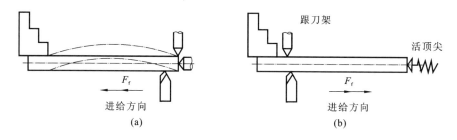

图6-15 车削细长轴的误差原理及采取的措施

1)采用反向进给的切削方式如(图6-15(b))所示,进给方向由卡盘一端指向尾架,进给力对工件是拉伸作用,解决了"压弯"问题。

2)反向进给切削时采用大进给量和较大的主偏角车刀,以增大 F_f 力,使工件受强力拉伸作用。同时可消除振动,使切削过程平稳。

3)改用具有伸缩性的弹性后顶尖。这样既可避免工件从切削点到尾架顶尖一段由于受压力而弯曲,又使工件在热伸长下有伸缩的余地。

4)在卡盘一端的工件上车出一个缩颈,缩颈直径 $d \approx D/2$(D 为工件坯料直径)。缩颈使工件具有柔性,可以减小由于坯料弯曲而在卡盘强制夹持下而产生轴心线歪斜的影响。

2. 补偿或抵消原始误差

补偿原始误差是指在充分掌握误差变化规律的条件下，采取一定的措施或方法补偿已经或将要产生的原始误差。

丝杆车床上，从主轴经交换齿轮到丝杆的传动链精度直接影响丝杆的螺距误差，在生产实际中广泛应用误差补偿原理来设计误差校正机构及装置，以抵消传动链误差，提高螺距精度。又如以几何误差补偿受力变形，图6－16为龙门铣床，由于铣头很重，如果横梁导轨为直线，则在铣头重量的作用下横梁会发生弯曲，铣削出的工件的表面也会不平。实际生产中，根据材料力学的理论，计算出铣头沿导轨运动时每个

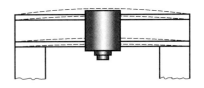

图6－16　横梁变形的补偿

位置上导轨的弯曲位移量，求出位移曲线，再根据位移曲线把横梁铲刮成向上弯曲的弓形（虚线所示），使铣头横向移动的轨迹正好为一条直线。

3. 误差转移法

误差转移法是把影响加工精度的原始误差转移到对误差不敏感的方向或者不影响加工精度的方向上去。

例如，刀具在六角车床上采用普通安装法，则转塔刀架的转位误差为工件表面的法线方向，一比一地反映为工件的半径误差[图6－17(a)，刀架俯视图]；如果采用立刀安装法，则转塔刀架的转位误差被转移到工件表面的切线方向，即误差的非敏感方向，加工精度大幅度提高[图6－17(b)，刀架正视图]。

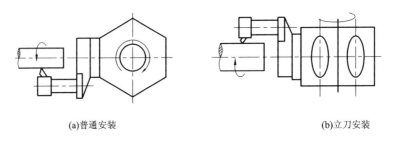

(a)普通安装　　　　　　　　　　　　　　　　(b)立刀安装

图6－17　原始误差的转移

又如，在一般精度的机床上，采用专用的工夹具或辅具，能加工出精度较高的工件。典型实例是用镗床夹具加工箱体零件的孔系，镗杆与主轴采用浮动连接，就可以把机床主轴的回转误差、导轨误差、坐标尺寸的调整误差等排除掉。此时工件的加工精度就完全取决镗杆和镗模的制造精度。

4. 均分与均化原始误差

均分原始误差就是当坯件精度太低，引起的定位误差或复映误差太大时，将坯件按其误差大小均分成 n 组，每组坯件的误差就缩小为原来的 $1/n$，再按组调整刀具和工件的相对位置以减小坯件误差对加工精度的影响。例如，某厂采用心轴装夹工件剃齿，齿轮内孔尺寸为 $\phi 25_0^{+0.013}$（IT6），心轴实际尺寸 $\phi 25.002$ mm。由于配合间隙过大，剃齿后工件齿圈径向跳动超差。为减小配合间隙又不再提高加工精度，采用均分原始误差方法，按工件内孔尺寸大小

分成 3 组, 与相应的心轴配合, 心轴实际尺寸分别为 $\phi 25.002$, $\phi 25.006$, $\phi 25.011$, 这样每组配合间隙在 0.005 mm 之内, 保证了剃齿加工要求。

均化原始误差的实质就是利用有密切联系的工件或刀具表面的相互比较、相互检查, 从中找出它们之间的差异, 然后再进行相互修正加工或互为基准的加工, 使被加工表面原有的误差不断缩小和平均化。对配偶件的表面, 如伺服阀的阀套和阀芯、精密丝杆与螺母采用配研的方法, 实质上就是把两者的原始误差不断缩小的互为基准加工, 最终使原始误差均化到两个配偶件上。生产中, 许多精密基准件的加工 (如平板、直尺、角规、分度盘的各个分度槽等) 都采用误差均化的方法。

5. "就地加工"达到最终精度

"就地加工"的办法就是把各相关零件、部件先行装配, 使它们处于工作时要求的相互位置, 然后就地进行最终加工。"就地加工"的目的在于, 消除机器或部件装配后的累积误差。

"就地加工"的实例很多, 如六角转塔车床的制造中, 为保证转塔上六个安装刀架的孔的中心与机床主轴回转轴线的重合度及孔的端面与主轴回转轴线的垂直度, 在转塔装配到车床床身后, 再在主轴上装镗杆和径向进给小刀架, 对转塔上的孔和端面进行最终加工。此外, 普通车床上对花盘平面或软爪夹持面的修正、龙门刨床上对工作台面的修正等都属于"就地加工"。

6. 主动测量与闭环控制

主动测量指加工过程中随时测量出工件实际尺寸 (形状、位置精度), 根据测量结果控制刀具与工件的相对位置, 这样, 工件尺寸的变动始终在自动控制之中。

在数控机床上, 一般都带有对各个坐标移动量的检测装置 (如光栅尺、感应同步器)。检测信号作为反馈信号输入控制装置, 实现闭环控制, 以确保运动的准确性, 从而提高加工精度。

6.3 加工误差的统计分析

前面分析了影响加工精度的各种主要因素, 并提出了解决问题的一些方法。但从分析方法来讲, 是属于局部的、单因素的性质。这种分析方法对减小系统误差、提高工艺水平比较有效; 但对控制随机误差, 寻找误差源、控制加工精度效果不好。这是因为生产实际中影响加工精度的因素是错综复杂的, 很难用单因素的方法来分析。如果用数理统计的方法来处理, 效果就会更好。

6.3.1 加工误差的性质

1. 系统误差

加工一批工件时, 所产生的大小和方向不变, 或按某种规律变化的加工误差, 统称为系统误差。其中对每个工件产生的固定不变误差称为常值系统误差; 随某种因素做规律性变化的加工误差叫变值系统误差。即常值系统误差的大小与方向是常数, 变值系统误差的大小与方向是某个因素的函数, 通常是时间或工件个数的函数。

2. 随机误差

在相同的工艺条件下加工一批零件, 所产生的加工误差大小和方向都不同, 且无变化规律可循的加工误差, 叫随机误差。毛坯的误差复映、工件的定位误差、夹紧误差、多次调整引起的误差、内应力引起的误差等都属于随机误差。

6.3.2 加工误差的统计分析

1. 分布曲线(或直方图)法

机械加工中常用的误差统计分析方法有分布曲线法和点图法。

分布曲线(直方图)法就是对一批工件加工后所测得的实际尺寸(或误差)进行分组处理,画出分组后的尺寸分布折线图(或直方图),再按此分布图来分析工件的加工误差。下面以分布曲线法进行说明

通常绘制分布曲线前要确定样本容量也就是要测量的工件数,通常取 $n = 50 \sim 200$,还要确定分多少组即组数,每组组内尺寸的变化范围即组距,分组的尺寸分界点即组界,每组尺寸的中间值即组中值等。

(1)实际分布曲线

例如测量一批精镗后的活塞销孔,图样规定的尺寸为 $\phi 28_{-0.015}^{0}$ mm。决定抽测 100 件即样本容量 $n = 100$,分为 6 组,组距 0.002 mm,组界和组中值如表6-1所示。

表6-1 活塞销孔直径测量结果

组别	尺寸范围/mm	尺寸范围中点尺寸 x/mm	组内工件数 m	频率 m/n
1	27.992 ~ 27.994	27.993	4	0.04
2	27.994 ~ 27.996	27.995	16	0.16
3	27.996 ~ 27.998	27.997	32	0.32
4	27.998 ~ 28.000	27.999	30	0.30
5	28.000 ~ 28.002	28.001	16	0.16
6	28.002 ~ 28.004	28.003	2	0.02

表中 m 是每组内的工件数,m/n 是工件属于本组的出现频率。以每组尺寸范围的组中值为横坐标,以频率为纵坐标,即可作出工件的实际尺寸分布折线图,如图6-18实线所示。

在图上标出公差带、公差带中心、尺寸分散范围和平均尺寸,就可以分析加工误差。

尺寸分散范围 $= 28.004 - 27.992 = 0.012$ mm

$$\text{尺寸分散范围中心(即平均尺寸)} = \frac{\sum_{i=1}^{6} m_i x_i}{n} = 27.9979 \text{ mm}$$

公差范围中心 $= 28 - \dfrac{0.015}{2} = 27.9925$ mm

对曲线进行分析。经比较得出两点结论:

1)尺寸分散范围(0.012 mm)小于公差范围(0.015 mm),说明工艺系统的加工精度能满足本工序的加工要求;

2)加工中出现了18%的废品(图中阴影部分),这是因为尺寸分散中心与公差带中心不重合所致,只要调整镗刀位置,使镗刀伸出量缩短 0.0054/2 mm,就能使整个分布图沿横坐

288

标向左平移一个距离 $\triangle_{系统}$，使尺寸分散中心与公差带中心重合，工件就可全部合格，如图 6 – 18 虚线所示。

由此可见，常值系统误差只影响分布曲线的位置，而分布曲线的形状和分散范围则受随机误差和变值系统误差的影响。

根据数理统计，对于调整法加工的工件，随被测工件数目的增加和组距的缩小，分布图就趋近于光滑曲线，曲线形状与理论分布曲线中的正态分布曲线十分相似。于是就可以用正态分布曲线来代替实际分布曲线研究加工误差。

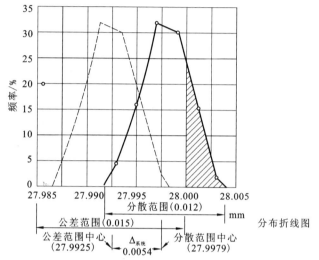

图 6 – 18　活塞销孔实际直径尺寸分布折线图

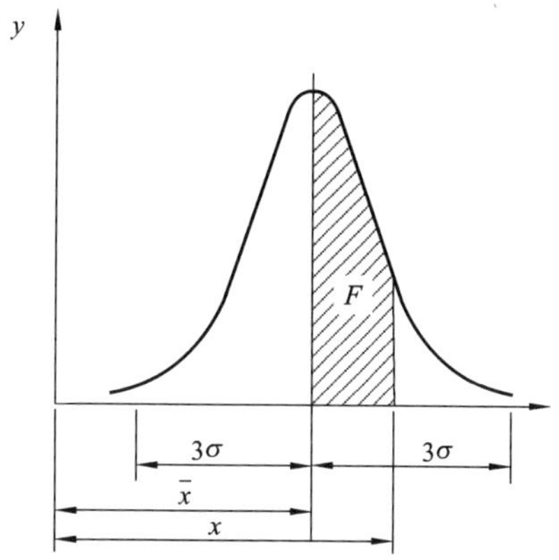

图 6 – 19　正态分布曲线

（2）正态分布曲线

一般情况下（即无某种特别占优势的影响因素），用调整法加工一批工件所得的尺寸分布曲线符合正态分布曲线。如图 6 – 19 所示，其方程式为：

$$y = \frac{1}{\sigma\sqrt{2\pi}}\exp\left[\frac{-(x-\bar{x})^2}{2\sigma^2}\right] \qquad (6-6)$$

方程式中的 $\bar{x}$ 和 σ 是表示曲线特征的两个参数，分别称为算术平均值和均方根偏差。其中，$\bar{x}$ 决定曲线对称轴的坐标位置，即曲线的位置，如图 6 – 20（a）所示；σ 决定曲线的分散范围，也就是曲线的形状，如图 6 – 20（b）所示。算术平均值也叫分布中心或数学期望，数学书籍上一般用 μ 表示。

当采用这个方程式来分析一批工件加工尺寸的实际分布曲线时，上式各参数分别为：x 为工件尺寸；$\bar{x}$ 为该批工件尺寸的算术平均值；σ 为该批工件尺寸的均方根差；y 为工件尺寸为 x 时所出现的概率。其中

$$\bar{x} = \frac{1}{n}\sum_{i=1}^{n}x_i \qquad (6-7)$$

$$\sigma = \sqrt{\frac{\sum_{i=1}^{n}(x_i-\bar{x})^2}{n}} \qquad (6-8)$$

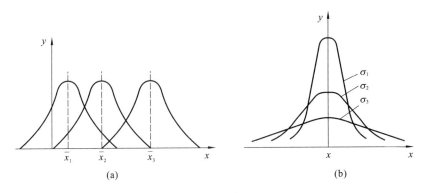

图 6-20 参数 $\bar{x}$, σ 对正态分布曲线的影响

(a)σ 相同, $\bar{x}_3 > \bar{x}_2 > \bar{x}_1$；(b)$\bar{x}$ 相同, $\sigma_3 > \sigma_2 > \sigma_1$

式中：x_i——任意工件的实际尺寸；

  n——该批工件的总数量。

正态分布曲线与横坐标所围成的面积代表了全部工件（即 100%）。若求正态分布曲线下某尺寸区间$(\bar{x}, x_i)$的面积 F，可用积分法。

$$F = \int_{\bar{x}}^{x_i} y \mathrm{d}x = \frac{1}{\sigma\sqrt{2\pi}} \int_{\bar{x}}^{x_i} \exp\left[\frac{-(x-\bar{x})^2}{2\sigma^2}\right] \mathrm{d}x \qquad (6-9)$$

它表示在该尺寸$(\bar{x}, x_i)$区间工件数占工件总数的百分比。

可以看出，曲线以 $x = \bar{x}$ 为对称轴，中间高，两边低，表示尺寸靠近分布中心的工件多，远离分布中心的工件少；大于分布中心的工件与小于分布中心的工件的数量相等。

在实际计算时，可以直接应用积分表，积分表可以在数学手册中找到。分布范围在 $\pm\sigma$ 内的工件占总数的 68.26%，$\pm 2\sigma$ 内的工件占 95.46%，$\pm 3\sigma$ 内的工件占 99.73%。可以近似认为，工件尺寸在 $\pm 3\sigma$ 之外的可能性很小，可以忽略不计。

考虑到常值系统误差的影响。保证工件不出废品的条件是：

$$6\sigma + \Delta_{\text{系}} \leq T \qquad (6-10)$$

式中：T——工件的尺寸公差；

  σ——工艺系统的标准偏差即分布曲线的均方根偏差；

  $\Delta_{\text{系}}$——常值系统误差，即曲线分布中心与公差带中心的差值。

（3）非正态分布曲线

在实际生产中，工件尺寸有时并不近似于正态分布。例如，将两次调整下加工的工件混在一起，由于每次调整的常值系统误差不同，就会得到双峰曲线[图 6-21(a)]；当刀具磨损的影响显著时，变值系统误差占突出地位，使分布曲线出现平顶[图 6-21(b)]；试切法加工时，操作者为避免出现不可修复的废品，主观上对轴宁大勿小(偏向右)，对孔宁小勿大(片向左)，出现偏态分布[图 6-21(c)]。此外，还可能出现等概率分布、辛浦生分布等非正态分布形式。

（4）分布曲线法的应用

1）判别加工误差性质。如前所述，假如加工过程中没有变值系统误差，那么其尺寸分布

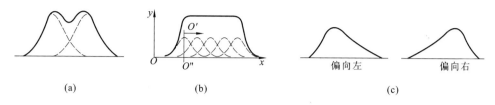

（a）　　　　　　　　（b）　　　　　　　　　　　　（c）

图 6 - 21　几种非正态分布曲线

应服从正态分布，这是判别加工误差性质的基本方法。

如果实际分布与正态分布基本相符，加工过程中没有变值系统误差（或影响很小），这时就可进一步根据样平均值 $\bar{x}$ 是否与公差带中心重合来判断是否存在常值系统误差（$\bar{x}$ 与公差带中心不重合就说明存在常值系统误差）。常值系统误差仅影响 $\bar{x}$ 值，即只影响分布曲线的位置，对分布曲线的形状没有影响。

如实际分布与正态分布有较大出入，可根据直方图初步判断变值系统误差的性质。

2）确定工序能力及其等级。所谓工序能力是指工序处于稳定状态时，采用目前的工艺系统（机床、夹具、刀具等）完成本工序时加工误差的分散范围。当加工尺寸服从正态分布时，其尺寸分散范围是 6σ，所以工序能力就是 6σ。

工序能力等级是以工序能力系数来表示的，工序能力系数表示目前的工艺系统满足加工精度要求（以公差表示）的程度。当工序处于稳定状态度时，工序能力系数 C_p 按下式计算

$$C_p = T / (6\sigma) \tag{6-11}$$

式中：T——工件尺寸公差。

根据工序能力系数 C_p 的大小，可将工序能力分为 5 级，如表 6 - 2 所示。一般情况下，工序能力不应低于二级，即 $C_p > 1$。

表 6 - 2　工序能力等级

工序能力系数	工序等级	说明
$C_p > 1.67$	特级	工艺能力过高，可以允许有异常波动，不一定经济
$1.67 \geqslant C_p > 1.33$	一级	工艺能力足够，可以允许有一定的异常波动
$1.33 \geqslant C_p > 1.00$	二级	工艺能力勉强，必须密切注意
$1.00 \geqslant C_p > 0.67$	三级	工艺能力不足，可能出现少量不合格品
$0.67 \geqslant C_p$	四级	工艺能力很差，必须加以改进

必须指出，$C_p > 1$，只说明该工序的工序能力足够，加工中是否会出废品，还要看调整得是否正确。如加工中有常值系统误差，μ（分布中心）就与公差带中心位置 A_M 不重合，那末只有当 $C_p > 1$、且 $T \geqslant 6\sigma + 2|\mu - A_M|$ 时才不会出现废品。

如 $C_p < 1$，那么不论怎样调整，不合格品的产生是不可避免的。

C_p 太大，说明目前的工艺系统用于本工序精度要求加工是杀鸡用了牛刀，经济效益可能不好。例如，C_p 为 1.4 的机床需投资 10 万，C_p 为 2.0 的机床需投资 40 万，显然选用 C_p 为

2.0 的机床不合适。或者机床不变，一次走刀工序能力系数为 1.5，两次走刀工序能力为 2.0，显然采用一次走刀的工艺方法更合理(效率高一倍)。

一般精度要求的工序，工序能力系数应在 1.4 左右；特高精度要求的工序，工序能力系数可稍小；精度要求不高的工序，如果利用现有工艺系统，工序能力系数可较大。

3)估算合格品率或不合格品率。不合格品率包括废品率和可返修的不合格品率。它可通过分布曲线进行估算，现举例说明如下。

【例 6 - 1】 在无心磨床上磨削销轴外圆，要求外径 $d = \phi 12^{-0.016}_{-0.043}$ mm，抽样一批零件，经实测后计算得到 $\bar{x} = 11.974$ mm，$\sigma = 0.005$ mm，其尺寸分布符合正态分布，试分析该工序的加工质量。

解：①根据所计算的 $\bar{x}$ 及 σ 作分布图(见图 6 - 22)

②计算工序能力系数 C_p

$$C_p = \frac{T}{6\sigma} = \frac{-0.016 - (-0.043)}{6 \times 0.005} = 0.9 < 1$$

工序能力系数 $C_p < 1$ 表明该工序工序能力不足，产生不合格品是不可避免的。

③计算不合格品率 Q 工件要求最小尺寸 $d_{min} = 11.957$ mm，最大尺寸 $d_{max} = 11.984$ mm。

工件可能出现的极限尺寸为 $A_{min} = \bar{x} - 3\sigma = (11.974 - 0.015) = 11.959$ mm $> d_{min}$，故不会产生不可修复的废品。

$A_{max} = \bar{x} + 3\sigma = (11.974 + 0.015)$ mm $= 11.989$ mm $> d_{max}$，故将产生可修复的废品。

废品率 $Q = 0.5 - F(z)$

$$z = \frac{x - \bar{x}}{\sigma} = \frac{11.984 - 11.974}{0.005} = 2$$

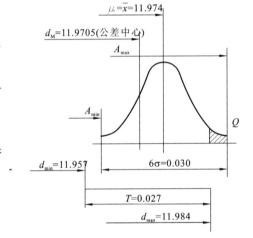

图 6 - 22 圆销直径尺寸分布图

查有关数学手册，$z = 2$ 时，$F(z) = 0.4772$

$Q = 0.5 - 0.4772 = 2.28\%$，即可修复的废品率为 2.28%

④改进措施 重新调整机床，使分散中心 $\bar{x}$ 与公差带中心 d_M 重合，则可减小不合格品率。调整量 $\Delta = (11.974 - 11.9705)$ mm $= 0.0035$ mm(具体操作时，使砂轮向前进刀 $\Delta/2$ 的背吃刀量即可)。由于 $C_p < 1$，这样调整后，虽然总的废品率下降了，但会产生不可修复的废品。当然，可以调整分布中心到 $11.957 + 3\sigma = 11.972$ 则既可不产生不可修复的废品，又能降低废品率。

2. 点图法

分布图分析法的缺点在于：没有考虑一批工件加工的先后顺序，故不能反映误差变化的趋势，难以区别变值系统误差与随机误差；另外这种方法必须等到一批工件加工完毕后才能绘制分布图，不能在加工过程中及时提供控制精度的信息。点图法就是为了解决这两个问题而产生的。

点图法是在一批工件的加工过程中，按加工顺序依次测量工件的有关参数，并依次记入相应图表中，以便及时进行分析，指导生产。以下的讨论中，仅以控制工件的尺寸精度为例进行说明。

对于一个不稳定的工艺过程，需要在工艺过程的进行中及时发现工件可能出现不合格品的趋向，以便及时调整工艺系统，使工艺过程能够继续进行。由于点图分析法能够反映质量指标随时间变化的情况，因此，它是进行统计质量控制的有效方法。这种方法既可以用于稳定的工艺过程，也可以用于不稳定的工艺过程。

（1）单值点图

以工件的加工顺序为横坐标，工件的尺寸为纵坐标，则可以画出如图 6 −23 所示的点图，称为单值点图。该点图反映了工件加工尺寸的变化与加工顺序（或加工时间）的关系。从图上可看出变值系统误差的影响。

图中绘制出了工艺能力的上、下界线和公差中值尺寸，用以及时发现工件尺寸的变化。

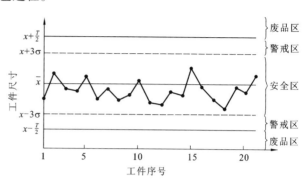

图 6 − 23　单值控制图

单值点图中每个点代表一个工件的尺寸，每个测量的尺寸都要依次标识。但既可每个工件都测量，也可每几个零件测量一个，还可隔每一段时间测量一个。但先后次序不能乱，抽测规律要确定。

（2）均值 − 极差点图

将一批工件按加工顺序每 m 个（通常为 4~8 个）分为一组，既可测量全部工件，也可每隔一段时间抽测一组。以组序号为横坐标，以每组工件的平均尺寸为纵坐标，则可绘制出如图 6 −24（a）所示的点图，简称 $\bar{x}$ 图。该点图显示了工件尺寸的变化趋势（突出了变值系统误

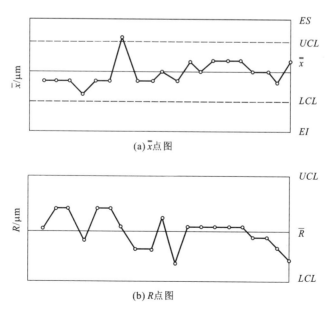

(a) $\bar{x}$ 点图

(b) R 点图

图 6 − 24　均值 − 极差控制图

(a) $\bar{x}$ 图；(b) R 图

差的影响）。

再以分组序号为横坐标，以每组工件的极差 R（组内工件的最大与最小尺寸之差）为纵坐标，画出的点图如图 6-24(b) 所示，简称 R 图。该点图主要用以显示加工过程中尺寸分散范围（随机误差）的变化情况。

在分析问题时，$\bar{x}$ 和 R 图联合使用，因此称为均值-极差点图（$\bar{x} - R$ 图）。

在 $\bar{x}$ 图中，$\bar{\bar{x}}$ 是中心线，UCL 和 LCL 分别为上、下控制线；$UCL = \bar{\bar{x}} + A\bar{R}$，$LCL = \bar{\bar{x}} - A\bar{R}$；在 R 图中，$\bar{R}$ 是中心线，UCL 是上控制线，$UCL = D\bar{R}$。其控制线式中的系数 A 和 D 的值见表 6-3。

表 6-3 系数 A 和 D 的数值

每组个数	4	5	6	7	8
A	0.729	0.577	0.463	0.419	0.373
D	2.23	2.10	1.98	1.90	1.85

控制图绘出后，根据表 6-4 的标志就可判断工艺系统是否有异常波动。工艺系统如果无异常波动，说明工艺系统是稳定的，否则是不稳定的。不稳定的工艺系统存在系统误差，或者主导性随机干扰，应找出原因，或加强监测，避免废品集中出现。应当注意，工件是否合格是由工件的公差带控制的，与控制线无关。控制线代表了工序能力，如果经过调整工艺系统，消除了异常波动，表示该工艺系统的工艺能力提高了。

表 6-4 正常波动与异常波动标志

正常波动	异常波动
1. 没有点子超出控制线 2. 大部分点子在中心线上下波动，小部分点子在控制线附近 3. 点子没有明显规律性	1. 有点子超出控制线 2. 点子密集在中线附近 3. 点子密集在控制线附近 4. 连续 7 点以上出现在中线一侧 5. 连续 11 点中有 10 点出现在中线一侧 6. 连续 14 点中有 12 点出现在中线一侧 7. 连续 17 点中有 14 点出现在中线一侧 8. 连续 20 点中有 16 点出现在中线一侧 9. 点子有上升或下降倾向 10. 点子有周期性波动

6.4 机械加工表面质量

机械加工表面质量包括表面几何形状参数（如表面粗糙度、波度、纹理方向、伤痕等）和表面层物理力学性能（如加工硬化、金相组织变化、表层残余应力等）。

6.4.1　表面质量对零件使用性能的影响

1. 对摩擦磨损的影响

两个零件的接触表面实际上是凸峰部分接触，一个表面的凸峰有可能伸入到另一个表面的凹谷中去。当两表面作相对运动时，就会产生摩擦阻力。两表面的实际接触面积比名义接触面积小得多，单位面积压力很大，还会产生塑性变形和剪切破坏，造成两表面磨损。表面磨损量受表面粗糙度的影响很大。在表面粗糙度较大时，表面越粗糙，摩擦越大，磨损越严重。然而表面粗糙度过小，不利于润滑剂的贮存，致使摩擦面间形成半干摩擦或干摩擦，使接触面之间分子的吸附力增大，造成摩擦阻力增加和磨损加剧。通常在一定工作条件下，有一使磨损最小的最佳表面粗糙度值(图 6-25 中的 Ra_1、Ra_2)。

机械加工后的表面，由于材料晶格畸变而产生加工硬化，使表面层的显微硬度增加，耐磨性能有所提高，加工硬化到某一程度时，磨损量降至最小值(图 6-26)。如果进一步提高硬化程度，金属组织会出现过度变形，脆性增加，甚至出现裂纹，磨损加剧，耐磨性能反而下降。此外，加工表面层如果金相组织发生变化，也会导致硬度变化，影响其耐磨性能。

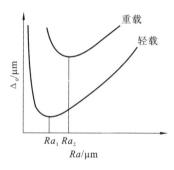

图 6-25　粗糙度与磨损量

Ra—粗糙度；Δ_0—磨损量

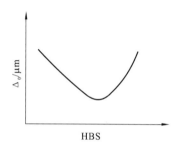

图 6-26　加工硬化与磨损量

HBS—硬度；Δ_0—磨损量

2. 对零件工作精度的影响

表面粗糙度合适的表面，摩擦系数小，使动配合表面运动的灵活性提高，工作表面的接触刚度也高，故可提高零件工作精度，减少发热和功率损失。加工表面层的残余应力，会使零件在使用中继续变形，失去原有的精度，甚至导致表面出现细微裂纹。因此，已加工表面存在过大的残余应力，会使零件的工作精度下降。

3. 对零件配合性质的影响

对于间隙配合，加工表面越粗糙，磨损越大，使配合间隙很快增大，从而改变原有的配合性质，降低配合精度。对于液压、气动元件，还会造成泄漏量增大。对于过盈配合，由于轴在压入孔时，表面粗糙度的部分凸峰被挤平，而使实际过盈量减小，降低了连接强度，影响配合的可靠性。因此，配合精度要求较高的表面，相应地需要具有较小的表面粗糙度。

4. 对零件疲劳强度的影响

表面粗糙度大的表面，微观不平的凹谷处会产生应力集中，在交变载荷的作用下，会产生疲劳裂纹而加速疲劳破坏。零件上易产生应力集中的沟槽、圆角等处的表面粗糙度，对疲劳强度的影响更大。小的表面粗糙度，可提高零件的疲劳强度。适当的加工硬化可以阻碍表面疲劳裂纹的产生，缓和已有裂纹的扩展，有利于提高疲劳强度。但加工硬化程度过高时，可能会产生较大的脆性裂纹而降低疲劳强度。加工表面层的残余应力，如果是压应力，可以部分地抵消工作载荷引起的拉应力，使疲劳强度有所提高；如果是残余拉应力，则使疲劳强度下降。

5. 对抗腐蚀性能的影响

加工表面越粗糙，聚积在凹谷处的腐蚀性气体或液体也越多，并且通过凹谷向内部渗透，凹谷愈深、愈尖锐，以及存在表面裂纹时，这种腐蚀作用就愈强烈。加工表面的冷作硬化和残余应力，会产生应力腐蚀，当表面硬化严重时，还会产生微观裂纹，从而加速腐蚀作用。因此，减小表面粗糙度，控制表面的加工硬化和残余应力，可以提高零件的抗腐蚀性能。

6.4.2 影响机械加工表面粗糙度的因素

1. 切削加工后的表面粗糙度

（1）切削加工表面粗糙度的形成

在切削加工表面上，垂直于切削速度方向的粗糙度不同于平行于切削速度方向的粗糙度。一般来说前者较大，由几何因素和物理因素共同形成，后者主要由物理因素产生。此外，机床 - 刀具 - 工件系统的振动也是影响表面粗糙度的重要因素。

1）几何因素。在理想的切削条件下，刀具相对工件作进给运动时，在工件表面上留下一定的残留面积。残留面积高度形成了理论粗糙度，其高度 H 的计算方法为：

车、刨等加工中，如果刀尖由直线型主副切削刃交叉形成（图 6-27a），表面残留面积的理论高度为：

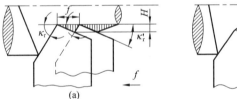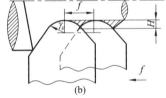

图 6-27　表面残留面积的理论高度

$$H = \frac{f}{\cot\kappa_r + \cot\kappa_r'} \qquad (6-12)$$

如果残留面积全部由刀尖圆弧形成（图 6-27(b)），则：

$$H \approx \frac{f^2}{8r_\varepsilon} \qquad (6-13)$$

2）物理因素。切削加工后表面的实际粗糙度与理论粗糙度有较大的差别，这是由于存在着与被加工材料的性能及切削机理有关的物理因素所致。表面实际粗糙度与理论粗糙度的关系如图 6-28 所示。

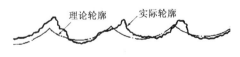

图 6-28　表面实际轮廓

切削脆性材料(如铸铁)时,产生崩碎性切屑,这时切屑与加工表面的分界面很不规则,实际表面粗糙度与理论表面粗糙度相差很大,物理因素的影响甚至超过切削刃几何形状的影响。另外铸铁中石墨的脱落痕迹,也影响到表面粗糙度。

切削塑性材料时,刀具的刃口圆弧及后刀面的挤压和摩擦使金属发生塑性变形,导致理论残留面积的歪斜和边缘凸起,增大了表面粗糙度。

切削过程中出现的积屑瘤与鳞刺,会使表面粗糙度急剧增加。在加工塑性材料时,可能成为影响表面粗糙度的最主要因素。

积屑瘤是切削过程中切屑在前刀面堆积的结果。它是不稳定的,不断形成、长大、前端受冲击而脱落。所脱落的碎片镶嵌在切屑或工件表面上,使表面粗糙度增大。积屑瘤还会伸出切削刃之外,代替切削刃进行切削,在工件表面上形成深浅和宽窄都不断变化的刀痕,对表面粗糙度的影响更大。

鳞刺是工件表面上产生的周期性的鳞片状毛刺。在中等切削速度下切削塑性材料时常常出现鳞刺,它会使表面粗糙度急剧增大,对工件的抗腐蚀性能影响也十分严重。

(2)影响切削加工表面粗糙度的因素

1)工件材料。工件材料的力学性能中影响表面粗糙度的最大因素是塑性。对塑性材料,塑性越大,加工后表面粗糙度也越大,塑性较小的材料,其加工后的粗糙度比较接近理论粗糙度。对于同样的材料,晶粒组织愈是粗大,加工后的粗糙度也愈大。为减小加工后的表面粗糙度,常在切削加工前进行调质或正常化处理,以得到均匀细密的晶粒组织和较高的硬度。对脆性材料,所能形成的最小表面粗糙度受到材料性能的影响很大。如塑性好的铝、铜、钢都可形成表面粗糙度极好的镜面,而铸铁就不能。

2)刀具几何形状、材料、刃磨质量。刀具的前角 γ_o 对切削变形影响很大,γ_o 增大,切削变形程度减小,粗糙度值也就减小。γ_o 为负值时,塑性变形增大,粗糙度增大。

增大后角,可以减小刀具后刀面与加工表面间的摩擦,从而减小表面粗糙度。刃倾角 λ_s 影响着工作前角的大小,对表面粗糙度亦有影响。主偏角 κ_r 和副偏角 $\kappa_r{}'$、刀尖圆弧半径 r_ε 从几何因素方面影响着加工表面粗糙度。

刀具材料及刃磨质量对产生积屑瘤、鳞刺等影响甚大,选择与工件摩擦系数小的刀具材料(如金刚石)及提高刀刃的刃磨质量有助于降低表面粗糙度。此外,合理选择冷却液,提高冷却润滑效果,也可以降低表面粗糙度。

3)切削用量。切削用量中对加工表面粗糙度影响最大的是进给量 f,其次是切削速度 v_c,而背吃刀量基本没有影响。实验证明 v_c 越高,切削过程中切屑和加工表面的塑性变形程度就越小,粗糙度就越小。积屑瘤和鳞刺都在中低速度范围内产生,采用较高的切削速度能避免它们的影响。

实际生产中,要针对具体问题进行具体分析,抓住影响表面粗糙度的主要因素,才能事半功倍地降低表面粗糙度。例如在高速精镗或精车时,如果采用锋利的刀尖和小进给量,加工轮廓曲线很有规律,如图 6-29 所示。说明粗糙度形成的主要因素是几何因素。若要进一步减小表面粗糙度,必须减小进给量,改变刀具几何参数,并注意在改变刀具几何形状时避免增大塑性变形。

2. 磨削加工后的表面粗糙度

磨削加工与切削加工有许多不同之处。从几何因素看,由于砂轮上磨粒的形状和分布都

图 6-29　精镗(车)后的表面轮廓图(横向粗糙度)

不均匀、不规则,并随着磨削过程中砂轮的自锐而随时变化。定性的讨论可以认为:磨削加工表面是由砂轮上大量的磨粒刻划出的无数的沟槽而形成的。单位面积上的刻痕数愈多,即通过单位面积的磨粒愈多,刻痕的等高性愈好,则粗糙度也就愈小。

从物理因素来看,磨削刀刃由磨粒形成,大多数具有很大的负前角,使磨削加工产生比切削加工大得多的塑性变形。磨削时金属材料沿磨粒的侧面流动形成沟槽的隆起现象而增大了表面粗糙度。磨削热使表面层金属软化,更易塑性变形,进一步加大了表面粗糙度。

从上述两方面分析可知,影响磨削加工表面粗糙度的主要因素有:

(1)砂轮参数。砂轮的参数中砂轮的粒度影响最大,磨粒愈细,则砂轮工作表面的单位面积上磨粒数愈多,在工件表面上的刻痕也愈细愈密,粗糙度愈小。

砂轮的硬度影响着砂轮的自锐能力,砂轮太硬,钝化后的磨粒不易脱落而继续参与切削,与工件表面产生强烈的摩擦和挤压,加大工件塑性变形,使表面粗糙度增大。砂轮的磨料、结合剂与组织对磨削表面粗糙度都有影响,应根据加工情况进行合理的选择。

(2)砂轮的修整。修整砂轮时的背吃刀量与走刀量愈小,修出的砂轮愈光滑,磨削刃等高性愈好,磨出工件表面的粗糙度愈小。即使砂轮粒度较大,经过精细修整后在磨粒上车出微刃,也能加工出低粗糙度的表面。

(3)砂轮速度。提高砂轮速度可以增加砂轮在工件单位面积上的刻痕。同时,提高磨削速度可以使每个刃口切掉的金属量减小,即塑性变形量减少;还可以使塑性变形不能充分进行,从而使加工表面粗糙度减小。

(4)磨削深度(砂轮切入工件的深度,周磨时沿砂轮径向测量,端磨时沿砂轮轴向测量)与工件速度。增大磨削深度和工件速度会增加金属切除率,引起单个磨粒平均切除的材料量增大,材料的塑性变形程度也会增大,从而增大工件表面粗糙度。

实际磨削中常在磨削开始时采用较大的磨削深度以提高生产率,而在最后采用小的磨削深度或无进给磨削以降低粗糙度。

磨削加工中的其他因素,如工件材料的硬度及韧性,冷却液的选择与净化,轴向进给速度等都是不容忽视的重要因素,在实际生产中解决粗糙度问题时应给予综合考虑。

6.4.3　影响表面层物理力学性能的因素

1. 加工表面的冷作硬化

加工表面层的冷作硬化程度取决于产生塑性变形的力、速度及变形时的温度。切削力愈大,塑性变形愈大,硬化程度愈大。切削速度愈大,塑性变形愈不充分,硬化程度愈小。变形时的温度 t 不仅影响塑性变形程度,还会影响塑性变形的回复,即当切削温度达到一定值时,已被拉长、扭曲、破碎的晶粒恢复到塑性变形前的状态。产生回复的温度为$(0.25 \sim 0.3)$ $T_{熔}$($T_{熔}$ 为金属材料的熔点,回复温度又称再结晶温度),回复过程中,冷作硬化现象逐渐消失。可见切削过程中使工件产生塑性变形及回复的因素对冷作硬化都有影响。

（1）刀具的影响。刀具的前角、刃口圆弧半径和后刀面的磨损量对冷作硬化影响较大。减小前角，增大刃口圆角半径和刀具后刀面的磨损量增加时，冷硬层深度和硬度随之增大。

（2）切削用量的影响。影响较大的是切削速度 v_c 和进给量 f，切削速度增大，则硬化层深度和硬度都减小。这一方面是由于切削速度增加会使温度升高，有助于冷硬的回复；另一方面是由于切削速度增加后，刀具与工件接触时间短，使塑性变形程度减小。进给量 f 增大时，切削力增大，使硬化现象加重。但在进给量较小时，由于刀具刃口圆角对工件表面的挤压作用加大而使硬化现象增大。

2. 加工表面层的金相组织变化——热变质层

机械加工中，在工件的切削区域附近要产生一定的温升，当温度超过材料的相变临界温度时，金相组织将发生变化。对于切削加工而言，一般达不到这个温度，且切削热大部分被切屑带走。磨削加工中切削速度特别高，单位切削力是其他加工方法的数十倍，因而消耗的单位切削功率比切削加工大得多。所消耗的功中绝大部分又都转变为热量，而且 70% 以上的热量传给工件表面，使工件表面温度急剧升高，所以磨削加工中很容易产生加工表面金相组织的变化，在表面上形成热变质层。

现代测试手段测试结果表明，磨削时在砂轮磨削区磨削温度超过 1000℃，磨削淬火钢时，在工件表面层上形成的瞬时高温将使金属产生以下两种金相组织的变化：

（1）如果磨削区温度超过马氏体转变温度（中碳钢约为 250~300℃），工件表面原来的马氏体组织将转化成回火屈氏体、索氏体等与回火组织相近似的组织，使表面层硬度低于磨削前的硬度，一般称为回火烧伤。

（2）当磨削区温度超过奥氏体相变临界温度（720℃）时，马氏体转变为奥氏体，又由于冷却液的急剧冷却，发生二次淬火现象，使表面出现二次淬火马氏体组织，硬度比磨削前的回火马氏体硬度高，一般称为二次淬火烧伤。

磨削时的瞬时高温作用会使表面呈现出黄、褐、紫、青等烧伤氧化膜的颜色，从外观上展示出不同程度的烧伤。如果烧伤层很深，在无进给磨削中虽然可能将表面的氧化膜磨掉，但不一定能将烧伤层全部磨除，所以不能从表面没有烧伤色来判断有没有烧伤层的存在。

磨削烧伤除改变了金相组织外，还会形成表面残余力，导致磨削裂纹。因此，研究并控制烧伤有着重要的意义。烧伤与热的产生和传播有关，凡是影响热的产生和传导的因素，都是影响表面层金相组织变化的因素。

3. 加工表面层的残余应力

（1）表面层残余应力的产生原因

各种机械加工所获得的零件表面层都残留有应力，这种应力叫残余应力。应力的方向与工件表面相切，大小随深度（从工件表层向材料内部延伸的方向）而变化。最外层的应力和表面层与基体材料的交界处（以下简称里层）的应力符号相反，相互平衡。图 6-30 为机械加工后表面残余应力随深度的变化曲线。必须注意，深度是指沿表面法线的方向度量。在工件表面的切面

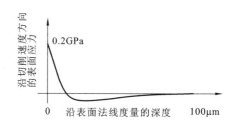

图 6-30 机械加工后表面残余应力
随深度的变化曲线

内，在各个方向上残余应力随深度的变化规律与最大值都是不相同的。通常沿切削速度方向的残余应力最大，垂直于切削速度方向的残余应力最小。图示情况的表面层为拉应力（又称张应力），里层为压应力。

残余应力产生的原因可归纳为以下三个方面。

1）冷塑性变形的影响

切削加工时，在切削力的作用下，已加工表面层受拉应力作用产生塑性变形而伸长，表面积有增大的趋势，里层在表面层的牵动下也产生伸长的弹性变形。当切削力去除后，里层的弹性变形要恢复，但受到已产生塑性变形的外层的限制而恢复不到原状，因而在表面层产生残余压应力，里层则为与之相平衡的残余拉应力。

2）热塑性变形的影响

当切削温度高时，表面层在切削热的作用下产生热膨胀，此时基体温度较低，因此表面层热膨胀受到基体的限制而产生热压缩应力。当表面层的应力超过材料的屈服极限时，则产生热塑性变形，即在压应力作用下材料相对缩短。当切削过程结束后，表面温度下降到与基体温度一致，因为表面层已经产生了压缩塑性变形而缩短了，所以要拉着里层金属一起缩短，而使里层产生残余压应力，表面层则产生残余拉应力。

3）金相组织变化的影响

切削时产生的高温会引起表面层金相组织的变化，由于不同的金相组织有不同的密度，表面层金相组织变化造成了体积的变化。表面层体积膨胀时，因为受到基体的限制而产生残余压应力。反之，表面层体积缩小，则产生残余拉应力。马氏体、珠光体、奥氏体的密度大致为：$r_m \approx 7.75$；$r_z \approx 7.78$；$r_o = 7.96$，即 $r_m < r_z < r_o$。磨削淬火钢时若表面层产生回火烧伤，马氏体转化成索氏体或屈氏体（这两种组织均为扩散度很高的珠光体），因体积缩小，表面层产生残余拉应力，里层产生残余压应力。若表面层产生二次淬火烧伤，则表面层产生二次淬火马氏体，其体积比里层的回火组织大，因而表层产生残余压应力，里层产生残余拉应力。

（2）机械加工后表面层的残余应力

机械加工后实际表面层上的残余应力是复杂的，是上述三方面原因综合作用的结果。在一定条件下，其中某一个方面或两个方面的原因可能起主导作用，例如，在切削加工中如果切削温度不高，表面层中没有热塑性变形产生，而是以冷塑性变形为主，此时表面层中将产生残余压应力。切削温度较高，以致在表面层中产生热塑性变形时，热塑性变形产生的拉应力将与冷塑性变形产生的压应力相互抵消掉一部分。当冷塑性变形占主导地位时，表面层产生残余压应力；当热塑性变形占主导地位时，表面层产生残余拉应力。磨削时因磨削温度较高，常以相变和热塑性变形产生的残余拉应力为主，所以表面层常呈现残余拉应力。

（3）磨削裂纹

磨削加工一般是最终加工，磨削加工后表面残余拉应力比切削加工大，甚至会超过材料的强度极限而形成表面裂纹。

实验表明，磨削深度对残余应力的分布影响较大。减小磨削深度可以使表面残余拉应力减小。

磨削热是产生残余拉应力而形成磨削裂纹的根本原因，防止裂纹产生的途径也在于降低磨削温度及改善散热条件。前面所提到的能控制金相组织变化的所有方法对防止磨削裂纹的产生都是有效的。

为了获得表层残余压应力、高精度、低粗糙度的最终加工表面，可以对加工表面进行喷丸、挤压、滚压等强化处理或采用精密加工或光整加工作为最终加工工序。

磨削裂纹的产生与材料及热处理工序有很大关系，硬质合金脆性大，抗拉强度低，导热性差，磨削时极易产生裂纹。含碳量高的淬火钢晶界脆弱，磨削时也容易产生裂纹。淬火后如果存在残余应力，即使在正常的磨削条件下出现裂纹的可能性也比较大。渗碳及氮化处理时如果工艺不当，会使表面层晶界面上析出脆性的碳化物、氮化物，在磨削热应力作用下容易沿晶界发生脆性破坏而形成网状裂纹。

磨削裂纹对机器的性能和使用寿命影响极大，重要零件上的微观裂纹甚至是机器突发性破坏的诱因，应该在工艺上给予足够的重视。

6.4.4　提高表面质量的措施

除了采用合适的切削用量、合理的刀具几何参数等措施来提高表面质量外，还有以下几点需要论述。

1. 控制磨削参数

磨削是一种提高工件表面质量的常用加工方法，也是一种对工件表面质量影响因素众多的工艺方法。它既能降低工件表面粗糙度，也可能引起表面烧伤等其他表面质量问题。因此，采用合适得磨削参数才能得到理想的效果。

砂轮粒度对加工表面粗糙度的影响，如图 6 - 31 所示，粒度号越大，磨粒越细，加工出的表面粗糙度越低。但若粒度号过大，为防止工件表面烧伤，只能采用很小的磨削深度，加工效率会很低。为此，普通磨削中常用 46 ~ 60 号，一般不超过 80 号。

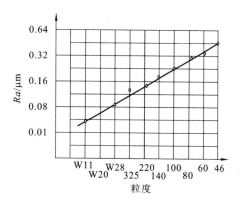

图 6 - 31　砂轮粒度对表面粗糙度的影响

外圆磨削中砂轮速度 $V_砂$、工件速度 $V_工$ 及砂轮相对于工件的轴向进给量 f 对加工表面粗糙度的影响见图 6 - 32，图中 B 为砂轮宽度。

另外，磨削深度 a_p（砂轮周磨沿砂轮半径方向的磨削层参数，端磨沿砂轮轴向的磨削层参数）对于表面粗糙度也有较大影响。因此，常用无进给磨削（即名义磨削深度为零）完成精磨加工的最后几次走刀，以提高工件表面质量。

2. 采用超精加工、珩磨等光整加工方法作为终加工工序

超精加工（指超级光磨）、珩磨等都是利用磨条以一定的压力作用在工件的被加工表面上，并作相对运动以提高工件表面粗糙度的一种工艺方法。由于这种方法切削速度低、磨削压强小，所以加工时产生很少热量，不会产生热损伤，并具有残余压力。

3. 采用喷丸、滚压、辗光等强化工艺

对于承受高应力、交变载荷的零件，可采用喷丸、滚压、辗光等强化工艺，使表面层产生残余压应力和冷作硬化层，降低表面粗糙度，同时消除了磨削等工序的残余拉应力，因此可以大大提高工件疲劳强度及抗腐蚀性能。借助强化工艺，还可以用一般材料代替优质材料，

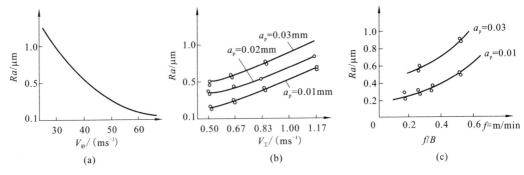

图 6－32 $V_砂$，$V_工$，f 与 Ra 的关系

以节约贵重材料。但是采用强化工艺时应注意
不要造成过度硬化，过度硬化会引起显微裂纹
和材料剥落。图 6－33 为滚压加工示意图。

4. 表面质量的检查

（1）表面粗糙度。常用轮廓检查仪、双管显
微镜或干涉显微镜等测定表面粗糙度，也可根
据粗糙度样块用目测对比法确定表面粗糙度。

（2）波度通常用圆度仪或三坐标测量机
测量。

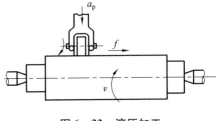

图 6－33 滚压加工

（3）裂纹等微观缺陷用如下方法和显微镜配合进行检查。

1）磁粉探伤法。将零件磁化后，在裂纹等缺陷处就产生漏磁场，然后浇上磁铁粉悬浮
液，铁粉即沿着缺陷所形成的磁场的磁力线分布。

2）萤光或着色检查。主要用于非磁性材料的探伤。

3）酸蚀检查。裂纹等缺陷经腐蚀后可以显现得更为清晰。

（4）金相组织变化用酸蚀法检查。利用不同金相组织有不同的耐蚀性能来辨识。经酸蚀
后，正常组织为灰色，回火烧伤组织为黑色或灰黑色，淬火烧伤组织为灰白色。

（5）表面显微硬度变化用维氏硬度计测定。若要测得表面层的硬度分布，必须破坏工件
沿截面测定。

（6）残余应力测定

1）酸腐蚀法。表面有很大拉应力时，经酸腐蚀后即出现裂纹，可在生产中很方便地
使用。

2）X 射线衍射法。可较精确地无损测定表面残余应力。一般仅在工作条件极端苛刻的
零件上使用。

3）逐层去除法。可以测定表面层的应力分布情况。该方法是靠电解腐蚀层去除表面层，
因内应力重新平衡而造成零件的变形，测其变形量即可计算残余应力值。

302

6.5　机械加工过程中的振动

6.5.1　机械振动现象及分类

1. 机械振动现象及其对表面质量的影响

在机械加工过程中，工艺系统有时会发生振动。即刀具切削刃与工件加工表面之间，除了希望存在的正常切削运动之外，还可能出现一种不希望出现的周期性的相对运动。这是一种破坏正常切削运动的极其有害的现象，主要表现在：

（1）振动使工艺系统的各种成形运动受到干扰和破坏，使加工表面出现振纹，增大表面粗糙度值，恶化加工表面质量；

（2）振动还可能引起刀刃崩裂，引起机床、夹具连接部分松动，缩短刀具及机床、夹具的使用寿命；

（3）振动限制了切削用量的进一步提高，降低切削加工的生产效率，严重时甚至使切削加工无法进行；

（4）振动所发出的噪声会污染环境，危害工人身心健康。

研究机械加工过程中振动产生的机理，探讨如何提高工艺系统的抗振性能和采取何种消除振动的措施，一直是机械加工工艺学的重要研究课题之一。

2. 机械振动的基本类型

机械加工过程的振动有三种基本类型：

（1）强迫振动。强迫振动是指在周期性外部干扰力作用下产生的振动。

（2）自激振动。自激振动是指不存在外部周期性干扰力，但切削过程本身引起了切削力的周期性变化而产生的振动。

（3）自由振动。自由振动是指由于切削力突然变化或其他外界偶然原因引起的振动。自由振动的频率就是系统的固有频率，由于工艺系统的阻尼作用，这类振动会在外界干扰力消失后迅速衰减而停止，对加工过程影响较小。

机械加工过程中的振动主要是强迫振动和自激振动。据统计，强迫振动约占 30%，自激振动约占 65%，自由振动所占比重则很小。

6.5.2　机械加工中的强迫振动

1. 机械加工过程中产生强迫振动的原因

强迫振动是由外界周期性的干扰力（激振力）的作用而引起的，这个干扰力叫振源。振源可以是重力、惯性力、离心力等，也可以是切削力；可以在工艺系统之内，也可以在工艺系统之外。

（1）机床方面。机床中某些传动零件的制造精度不高，会使机床产生不均匀运动而引起振动。例如齿轮的周节误差和周节累积误差，会使齿轮传动的运动不均匀，从而使整个部件产生振动。主轴与轴承之间的间隙过大、主轴轴颈的椭圆度、轴承制造精度不够，都会引起主轴箱以及整个机床的振动。另外，皮带接头太粗而使皮带传动的转速不均匀，也会产生振动。机床往复机构中的转向和冲击也会引起振动。回转零件的质心与回转中心的偏离，通常是引起强迫振动的重要原因。

(2)刀具方面。多刃、多齿刀具如铣刀、拉刀和滚刀等，切削时由于刃口高度的误差和周期性的切入切出，都可能引起振动。

(3)工件方面。被切削的工件表面上有断续表面或表面余量不均匀、硬度不一致，都会在加工中产生振动。如车削或磨削有键槽的外圆表面就会产生强迫振动。工件的质量偏心也会引起振动。

(4)工艺系统外部环境。外部环境的振动可能通过地基传给机床等工艺系统而引起振动。例如一台精密磨床和一台重型冲床相邻，这台磨床就可能受冲床工作的影响而振动。

2. 强迫振动的特点

(1)强迫振动的稳态过程是谐振，只要干扰力存在，能量就源源不断地供给系统，振动不会因阻尼而衰减；振源越强，阻尼越小，振动就越强烈。除去干扰力，振动就停止。

(2)强迫振动的频率一般等于干扰力的频率，有时也可能是干扰力频率的整倍数。

(3)阻尼愈小，振幅愈大。增加阻尼能有效地减小振幅。

(4)振动幅值不但与干扰力的幅值有关，而且与工艺系统的动态特性有关。当干扰力频率接近或等于工艺系统某一固有频率时，就会产生共振，振动幅度会急剧增加。实际加工中，应尽量避免共振。强迫振动的相位通常比干扰力的相位滞后一个角度，其值与系统的动态特性及干扰力频率有关。在共振区，较小的频率变化会引起较大的振幅和相位角的变化。

6.5.3　机械加工中的自激振动

1. 自激振动产生的机理

机械加工过程中，还常常出现一种与强迫振动完全不同形式的强烈振动。这种振动是当系统受到外界或本身某些偶然的瞬时干扰力作用而触发自由振动以后，由振动过程本身的某种原因使得切削力产生周期性变化，而这个周期性变化的切削力补充了系统因阻尼而消耗的能量，振动得到维持和加强。这种类型的振动被称为自激振动。切削过程中产生的自激振动是频率较高的强烈振动，通常又称为颤振。自激振动常常是影响加工表面质量和限制机床生产率提高的主要障碍。磨削过程中，砂轮磨钝以后产生的振动也往往是自激振动。

2. 自激振动的特点

自激振动的特点可简要地归纳如下：

(1)机械加工中的自激振动是在没有周期性外力(相对于切削过程而言)干扰下所产生的振动运动，这一点与强迫振动有根本区别。维持自激振动的能量来自机床动力源，动力源除了供给切除切屑的能量外，还通过切削过程把能量输给振动系统，使机床系统产生振动运动。

(2)自激振动的频率接近于系统的某一固有频率，或者说，颤振频率取决于振动系统的固有特性。这一点与强迫振动根本不同，强迫振动的频率取决于干扰力的频率。

(3)自由振动在阻尼作用下迅速衰减，而自激振动却不因有阻尼的存在而衰减为零，其振幅保持一个相对的稳定值。

自激振动幅值的增大或减小，决定于每一振动周期中振动系统所获得的能量与所消耗的能量之差的正负号。由图 6 - 34 知，在一个振动周期内，若振动系统获得的能量 E_R 等于系统消耗的能量 E_Z，则自激振动是以 OB 为振幅的稳定的等幅振动。当振幅为 OA 时，振动系统每一振动周期从电动机获得的能量 E_R 大于振动所消耗的能量 E_Z，则振幅将不断增大，直至增大到振幅 OB 时为止；反之，当振幅为 OC 时，振动系统每一振动周期从电动机获得的能量 E_R 小于振动所消耗的能量 E_Z，则振幅会不断减小，直至减小到振幅 OB 时为止。

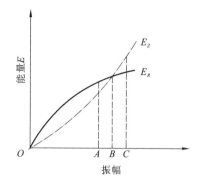

图 6-34 振动系统的能量关系

6.5.4 控制机械加工振动的途径

1. 消除或减弱产生振动的条件

（1）消除或减弱产生强迫振动的条件

1）消除或减小内部振源。机床上的高速回转零件必须满足动平衡要求；提高传动元件及传动装置的制造精度和装配精度，保证传动平稳；使动力源与机床本体分离。

2）调整振源的频率。通过改变传动比，使可能引起强迫振动的振源频率 $f_激$ 远离机床加工系统薄弱环节的固有频率 f_n，避免产生共振。在选择转速时，一般应满足 $\left| \dfrac{f_n - f_激}{f_激} \right| \geqslant 0.25$。

3）采取隔振措施。使振源产生的部分振动被隔振装置所隔离或吸收。隔振方法有两种，一种是主动隔振，阻止机内振源通过地基外传；另一种是被动隔振，阻止机外干扰力通过地基传给机床。常用的隔振材料有橡皮、金属弹簧、空气弹簧、矿渣棉、木屑等。

（2）消除或减弱产生自激振动的条件

1）减小重叠系数。再生型颤振是由于在有波纹的表面上进行切削引起的，如果本转（次）切削不与前转（次）切削振纹相重叠，就不会有再生型颤振发生。重叠系数越小，就越不容易产生再生型颤振。重叠系数值大小取决于加工方式、刀具的几何形状及切削用量等。适当增大刀具的主偏角和进给量，均可使重叠系数减小。

2）改变切削条件。如避开中等切削速度，采用小背吃刀量和大进给量切削，改善工件材料的可加工性、增大前角、增大主偏角等，均可减弱自激振动产生的条件。

3）采取减振消振措施。

4）合理设计工艺系统，如采用弯头刨刀和切断刀。

2. 改善工艺系统的动态特性

（1）提高工艺系统刚度

提高工艺系统薄弱环节的刚度，可以有效地提高机床加工系统的稳定性。提高各结合面的接触刚度，对主轴支承施加预载荷，对刚性较差的工件增加辅助支承等都可以提高工艺系统的刚度。

（2）增大工艺系统的阻尼

增大工艺系统中的阻尼，可通过多种方法实现。例如，使用高内阻材料制造零件，增加运动件的相对摩擦，在床身、立柱的封闭内腔中充填型砂，在主振方向安装阻振器等。

3. 采用减振装置

如果不能从根本上消除产生切削振动的条件，又无法有效的提高工艺系统的动态特性，为保证必要的加工质量和生产率，可以采用减震装置。常用的如下三种类型。

（1）动力式减震器

动力式减震器是用弹性元件把一个附加质量块连接到振动系统中，利用附加质量 m_2 的动力作用，使附加质量 m_2 作用在系统上的力与系统的激振力大小相等、方向相反，从而达到消振、减振的作用。图 6 – 35 所示为用于消除镗杆振动的动力减振器的结构图与动力学模型。

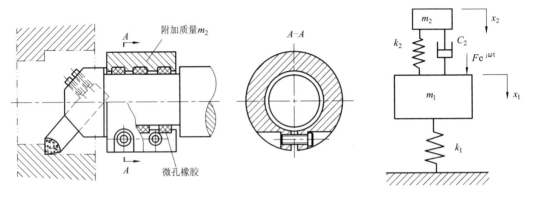

图 6 – 35　用于镗刀杆的动力减振器结构图与动力学模型

（2）摩擦式减振器

摩擦式减振器是利用摩擦阻尼消耗振动能量。

（3）冲击式减振器

图 6 – 36（a）、（b）分别是冲击式减振镗杆和冲击式减振镗刀的结构简图，它们均是利用两物体相互碰撞以损失动能的原理，在振动体 M 上装上一个起冲击作用的自由质量 m。系统振动时，自由质量 m 反复冲击振动体 M，消耗振动体的能量，达到减振目的。

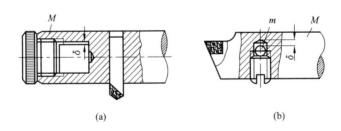

（a）　　　　　　　　　　　（b）

图 6 – 36　冲击式减振镗杆和镗刀

思考与习题

1. 零件的加工质量包含哪些内容？简述机械加工表面质量对零件使用性能的影响。

2. 试分析在车床上加工时，产生下述误差的原因：

1）在车床上镗孔时，引起被加工孔圆度误差和圆柱度误差。

2)在车床上以三爪自定心卡盘装夹外圆镗孔时，内孔与外圆的同轴度、端面与外圆轴线的垂直度误差。

3. 什么是误差敏感方向？车床与镗床的误差敏感方向有何不同？

4. 用卧式镗床加工箱体孔，若只考虑镗杆刚度的影响，试画出下列四种镗孔方式加工后孔的几何形状，并说明为什么。

1)镗杆送进，有后支承[题图6-1(a)]

2)镗杆送进，没有后支承[题图6-1(b)]

3)工作台送进[题图6-1(c)]

4)在镗模上加工[题图6-1(d)]

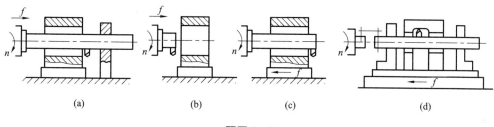

(a)　　　　　　(b)　　　　　　(c)　　　　　　(d)

题图6-1

5. 在车床卡盘上精镗套筒的短孔，若已知粗镗孔的圆度误差为0.5 mm，机床各部件的刚度为 $K_{床头}=40\,000$ N/mm，$K_{刀架}=10\,000$ N/mm，走刀量 $f=0.5$ mm/r，$C_{Fp}=800$ N/mm^2，若只考虑工艺系统刚度对加工精度的影响。试求：

1)计算需几次走刀可使精镗后孔的圆度误差控制在0.01 mm以内？

2)若想一次走刀达到0.01 mm的圆度误差要求，须选用怎样的走刀量？

6. 在卧式铣床上铣削键槽，如题图6-2所示，经测量发现，靠工件两端键槽深度大于中间，且中间的深度比调整的深度尺寸小，试分析产生这一误差的原因，及如何设法克服减小这种误差。

7. 工艺系统热变形是如何影响加工精度的？

8. 如何减小工件残余应力(内应力)对加工精度的影响？

9. 提高加工精度的主要措施有哪些？

10. 采用某种加工方法加工一批工件的外圆，若加工尺寸按正态分布，图纸需求尺寸为 $\phi20\pm0.007$ mm，加工后发现有8%的工件为废品，且其中一半废品的尺寸小于零件的下

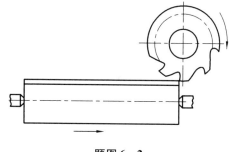

题图6-2

偏差，试确定该加工方法所能达到的加工精度和该工序的工序系数。

11. 镗孔公差为0.1 mm，该工序精度的均方根差 $\sigma=0.025$ mm，已知不能修复的废品率为0.5%，试求产品的合格率。

12. 影响表面粗糙度的主要工艺因素有哪些？有何改进措施？

13. 什么是表面层冷作硬化和残余应力？对工件工作性能有何影响？控制表面层残余应力的措施有哪些？

14. 如何控制磨削裂纹？

15. 什么是磨削烧伤？如何控制？

16. 什么是机械加工的中的强迫振动？机械加工中的强迫振动有什么特点？如何消除和控制？

17. 何谓机械加工中的自激振动？自激振动有什么特点？控制自激振动的措施有哪些？

第7章
现代制造技术简介

【概述】

◎本章提要：本章介绍了特种加工、精密和超精密加工、快速成形、表面工程技术和再制造技术，以及机械制造自动化技术和先进制造生产模式。重点为典型的特种加工方法、精密和超精密加工的概念和条件、表面工程的工艺技术、再制造的概念与关键技术、机械制造自动化的实现途径、关键技术和发展方向，先进制造生产模式的概念等。要求全面了解内涵、掌握技术特点、注重实际应用。

现代制造技术通常指1950年以来出现的加工方法、制造技术和生产模式，有时也指目前正在应用的包含传统制造技术在内的全部制造技术，内涵十分广泛。与现代制造技术相近的一个名词是先进制造技术，它指1980年以来由机械制造技术发展起来的和正在发展中的制造技术，目前还没有公认的定义。

通常认为，先进制造技术是在传统机械制造技术基础上不断吸收机械、电子、信息、材料、能源和现代管理等方面的成果，并将其综合应用于产品设计、制造、检测、管理、销售、使用、服务的制造全过程，以实现优质、高效、低耗、清洁、灵活的生产，提高对动态多变的市场的适应能力和竞争能力的制造技术总称，也是取得理想技术经济效果的制造技术的总称。本章以简介先进制造技术为主，并有所扩展，故称现代制造技术。

美国机械科学研究院认为先进制造技术的层次体系如图7-1所示。最内层是优质、高效、低耗、清洁基础制造技术。这个层次包括各种加工方法，质量控制和生产管理等多方面的基础技术。

中间层是新型的制造单元技术。这个层次是指机械制造技术与各种现代高新技术结合而形成的制造单元的生产组织与运作技术，如制造自动化技术、系统管理技术、CAD/CAM、物料管理技术等。

次外层是先进制造集成技术。这是应用信息技术和系统管理技术，通过网络与数据库对上述两个层次的技术集成而形成的，如FMS、CIMS、IMS以及虚拟制造技术等。最内层是基础，外层是内层技术的集成与扩展，内涵加深，范围拓广。

最外层是主要的技术来源。

也可将先进制造技术分为设计方法、加工方法、自动化技术、先进制造系统等四个方面的相关技术。

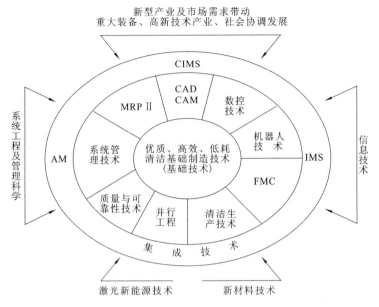

图 7 - 1　先进制造技术的层次及技术来源示意图

7.1　特种加工

7.1.1　特种加工方法概述

特种加工方法又称非传统加工方法，它是指那些不是主要依靠机械能，而是主要依靠其他能量（如电、化学、光、声、热等）来去除材料的加工方法。

特种加工方法是第二次世界大战后，特别是 1950 年以来，为满足工业部门，尤其是国防工业部门对机械制造部门的特殊要求而产生的加工方法。这些特殊要求包括：

解决各种难切削材料的加工问题。如硬质合金、钛合金、耐热钢、不锈钢、淬火钢、金刚石、宝石、石英以及锗、硅等各种高硬度、高强度、高韧性、高脆性的金属及非金属材料的加工问题。

解决各种特殊复杂表面的加工问题，如喷气涡轮机叶片、整体涡轮、发动机机闸、锻压模和注塑模的立体成形表面，各种冲模、冷拔模上特殊截面的型孔，炮管内膛线、喷油嘴、栅网、喷丝头上的小孔、异型小孔、窄缝等的加工。

解决各种超精、光整或具有特殊要求的零件的加工问题，如对表面质量和精度要求很高的航天、航空陀螺仪、伺服阀，以及细长轴、薄壁零件、弹性元件等低刚度零件的加工。

要解决上述一系列工艺问题，仅仅依靠传统的切削加工方法就很难实现，甚至根本无法实现。为此，人们相继探索、研究新的加工方法。特种加工就是在这种前提下产生和发展起来的。

1. 特种加工的特点

特种加工方法与切削加工的不同之处在于：

主要不是依靠机械能，而是其他能量（如电、化学、光、声、热等）去除材料。

工具的硬度可以低于被加工材料的硬度。

加工过程中工具和工件之间不存在显著的机械切削力。如电火花、线切割、电解加工时工具与工件并不直接接触。正是因为如此，特种加工可能对工具和工件的强度、硬度和刚度均没有要求。

可以产生新的工艺方法，这些方法在某些方面具有一定的优势，或能提高生产效率，或能提高加工精度、表面质量，或便于实现自动化，或利于环境保护等。

几乎每种能量形式，都可能有对应的特种加工方法。

正因为特种加工工艺具有上述特点，特种加工能够加工任何硬度、强度、韧性、塑性的工件材料，能够加工形状复杂、精度极高、表面质量要求特殊、刚度很低的零件。

2. 特种加工的分类

特种加工的分类没有明确的规定，一般按能量来源和作用形式以及加工原理可分为表7-1所示的各种加工方法。

表7-1 常用特种加工方法分类表

特种加工方法		能量来源及形式	作用原理	英文缩写
电火花加工	电火花成形加工	电能、热能	熔化、气化	EDM
	电火花线切割加工	电能、热能	熔化、气化	WEDM
电化学加工	电解加工	电化学能	金属离子阳极溶解	ECM
	电解磨削	电化学、机械能	阳极溶解、磨削	EGM（ECG）
	电解研磨	电化学、机械能	阳极溶解、研磨	ECH
	电铸	电化学能	金属离子阴极沉积	EFM
	涂镀	电化学能	金属离子阴极沉积	EPM
激光加工	激光切割、打孔	光能、热能	熔化、气化	LBM
	激光打标记	光能、热能	熔化、气化	LBM
	激光处理、表面改性	光能、热能	熔化、相变	LBT
电子束加工	切割、打孔、焊接	电能、热能	熔化、气化	EBM
离子束加工	蚀刻、镀覆、注入	电能、动能	原子撞击	IBM
等离子弧加工	切割（喷镀）	电能、热能	熔化、气化（涂覆）	PAM
超声加工	切割、打孔、雕刻	声能、机械能	磨料高频撞击	USM
化学加工	化学铣削	化学能	腐蚀	CHM
	化学抛光	化学能	腐蚀	CHP
	光刻	光、化学能	光化学腐蚀	PCM

特种加工方法		能量来源及形式	作用原理	英文缩写
快速成形	液相固化法	光、化学能	增材法加工	SL
	粉末烧结法	光、热能		SLS
	薄片叠层法	光、机械能		LOM
	熔丝堆积法	电、热、机械能		FDM

7.1.2 典型的特种加工方法

1.电火花加工

电火花加工又称放电加工（EDM）。它是在加工过程中，工具和工件之间不断产生脉冲性的火花放电，靠放电时的局部、瞬时高温蚀除金属，加工出尺寸、形状和表面质量都达到预定技术要求的工件。

（1）电火花加工的基本原理

电火花加工的原理如图 7 – 2 所示，加工时，脉冲电源的一极接工具电极，另一极接工件电极，两极均浸入绝缘的液体介质（常用煤油、矿物油或去离子水）中。工具和工件之间的距离由自动进给调节装置控制，以保证工具与工件在正常加工时维持很小的放电间隙（通常为 0.01 ~ 0.05 mm）。当脉冲电压加到两极之间，便将极间距离最近处之间的液体介质击穿，形成放电通道。由于通道的截面积很小，放电时间极短，致使能量高度集中放电区域（10^6 ~ 10^7 W/mm^2）产生的瞬时高温使材料熔化甚至气化，在工件上形成一个小凹坑。第一次脉冲放电结束之后，经过很短的间隔，绝缘恢复。第二次脉冲又在第二个极间最近点击穿

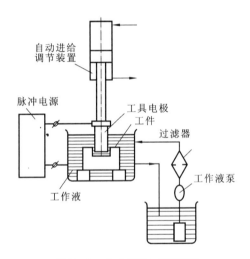

图 7 – 2 电火花加工原理图

放电。如此周而复始高频率地循环下去，工具电极不断地向工件进给，它的形状最终就复制在工件上，形成所需要的已加工表面。工具也会受到电火花的烧蚀而损耗，但可通过电流强度和电源极性控制其损耗量。

由电火花的加工原理可知，进行电火花加工必须具备三个条件：①必须采用自动进给的调节装置，以保持工具电极与工件被加工表面之间有合适的放电间隙；②必须采用脉冲电源，其脉冲频率和脉宽比也要能够调整；③工具和工件要浸入具有一定绝缘性能的液体介质中。

图 7 – 3 为脉冲电源电压、电流波形。电极间施加电压的时间为 t_i（1 ~ 1000 μs），无电压的时间为 t_0（20 ~ 100 μs）。t_i 越大，放电时间越长，放电范围越广，烧蚀的材料越多，加工效率越高；但加工精度越不容易控制。t_0 保证绝缘能够恢复。图 7 – 3 上部为脉冲电源的空载

（t_p段，间隙过大，绝缘未击穿）、火花放电（t_e段）、短路电压波形，其下为对应的空载电流、火花放电流和短路电流。图中 t_i 为脉冲宽度；t_0 为脉冲间隔；t_d 为击穿延时；t_e 为放电时间；t_p 为脉冲周期；$\hat{u}_i$ 为脉冲峰值电压或空载电压（一般为 80～100 V）；$\hat{i}_e$ 为脉冲峰值电流；$\hat{i}_s$ 为短路峰值电流。

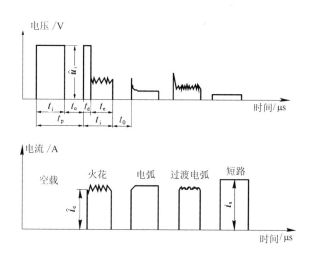

图 7 – 3　晶体管脉冲电源电压、电流波形

电火花腐蚀的微观过程是电场力、磁力、热力、流体动力、电化学和胶体化学等综合作用的过程。这一过程大致可以分为四个连续的阶段：①极间介质的电离、击穿，形成放电通道；②介质热分解、电极材料熔化、气化膨胀；③电极材料的抛出；④极间介质的消电离。

电火花加工中工件的极性效应、工具的形状和材料、放电间隙的大小、脉冲源的电压、脉冲的频率、脉冲的占空比等参数决定加工效率、加工精度和工具损耗速度。

（2）电火花加工的特点及应用

电火花加工具有如下优点：①材料的加工性能由其热学性质（熔点、气化点、热导率、融化热等）决定，而与其力学、化学、机械性能无关；②加工时无明显机械力，可用于低刚度工件和微细结构的加工；③脉冲参数可依据需要调节，可在同一台机床上进行粗加工、半精加工和精加工，便于实现自动化；④电火花加工后的表面呈现的凹坑，有利于配合表面间润滑油的存储。

电火花加工也存在一定的局限性：材料去除率低；一般只能加工导电材料；工具材料损耗较快。

（3）电火花成形加工

电火花成形加工是通过一定形状尺寸的工具电极相对于工件作进给运动，将工件电极的形状和尺寸复制在工件上，从而加工出所需的零件。电火花成型加工特别适用于各种模具的型腔加工，可用来加工高温合金、淬硬钢、硬质合金等难加工材料，还可用来加工细微精密零件和各种成形零件。电火花成形加工可分为电火花型腔加工和穿孔加工两种。电火花穿孔加工主要用于型孔（圆孔、方孔、多边形孔、异形孔）、曲线孔（弯孔、螺旋孔）、小孔和微孔的加工。

(4)电火花线切割加工

电火花线切割加工是以细金属丝作为工具电极，金属丝沿其轴线移动的同时，按照预定的轨迹沿其径向进行脉冲放电烧蚀工件材料，从而实现对工件的切割的一种加工方法。按金属丝沿其轴线移动的速度大小，分为高速走丝和低速走丝线切割。高速走丝时，线电极是直径为 0.02~0.3 mm 的高强度钼丝，沿其轴向的运动速度为 8~10 m/s。低速走丝时，多采用铜丝，线电极的轴向运动速度小于 0.2 m/s。线切割时，电极丝不断移动，损耗很小，加工精度较高。其平均加工精度可达 0.01 mm，高于电火花成形加工的精度。表面粗糙度 Ra 值可达 1.6 μm 或更小。图 7-4 为往复高速走丝电火花线切割工艺及机床的示意图。工具电极为钼丝，传动轮(贮丝筒)使钼丝作沿其轴向运动。由于钼丝长度有限，故缠绕运动需正反向交替进行。加工能源由脉冲电源供给。工作时电极丝和工件之间浇注工作液介质，工作台由两坐标数控系统控制，按照加工程序在水平面内(即钼丝的截面)进行运动，从而切割出所需的曲线轨迹。

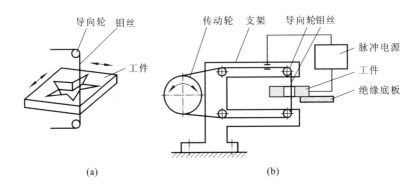

图 7-4　电火花线切割原理图

与电火花成形加工相比，线切割加工方式具有如下特点：

①不采用成形的工具电极，大大降低了成形工具电极的设计和制造费用，用简单的工具电极，靠数控技术实现复杂的切割轨迹，缩短了生产准备时间和加工周期。

②电极丝比较细，可以加工微细异形孔、窄缝和复杂形状的工件。

③由于采用移动的长电极丝进行加工，使单位长度电极丝的损耗较少，从而对加工精度的影响比较小，特别在低速走丝线切割加工时，电极丝一次性使用，电极丝损耗对加工精度的影响更小。

2. 激光加工

激光加工是 20 世纪 60 年代发展起来的一种新技术，它利用光能经过透镜聚焦后达到很高的能量密度，依靠光热效应来加工各种材料。已广泛用于打孔、切割、焊接、电子器件微调、表面处理以及信息存贮等许多领域。

(1)激光加工的机理

激光是一种经受激辐射产生的单色光，光波的频率和相位相同。具有：①强度高、工件密度大；②单色性好，波长和频率确定；③方向性好，发散角小至 0.1×10^{-3}(立体角单位)等特点。

通过光学系统可将激光束聚焦成直径为几十微米到几微米的极小光斑，从而获得极高的

314

能量密度($10^8 \sim 10^{10}$ W/cm^2)。当能量密度极高的激光束照射到工件表面上时,光能被工件吸收并迅速转化为热能。光斑区域的温度可达 10000℃ 以上,在极短的时间内使材料熔化或气化,从而达到加工的目的。加工过程中,凹坑内的金属气体迅速膨胀,压力突然增大,熔融物爆炸式的高速喷射出来,就可以在工件上加工出需要的小孔。

(2)激光加工设备

主要有电源、激光器、光学系统和机械系统等。激光器的作用是把电能转变为光能,产生所需要的激光束。光学系统对激光进行聚焦和定向,控制激光的照射方向、聚焦位置和光速移动路径等。机械系统实现工件和光学系统的支撑和运动。

(3)激光加工的特点

激光加工的优点有:①激光加工应用很广,可以用于蚀除材料的加工,也可以进行焊接、热处理、表面强化或涂敷加工等;②激光的功率密度高,可以加工任何能熔化而不产生化学分解的固体材料,如:各种金属、陶瓷、石英、金刚石等;③激光可透过透明物质,如:空气、玻璃等,故激光可以在任意透明的环境中操作,包括空气、惰性气体、真空甚至某些液体;④激光加工不需要工具,不存在设计制造工具和加工过程中的工具损耗问题,适宜自动化连续操作;⑤激光束能聚焦成 1 μm 以下的光斑,加工孔径和窄缝可以小至几微米,其深度与直径、缝宽比可达 5~10 以上,适于细微加工;⑥激光加工热作用时间短,加工区域几乎不受热影响,可以加工对热冲击敏感的材料,如硬质合金、陶瓷等;⑦激光加工效率高,如打一个小孔一般只需 0.001 s。

激光加工的缺点为:①对高热传导率、高光反射率和透明的材料加工困难;②激光光斑内光强分布不均匀,加工精度和表面质量受到限制。

(4)常见的激光加工工艺方法

①激光打孔。激光打孔是激光加工的重要应用领域之一。利用激光加工微型孔或者利用激光束的成形运动加工成形孔,已成功地应用于火箭发动机和柴油机的燃料喷嘴加工、化纤喷丝板孔加工、钟表仪器中的宝石轴承孔加工、金刚石拉丝模及其他模具加工。打孔用的激光束是一个高强的热源。当材料表面温度升高到稍低于其蒸发温度时,材料开始被破坏。此时的主要特征是固态金属发生强烈的相变,首先出现液相,继而出现气相。金属蒸气对光的吸收比固态金属对光的吸收要强得多,使得蒸气的温度与亮度显著提高,在开始相变区域的中心底部形成了强烈的喷射中心。开始是在较大的范围内向外喷,而后逐渐收拢,形成稍有扩散的喷射流。由于相变来得极快,横向熔区还来不及扩大就已被蒸气全部携带喷出,所以激光几乎是完全沿轴向逐渐深入材料内部,实现整个加工过程。

②激光切割。激光不但可以切割金属、非金属,还可以切割无机物、皮革之类的有机物。由于被加工材料的性质不同,切割原理也有所区别。切割金属时,激光将割缝处材料蒸发或融化,由吹氧工艺得到的切口清洁、整齐。切割非金属材料用吹气法排除熔融物,切割木材、纸张等易燃物时吹惰性气体防止燃烧。激光切割切口窄且光洁,无圆角及毛刺;切割速度快,热影响区小,热应力与热变形也小;可以在数控装置的控制下切割任意形状、尺寸的板材。

③激光焊接。激光焊接时,所需的能量密度较低,只要将工件的加工区"烧熔",并将其粘合在一起即可。激光焊接既可采用脉冲焊,也可采用连续焊。采用脉冲焊时,可以通过点焊的重叠形成连续的焊缝,重叠系数在 0.3~0.9 之间。如果重叠系数一定,可以增大光斑直

径或把光束拉成直条来增加焊接移动速度。激光焊接速度快，不仅有利于提高生产率，而且热影响区小，不易氧化，适于焊接热敏感的材料；激光焊接没有焊渣，也不需要去除氧化膜，还可以透过玻璃在真空中进行；激光焊接的适用范围广，可以实现各种材料的连接，如陶瓷与金属的连接等。

④激光热处理。激光热处理是用激光束扫射零件表面，其光能被零件表面吸收而迅速形成很高的温度，使金属产生相变或熔融；随着激光束的离开，零件表面热量迅速向材料内部传导而快速冷却，到达热处理的目的。根据激光的功率密度和作用时间不同，激光热处理技术有：表面相变硬化(淬火)、表面合金化、表面涂敷、表面非晶态化、激光"上亮"、激光冲击硬化等。激光热处理加热快，毫秒量级内就可将工件表面从室温加热到临界点以上，所以热影响区少，工件变形小；光束移动方便，易于控制，便于实现自动化和对形状复杂的零件或零件的局部进行处理；加热点小，在大块的基体上散热快而形成自淬火，不需冷却介质。

3. 超声波加工

(1)超声波加工的基本原理

超声波加工是利用工具作沿其轴线的超声振动(频率高于 16000 Hz)，通过工件与工具之间的磨料悬浮液去除材料的加工方法。如图 7-5 所示，加工时，工具以很小的压力作用在工件上，工具作超声振动，造成悬浮磨粒以很高的速度和频率冲击工件，造成工件表面材料的破碎，称为磨粒的撞击和抛磨作用。磨料悬浮液受工具端部的超声振动作用产生液压冲击和空化(局部真空)现象，促使液体渗入被加工材料的裂纹处，加强了机械破坏作用，液压冲击也使工件表面损坏而蚀除。抛磨和空化作用将工具端面的形状复印到工件表面。

(2)超声波加工的特点和应用范围

①适于加工各种硬脆金属材料和非金属材料，如硬质合金、淬火钢、金刚石、石英、石墨和陶瓷等。②加工过程受力小、热影响小、可加工薄壁、薄片等易变形零件。③可加工各种复杂形状的型孔、型腔和型面，还可进行套料、切割和雕刻等。超声波加工的主要缺点是生产效率低。

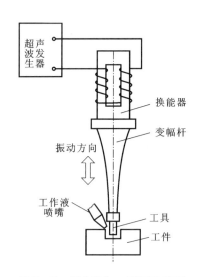

图 7-5　超声波加工原理示意图

超声波加工的应用范围十分广泛。特别对于脆硬的半导体和非导体材料，超声波加工是一种主要的加工方法。常见的加工方法有：①模具生产的型孔、型腔加工；②金刚石、半导体、石英、宝石等脆硬材料的超声波切割加工；③超声波清洗，是一种高效的清洗方法，可使用多种类型的清洗剂，清洗后的零件可得到高清洁度。④超声波复合加工，如超声波与电解复合加工、超声波与机械复合加工等。

4. 电子束加工

(1)电子束加工原理。如图 7-6 所示，在真空条件下，利用电流加热阴极发射电子束，经控制栅极初步聚焦后，由加速阳极加速，并通过电磁透镜聚焦装置进一步聚焦，使能量密度集中到直径为 5~10 μm 的斑点内。高速而能量密集的电子束冲击到工件上，使被冲击部分的材料温度在瞬间(几分之一微秒内)升高到几千摄氏度以上,这时热量还来不及向周围扩散就可以把局部区域的材料瞬时熔化、气化直至蒸发而去除。

电子束加工必须在真空环境下进行,故设备昂贵。

(2)电子束加工的应用范围。电子束可在各种材料上打孔和开槽和切割,孔径和槽宽可小至数微米,长径比可达10:1。电子束还常用于焊接,焊接速度快,焊缝深而宽,热变形小。电子束焊接一般不用焊条,焊缝的化学成分纯净,接头的强度高于母材。电子束不仅可以焊一般金属,还可以焊高熔点及活泼金属;对异种材料、半导体及陶瓷绝缘材料均可焊接。

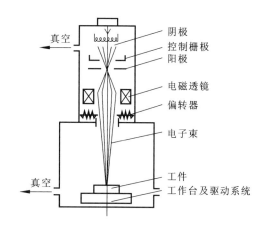

图7-6 电子束加工原理示意图

5. 离子束加工

(1)离子束加工原理。离子束加工的原理与电子束加工基本类似,也是在真空条件下,将离子源产生的离子束经过加速后,撞击在工件表面上,引起材料变形、破坏和分离。由于离子带正电荷,其质量是电子的成千上万倍,因此离子束加工主要靠高速离子束的微观机械撞击动能,而不是像电子束加工主要靠热效应。图7-7为离子束加工原理图。惰性气体氩气由入口注入电离室,灼热的灯丝发射电子,电子在阳极的吸引和电磁线圈的偏转作用下,向下高速作螺旋运动。氩在高速电子的撞击下被电离成离子。阳极和阴极各有数百个上下位置对齐、直径为0.3 mm的小孔,形成数百条较准直的离子束,均匀分布在直径为50 mm的圆面积上,通过调整加速电压,可以得到不同速度的离子束,以实现不同的加工。

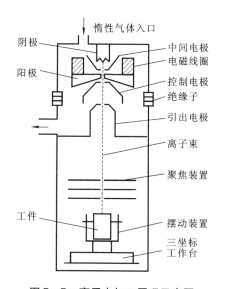

图7-7 离子束加工原理示意图

离子束轰击工件材料时,其束流密度和能量可以精确控制,因此可以实现纳米级加工,是当代纳米加工技术的基础。其次,离子束加工在真空中进行,污染少,特别适宜加工易氧化的金属、合金、高纯度的半导体材料。再次,离子束加工的宏观压力小,因此加工应力小,热变形小,加工表面质量非常高。但是,离子束加工设备费用高、成本高、加工效率低,其应用范围受到一定限制。

(2)离子束加工的应用范围。离子束加工被认为是最有前途的超精密加工和微细加工方法,其应用范围很广,可根据加工要求选择离子束斑直径和功率密度。离子束可进行去除加工,注入加工(半导体掺杂),刃磨加工,刻蚀加工,切割加工、镀膜加工和表面改性加工等。

6. 电化学加工

将两个金属电极浸入电解液中并施加直流电压,正离子向阴极迁移,在阴极得到电子,称为还原反应;负离子向阳极迁移,在阳极表面失去电子,称为氧化反应。这样在阴、阳极表面所发生的得、失电子的化学反应称为电化学反应。以这种电化学反应为基础,对金属进行加工的方法称为电化学加工。

电化学加工的特点是加工表面质量好,表面无毛刺、残余应力和变形层。但设备要求防腐蚀、防污染,应配置废水处理系统,电解液对机床和环境有腐蚀和污染作用。

(1)电解加工。电解加工是在工具和工件之间接上直流电源,工件接阳极,工具接阴极,如图 7 – 8 所示。工具极一般用铜或不锈钢等材料制成,两极间外加直流电压 6 ~ 24 V。极间间隙保持 0.1 ~ 1 mm,在空隙处通以 6 ~ 60 m/s 的高速流动电解液,形成极间导电通路,产生电流,工件阳极表面的材料不断产生溶解,其溶解物被高速流动的

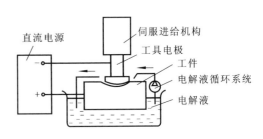

图 7 – 8　电解加工示意图

电解液及时冲走,工具阴极不断进给,保持极间间隙。电解加工基本原理是阳极溶解,是一个化学反应过程。

电解加工的特点与电火花类似,不同之处有以下几个方面:①加工型面、型腔生产率高,比电火花加工高 5 ~ 10 倍。②阴极在加工中损耗极小,但加工精度不及电火花加工,棱角、小圆孔很难加工。

(2)电解磨削。电解磨削是电解作用与机械磨削相结合的复合加工方法。如图 7 – 9,磨削前,工件接阳极,导电磨轮接阴极,工件与磨轮间保持一定的压力;由于磨轮上突出的砂粒与工件接触,形成了磨轮与工件间的电解间隙,间隙间有喷嘴专门提供电解液;磨轮不断旋转,将工件表面由电化学反应所形成的硬度较低的钝化膜刮去,新金属露出后继续产生电化学反应,如此反复下去,直至达到加工要求。与电解加工相比,电解磨削具有较高的加工精度和表面粗糙度,其生产效率高于机械磨削。

(3)电镀、电铸和涂镀。电镀、电铸和涂镀加工都是利用电解液中正离子在阴极的沉淀作用来得到镀覆层的。电镀、电铸和涂镀的加工原理虽然相同,但它们的加工要求各不相同:电镀是在零件表面上镀覆 0.01 ~ 0.05 mm 的金属层,主要起装饰和防腐蚀的作用,要求镀层表面光滑且与被镀零件表面的结合紧密。电铸属于成型加工方法,有尺寸及形状精度要求,沉淀层较厚,约在 0.05 ~ 5 mm 以上,能与原模分离成独立的工件。涂镀主要用来增大零件个别表面尺寸或改善零件表面的性能,也有一定的尺寸及形状精度要求,涂镀层一般在 0.001 ~ 0.5 mm 以上,应与零件本体表面牢固结合。

7. 水射流加工

水射流加工是用水泵使普通水(或添加有微粉磨料的水)通过增压器增压至 100 ~ 400 MPa,通过直径仅 0.1 ~ 0.5 mm 左右的宝石喷嘴产生一束速度达 500 ~ 900 m/s 的"水刀",用来冲击工件进行加工或切割的加工方法。如图 7 – 10。

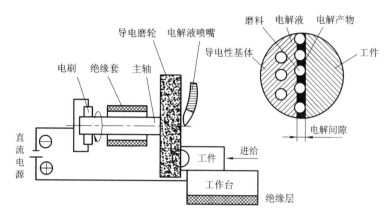

图 7 - 9　电解磨削原理图

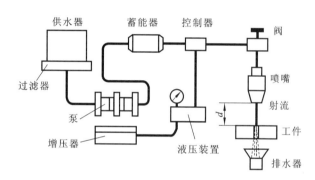

图 7 - 10　水射流加工原理图

水射流切割速度取决于工件材料，并与所用功率大小成正比、和材料厚度成反比。水射流可以加工很薄、很软的金属和非金属材料，例如铜、铝、铅、塑料、木材、橡胶、纸等。所切割材料的厚度少则几毫米，多则几百毫米。水射流加工温度较低，且"切屑"混入液体中，不会产生爆炸或火灾的危险。因而可以加工木材和纸品，还能在一些化学加工的零件保护层面上划线。

7.2　精密和超精密加工

工件的加工精度主要是由工具、工件和加工机械以及它们之间的相互作用等四大因素所决定。由于机床和工具等领域的技术进步，切削加工技术得到了突飞猛进的发展，加工精度不断提高，现在已达到纳米级加工境界，并逐渐接近加工精度和表面质量的极限。

7.2.1　精密加工和超精密加工概述

精密加工是指在一定的发展时期内，加工精度与表面质量超过当前社会平均加工精度水平的加工工艺。超精密加工则是指在一定的发展时期内，加工精度与表面质量达到目前可实现的最高精度水平的加工工艺。显然，在不同的发展时期，精密与超精密加工有不同的标准。当前，精密加工是指加工精度为 $1 \sim 0.1 \ \mu m$、表面粗糙度为 $Ra0.1 \sim 0.01 \ \mu m$ 的加工技术，超精密加工是指加工误差小于 $0.1 \ \mu m$，表面粗糙度小于 $Ra0.025 \ \mu m$ 的加工技术。

从精密加工和超精密加工的范畴来看，它应该包括微细加工和超微细加工、光整加工和精整加工等加工技术。微细加工和超微细加工技术是指制造微小尺寸零件的加工技术。由于尺寸微小，其精度是用尺寸的绝对数值来来表示的，而不是像一般加工用尺寸误差在尺寸中所占比例来表示。光整加工技术，一般是指降低表面粗糙度值和提高表面层物理、力学及机械性能的加工方法，不强调加工精度的提高。

1. 精密和超精密加工的特点

(1)形成了系统工程。精密加工和超精密加工是一门多学科的综合高级技术，要达到高精度和高表面质量，不仅要考虑加工方法本身，而且涉及被加工材料、加工设备及工艺装备、检测方法、工作环境和人的技艺水平等。

(2)精密加工和超精密加工与特种加工关系密切。目前，许多精密加工和超精密加工方法采用了激光加工、离子束加工等特种加工工艺，开辟了精密加工和超精密加工的新途径，一些高硬度、脆性的难加工材料，如淬火钢、硬质合金、陶瓷、石英、金刚石等，一些刚度差、加工中易变形的零件，如薄壁零件、弹性零件等，在精密加工和超精密加工时，特种加工已是必要手段，甚至是唯一手段，形成了精密特种加工。

(3)加工检测一体化。精密加工和超精密加工的加工精度和表面质量都很高，因此，一定要有相应的检测手段，才能说明是否达到技术要求。所以，在精密加工和超精密加工中，加工和检验都是难题，而且往往检测的难度更大。只有采用加工检测一体化的策略，在加工的同时进行检测，才能保证加工精度。

(4)精密加工和超精密加工与自动化技术联系密切。制造自动化是先进制造技术的重要组成部分，是提高加工精度和表面质量、避免手工操作引起的人为误差、保证加工质量及其稳定性的重要举措。工艺过程优化与适应控制、检测与误差补偿、计算机控制等技术都是提高和保证加工质量的自动化技术。

(5)精密加工和超精密加工的发展与产品需求联系紧密。精密加工和超精密加工由于在加工质量上要求高，技术上难度大，涉及面广，影响因素多，因此，往往投资很大，所以精密加工和超精密加工的发展与具体的产品需求关系密切，例如，美国加利福尼亚大学 Lawrence Livemor 实验室和 Y - 12 工厂在能源部支持下，于 1989 年联合研制成功的 DTM - 3 型超精密金刚石车床，就是针对加工激光核聚变用的各种反射镜、大型天体望远镜的天线等而研制的，反映了航天技术的需求。

2. 精密和超精密加工方法及其分类

精密与超精密加工方法非常多，按照加工成形的原理和特点来分类，可分为去除加工、结合加工和变形加工三大类。

(1)去除加工又称分离加工，是从工件上去除一部分材料。

(2)结合加工是利用各种方法把工件结合在一起，按结合的机理和方法又可以分为附着、注入和连接三种方法。附着加工(沉积加工)是在工件表面上覆盖一层物质，来改变工件表面性能，如电镀和各种沉积等；注入加工(渗入加工)是在工件表层注入某些元素，使其与基材结合，以改变工件表面的各种性能，如氧化、渗碳和离子注入等；连接加工是把工件通过物理和化学方法连接在一起，如焊接和粘接等。

（3）变形加工又称流动加工，是利用力、热等手段使工件产生变形，改变其尺寸、形状和性能，如锻造、铸造、液晶定向凝固等。

7.2.2 金刚石精密车削

随着切削加工技术突飞猛进的发展，像计算机用的磁鼓、磁盘，大功率激光用的金属反射镜，激光扫描用的多面棱镜，红外光等用的光学零件和复印机的高精度零件，都可用高精度的机床和单晶金刚石刀具进行切削加工。过去使用磨削、研磨、抛光等方法进行加工，不但加工成本很高，而且很难满足精度和表面粗糙度要求。金刚石精密车削成为精密加工铝、铜等非铁系金属及合金，以及光学玻璃、大理石和碳素纤维等非金属材料的重要方法。

金刚石精密车削属于微量切削，其加工特点与普通切削有较大的差别。金刚石刀具与有色金属亲和力小，其硬度、耐磨性以及导热性都非常优越，且能刃磨得非常锋利(刃口圆弧半径可小于 $\rho 0.01 \ \mu m$，实际应用一般 $\rho 0.05 \ \mu m$)，刀具可切除亚微米级以下金属层，可加工出优于 $Ra 0.01 \ \mu m$ 的表面粗糙度。因此，切削厚度可能小于晶粒的大小，切削在晶粒内进行，要求切削力大于原子、分子间的结合力，刀刃上的剪应力高达 13 000 MPa。单晶金刚石(天然金刚石)是各向异性的单个晶体，在制作精密和超精密切削刀具时要将前刀面定位到一定的晶面上，切削刃定位到一定的晶向上，才能保证所需的加工精度。

金刚石车床机构复杂，应用其车削的技术要求更高，必同时具有很高的运动平稳性、定位精度、重复精度以及轴向和径向运动精度，才能减少对工件的形状精度和表面粗糙度的影响。金刚石车床的主轴大多采用气体静压轴承，轴向和径向的运动误差在 50 nm 以下，个别主轴的运动误差已低于 25 nm。采用卧式主轴，精密数控，有消振和防振措施，具有恒温、恒湿控制等。

近年来，金刚石精密车削主要用来加工铝合金和铜合金等有色金属材料。采用天然金刚石刀具加工硬磁盘的铝合金片基，表面粗糙度值可达 $Ra 0.003 \ \mu m$，平面度 0.2 μm。

7.2.3 超精密加工环境

为实现超精密加工，必须构建能满足加工精度和表面质量要求的完善的环境。加工所需的支撑环境主要包括热环境、振动环境、空气环境、声环境和磁环境等几个方面。

1. 恒温控制

通常达到恒温的标准可用恒温基数和恒温精度两项指标来衡量。恒温基数是希望的目标温度，通常按测量的温度基数 20℃控制；恒温精度是温度的变化范围：一般精密加工级取 ±2℃ ~ ±1℃；精密级 ±0.5℃ ~ ±0.2℃；超精密级 ±0.1℃ ~ ±0.01℃。恒温室的控制包括送风方式、地面温度的控制、设备温度的控制以及室内布局几个方面，对于精度要求更高的恒温室可以采用多层温度控制和局部温度控制等措施。

2. 湿度

一般说来，湿度与加工精度有关系。精密加工的环境湿度应控制在45% ~ 50% RH(相对湿度)。这是由于湿度低于 40% RH 时会产生静电，影响加工精度；高于 50% RH 时又易生锈。而湿度的容许范围与温度的容许范围也有关系，10% 的湿度控制范围对应于 ±2℃ 的温度控制范围。

3. 防振

微振动是影响超精密加工的又一个重要问题。机床应有良好的隔振地基和空气隔振垫。另外，还应考虑设备运动件的动平衡或振动隔离，消除或减小内部振源，尽量远离外部振源。

4. 净化

在超精密加工中，一颗直径为 0.3 μm 的尘埃即会引起判断错误致使工件成为废品。可见，超精密加工必须在洁净室内进行。洁净室是指将室内空气中的灰尘、微粒、和室内气压、温湿度、气流分布及其形状、速度等控制在一定范围内而采取积极措施的房间。洁净室因加工对象和要求的不同而有所不同。目前国际上采用的净化标准等级，一般分为 100 级（100 级指每立方英尺空气中，所含直径大于 0.5 μm 的尘埃个数不超过 100 个）、1 000 级 10 000 级和 100 000 级等几种，美国又提出了 10 级和 1 级的新标准。对于超精密加工车间，1 cm^3 的空气中直径大于 0.3 μm 以上的尘埃数应少于 100 个。

根据对环境要求的不同，采取除尘净化的措施也不同。从大的恒温、净化厂房、净化室到很小的净化工作台，根据室内允许尘埃的颗粒大小和数量的要求不同而采取不同的措施。对空气的净化，通常主要是采用空气过滤器或净化器进行过滤。室内的气压要形成一定的正压，即室内的压力是由洁净度最高的工作室向洁净度低的工作室逐次降低，保证空气朝一个方向流动。为防止外部的空气入侵室内，室内若有粉尘，只能由空气出口外流，而外面没经过净化的空气不能流入室内。生产过程中的设备、工具、人体都是尘埃源，应控制其数量和流动。

5. 支撑环境的其他因素

(1)噪声。噪声会妨碍人们正常工作，特别对于精密和超精密加工而言，操作者长期在洁净室中，其工作质量和效率更易受噪声的影响。

(2)电磁波。为防止电磁波的干扰和破坏，对某些设备需要建立能屏蔽电磁波的环境。特别是进行尺寸测量时，电磁波对测量仪器的影响很大。

(3)静电。静电会引起半导体元件损坏、胶片感光以及粘结灰尘等，为此需要采取措施消除静电。

7.3 快速成形

快速成形(RP)属于离散/堆积成形。其成形原理为，由计算机建立工件的三维立体模型，再将模型进行分层处理，即将模型"切片"得到有一定厚度的、一层一层的层片模型。加工机床将层片信息变成实体材料并层叠在一起形成所需的工件。

7.3.1 快速成形的工艺过程

1. 快速成形的工艺过程

快速成形的工艺详细过程如下：

(1)构建产品的三维模型。该三维模型可以利用计算机辅助设计软件(如 Pro/E，I – DEAS，Solid Works，UG 等)直接构建，也可以由已有产品的二维图样进行转换而得到，还可以利用反求工程对实物进行扫描来构造。

(2)对三维模型的近似处理。由于产品存在着不规则的自由曲面，不便于计算机的存储与处理,故要对模型进行近似处理。处理的方法是用一系列的小三角形平面来逼近原来的模型表面,每个小三角形用 3 个顶点坐标和一个法向量来描述,三角形的大小可以根据精度要求进行选择。处理后的模型一般采用 STL 格式文件存储,典型 CAD 软件都带有转换和输出 STL 格式文件的功能。

(3)三维模型的切片处理。根据被加工模型的特征选择合适的加工方向,在成形高度方向上用一系列一定间隔的平面切割近似处理后的模型并生成截面的轮廓信息。间隔一般取 0.05 mm~0.5 mm,常用 0.1 mm。间隔越小,成形精度越高,但成形时间也越长,效率就越低,反之则精度低,但效率高。

(4)成形加工。根据切片处理的截面轮廓,在计算机控制下,相应的成形头(激光头或喷头)按各截面轮廓信息做扫描运动,在工作台上一层一层地堆积材料,然后将各层相粘结,最终得到原型产品。

(5)成形零件的后处理。从成形系统里取出成形件,进行打磨、抛光、涂挂,或放在高温炉中进行烧结等后续工作,提高其强度、精度或表面质量。

2. 快速成形技术的特点

(1)可以制造任意复杂的三维几何实体。由于采用离散/堆积成形的原理.它将一个十分复杂的三维制造过程简化为二维过程的叠加,可实现对任意复杂形状零件的加工。特别适合于复杂型腔、复杂型面等传统方法难以制造甚至无法制造的零件。

(2)快速性和高度柔性。只需对一个 CAD 模型的修改或重组就可获得一个新零件的设计和加工信息,无需任何专用夹具或工具即可完成复杂的制造过程,一般几个小时到几十个小时就可制造出零件,具有快速制造的突出特点。

(3)快速成形技术实现了机械工程学科多年来追求的两大先进目标.即材料的提取(气、液、固相)过程与制造过程一体化和计算机辅助设计(CAD)与计算机辅助制造(CAM)一体化。

(4)与反求工程(Reverse Engineering)、CAD 技术、网络技术、虚拟现实等相结合,成为产品快速开发的有力工具。

其缺点是成形精度较低,工件材料受限。

7.3.2 快速成形工艺方法

1. 光固化立体成形(SLA)

此工艺方法也称为液态光敏树脂选择性固化。是一种最早出现的快速成形技术,它的原理如图 7-11 所示。液槽中盛满液态光敏树脂,它在受到激光束照射时可以快速固化。成形开始时,可升降工作台使其处于液面下一个一定深度的位置。聚焦后的激光束在计算机的控制下按截面轮廓进行扫描,使扫描区域的液态树脂固化,形成该层面的固化层,从而得到该截面轮廓的薄片。然后工作台下降一层的高度,其上覆盖另一层液态树脂,再进行第二层的扫描固化,与

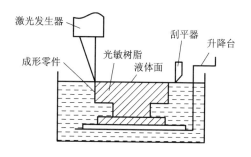

图 7-11 光固化立体成形工艺原理图

此同时新固化的一层牢固的粘结在前一层上，如此重复到整个产品完成，一般截面层厚度在 0.076 ~ 0.038 mm 的范围。在工作台和工件取下后，将多余的树脂用溶剂清洗后，工件放入专门的后固化装置，经过一段时间的曝光处理后，工件才完全固化，而该时间的长短视材料、工件的大小和形状的复杂程度而定。最后再对其进行必要的打光、电镀、喷涂、着色等工艺处理。

SLA 是最早投入商业应用的快速成形技术，相对于其他成形方式成熟，能制造精度较高的工件，成形精度一般情况下可控制在 0.1 mm 的范围内。

这种方法适合成形小件，能直接得到塑料产品，表面粗糙度质量较好。其缺点是需要设计支撑结构，才能确保在成形过程中制件的每一个结构部分都能可靠定位；成形中有物相变化，翘曲变形较大，可以通过增加支撑结构加以改善；原材料有污染，可能使皮肤过敏。

2. 叠层实体制造(LOM)

叠层实体制造也称薄形材料选择性切割，其工艺过程原理如图 7 – 12 所示。展开装置将涂有热熔胶的箔材带（如涂覆纸、涂覆陶瓷箔、金属箔、塑料箔），经热压辊加热后，一段段送至工作台上方。热压装置将其与前面已成型的部分粘合在一起，激光切割系统根据切片模型对工作台上的箔材沿轮廓线切割成所需的形状，制件轮廓以外的区域被切割成小方块，成为废料。在该层切割完成后，工作台下降相当于一个箔材厚度的距离，开始下一层箔材的层叠与切割。不断重复，形成三维产品。材料的厚度一般 0.07 ~ 0.15 mm 之间。

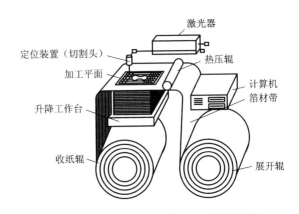

图 7 – 12　叠层实体制造 LOM 法原理图

3. 选择性激光烧结(SLS)

选择性激光烧结是用激光对粉末材料(如蜡粉、PS 粉、ABS 粉、尼龙粉、金属粉、覆膜陶瓷粉)进行选择性烧结而形成工件的成形方法，其原理如图 7 – 13 所示。

选择性激光烧结成形时，先将充有氮气的工作室升温，并保持在粉末的熔点之下。成形时，供粉活塞上升，铺粉辊筒移动，先在工作台上均匀地铺上一层很薄的粉末材料(0.1 ~ 0.2 mm)。激光束在计算机的控制下，按照 CAD 模型离散后的截面轮廓的信息，对制件的实体部分所在区域的粉末进行烧结，使粉末熔化形成一层固化轮廓。一层完成后，工作台面下降一个层厚，再进行后一层的铺粉烧结。如此循环，最终形成三维产品。最后经过 5 ~ 10 h 的冷却，可取出工件，没有烧结的粉末对正在烧结的工件可起

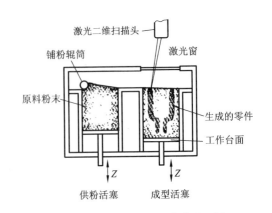

图 7 – 13　选择性激光烧结原理图

支撑作用，取出工件后未烧结的粉末可重复利用。

这种方法适合成形中、小型零件，能直接制造蜡膜或塑料、陶瓷和金属产品。制件的翘曲变形比 SLA 工艺小。这种工艺要对实心部分进行填充式扫描烧结，因此成形时间较长。零件的表面粗糙度的高低受到粉末颗粒和激光束大小的限制。零件的表面一般是多孔性的，后处理比较复杂。

该方法可烧结覆膜陶瓷粉和覆膜金属粉，得到成形件后，将制件置于加热炉中，烧掉其中的粘结剂，并在孔隙中渗入填充物（如铜）。它的最大特点在于使用材料很广泛，几乎所有的粉末都可以使用，所以其应用范围很广。

4. 熔融沉积成形（FDM）

熔融沉积成形也称丝状材料选择性熔覆，其原理如图 7 - 14 所示。可实现三维运动的喷头在计算机控制下，根据截面轮廓的信息，做 X、Y、Z 运动。丝材（如塑料丝）由供丝机构送至喷头，并在喷头中加热、熔化到略高于其熔点的温度，达到半流动状态，然后被选择性的涂覆在工作台上，快速冷却后形成一层截面。一层完成后，工作台下降一层厚，再进行后一层的涂覆，如此循环，形成三维产品。层厚一般在 0.025 ~ 0.762 mm 之间。

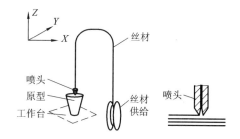

图 7 - 14　熔融沉积成形原理图

这种方法成形速度较慢，适合成形小塑料件特别是瓶状和中空零件，工艺简单、费用较低。制件的翘曲变形小，但需要设计支撑结构。该方法成形精度较低，难以构建结构复杂的零件。为了克服成形速度较慢这一缺点，可采用多个热喷头同时进行涂覆，提高成形效率。

快速成形加工方法还有很多，如三维打印技术在粉末上喷洒粘结剂一层层粘结成形，热塑性材料选择性喷洒技术一层层喷洒热塑性材料凝固成形等，这里就不再一一介绍。

5. 快速成形的应用

快速成形技术可快速地将产品设计的 CAD 模型转换成物理实物模型，方便新产品开发过程中的设计验证与功能验证；可制造性、可装配性检验和供货询价、市场宣传；单件、小批量和复杂零件的直接生产；快速模具制造。快速成形应用的领域几乎包括了制造领域的各个行业，在医疗、人体工程、文物保护等行业也得到了越来越广泛的应用。

快速成形技术的主要应用各行业的应用状况如下：

汽车、摩托车：外形及内饰件的设计、改型、装配试验，发动机、汽缸头试制。

家电：各种家电产品的外形与结构设计，装配试验与功能验证，市场宣传，模具制造。

通讯产品：产品外形与结构设计，装配试验，功能验证，模具制造。

航空、航天：叶轮、涡轮、叶片的试制，发动机的试制、装配试验。

轻工业：各种产品的设计、验证、装配、市场宣传，玩具、鞋类模具的快速制造。

医疗：医疗器械的试产、试用，CT 扫描信息的实物化，手术模拟，人体骨关节的配制。

国防：武器零部件的设计、装配、试制，特殊零件的直接制作，地理模型的制作。

7.4 表面工程

表面工程是改善机械零件、电子电器元件基质材料表面性能的一门科学和技术。对于机械零件，表面工程主要用于提高零件表面的耐磨性、耐蚀性、耐热性、抗疲劳强度等物理机械性能；对于机电产品的包装及工艺品，表面工程主要用于提高表面的耐蚀性和美观性，实现机电产品优异性能、艺术造型与绚丽外表的完美结合。表面工程是现代制造技术的重要组成部分，对节能、节材、保护环境、支持社会可持续发展发挥着重要作用。

7.4.1 表面工程概述

1. 表面工程的内涵

表面工程，是经表面预处理后，通过表面涂覆、表面改性或多种表面技术复合处理，改变固体工件表面材料的形态、化学成分、组织结构和应力状况，以获得所需要表面性能的系统工程。表面工程是以表面科学为理论基础，以表面和界面行为为研究对象，综合了失效分析、表面技术、涂覆层性能、涂覆层材料、预处理和后加工、表面检测技术、表面质量控制、使用寿命评估、表面施工管理、技术经济分析、三废处理和重大工程实践等多项内容。

2. 表面工程的应用目的

(1)提高耐磨性、耐腐蚀、耐疲劳、耐氧化、防辐射性能；

(2)提高表面的自润滑性；

(3)实现表面的自修复性(自适应、自补偿和自愈合)；

(4)实现表面的生物相容性；

(5)改善表面的传热性或隔热性；

(6)改善表面的导电性或绝缘性；

(7)改善表面的导磁性、磁记忆性或屏蔽性；

(8)改善表面的增光性、反光性或吸波性；

(9)改善表面的湿润性或憎水性；

(10)改善表面的黏着性或不黏性；

(11)改善表面的吸油性或干磨性；

(12)改善表面的摩擦因数(提高或降低)；

(13)改善表面的装饰性或仿古作旧性等。

7.4.2 表面工程技术的分类

1. 按照表面特征分类

(1)原子沉积物

原子在基体上凝聚，然后成核、长大，最终形成薄膜。其特点被吸附的原子处于快冷的非平衡态，沉积层中有大量结构缺陷。沉积层常和基体反应生成复杂的界面层。凝聚成核及长大的模式决定着涂层的显微结构和晶型。电镀、真空蒸镀、溅射、离子镀、化学气相沉积、等离子聚合、分子束外延均属于这一类。

（2）粒状沉积物

熔化的液滴或固体的细小颗粒在外力作用下于基体材料表面凝聚、沉积或烧结。涂层的显微结构取决于颗粒的凝固或烧结情况。火焰喷涂、等离子喷涂、爆炸喷涂、搪瓷釉等属于这一类。

（3）整体涂层

将欲涂覆的材料于同一时间施加于基体材料表面。如油漆层、包覆金属、静电喷涂、浸渍涂层等。

（4）表面改性

用离子处理、热处理、机械处理及化学处理等方法，改变基体材料的表面组成及性质。如化学转化膜、熔盐镀、喷丸强化、离子注入、激光处理、离子氮化等。

2. 按照工艺技术分类

国家自然科学基金委员会、自然科学学科发展战略调研报告《金属材料科学》一书将表面工程技术分为三类，即表面改性、表面处理和表面涂覆。随着表面工程技术的发展，又出现了复合表面工程技术和纳米表面工程技术（见图 7 – 15）。

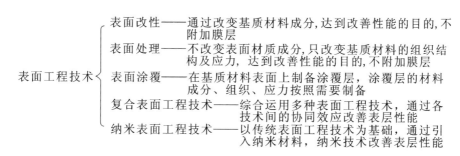

图 7 – 15　表面工程技术的分类

（1）表面改性

表面改性是指通过改变基质表面的化学成分以达到改善表面结构和性能的目的。这一类表面工程技术包括化学热处理、离子注入等。转化膜技术是基质材料与其他材料发生化学反应生成新的表面膜层，可归入表面改性类（见图 7 – 16）。

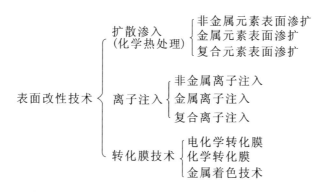

图 7 – 16　表面改性技术的分类

（2）表面处理

表面处理是不改变基质材料的化学成分，只通过改变表面的组织结构达到改善表面性能的目的。这一类表面工程技术包括表面淬火热处理、喷丸以及新发展的表面纳米化加工技术等（见图7-17）。

图 7 - 17　表面处理技术的分类

（3）表面涂覆

表面涂覆是在基质表面上添加一种膜层。涂覆层的化学成分、组织结构可以和基质材料完全不同，它以满足表面性能、涂覆层与基质材料的结合强度适应工况要求、经济性好、环保性好为准则。涂覆层的厚度可以是几毫米，也可以是几微米。通常在基质零件表面预留涂覆余量，以实现表面具有工况需要的涂覆层厚度。表面涂覆和前两类表面改性和表面处理相比，由于它的约束条件少，而且技术类型和材料的选择空间很大，因而，属于表面涂覆类的表面工程技术非常多，而且应用最为广泛。这一类表面工程技术包括电镀、电刷镀、化学镀、物理气相沉积、化学气相沉积、热喷涂、堆焊、激光束或电子束表面熔覆、热浸镀、粘涂、涂装等。

在工程应用中，常有无膜、薄膜与厚膜之分。表面改性和表面处理均可归为无膜。薄膜与厚膜属于表面涂覆技术中膜层尺寸的划分问题。目前有两种划分方法，一种是以膜的厚度来界定，如有的学者提出，小于 25 μm 涂覆层为薄膜，大于 25 μm 的涂覆层为厚膜。

鉴于 25 μm 既不是涂覆层性能的质变点，也不是工艺技术的适应点，也有按功能进行分类的提法，即把各种保护性涂覆层（如耐磨层、耐蚀层、耐氧化层、热障层、抗辐射层等）称为厚膜，把特殊物理性能的涂覆层（如光学膜、微电子膜、信息存储膜等）称为薄膜。

（4）复合表面工程技术

复合表面工程技术是对上述三类表面工程技术的综合运用。复合表面工程技术是在一种基质材料表面上采用了两种或多种表面工程技术，用以克服单一表面工程技术的局限性，发挥多种表面工程技术间的协同效应，从而使表面性能、质量、经济性达到优化。因而复合表面工程技术又称为第二代表面工程技术。

（5）纳米表面工程技术

充分利用纳米材料的优异性能，将传统表面工程技术与纳米材料、纳米技术交叉、综合、融合，制备出含纳米颗粒的复合覆层或纳米结构的表层。

7.4.3　表面工程的工艺方法

常见的表面工艺方法有：

1. 电镀

将具有导电表面的工件与含欲镀金属的盐的电解质溶液接触,并作为阴极通入外电流,使被镀金属的离子发生还原反应,在工件表面沉积,形成与工件基体结合牢固的覆层。

2. 化学镀

将工件浸入含欲镀金属的盐和还原剂的电解质溶液,还原剂发生氧化反应,使被镀金属离子还原,在工件表面沉积,形成与基体结合牢固的覆层。故化学镀又称为自催化沉积。

3. 化学转化膜

将金属工件浸入某种选定的溶液中,使表面金属原子与介质中的阴离子反应,生成与基体结合牢固的稳定固体化合物。这层化合物膜的生成有基体金属的直接参与,是基体金属自身转化的产物,这是与其他覆层(如电镀层和化学镀层)不同的。

4. 物理气相沉积(PVD)

物理气相沉积属于真空沉积技术。它包括真空蒸发镀膜、溅射镀膜和离子镀膜。优点是处理温度低,工件变形小,处理后工件表面硬度高,外观色泽美观。由于需要在真空条件下进行,故成本较高。

5. 化学气相沉积(CVD)

将含有覆层材料元素的反应介质置于较低温度下汽化,然后送入高温反应室与工件表面接触,产生高温化学反应,析出合金或金属及其化合物,沉积于工件表面形成覆层。覆层材料可以是氧化物、碳化物、氮化物、硼化物。其条件是反应介质能够形成所需的沉积层,应是气态,生成物应为固态。CVD 设备简单,操作方便,成本低廉。

6. 离子注入

将某种元素的原子进行电离,并使其在电场中被加速,在获得较高的速度后射入固体材料表面,以改变这种材料表面的物理、化学及力学性能。

7. 热喷涂

利用热源将覆层材料加热熔化或软化,依靠热源本身动力或外加的压缩空气流,将熔化的覆层材料雾化成细粒,或推动熔化的粉末粒子,以形成快速运动的粒子流,粒子流喷射到工件基体表面,凝结堆砌形成覆层。根据热源的不同,热喷涂又可分为火焰喷涂,电弧喷涂,等离子喷涂,以及新开发的爆炸喷涂、超音速喷涂、激光喷涂等。

8. 化学热处理

利用固态扩散,使合金元素渗入金属零件表层。基本工艺过程是:首先将工件置于含有渗入元素的活性介质中,加热到一定温度,使渗入元素通过分解、吸附、扩散渗入金属表层,从而改变了表层材料的成分、组织与性能。

7.5 再制造

近年来,以优质、高效、安全、可靠、节能、节材为目标的先进制造技术得到了飞速的发展。以设备、产品零部件维修和再制造为主的研究越来越多,再制造工程作为一种符合可持续发展战略要求的技术得到了越来越多的重视。再制造工程是解决资源浪费、环境污染和废旧设备翻新的最佳方法和途径之一,是符合国家可持续发展战略的一项绿色系统工程。

7.5.1 再制造概述

再制造工程利用废旧的零部件作为毛坯，进行产业化、规模化的修复，使零部件尺寸、形状和性能恢复到同类新产品的要求，形成再制造产品。

再制造和维修并不等同。修理只是针对在使用年限内且没有全面、严重损坏的产品，目的只是能继续使用该产品。而再制造可使旧的或报废产品恢复到像新产品一样，且再制造产品附有质量保修承诺，具备新产品同样的售后服务标准。

以发动机为例，再制造发动机的能源消耗只为新制造发动机的一半，劳动力成本为新制造的 2/3，材料消耗仅为新制造的 20%。先进表面技术是发动机再制造的基础。废旧机电产品的主要缺陷是零件表面失效，如腐蚀、摩擦磨损及疲劳裂纹等都是从零件表面开始的。表面失效是缩短产品寿命、增加维修经费的基础性因素。整机的损坏往往是其中部分零件损坏造成的，这些损坏的零件又往往是其中个别工作表面失效造成的。如果把易损零件的失效部件用表面工程技术加以修复，并从预防性修理的思想出发，对其表面性予以强化，就可实现整机性能的提高。

要实现再制造，就要建立机电产品制造、使用、回收、再制造、再使用的闭环物流链，形成集社会、经济、环保效益为一体的新型资源化产业群。

再制造与再循环有很大的区别。如果将产品的形成价值划分为材料值与附加值，材料本身的价值远小于产品的附加值（包括加工费用、劳动力等）。再制造能够充分利用并提取产品的附加值，而再循环只是提取了材料本身的价值。

一个完整的再制造过程可以划分为 3 个阶段：①拆卸阶段，将装置的单元机构拆散为单一的零部件；②将已拆卸的零部件进行检查，将不可继续使用的零部件进行再制造维修，并进行相关的测试、升级，使得其性能能够满足使用要求；③将维修好的零部件进行重新组装。这 3 个阶段的每 1 个阶段与其他 2 个阶段紧密相连，互相制约。这些都表明了再制造过程与传统的制造过程有着明显的区别，表现出很大的灵活性，传统的制造方法不适用于再制造系统。再制造过程中，每一个零件都有其对应的回收、测试、修复、装配记录，其组织与管理的复杂度与难度远远大于普通产品的制造过程，只有在先进制造技术的基础上才有可能进行。

可进行再制造的产品可按以下 7 条标准来衡量，分别是：①耐用产品；②功能失效的产品；③标准化的产品与可互换性的零件；④剩余附加值较高产品；⑤获得失效产品的费用低于产品的残余增值；⑥生产技术稳定产品；⑦再制造产品生成后，满足消费者要求。当然，再制造过程中，产品的制造计划与控制（Manufacturing Planning & Control）受到一些传统因素的影响，如再制造产品与消费者要求的匹配性、再制造产品使用过程中的性能、已使用材料的可回收率等等，所以再制造产品的制造计划与控制对于再制造厂家而言，显得更为复杂与重要。

7.5.2 再制造工程的关键技术

废旧产品的再制造是通过各种高新技术来实现的。在这些再制造技术中，有很多是关键技术，如零件内部缺陷探测技术、微裂纹愈合技术、变形矫正技术、破损修补技术、表面工程技术、过时产品的性能升级技术、物料管理技术等。

1. 零件内部缺陷探测技术

长期运行的机械零部件不但有表面的损伤，而且内部会产生裂纹等内部缺陷。只有具有了对这些缺陷的探测与检测技术，才能对其进行愈合与修复，将废旧零件修复到甚至超过新制造零件的性能指标。此外还有零件受损检测和几何特征定位技术，产品结构、零部件及表面涂层体系的再制造计算机辅助工程技术等。

2. 微裂纹愈合技术

该技术使零件内部和表面的微裂纹自行愈合，恢复零件的组织结构。最常用的方法是修复热处理技术。修复热处理技术是通过恢复内部显微组织结构来恢复零部件整体使用性能，如采用重新奥氏体化并辅以适当的冷却使显微组织得以恢复，采用合理的重新回火使绝大部分已有微裂纹被碳化物颗粒通过"搭桥"而自愈合等等，是解决长期运转的大型设备零部件内部损伤问题的再制造技术之一。修复热处理技术包括重要零部件在长期使用过程中显微组织结构及力学性能变化规律的实验分析技术，硬度、高温强度、蠕变抗力的测试，碳化物成分结构分析、晶界杂质偏聚的分析、TEM 组织分析、SEM 断口分析等；修复热处理工艺，包括重新奥氏体化(温度、时间)、冷却(炉、空、油、水)和回火的工艺参数等；修复热处理的计算机模拟技术，以实现大型重要零部件的高效、精密热处理修复。

3. 变形矫正技术

包括变形的热校正、冷校正、应力消除、形状恢复等各种技术。

4. 破损修补技术

包括沉积、喷涂、涂覆、变形、快速成形技术等，对零件的破损进行修补。如纳米涂层及纳米减摩自修复技术，这种技术以纳米材料为基础，通过特定的工艺手段，对固体的表面进行强化、改性，或者赋予表面新功能，或者对损伤的表面进行自修复。该技术涉及到高性能(均匀性、稳定性、高强度、高韧性、抗疲劳性、抗氧化)的纳米涂层的制备技术；利用纳米材料的特性在摩擦微损伤表面原位形成自修复膜层的方法及材料，原位自修复膜的控制和模拟技术等。

5. 表面工程技术

见 7.4 节

6. 过时产品的性能升级技术

为延长废旧产品及零部件的技术寿命和经济寿命，要适时对过时产品进行技术改造，用高新技术装备过时产品，实现技术升级。

7. 物料管理技术

对再制造产品的分布、评估、回收、检测、修复、装配、发运、安装、保养、维护等各个阶段都要建立完整的跟踪系统，运用现代物流和资源管理技术，是实现再制造的前提条件。

7.5.3　应急快速维修技术

1. 快速粘接堵漏技术

快速粘接堵漏技术是利用粘接堵漏材料和一定的堵漏工艺对泄漏部位进行快速修复，其显著优点是在消除泄漏过程中，不影响装备的正常运行，即带压堵漏。

2. 快速贴体封存技术

快速贴体封存技术就是将高分子涂料涂覆于装备(或零件)表面，涂料固化后即在零件表面形成有一定粘附强度又可剥离的涂层,利用涂层的屏蔽作用将环境与被保护零件隔离开来,从而有效地防止雨水、潮湿空气、污染的大气、盐雾、及其他腐蚀性气体等自然环境中的有害介质对零件的侵蚀,达到快速封存和启封的目的。

3. 划伤快速修复技术

根据零件摩擦表面划伤程度不同,可采用不同的修复技术。如比较严重的划伤,可以采用堆焊、微区脉冲点焊等表面技术;对比较轻微的划伤可以采用电刷镀技术;在要求快速简单的工作环境下可使用高分子合金填补技术。

4. 微区脉冲点焊修复技术

微区脉冲点焊修复技术主要适合于修复各种复杂型面,精密液压件,轴类零件及孔类零件等。微区脉冲点焊的设备又称工模具修补机,其两电极间可输出单点的或连续的高能、短时电脉冲。焊接修补时,将工模具修补机的负极接工件,在经预处理的待修表面覆以补材(可以是薄片、细丝、粉末),手握阳极并施以合适的压力接触补材,工模具修补机即输出高能电脉冲,在阳极压点这一微区的补材与工件基体间产生高温并使局部金属熔化,从而实现微区冶金焊接。这一过程是在极短时间(毫秒级)内完成的,放电之后的间隙又使微区的高温快速冷却至室温。这种微区的脉冲热循环是在工件整体始终处于"冷态"下进行的,避免了工件的变形.

5. 纳米固体润滑技术

固体润滑技术是利用粘结剂对基体表面优良的粘结能力把分散在粘结体系中的固体润滑剂粘结到摩擦部件的表面上成膜,以降低其摩擦与磨损的一种新型润滑技术。

6. 纳米电刷镀修复技术

纳米电刷镀修复技术是在电刷镀镀液中加入一种或几种纳米颗粒材料,使它们在刷镀过程中与金属离子共沉积,从而获得具有特定优异性能复合镀层的技术。由于纳米复合电刷镀层中存在大量的硬质纳米颗粒,且组织细小致密,因此其硬度、耐磨性、抗疲劳性能、耐高温性能等均比相应的金属刷镀层好。

7. 高速电弧喷涂技术

电弧喷涂是以两根丝状金属喷涂材料在喷枪端部短路产生的电弧为热源,将熔化的金属丝用压缩空气气流雾化成微熔滴,高速喷射到工件表面形成喷涂层的一种工艺。高速电弧喷涂丝材包括两类,一类是实芯丝材,另一类是粉芯丝材。实芯丝材主要有铝、锌、铜、钼、镍、碳钢、不锈钢等金属及其合金。粉芯丝材是由金属外皮内包裹着不同类型的金属、合金粉末或陶瓷粉末构成的,因而同时具备丝材和粉末的优点,能够进行柔性加工制造,拓宽了涂层材料的成分范围,并可制造特殊的合金涂层和金属陶瓷复合材料涂层。粉芯丝材的出现,大大拓宽了高速电弧喷涂材料的范围。由于不受拉拔成丝的限制,使许多优秀的材料,甚至不导电材料(如氧化物、碳化物、陶瓷等)能够采用高速电弧喷涂制备多种用途的涂层。

8. 电子装备快速清洗技术

电子装备快速清洗技术是指对装备进行不拆卸清洗,不需人工擦拭,仅用喷雾清洗剂就能完成的电子装备保养技术。其主要特点是:(1)采用喷雾清洗,操作简单;(2)清洗不需要前处理和后处理,能快速清除各种灰尘、油垢、盐分,易挥发,不留残渣;(3)清洗剂对大气和环境无污染;(4)绝缘性好,可不停机进行清洗操作;(5)清洗设备组装成箱,便于携带,可直接在装备内部作业。

7.6 机械制造自动化技术

机械制造系统自动化技术是研究针对制造过程的规划、运作、管理、组织、控制与协调优化等的自动化加工技术。当今机械产品市场的激烈竞争是推动机械制造自动化发展的直接动力。机械制造系统自动化技术的特点如下：提高或保证产品的质量；减少人的劳动强度、劳动量，改善劳动条件，减少人为因素的影响；提高生产率；减少生产面积、人员，节省能源消耗，降低产品成本；提高产品对市场的响应速度和竞争能力。

机械制造系统自动化技术自20世纪20年代出现以来，大致经历了刚性自动化、柔性自动化及综合自动化三个阶段。综合自动化常常与计算机辅助制造、计算机集成制造等概念相联，它是制造技术、控制技术、现代管理技术和信息技术的综合，旨在全面提高制造业的劳动生产率和对市场的响应速度。

7.6.1 刚性自动化生产

1.刚性半自动化单机

除上下料外，机床可以自动地完成单个工艺过程的加工循环，这样的机床称为刚性半自动化机床。这种机床一般是机械或电液复合控制式组合机床和专用机床，可以进行多面、多轴、多刀同时加工，加工设备按工件的加工工艺顺序依次排列；切削刀具由人工安装、调整，实行定时强制换刀，如果出现刀具破损、折断，可进行应急换刀；例如：通用多刀半自动车床，转塔车床等。从复杂程度讲，刚性半自动化单机实现的是加工自动化的最低层次，但是投资少、见效快，适用于产品品种单一和生产批量较大的制造系统。缺点是不具有柔性。

2.刚性自动化单机

它是在刚性半自动化单机的基础上增加自动上、下料等辅助装置而形成的自动化机床。这种机床往往需要定做或改装，常用于品种变化很小，但生产批量特别大的场合。主要特点是投资少、见效快，但通用性差，是大量生产最常见的加工装备。

3.刚性自动化生产线

刚性自动化生产线是多工位生产过程，用工件输送系统将各种自动化加工设备和辅助设备按一定的顺序连接起来，在控制系统的作用下完成单个零件加工的复杂大系统。在刚性自动线上，被加工零件以一定的生产节拍，顺序通过各个工作位置，自动完成零件预定的全部加工过程和部分检测过程。因此，与刚性自动化单机相比，它的结构复杂，任务完成的工序多，所以生产效率也很高，是少品种、大量生产必不可少的加工装备。除此之外，刚性自动生产线还具有可以有效缩短生产周期，取消半成品的中间库存，缩短物料流程，减少生产面积，改善劳动条件，便于管理等优点。刚性自动化生产线目前正在向刚柔结合的方向发展。

7.6.2 柔性制造单元

柔性制造单元(FMC)是由单台数控机床、加工中心、工件自动输送及更换系统等组成。单元留有上级接口，可与其他单元组成柔性制造系统。

1.柔性制造单元的关键设备

数控机床是一种柔性的自动化机床，它将数字化的刀具与工件间移动轨迹信息(通常指

CNC 加工程序)和机床操作过程输入数控机床的数控装置,经过译码、运算,指挥执行机构(伺服电机带动的主轴和工作台)控制刀具与工件作需要的相对运动,从而加工出符合编程设计要求的零件。

数控机床的数控装置一般采用计算机,称为计算机数控(CNC)。通过一台中心数控系统控制多台机床,就叫分布式数控或直接数控(DNC),这种系统中,机床本身可以有也可以没有自己专用的数控装置。

在数控机床上增加刀库和自动换刀功能,就叫加工中心(MC)。

给加工中心配备工件自动输送和装卸系统,就叫柔性制造单元(FMC)

一个或多个柔性制造单元增加自动化仓库、物料处理系统和作业控制系统就形成柔性制造系统(FMS)

2. 柔性制造单元控制系统

FMC 控制系统一般分二级,分别是单元控制级和设备控制级。

(1)设备控制级是针对各种设备,如机器人、机床、坐标测量机、小车、传送装置等的单机控制装置。这一级的控制系统向上与单元控制系统用接口连接,向下与设备连接。设备控制器的功能是把工作站控制器命令转换成可操作的、有次序的简单任务,并通过各种传感器监控这些任务的执行。设备控制级一般采用具有较强控制功能的微型计算机、可编程控制器等控制装置。

(2)单元控制级。这一级控制系统指挥和协调单元中各设备的活动,处理由物料贮运系统送来的零件托盘,并通过控制工件调整、安装、加工、切屑清除、加工过程中检验、卸下工件以及清洗工件等功能对设备级各子系统进行调度。单元控制系统一般采用具有一定实时处理能力的微型计算机或工作站。单元控制级通过接口与设备控制级之间进行通讯,并可以通过向上的接口与其他系统组成 FMS。

3. 柔性制造单元的基本组成及功能

(1)由加工中心或数控机床(含 CNC)组成的自动化加工设备。这些自动化加工设备由数控装置进行控制,自动完成工件加工,系统具有柔性。

(2)单元内部有自动化工件运输,装卸交换和存贮设备,并有刀具库和换刀装置。有物料传输、存贮功能,这是它与单台 NC 或 CNC 机床的显著区别之一。具体的传输、存贮方式可分为两类:①托板方式,适用于加工箱体或非回转体类零件的 FMC。工件(或工件及夹具)被装夹在托板上,工件的输送及其在机床上的夹紧都通过托板来实现,具体设备包括托板输送装置,托板存贮库和托板自动交换装置等。②直接方式,适用于加工回转体零件的 FMC。工件直接由机器人或机械手搬运到数控车床,数控磨床或车削中心上被夹紧加工,机床附近设有料台存贮坯件或工件。若 FMC 需要与外部系统联系,则料台为托板交换台,工件连同托板由外部输送设备(如小车)送出单元。

(3)有自动检验、监视等装置,可以完成刀具检测,工件在线或在机测量,刀具破损(折断)或磨损检测监视,机床保护监视等。

(4)信息流系统,该系统实现对于加工中信息的处理,存储和传输功能。如单元中各设备的任务管理与调度,其中包括制定单元作业计划、计划的管理与调度、设备和单元运行状态的登录与上报等

7.6.3　柔性制造系统

柔性制造系统(FMS)是由两台或两台以上加工中心或数控机床组成,并在加工自动化的基础上实现物料流和信息流的自动化。其基本组成部分有:自动化加工设备,工件储运系统,刀具储运系统,多层计算机控制系统等。图 7 – 18 是一个 FMS 组成的示意图。

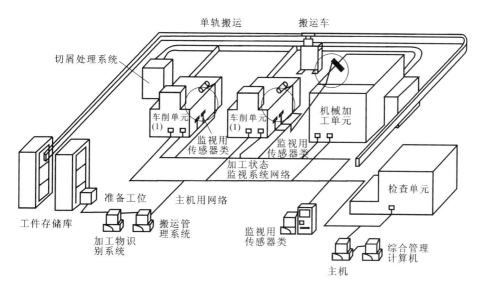

图 7 – 18　FMS 的基本组成

1. 自动化加工设备

组成 FMS 的自动化加工设备有数控机床、加工中心等,也可能是柔性制造单元。加工零件的改变一般只需要改变数控程序,因而具有很高的柔性。自动化加工设备是自动化制造系统最基本,也是最重要的设备。

2. 工件储运系统

FMS 工件储运系统由工件库、工件运输设备和更换装置等组成。工件库包括自动化立体仓库和托盘(工件)缓冲站。工件运输设备包括各种传送带、运输小车、机器人或机械手等。工件更换装置包括各种机器人或机械手、托盘交换装置等。

3. 刀具储运系统

FMS 的刀具储运系统由刀具库、刀具输送装置和交换机构等组成。刀具库有中央刀库和机床刀库。刀具输送装置有不同形式的运输小车、机器人或机械手。刀具交换装置通常是指机床上的换刀机构,如换刀机械手。

4. 辅助设备

FMS 可以根据生产需要配置辅助设备。一般包括:①自动清洗工作站;②自动去毛刺设备;③自动测量设备;④集中切屑运输系统;⑤集中冷却润滑系统等。

5. 多层计算机控制系统

FMS 的控制系统采用三级控制,分别是系统控制级、工作站控制级、设备控制级。图 7 – 19就是一个 FMS 控制系统实例,系统包括自动导向小车(AGV)、TH6350 卧式加工中心、XH714A 立式加工中心和仓储设备等。

图中RS232已为串行通讯总线，目前在FMS中主要采用RS422、RS485、现场总线、光纤网络等。

（1）设备控制级，与柔性制造单元的相同。

（2）工作站控制级，相当于柔性制造单元的单元控制级。FMS工作站一般分成加工工作站和物流工作站。加工工作站完成各工位的加工工艺流程、刀具更换、检验等管理；物流工作站完成原料、成品及半成品的储存、运输、工位变换等管理。

（3）系统控制级。系统控制级作为FMS的最高一级控制，是全部生产活动的总体控制系统，同时它还是承上启下、与上级（车间）控制器信息联系沟通的桥梁。系统控制级一般采用具有较强实时处理能力的小型计算机或工作站。

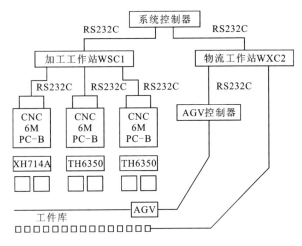

图7-19 FMS控制系统

柔性制造系统的主要特点有：①柔性高，适应多品种中小批量生产；②系统内的机床工艺能力上是相互补充和相互替代的；③可混流加工不同的零件；④系统局部调整或维修不中断整个系统的运作；⑤多层计算机控制，可以和上层计算机联网；⑥可进行三班无人干预生产。

7.6.4 计算机集成制造系统

计算机集成制造系统（CIMS）是一种集市场分析、产品设计、加工制造、经营管理、售后服务与一体，借助于计算机的控制与信息处理功能，使企业运作的信息流、物质流、价值流和人力资源有机融合，实现产品快速更新、生产率大幅提高、质量稳定、资金有效利用、损耗降低、人员合理配置、市场快速反馈和良好服务的全新的企业生产模式。

1. CIMS的功能构成

CIMS的功能构成包括下列内容，如图7-20所示。

（1）管理功能。CIMS能够对生产计划、材料采购、仓储和运输、资金和财务以及人力资源进行合理配置和有效协调。

（2）设计功能。CIMS能够运用计算机辅助设计（CAD）、计算机辅助工程（CAE）、计算机辅助工艺（CAPP）、数控程序编制（NCP）等技术手段实现产品设计、工艺设计等。

（3）制造功能。CIMS能够按工艺要求，自动组织协调生产设备（CNC、FMC、FMS、机器人等）、储运设备和辅助设备（送料、排屑、清洗等设备）完成制造过程。

（4）质量控制功能。CIMS运用计算机辅助质量管理（CAQ）来完成生产过程的质量管理和质量保证，它不仅在软件上形成质量管理体系，在硬件上还参与生产过程的测试与监控。

（5）集成控制与网络功能。CIMS采用多层计算机管理模式，例如工厂控制级、车间控制级、系统控制级、工作站控制级、设备控制级等，各级间分工明确、资源共享，并依赖网络实

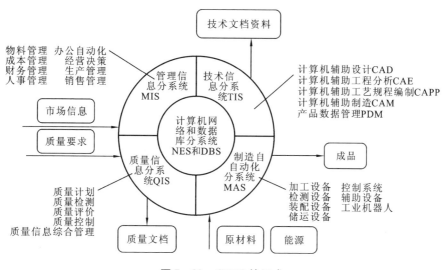

图 7 - 20 CIMS 的组成

现信息传递。CIMS 还能够与客户建立网络沟通渠道,实现自动订货、服务反馈、外协合作等。

从上述介绍可知,CIMS 是目前最高级别的自动化制造系统,但这并不意味着 CIMS 是完全自动化的制造系统。事实上,目前一些 CIMS 的自动化程度甚至比柔性制造系统还要低。CIMS 强调的主要是信息集成,而不是制造过程物流的自动化。CIMS 的主要特点是系统十分庞大,包括的内容很多,要在一个企业完全实现难度很大。但可以采取部分集成的方式,逐步实现整个企业的信息及功能集成。

2. CIMS 的关键技术

CIMS 是传统制造技术、自动化技术、信息技术、管理科学、网络技术、系统工程技术综合应用的产物,是复杂而庞大的系统工程。CIMS 的主要特征是计算机化、信息化、智能化和高度集成化。目前各个国家都处在局部集成和较低水平的应用阶段,CIMS 所需解决的关键技术主要有信息集成、过程集成和企业集成等问题。

(1)信息集成。针对设计、管理和加工制造的不同单元,实现信息正确、高效的共享和交换,是改善企业技术和管理水平必须首先解决的问题。信息集成的首要问题是建立企业的系统模型。利用企业的系统模型来科学的分析和综合企业的各部分的功能关系、信息关系和动态关系,解决企业的物质流、信息流、价值流、决策流之间的关系,这是企业信息集成的基础。其次,由于系统中包含了不同的操作系统、控制系统、数据库和应用软件,且各系统间可能使用不同的通信协议,因此信息集成还要处理好信息间的接口问题。

(2)过程集成。企业为了提高 T(效率)、Q(质量)、C(成本)、S(服务)、E(环境)等目标,除了信息集成这一手段外,还必须处理好各过程间的优化与协调。过程集成要求将产品开发、工艺设计、生产制造、供应销售中的各串行过程尽量转变为并行过程,如在产品设计时就考虑到下游工作中的可制造性、可装配性、可维护性等,并预见产品的质量、售后服务内容等。过程集成还包括快速反应和动态调整,即当某一过程出现未预见偏差,相关过程能及时调整规划和方案。

（3）企业集成。充分利用全球的物质资源、信息资源、技术资源、制造资源、人才资源和用户资源，满足以人为核心的智能化和以用户为中心的产品柔性化是 CIMS 全球化目标，企业集成就是解决资源共享、资源优化、信息服务、虚拟制造、并行工程、网络平台等方面的关键技术。

7.7　先进制造生产模式

制造生产模式是制造业为了提高产品质量、市场竞争力、生产规模和生产速度，以完成特定的生产任务而采取的一种有效的生产方式和一定的生产组织形式。现代先进制造生产模式是从传统的制造生产模式中发展、深化和逐步创新的过程而来。工业化时代的福特大批量生产模式是以提供廉价的产品为主要目的；信息化时代的柔性生产模式、精良生产模式、敏捷制造模式等是以快速满足顾客的多样化需求为主要目的；未来发展趋势是知识化时代的绿色制造生产模式，它是以产品的整个生命周期中有利于环境保护减少能源消耗为主要目的。

在传统制造技术逐步向现代高新技术发展、渗透、交汇和演变的过程中，形成了先进制造技术的同时，出现了一系列先进制造模式。根据国际生产工程学会（CIRP）近 10 年的统计，发达国家所涌现的先进制造系统和先进制造生产模式就多达 30 多种。下面简单介绍一些有代表性的制造模式，并行工程、敏捷制造、精良生产、虚拟制造、绿色制造等。

7.7.1　并行工程

1. 并行工程相关概念、核心问题及系统组成

（1）并行工程概念

1988 年，美国国家防御分析研究所（IDA）完整地提出了并行工程（CE，Concurrent Engineering）的概念，即"并行工程是集成地、并行地设计产品及其相关过程（包括制造过程和支持过程）的系统方法"。这种方法要求产品开发人员在一开始就考虑产品整个生命周期中从概念形成到产品报废的所有因素，包括质量、成本、进度计划和用户要求。通过集成企业的一切资源，使产品开发人员尽早地考虑产品生命周期中的所有因素（包括设计、分析、制造、装配、检验、维护、成本和质量），以达到提高产品质量、降低成本、缩短开发周期的目的。自并行工程提出以来，所依靠的基础技术，如网路技术、数据库技术、仿真技术等已经有了飞速发展，故其技术手段也在不断改进。

（2）并行工程核心问题

传统制造业的工作方式是产品设计—工艺设计—计划调度—生产制造的串行方式。这种方式设计工程师与制造工程师之间互相不了解，互相不交往，因而造成了设计图样上的技术要求可能不适合于制造工艺，甚至根本无法实现；制造工程师若主观做修改，可能会降低产品性能、质量；出现问题时双方互相推诿，影响效率和质量。串行工作方式的产品开发周期长，适应性差。

并行工程的组织是多功能小组。并行工程明确将其目标放在缩短产品开发时间（包括新产品开发和用户定制产品的生产）以及提高产品质量方面。多功能小组由各个专业、各个部门的人员联合组成的，技术设计、工艺设计、加工制造的需求和经验在这里互相交流，取长补短，机械、电子、电气、计算机、液压等各种专业的工程师一起工作，相互配合，用最有效

的方法去解决一个又一个问题。多功能小组并行地进行产品的开发，统一考虑产品的设计、工艺及制造等各方面的因素，统一完成设计及制造等各方面参数的确定，把满足用户需求作为产品开发的最终目标。

并行工程是一个关于设计过程的方法，它需要在设计中全面地考虑到相关过程的各种问题。它要求所有设计工作要在生产开始前完成，并不是要求在设计产品的同时就进行生产。并行工程不是指同时或交错地完成设计和生产任务，而是指对产品及其下游过程进行并行设计，不能随意消除一个完整工程过程中现存的、顺序的、向前传递信息的任一必要阶段。并行工程是对设计过程的集成，是企业集成的一个侧面，它企图做到的是优化设计，依靠集成各学科专业人员的智慧做到设计和制造周期最短，一次成功。

并行工程的主要任务有：①组织管理与协同工作；②并行进行产品开发、注重早期概念设计阶段、持续地改善产品的开发过程；③信息管理、交流与集成；④各种现代技术的集成及综合运用。

并行工程的关键是设计产品时考虑相关过程，包括加工工艺、装配、检验、质量保证、销售维护等。产品开发过程中各阶段的设计工作交叉、并行进行。通过各项工作的仿真、分析和评价，进行不断地改善。并行工程涉及产品整个生命周期中的方方面面，要使并行工程正常运行，必须集成并综合运用各种现代技术，如计算机技术、信息技术、通信网络技术、CAD/CAM 技术、人工智能技术、系统仿真技术等。

（3）并行工程的系统组成

并行工程包括 4 个分系统：①管理与质量分系统。②工程设计分系统。③支持环境分系统。④制造分系统。

2. 并行工程的实施与应用

并行工程不同于计算机集成制造，却能为计算机集成制造系统提供良好的运行环境。并行工程是一种哲理、指导思想、方法论和工作模式，其本质是：强调设计阶段考虑制造过程可行性，包括可制造性、可装配性和可检测性等；注重根据企业的设备和人力资源条件，考虑产品的可生产性；考虑产品的可使用性、可维修性和报废时易于处理等特性。

实现并行工程有两种方式：一种是基于专家协作的并行管理；另一种是基于计算机的并行设计。

基于专家协作的并行管理的重点是以人为中心的组织管理问题，其实施要点包含三个方面：组织一个一体化的多层次的管理体系；建立多功能学科小组；企业组织和文化相应改变。

基于计算机的并行设计是应用计算机技术、人工智能技术等来表达产品生命周期的所有信息，以辅助并行工程的实现。

并行工程的实施的基本要求有：①建立统一的产品模型。②建立分布式设计环境。③提供设计的开放式界面。④提供不同平台间信息交换的渠道。

7.7.2　精良生产

精良生产（LP，Lean Production）也叫精益生产，就是及时制造、消灭故障、消除一切浪费，向零缺陷、零库存进军。精良生产综合了大量生产与单件生产方式的优点，力求在大量生产中实现多品种和高质量产品的低成本生产。精良生产方式既是先进制造技术，又是企业生产要素的配置方式，它是以市场需求为依据，以发挥人的力量为根本，以有效配置和合理使用企业资源、最大限度地为企业谋求利益为目标的一种新型生产方式。

精良生产追求精益求精和不断改善，去掉生产环节中一切无用的东西，精简产品开发设计、生产、管理中一切不产生附加值的工作，并围绕此目标发展了一系列工具和方法，逐渐形成了一套独具特色的生产经营管理模式。

1. 精良生产的内涵

(1)精良生产以零库存、高柔性、无缺陷为目标，防止过量生产

精良生产方式的最终目标与企业的经营目标一致：利润最大化。实现这个最终目标的方式：一是不断取消那些不增加产品价值的工作，即降低成本；二是快速应对市场需求，这两方面体现到生产当中便成为零库存、高柔性、无缺陷。

库存可以掩盖企业存在的各种问题，如设备故障造成停机，计划不周造成生产脱节等，库存的产品可以帮助钝化和缓解生产系统的问题。但库存掩盖会生产系统中问题，可能使之长期得不到解决。精良生产提出"向零库存进军"的口号，直接针对生产系统中各种问题，寻找解决办法，使整个系统高效连续地运转起来。

高柔性是指能适应市场需求多样化的要求，及时生产多品种的产品。

精良生产的目标是消除各种引起不合格品的因素，在加工过程中，每一工序都要求达到最好水平，建立"零缺陷"质量控制体系，追求零缺陷的目标。当然，这只是一种理想境界，但永无止境地去追求这一目标，才会使企业永远走在行业的前头。

精良生产在零库存的目标下，采用高柔性的生产组织形式生产零缺陷的产品，通过彻底消除浪费，防止过量生产来实现企业的利润目标。

(2)精良生产以精简为手段，消除一切不增值的活动

精良生产把生产中一切不能增加价值的活动都视为浪费，彻底消除浪费体现着精良生产方式的精髓。生产、运送、库存、管理等过程中的浪费都给企业增加了成本，减少了利润。为杜绝这些浪费，精良生产要求在生产和组织过程中，取消一切不直接为产品增值的环节和工作岗位。

精良生产以用户为"上帝"，以"人"为中心，强调人的作用。

精良生产体现用户是"上帝"的精神，生产出用户需要的产品，并尽可能地缩短的交货期。

精良生产方式把工作任务和责任最大限度地转移到直接为产品增值的员工身上，强调人是企业一切活动的主体，大力推行独立自主的小组化工作方式。加大员工对生产的自主权和决策权。小组协同工作使员工工作的范围扩大，充分发挥一线职工的积极性和创造性，使一线员工真正成为"零缺陷"生产的主力军，更有利于精良生产的推行。

2. 精良生产的特征

精良生产之所以在世界范围引起了强烈反响，关键就在于它将近几十年出现的先进技术和思想都运用到企业的精良改造当中来，主要表现在以下几个方面：

(1)拉动式生产(Pull)。拉动式生产强调只生产必需的产品，它既向生产线提供了良好的柔性，又充分挖掘了生产中降低成本的潜力。拉动式生产方式可以保证最小的库存和最少的在制品数。

(2)全面质量管理(TQM)。精良生产强调好的质量是生产出来而非检验出来的，由生产过程中的质量管理来保证最终质量。

（3）并行工程（CE）。并行工程是精良生产方式的基础。它要求产品开发人员从设计阶段就考虑产品生命周期的全过程，在考虑质量、成本、进度和用户要求的前提下，将概念设计、结构设计、工艺设计、最终需求等结合起来，保证以最快的速度完成。

（4）成组技术（GT）。成组生产是精良生产方式的集中体现。成组技术是按照一定的要求将零件以相似性分组，同组的零件尽量采用相同的工艺方式。

（5）团队工作法（Teamwork）。精良生产讲究团队协作性。每位员工不仅要执行上级的命令，还要积极地参与到决策与辅助决策中去，和相关人员组成合作团队。

7.7.3　虚拟制造

1. 虚拟制造（VM，Virtual Manufacturing）概念

虚拟制造是虚拟现实技术和计算机仿真技术在制造领域的综合发展及应用，是实际制造过程在计算机上的模拟实现。它通过计算机技术构造一个虚拟但逼真的制造环境，将与产品制造相关的各种过程集成在三维动态的仿真模型之上，实现从设计技术（如制图、有限元分析、原型制作）到制造技术（如工艺计划、加工控制等）乃至车间布局、车间调度以及服务培训等各个方面的模拟和仿真。虚拟制造由计算机群组协同工作，不仅减少新产品开发的投资，而且还大大缩短产品的开发周期，从而对不断变化的市场需求做出快速响应。

虚拟制造技术是 CAD/CAE/CAM/CAPP 和仿真技术的更高阶段。利用虚拟现实技术、仿真技术等在计算机上建立起的虚拟制造环境给产品从开发到生产制造带来了极大的柔性。当产品设计成形时，利用虚拟制造系统模拟生产过程可以让设计者及时发现制造过程中的问题，通过修改方案来解决这些矛盾，设计的效率和可靠性都大大提高，在提高产品质量的同时也缩短了开发周期。

总之，虚拟制造技术以信息技术、仿真技术、虚拟现实技术为支持，在产品生产出来之前，就使生产者对未来产品的性能或者制造过程有整体的把握，从而作出前瞻性的决策与优化方案。

2. 虚拟制造特点

由于虚拟制造系统基本上不消耗资源和能量，也不生产实际产品，与实际制造相比较，它具有如下主要特征。

（1）高度集成化，虚拟制造系统综合运用了系统工程、知识工程、人机工程等多学科先进技术来实现信息集成、智能集成、串并行工作机制集成和人机集成。

（2）功能一致性，虚拟制造系统的功能上和结构上与实际制造系统的功能一致，可以真实地反映制造过程本身的动态特性。

（3）支持敏捷制造，产品开发在计算机上完成，使得企业能根据用户需求或市场变化，快速更改设计，快速投入生产，从而大幅度缩短新产品的开发时间、提高产品质量、降低生产成本。同时，无需制造实物样机就可以预测产品性能，及早发现生产中可能存在的问题，及时反馈和改正，提高了设计效率。

（4）分布式合作，虚拟制造系统利用网络，使不同地点、不同部门的不同专业人员在同一个产品模型上同时工作，相互交流，信息共享，为整个制造活动带来高度的并行处理能力，减少文件生成及传递的时间，并从系统全局的角度寻找全局最优的解决方案，从而使企业快捷、高效、低耗地响应市场变化。

3. 虚拟制造的分类

按照与生产各个阶段的关系，可以把虚拟制造划分为三类：以设计为中心的虚拟制造、以生产为中心的虚拟制造和以控制为中心的虚拟制造。

（1）以设计为中心的虚拟制造，强调将制造信息加入到产品设计与工艺设计过程中，在计算机中分别对产品模型的多种制造方案进行仿真、分析和优化，进行产品的结构性能、运动学、动力学、热力学方面的分析，检验其可制造性、可装配性，以获得对产品设计方案评估结果。

（2）以生产为中心的虚拟制造，将仿真能力加入到生产计划模型中，对企业的生产过程进行仿真，对不同的加工过程及其组合进行优化，通过提供精确的生产成本信息对生产计划与调度进行合理化决策，对制造资源和环境进行优化组合。

（3）以控制为中心的虚拟制造，将仿真技术引入控制模型，提供对实际生产过程仿真的环境，来评价产品的设计、生产计划和控制策略，着重于生产过程的规划、组织管理、资源调度、物流、信息流等的建模、仿真与优化，如虚拟企业、虚拟研发中心等。

4. 虚拟制造的应用

波音 777 全面应用 VM 技术，其整机设计、部件测试、整机装配以及各种环境下的试飞均是在计算机上完成的，使其开发周期从过去 8 年时间缩短到 5 年，甚至在一架样机未生产的情况下就获得了订单；福特和克莱斯勒公司与 IBM 合作开发的虚拟制造环境用于其新型车的研制，在样车生产之前，发现其定位系统的控制及其他许多设计缺陷，缩短了研制周期，新型汽车的开发周期由 36 个月缩短至 24 个月。

7.7.4　敏捷制造

1. 敏捷制造（AM，Agile Manufacturing）的概念

敏捷制造是"将柔性生产技术，有技术、有知识的劳动力与能够促进企业内部和企业之间合作的灵活管理（三要素）集成在一起，通过所建立的共同基础结构，对迅速改变的市场需求和市场实际做出快速响应"的生产模式。从这一目标中可以看出，敏捷制造实际上主要包括三个要素：生产技术、管理和人力资源。

敏捷制造的优点：生产更快，成本更低，劳动生产率更高，机器利用率高，质量可靠，可靠性好，库存少，适用于 CAD/CAM 操作。

敏捷制造是指制造系统在满足低成本和高质量的同时，具有对变幻莫测的市场需求的快速反应能力，其敏捷能力应当反映在：①市场变化；②竞争力；③柔性；④快速；⑤企业策略；⑥企业日常运作等。

敏捷制造是自主的、虚拟的、可重构的制造系统，强调制造资源的可重组、可重用、可扩充。特点体现在：①并行工作；②继续教育；③业务流程可重组；④动态多方合作，从竞争走向合作；⑤珍惜雇员，把雇员的知识和创造性看成是企业的财富；⑥企业组织结构要减少层次，扁平化；⑦关心环境，减少污染；⑧产品终身质量保证，要做到使顾客满意；⑨缩短循环周期，即上市时间尽可能缩短；⑩技术的领先及技术的敏感；⑪整个企业的集成，提高企业的柔性。⑫要强化标准化工作，使其跟上环境和市场的改变，各种标准能及时演进。

敏捷制造可以使企业间从竞争走向合作，从互相保密走向交流信息。这虽与传统观念不一致，但会给企业带来更大的经济效益。如果市场上出现一个新的机遇，几家本来是竞争对手的大公司,可能立即组成一种合作关系,A 公司开发齿轮箱体,B 公司开发轴及齿轮,C 公司负责总装、测试,各家拿出最强手段来共同开发,迅速占领市场。完成这次合作之后,各家还是各自独立的公司,这种方式称为"虚拟企业"(Virtual Enterprise)。

2. 敏捷制造的关键技术基础

敏捷性的提高本身并不依赖于高技术或者高投入,但适当的技术和先进的管理能使企业的敏捷性达到一个新的高度。

(1)一个跨企业、跨行业、跨地域的信息技术框架。

(2)一个支持集成化产品过程设计的设计模型和工作流控制系统。包括数据模型定义、过程模型定义、产品数据管理、动态资源管理、开发过程管理、必要的安全措施和分布系统的集中管理等等。

(3)供应链管理系统和企业资源管理系统。

(4)各类设备、工艺过程和车间调度的敏捷化。

敏捷性的度量可以看成是时间、成本、健壮性和自适应范围的综合度量。但在不同的行业、不同的企业,针对不同的产品和生产过程,具体的评价指标和内容可能都是不一样的。这其中有许多不确定和综合性的因素。敏捷意味着善于把握各种变化的挑战。敏捷赋予企业适时抓住各种机遇以及不断通过技术创新来领导潮流的能力。企业在不同时刻对这两种能力的把握决定了它对市场和竞争环境变化的反应能力。

7.7.5　绿色制造

绿色制造是一个综合考虑环境影响和资源消耗的现代制造模式,其目标是使得产品从设计、制造、包装、运输、使用到报废处理的整个生命周期中,对环境负面影响极小,资源利用率极高,并使企业经济效益和社会效益协调优化。绿色制造涉及的三个方面的问题:一是制造问题,包括产品生命周期全过程;二是环境保护问题;三是资源优化利用问题。绿色制造就是这三部分内容的交叉。

1. 绿色制造的体系结构

绿色制造的体系结构中包括两个层次的全过程控制、三项具体内容和两个实现目标。

两个层次的全过程控制,一是指具体的制造过程即物料转化过程,充分利用资源,减少环境污染,实现具体绿色制造的过程;另一是指在构思、设计、制造、装配、包装、运输、销售、售后服务及产品报废后回收整个产品生命周期中每个环节均充分考虑资源和环境问题,以实现最大限度地优化利用资源和减少环境污染的广义绿色制造过程。

三项内容是用制造系统工程的观点,综合分析产品生命周期从产品材料的生产到产品报废回收处理的全过程的各个环节的环境及资源问题所涉及的主要内容。三项内容包括:绿色资源、绿色生产和绿色产品。

三条途径有:①改变观念,树立良好的环境保护意识,并体现在具体行动上,可通过加强立法、宣传教育来实现;②是针对具体产品的环境问题,采取技术措施,即采用绿色设计、绿色生产工艺、产品绿色程度的评价机制等,解决所出现的问题;③加强管理,利用市场机制和法律手段,促进绿色技术、绿色产品的发展和延伸;加强舆论和市场对绿色产品的正面导向,提倡民众尽量购买绿色制造产出的绿色产品,促使企业对其产品绿色化,提升整个行业的绿色制造水平。

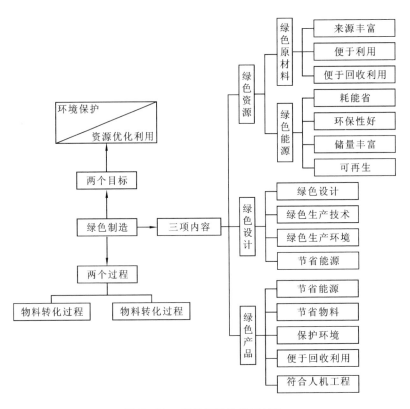

图 7-21　绿色制造的体系结构

两个目标：资源综合利用和环境保护。通过资源综合利用、短缺资源的代用、可再生资源的利用、二次能源的利用及节能降耗措施延缓资源的枯竭，实现持续利用；减少废料和污染物的生成及排放，提高工业产品在生产过程和消费过程中与环境的相容程度，降低整个生产活动给人类和环境带来的风险，最终实现经济效益和环境效益的最优化。

2. 绿色制造的相关技术

绿色制造主要涉及"五绿"技术（绿色设计、绿色材料选择、绿色制造工艺、绿色包装、绿色处理），其中绿色设计是关键。

（1）绿色设计

这里的"设计"是广义的，它不仅包括产品设计，也包括产品的制造过程和制造环境的设计。绿色设计在很大程度上决定了材料、工艺、包装和产品寿命终结后处理的绿色性。绿色设计是指在产品及其生命周期全过程的设计中，在充分考虑产品的功能、质量、开发周期和成本的同时，优化各有关设计因素，使得产品及其制造过程对环境的总体影响极小，资源利用率极高。绿色设计又称为面向环境的设计（DFE, Design for Environment）。它强调开发绿色产品。

面向环境的产品设计应包括的内容很广泛，如产品材料选择、产品包装方案设计等环节，本来也应包含其中，但考虑这些环节对资源消耗和环境状况的影响甚大，因而把它们单独作为面向环境的设计问题的一个子项加以专门考虑。因此，此处的面向环境的产品设计

344

重点考虑产品方案设计和产品结构设计中的环境影响问题。

①面向环境的产品设计，包括面向环境的产品方案设计和面向环境的产品结构设计。

②面向环境的产品材料选择，要考虑到产品材料及其在使用过程中对环境的污染，材料在制造加工过程中对环境的污染，所用材料使用报废后的回收处理和所用材料本身的生产过程对环境的污染。因此，面向环境的产品材料选择就是采用系统分析的方法从材料及其产品生命周期全过程对环境的多方面影响加以考虑，并综合考虑产品功能、质量和产品成本等多方面的因素，要在产品设计中尽可能选用对生态环境影响小的材料，即选用绿色材料。

③面向环境的制造环境设计或重组。面向环境的制造环境设计或重组是指应根据产品的制造加工的要求，创造出一个清洁、低消耗、低噪声、高效率和优美协调的工作环境。这方面的工作既是一个技术问题，也是一个管理问题，应对两者进行统筹考虑和实施。

④面向环境的工艺设计。

⑤面向环境的产品包装方案设计

⑥面向环境的产品回收处理方案设计产品生命周期终结后，若不回收处理，将造成资源浪费并导致环境污染。通过各种回收策略，产品的生命周期形成一个闭合回路。寿命终了的产品最终通过回收进入下一个生命周期的循环中，如图7-22。

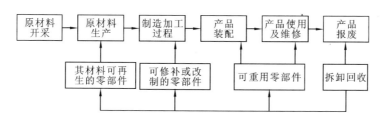

图7-22　面向回收的产品生命周期

（2）绿色制造工艺技术

绿色制造工艺技术是以传统的工艺技术为基础，并结合材料科学、表面技术、控制技术等新技术的先进制造工艺技术。其目标是对资源的合理利用，节约成本，降低对环境造成的污染。根据这个目标可将绿色制造工艺划分为三种类型：节约资源的工艺技术、节省能源的工艺技术、环保型工艺技术。

①节约资源的工艺技术是指在生产过程中简化工艺系统组成、节省原材料消耗的工艺技术。它的实现可从设计和工艺两方面着手。在设计方面。通过减少零件数量、减轻零件重量、采用优化设计等方法使原材料的利用率达到最高；在工艺方面，可通过优化毛坯制造技术、优化下料技术、少无切屑加工技术、干式加工技术、新型特种加工技术等方法减小材料消耗。

②节省能源的工艺技术是指在生产过程中，降低能量损耗的工艺技术。目前采用的方法主要有减磨、降耗或采用低能耗工艺等。

③环保型工艺技术是指通过一定的工艺技术，使生产过程中产生的废液、废气、废渣、噪声等对环境和操作者有影响或危害的物质尽可能减少或完全消除。目前最有效的方法是在工艺设计阶段全面考虑，积极预防污染的产生，同时增加末端治理技术。如采用干切削和干磨削技术能够节约资源，从改变刀具、机床的材料选择和结构改进入手，消除使用切削液使

用的需求，降低能耗。就目前来看其加工的范围还比较有限，有待进一步的研究。

思考与习题

1.试说明电火花加工、激光加工、超声加工、电子束加工、离子束加工、电解加工和水射流加工的特点及加工范围。

2.冲压模具的凸、凹模可用哪些特种加工方法加工？为什么？

3.什么是精密超精密加工？对于环境有哪些要求？

4.金刚石车削与普通车削有何不同？

5.快速成形技术工艺过程是怎样的？与传统成形技术相比有何特点。

6.试比较 SLA、LOM、SLS、FDM 的优缺点。

7.说明表面工程的作用。

8.化学转化膜的特征是什么？

9.试比较物理气相沉积和化学气相沉积的特点和应用范围。

10.说明热喷涂的工艺过程。

11.试说明再制造工程的基本过程及意义。

12.试比较刚、柔性自动化生产线的特点。

13.什么是柔性制造单元和柔性制造系统？简述柔性制造系统的组成部分。

14.简要说明计算机集成制造系统。

15.并行工程的核心问题是什么？如何实施？

16.敏捷制造有何特点？精良生产的核心思想是什么？

17.绿色制造的基本内涵是什么？

附录：汉英机械制造常用词汇

1 绪论

机械制造　machine manufacturing
制造工程　manufacturing engineering
生产过程　process of production
生产计划　scheduling

2 金属切削原理

主运动　main motion

切削速度　cutting speed

进给运动　feed motion

每转进给量　feed per revolution

每齿进给量　feed per tooth

每往复冲程进给量　feed per double stroke

背吃刀量　back engagement of the cutting edge

合成运动　resultant motion

待加工表面　workpiece surfacer, the surface to be machined

过渡表面　transient surface, the surface is being machining

已加工表面　machined surface

硬度　hardness

耐磨性　wear - resistance

强度　strength

韧性　toughness

耐热性　heat - resistance

工艺性　manufacturability

高碳钢　high - carbon steel

高速钢　high - speed steel(HSS)

硬质合金　carbide alloy

粉末冶金　powder metallurgy

涂层刀具　coated tools

单晶金刚石　monocrystalline diamond

聚晶金刚石　polycrystalline diamond

陶瓷　ceramics

立方氮化硼　cubic boron nitride

前刀面　rake surface, rake face

后刀面　flank

主切削刃　major cutting edge

副切削刃　minor cutting edge

刀尖　tool nose

刀杆　shank

参考系　reference system

标注参考系　marking system, in hand system

标注角度　marked angles

安装　set up

基面　reference plane

切削平面　cutting edge plane

正交平面（主剖面）　orthogonal plane（main section）

法平面　normal plane

进给剖面　feeding plane, assumed working section

背平面　tool back plane, longitudinal section

工作参考系　effective（working）reference system, in use system

正交前角　orthogonal rake angle　γ_0

正交后角　orthogonal clearance angle　α_0

主（副）偏角　major（minor）cutting edge angle kr

刃倾角　cutting edge inclination angle　λ_s

楔角　wedge angle　β_o

刀尖角　tool tip(nose) angle　ε_r

切削层　cutting layer

切削层公称厚度　undeformed chip thickness, cutting thickness

切削层公称宽度　undeformed chip width, cutting width

切削层面积　cutting area

残留面积　residual area

直角切削　orthogonal cutting

斜角切削　oblique cutting

自由切削　free cutting

非自由切削　constrained cutting

变形　deformation

压缩　compression

晶格滑移　crystal lattice slide

破裂,断开　fracture

应变速度　strain speed,

正应力　normal stress

剪切应力　shearing stress

剪切滑移(剪应变)　shearing slide(shearing strain)

剪切角　shear angle

第Ⅰ变形区　main deformation zone(region)

被纤维化了的　fiberized

变形系数　deformation coefficient

收缩系数

(变形系数的倒数)　deformation ratio

倒圆刃　rounded cutting edge,

刃口圆弧　cutting edge column radius

带状切屑　ribbon chips

挤裂切屑　cracked chips

缠绕切屑　snarling chip

长卷屑　infinite helix chip

C 型屑　half turns chip

积屑瘤　built-up edge

屈服强度　yield strength

第Ⅱ变形区　second deformation zone(region)

第Ⅲ变形区　third deformation zone(region)

鳞刺　scale

切削力　cutting forces

切削合力　resultant forces

进给力　feeding force

背向力　back force

轴向推力　axial thrust force

径向推力　radial thrust force

测力计　dynamometers

应变仪　strain gauge

双对数坐标纸　dual-logarithm paper

经验公式　empirical formula

单位切削力　specific cutting(energy)

单位切削功率　specific cutting force power

切削热　cutting heat

切削温度　cutting temperature

热电偶　thermoelectric couple

人造的　synthetic

刀具磨损　tool wear

正常磨损　normal wear

刀具磨损　non-normal wear

前刀面磨损　face wear

后刀面磨损　flank wear

月牙洼　crater

后刀面磨损宽度　flank wear land width

磨钝标准　tool wear criteria

刀具耐用度　tool life

最大生产率耐用度　tool life for maximum productive rate

管理费用　overhead

重磨　resharpening

机械加工性　machinability

相对加工性　relative machinability

粗糙度　roughness

机械性能　mechanical properties

延展性　ductility

热处理　heat treatment

切削液　cutting fluid

润滑　lubricating

防腐蚀　anti‒corrosion

水溶液　water solutions

切削油　cutting oil

乳化液　emulsions

负倒棱　negative land of the cutting tool

刀尖圆弧半径　tool nose radius

硬质合金刀片　carbide blade

加工硬化　work‒hardening

残余应力　residual stress

粗加工余量　roughing allowance

刀杆　tool bar

磨料　abrasive material

粒度　grain size

砂轮结合剂　bonding materials

砂轮硬度　wheel grade

砂轮组织　wheel structure

磨耗磨损　attrition wear

破碎磨损　grain fracture

脱落磨损　bond fracture

砂轮修整　wheel dressing

3　机床刀具和加工方法

机床　machine tools

车床　lathe

普通车床　engine lathe

铣床　milling machine

钻床　drilling machine

刨床　shaper or planer

磨床　grinding machine

孔加工机床　hole‒producing machine

拉床　broaching machine

镗床　boring machine

锯床　saw machine

齿轮　gears

通用特性代号　characteristic code

通用机床　versatile machine

专用机床　specialized machine

轨迹法　track machining

成形法　form machining

相切法　tangential machining

范成法　generating machining

车削　turning

车锥面　taper turning

车端面　facing

车螺纹　threading

滚花　knurling

传动系统　transmission system

齿轮传动链　gear train

成形面加工　profiling

切槽　grooving

切断　cutting off

主轴箱　headstock

卸荷皮带轮　unload belt carrier

双向多片摩擦离合器　bi‒directional multi‒chip frictional clutch

溜板箱　apron

进给机构　feed mechanism

机械夹固刀具　clamped tool

床身　bed

主轴　spindle

大拖板　carriage

中拖板　cross slide

顶尖　center

尾座　tailstock

光杠　feed rod

丝杠　lead screw

变速机构　speed select

安全离合器　protective clutch

超越离合器　overrun clutch

六角车床　turret lathe

可转位刀具　index tool blade

麻花钻　twist drill

台式钻床　table drill

立式钻床　vertical drill

摇臂钻床　radial drill

锪孔　counterboring

铰孔　reaming

锪端面　spotfacing

丝锥攻丝　tapping

通孔　through hole

刃带　margin

排屑槽　flute

横刃　chisel edge

中心孔钻　center drill

深孔钻　deep hole drill

卧式升降台铣床　horizontal column and knee
　　　　　　　　　milling machine

立式铣床　vertical milling machine

龙门铣床　planer milling machine

周铣　peripheral milling

端铣　face milling

顺铣　down(climb) milling

逆铣　up (conventional) milling

错齿三面刃铣刀　staggered face and
　　　　　　　　　end cutter

铲齿成型铣刀　relieved form cutter

键槽铣刀　key way milling cutter

盘形铣刀　disk form milling cutter

卧式镗床　horizontal boring machine

坐标镗床　jig boring machines

平旋盘　radial feed plate

单刃镗刀　single blade boring tool

双刃镗刀　double blade boring tool

往复运动　reciprocated movement

牛头刨　shaper

龙门刨　planer

插床　vertical shaper

刨刀　shaper tool

拉削　broaching

螺纹　screw threads

锥螺纹　tapered thread

径节　diametral pitch

模数　module

齿轮展成法　gear generating

滚齿　hobbing

滚刀　hob

插齿　gear shaping

蜗杆　worm

剃齿　gear shaving

啮合　mesh

珩齿　gear honing

研齿　gear lapping

齿廓　tooth profile

齿面　tooth surface

偏心　eccentricity

砂轮　grinding wheel

外圆磨削　cylindrical grinding

有心磨削　center – type grinding

无心磨削　centerless grinding

内孔磨削　internal cylindrical grinding

平面磨削　surface grinding

缓进给磨削　creep – feed grinding

往复式工作台　reciprocating tables

卡盘　chuck

磨头　wheelhead

4　机床夹具

钻床夹具　jig

非钻床夹具　fixture

定位　positioning

夹紧　clamping

导向套筒　guide bush

钻模版　drill plate

开口垫圈　open cushion

螺母　screw nut

基准　datum

定位销　location pin

完全定位　complete location

不完全定位　incomplete location

过定位　redundant location

欠定位　insufficient location

定位元件　location element

支承钉　support post

支撑板　support plate

浮动支承　floating supporting element

V 形块　V – shaped block

定位销　location pin

心轴　mandrel, centering shaft

菱形销　rhombic pin

定位误差　location error

斜楔　wedge

螺旋夹紧机构　screw clamping device

偏心轮　eccentric cylindrical

分度装置　dividing device

气动夹紧　pneumatic clamping

5　工艺规程设计

工艺规程设计　process planning

工艺规程　component manufacturing process

装配工艺　assembly process

工序　operations

工步　operation step

走刀　cutting pass

工位　operation position

安装　set up

单件生产　single piece production

成批生产　batch production

大量生产　large quantity production

工艺路线　process route

工艺过程卡　process routing sheet

工艺卡　process sheet

工序卡　detailed process sheet

生产纲领　production expectation

毛坯　blank

铸件　casting

锻造　forging

焊接　welding

型材　profiled bar

基准　positioning reference, datum

设计基准　design reference

工艺基准　process reference

工序基准　operation reference

定位基准　positioning reference

测量基准　inspection reference

装配基准　assembling reference

粗基准　starting datum surface/rough reference

精基准　accurate datum surface/precise reference

基准重合　coincident locating surfaces

基准统一　locating datum surfaces unchangeable

自为基准　self‐datum surface

加工余量　material removal

毛坯余量　stock removal

加工阶段　machining phase

经济加工精度　economical accuracy

粗加工　rough machining

半精加工　semi‐finish machining

精加工　finish machining

光整加工　burnish machining

工序集中　operation concentration

工序分散　operation dispersal

退火　annealing

正火　normalising

时效　time‐dependent release release treatment

淬火　quenching

表面淬火　case hardening

渗碳　carburizing

表面处理　surface treatment

去毛刺　deburring

清洗　rinsing

尺寸量　dimensional chain

封闭环　resultant dimension

组成环　component dimension

增环　plus dimension, increase link

减环　minus dimension, decrease link

极值法　extremum method

概率法　statistical method

正态分布　normal distribution

公差　tolerance

6　质量控制

全面质量控制　total quality management(TQM)

加工精度　machining accuracy

加工误差　machining error
表面质量　surface quality
表面粗糙度　surface roughness
几何参数精度　geometric accuracy
尺寸精度　size（dimensions）accuracy
形状公差　shape tolerance
位置误差　relative position error
原始误差　original error
静态误差　static error
动态误差　dynamic error
受力变形　deformation under force
热变形　thermal deformations
残余应力　residual stresses
主轴回转误差　spindle rotational error
径向跳动　radial jump
轴向窜动　axial jump
角度摆动　angular move
导轨　guideway
导轨直线度误差　linear error of the guideways
敏感方向　sensitive direction
非敏感方向　non–sensitive direction
刚度　stiffness，rigidity
柔度　flexibility
工艺系统　process system
误差复映系数　error coping coefficient
系统误差　system error
常值系统误差　constant error
变值系统误差　variable system error
随机误差　random error
正态分布的均值　the average value of the normal distribution.
正态分布的标准偏差　the standard deviation of the normal distribution
分布中心　distribute center
工艺能力　process capability
工艺能力系数　process capability coefficient
点图　control charts
现场加工　machining on spot
惯性力　inertial force

椭圆形　ellipse
实际轮廓　practical profile
冷作硬化　cold work–hardening
金相组织　metallurgical structure
疲劳强度　fatigue strength
抵消　counteract
疲劳裂纹　fatigue cracks
磨削烧伤　grinding burn
回火烧伤　tempering burn
滚压　press rolling
喷丸　shot peening
振动　vibration
刀振　chatter
阻尼　damping
自激振动　self–excited vibration

7　现代制造技术简介

特种加工　unconventional（nontraditional）machining
化学加工　chemical machining（CM）
电化学加工　electrolytic or electrochemical machining（ECM）
电解　electrolytic
蚀刻　etch
电解磨削　electrochemical grinding（ECG）
电火花加工　electrical discharge machining（EDM）
电火花线切割　electrical–discharge wire cutting（EDWC）
超声加工　ultrasonic machining（USM）
激光加工　laser–beam machining（LBM）
水射流加工　water–jet machining（WJM）
电子束加工　electro–beam machining（EBM）
粒子束加工　ion–beam machining（IBM）
等离子束加工　plasma–arc machining（PAM）
水磨料喷射加工　abrasive water–jet machining（AWJM）
磨料喷射加工　abrasive–jet machining（AJM）

电镀 electroplating

阳极 anode

阴极 cathode

型腔 die cavities

喷嘴 nozzle

精密加工 precision machining

超精密加工 ultra - precision machining

快速原型制造 rapid prototyping (RP)

薄片层 sliced layer

光固化立体成形 stereo lithography apparatus (SLA)

薄形材料选择性切割 laminated object manufacturing (LOM)

熔化沉积成型 fused deposition modeling (FDM)

选择性激光烧结 selected laser sintering (SLS)

热浸涂 hot dipping

热喷涂 thermal spraying

物理气相沉积 physical vapor deposition (PVD)

化学气相沉积 chemical vapor deposition (CVD)

粒子束注入 ion implantation

表面阳极化 anodizing

发蓝 blueing for steels

喷丸强化 shot peening

表面淬火 case hardening

感应淬火 induction hardening

再制造 remanufacturing

先进制造技术 advanced manufacturing technology (AMT)

工程技术 engineering technologies

管理技术 organizational technologies

数控机床 numerical controlled machine (NC)

点位控制系统 point - to - point control system

轮廓控制系统 contouring control system

计算机数控 computerized numerical control (CNC)

加工中心 machining center (MC)

刀库 tool magazine

计算机辅助设计 computer aided design (CAD)

计算机辅助制造 computer aided manufacturing (CAM)

计算机辅助工艺规程设计 computer aided process planning (CAPP)

工业机器人 industrial robot

成组技术 group technology (GT)

柔性制造单元 flexible manufacturing cell (FMC)

柔性制造系统 flexible manufacturing systems (FMS)

自动存取系统 automated storage and retrieval system

自动导向小车 automated guided vehicle (AGV)

物料系统 material handling system

自动仓库 automated warehouse

计算机集成制系统造 computer integrated manufacturing system (CIMS)

物料需求计划 material requirement planning (MRP)

制造资源计划 manufacturing resources planning (MRPII)

企业资源计划 enterprise resources planning (EPR)

精益生产 lean production (LP)

敏捷制造 agile manufacturing (AM)

准时生产 just - in - time (JIT)

并行工程 concurrent engineering (CE)

网络制造 internet - based manufacturing

绿色制造 environmentally conscious manufacturing

353

参考文献

[1] 黄健求. 机械制造技术基础. 北京：机械工业出版社，2005

[2] 李凯岭. 机械制造技术基础. 北京：科学出版社，2007

[3] 王泓. 机械制造基础. 北京：北京理工大学出版社，2006

[4] 杨昂岳等. 机械制造工程学. 长沙：国防科技大学出版社，2004

[5] 张鹏等. 机械制造技术基础. 北京：北京大学出版社，2009

[6] 周泽华. 金属切削原理. 上海：上海科学技术出版社，1993

[7] 陈日曜. 金属切削原理(第2版). 北京：机械工业出版社，2000

[8] 陈锡渠等. 金属切削原理与刀具. 北京：中国林业出版社，2006

[9] 王秀伦. 机床夹具设计. 北京：中国铁道出版社，1984

[10] 李庆寿. 机床夹具设计. 北京：机械工业出版社，1984

[11] 王启平. 机床夹具设计. 哈尔滨：哈尔滨工业大学出版社，2005

[12] 王光斗. 机床夹具设计手册. 上海：上海科学技术出版社，2000

[13] 郑修本. 机械制造工艺学. 北京：机械工业出版社，2004

[14] 张世昌. 机械制造技术基础(第2版). 北京：高等教育出版社，2006

[15] 顾崇衔等. 机械制造工艺学(第3版). 西安：陕西科学技术出版社，1994

[16] 曾志新，吕明. 机械制造技术基础. 武汉：武汉理工大学出版社，2001

[17] 赵长发. 机械制造工艺学. 哈尔滨：哈尔滨工程大学出版社，2008

[18] 张福润等. 机械制造技术基础. 武汉：华中科技大学出版社，2000

[19] 王先逵. 机械制造工艺学. 北京：机械工业出版社，1999

[20] 苏建修. 机械制造基础. 北京：机械工业出版社，2002

[21] 张树森. 机械制造工程学. 沈阳：东北大学出版社，2001

[22] 华楚生. 机械制造技术基础. 重庆：重庆大学出版社，2000

[23] 孟少农等编. 机械加工工艺手册(1，2，3). 北京：机械工业出版社，1991

[24] 陈日曜. 金属切削原理. 北京：机械工业出版社，1992

[25] 李旦. 机械制造工艺学试题精选与答题技巧. 哈尔滨：哈尔滨工业大学出版社，1999

[26] 王先逵等. 论制造技术的永恒性(上). 航空制造技术. 2004

[27] 王先逵等. 论制造技术的永恒性(下). 航空制造技术. 2004

[28] 孙大涌. 先进制造技术. 北京：机械工业出版社. 2000

[29] 任小中. 先进制造技术. 武汉：华中科技大学出版社. 2009

[30] 中国科学技术协会. 2008—2009年机械工程学科发展报告(机械制造)，中国科学技术出版社，2009

[31] 刘晋春，白基成，郭永丰. 特种加工. 北京：机械工业出版社，2009

[32] 王先逵. 机械制造工艺学. 北京：机械工业出版社，2007

［33］袁哲俊，王先逵. 精密和超精密加工技术（第 2 版）. 北京：机械工业出版社，2007

［34］徐滨士. 绿色再制造工程的进展与发展趋势. 科学技术与工程，2001

［35］徐滨士，刘世昌. 中国材料工程大典（第 16 卷）. 材料表面工程. 北京：2005

［36］张根保. 自动化制造系统. 北京：机械工业出版社，1999

［37］刘飞. 绿色制造的内涵、技术体系和发展趋势. 世界制造技术与装备，2001（3）

图书在版编目(CIP)数据

机械制造技术基础/杨舜洲主编. —长沙:中南大学出版社,2011.11
ISBN 978-7-5487-0250-4

Ⅰ.机... Ⅱ.杨... Ⅲ.机械制造工艺 Ⅳ.①TH16

中国版本图书馆 CIP 数据核字(2011)第 073213 号

机械制造技术基础

主编:杨舜洲 副主编:鄢锉 陈志亮 李旭宇 胡冠昱 裴江红 李玉平

□责任编辑 谭 平
□责任印制 易红卫
□出版发行 中南大学出版社
　　　　　社址:长沙市麓山南路　　　邮编:410083
　　　　　发行科电话:0731-88876770　　传真:0731-88710482
□印　装 长沙鸿和印务有限公司

□开　本 787×1092 1/16 □印张 23 □字数 571 千字 □插页
□版　次 2011 年 11 月第 1 版 □2015 年 7 月第 2 次印刷
□书　号 ISBN 978-7-5487-0250-4
□定　价 46.00 元

图书出现印装问题,请与经销商调换